KB149774

TEXTILE
SCIENCE

Designer
에게 꼭 필요한
섬유지식
Advanced

III

TEXTILE SCIENCE

서언

　제목은 섬유지식 Ⅲ이지만 Ⅱ와 이어지는 내용은 결코 아니다. 이 책은 섬유지식 시리즈의 결정판이라고 할 만하다. 『섬유지식 Ⅰ』은 24년, 『섬유지식 Ⅱ』는 거기에 9년을 보탠 33년의 경험치다. 학생과 비전공자를 위한 『섬유지식 기초』에 이어 섬유지식 Ⅲ는 또다시 7년을 보탠 40년의 내공이 서려 있다. 따라서 제목을 X 또는 Z 아니면 Zero라고 해야 할지 망설여졌다.

　패션 merchandiser를 타깃 독자로 삼고 출발했지만 지금은 패션 디자이너를 위한 책으로 진화했다. 디자이너는 브랜드에서 모든 것을 결정하는 감독이자 지휘자다. 스필버그 한 사람이 그의 모든 역작을 대표하는 것과 같다. 샤넬의 오너나 CEO가 누구인지 아는 사람은 아무도 없지만 칼 라거펠트를 모르는 사람은 없다.

　디자이너에게 필요한 절대적 기량은 창의력이다. 창의력은 독창성이라는 기초 위에 건설된다. '남들이 볼 수 없는 것을 보는 힘'. 그것이 창의력이다. 태어날 때부터 지니는 재능이 아니라 완전한 노력의 산물이다. 더 많이 공부할수록 더 높은 창의력의 탑을 쌓을 수 있다. 칼 라거펠트의 서재에 쌓인 장서(藏書)는 10만 권이었다. 그는 왜 그토록 많은 책을 필요로 했을까? 10만 권의 장서는 남들이 볼 수 없는 것을 보려 했던 필사적인 노력의 흔적이었다.

혹한의 겨울에 왜 다른 부위보다 손가락이나 발가락이 더 시린지 모르는 디자이너가 어떻게 효과적인 보온 의류를 설계할 수 있겠는가? 원인을 모르면 scale up을 기대할 수 없다. 그저 수많은 시행착오를 겪은 다음 그중 나아 보이는 것을 선택하는 수밖에 없다. 우리는 그것을 '경험치'라고 부른다. 경험치는 언제나 처음으로 되돌아가 단순히 경험 데이터의 건수를 더해 산술급수적으로 성장하지만 창의력은 이미 건설된 토대 위에 AI처럼 데이터가 스스로 학습해 창발적으로 진화하여 기하급수적으로 증가한다. 넷플릭스로 영화를 보다 중단하고 나중에 다시 보면 영화를 처음부터 보는 것이 아니라 보던 장면 이후부터 볼 수 있다. 마찬가지로 진화는 돌연변이의 누적이며 이는 가장 단순한 것으로 가장 복잡한 것을 만들 수 있는 놀라운 알고리즘이다. 창의력은 선택의 누적으로 성장하며 상상을 초월하는 결과물을 건설할 수 있다. 섬유지식 Ⅲ는 창의력이 필요한 모든 사람을 돕기 위한 책이다.

"샤워커튼이 귀찮게 몸에 들러붙는 이유는 과학자들도 잘 모른다." 과학이 해결하지 못하는 많은 난제가 있다는 주장을 뒷받침하기 위한 터무니없는 낭설이다. 과학자가 난제를 해결하지 못하는 이유는 몰라서가 아니라 연구를 하지 않아서다. 어떤 할 일 없는 물리학자가 사소한 것을 규명하기 위한 연구를 하겠는가? 섬유와 소재에는 과학자들이 관심을 가지지 않는 사소한 의문이 많이 존재한다. microfiber는 세탁견뢰도가 낮다. 왜? 아무도 설명해 주지 않는 의문은 시간이 지나면 과학자도 모르는 미스터리가 된다. 나는 이 책에서 그런 의문들을 과학 기반으로 설명하려고 노력했다. 문제의 원인을 알아야 해결도 가능하기 때문이다.

Sustainability가 산업을 강타하고 있다. 산업혁명 이래 처음 등장하는 생소한 개념이지만 모든 산업의 패러다임을 바꾸고 있는 강력한 키워드다. 누구도 경험하지 못한 주제이므로 축적된 데이터도 없다. 리처드 도킨스가 쓴 『이기적 유전자』를 읽어보지 않아도 우리는 지구상에 존재하는 모든 개체가 이기적이라는 사실을 알고 있다. 이타적으로 보이는 행동조차 결국은 이기적인 행위의 또 다른 얼굴이다. 이기적인 성질은 생태계를 지탱하는 자연스럽고 중요한 알고리즘이다. 그러니 현재도 아닌 미래의 타인을 위해 이타적으로 행동해야 한다고 주장하는 Sustainability라는 개념은 우리에게 매우 낯설다. 패션산업에 갑자기 불어닥친 생소한 패러다임을 마주하는 모든 브랜드는 전략조차 수립하기 힘들다. 완전히 맨땅에서 시작해야 하기 때문이다. 이 책은 그런 사람들을 위해 최소한의 가이드라인을 제시하고 현재와 미래를 위한 로드맵을 설계해 줄 것이다.

2차 세계대전 때 전장에 투입되었다 돌아온 폭격기를 분석한 자료가 있었다. 비행기의 어떤 부분을 보완해야 추락을 최소화할 수 있는지 알아보기 위해서였다. 통계가 말해주는 것은 동체에 총탄을 맞은 폭격기가 가장 많다는 사실이었다. 엔진에 총탄을 맞은 폭격기는 단한 대도 없었다. 따라서 폭격기의 동체를 강화하는 것이 가장 좋은 대처인 듯 보였다. 하지만 과연 그럴까? 엔진에 대미지를 입은 귀환 비행기가 한 대도 없다는 사실이 총탄은 주로 동체에 명중하며 엔진을 명중시키는 것이 매우 어렵다는 의미일까? 혹시 엔진에 한 발이라도 총탄을 맞은 비행기가 모두 돌아오지 못하고 추락한 것은 아닐까? 답은 당연히 후자다. 많은 데이터가 있다고 해서 답을 찾기 쉬운 것은 아니다. 마찬가지로 데이터가 전혀 없어도 미래를 예측할 단서가 없는 것은 아니다. 나는 섬유지식 Ⅲ를 통해 이 점을 명쾌하게 보여줄 것이다.

섬유지식 Ⅲ는 Sustainability를 위한 특별판이다. 7년에 걸쳐 쓴 글이므로 겹치는 내용이 간간이 나온다. 하지만 똑같은 것은 결코 없다. 글을 쓴 당시의 시대정신이 다르기 때문이다. 책을 쓰는 동안 세계 최대 의류제조회사인 세아상역 유광호 대표이사로부터 많은 울림을 받았다. 다른 책들과 마찬가지로 혜안과 차가운 지성으로 범부의 글을 눈부신 예봉의 서사로 다듬어준 내 아내 백미경 덕분에 이 책을 쓸 수 있었다.

C·O·N·T·E·N·T

TEXTILE
SCIENCE

01

재미있는
소재 이야기

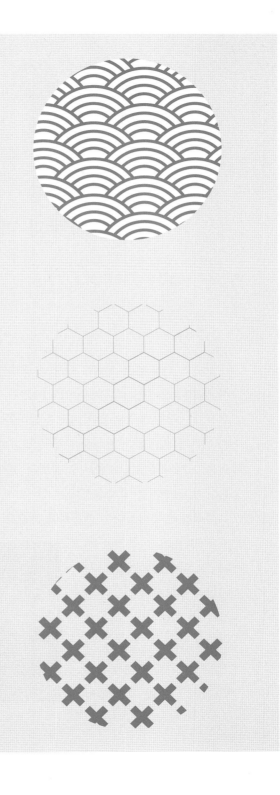

솜사탕과 마스크

관련이 전혀 없어 보이는 사탕 제조업자 존 와튼John Wharton과 치과의사 윌리엄 모리슨William Morrison은 1899년 '사탕기계의 새롭고 유용한 개선사항'이라는 알쏭달쏭한 이름의 특허를 받았다. 그들은 회전당을 만드는 기계를 설계했다. 완성된 제품은 달콤하고 푹신하며 미묘해 모리슨은 이를 '요정 치실'fairy floss이라고 불렀다. 1920년대까지 '코튼 캔디'라는 이름은 별로 인기를 얻지 못했다.

아이들에게 솜사탕은 백설처럼 하얗고 보기에도 아찔한 핑크빛 구름으로 만들어진 달콤한 천국 그 자체였다. 쌉쌀한 사카린이 섞이지 않은 순수한 설탕 구름이라니. 눈으로 보고도 믿을 수 없었다. 아저씨가 힘차게 페달을 밟으면 작은 원통이 핑핑 돌아

가고 설탕 가루를 원통 한가운데 있는 구멍에 투척하면 눈에 잘 보이지도 않는 거미줄 같은 투명한 섬유가 원통 밖으로 실구름이 피어나듯 퍼졌다. 아이들에게 천상의 달콤함을 선사하는 낙원이었다.

옛날에는 동네 골목 어귀마다 솜사탕 아저씨가 있었다. 뜨거운 코어와 실린더를 돌리는 페달이 있을 뿐 간단하기 그지없는 솜사탕 기계는 딱 두 가지 일만 하는데도 놀라운 마법을 부린다. 원심력을 이용해 녹인 설탕액을 섬유로 만드는 것이다. 설탕액을 섬유로 만들려면 막대한 힘이 필요한데 단지 페달을 밟아 회전력을 얻는 원통에서 실로 어마어마한 원심력이 발생한다. 회전이 빠를수록 원심력이 커지기 때문이다.

스탠포드대학교 프라카시 교수팀은 종이로 원심분리기centrifuge를 만들었다. 아이들이 가지고 노는 실팽이에서 아이디어를 얻었다. 기억하는가? 가운데 구멍이 두 개 뚫린 동그란 물건, 이를테면 단추 같은 것에 실을 관통한 다음 양쪽 실을 잡고 당겼다 늦췄다 하면 윙윙 소리를 내며 단추가 빠르게 돌아가던 광경. 단순한 놀이지만 여기에는 물리법칙이 있다. 한번 회전한 물체가 회전을 계속 유지하려고 하는 '회전 관성'과 원운동을 하는 물체가 중심에서 바깥쪽으로 힘을 받는 '원심력'이다. 프라카시 교수팀은 이 원리를 이용해 혈액 성분을 분리해 보기로 했다. 그렇게 내놓은 물건이 페이퍼퓨지paperfuge이다. 페이퍼퓨지는 세상에서 가장 간단한 원심분리기다. 생김새는 실팽이와 똑같다. 혈액을 담은 작은 튜브가 들어 있는 종이 원반과 양쪽에 달린 나무 손잡이가 전부다. 나무 손잡이를 잡고 끈을 당겼다 늦추기를 반복하면 종이 원반이 회전하며 원심력이 발생해 혈액에 있는 이물질을 분리해 낸다. 회전속도는 12만 5,000rpm으로 병

🔵 페이퍼퓨지

원에서 쓰는 원심분리기보다 빠른 수준이다. 단지 종이와 끈으로 만들어 낸 원심력이 무려 중력의 3만 배인 3만G나 된다. 연구진은 페이퍼퓨지를 이용해 15분 만에 혈액에서 말라리아 원충을 분리해 냈다. 비용은 단돈 20센트다. 작지만 위대한 발명이다.

솜사탕 기계 실린더의 회전속도는 3,600rpm으로 초당 무려 60번이나 회전한다. 여기서 9,000G의 원심력이 발생한다. 원심력이 용기의 측면에 뚫려 있는 작은 구멍을 통해 뜨거운 설탕액을 밖으로 뽑아내면서 끈적이는 설탕이 섬유가 된다. 설탕 섬유는 직경이 50미크론 5데니어에 불과하며 설탕액이 외부의 차가운 공기와 만나면서 순식간에 고체로 변한 결과다. 이제 막대기를 돌리면서 섬유를 걷어내면 된다.

솜사탕의 원리를 섬유 방사에 그대로 적용한 부직포가 멜트블로운melt blown이다. 설탕 대신 폴리프로필렌PP·Polypropylene을 사용하고 원심력 대신 강한 바람을 동원한 것만 다를 뿐 원리는 완전히 동일하다. PP로 만

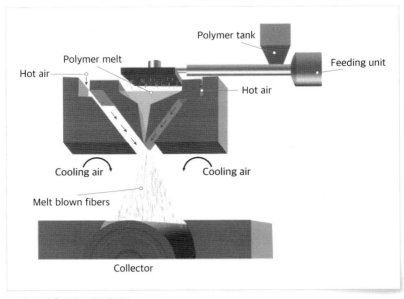

◉ 멜트블로운 부직포 생산공정도

든 이 섬유는 직경이 1미크론0.1데
니어으로 마이크로파이버microfiber
급이다. 이 정도 수준의 가는 섬
유를 촘촘히 쌓아올려 원단을 만
들면 방수도 가능하다.

화장지 대란

난데없이 두루마리 화장지가 품귀였던 적이 있다. 코로나19로 마스크
가 품절되다 보니 비슷하게 생긴 화장지도 같은 원료를 사용할 것이라고
추측했기 때문이다. 덕분에 화장지 제조업자만 신났다. 생긴 건 비슷해
보이지만 화장지와 마스크는 전혀 다르다. 마스크는 PP로 만든 부직포다.
PP 원료가 부족하다고 해서 화장지 원료인 펄프를 대신 사용할 수 없다
는 뜻이다. 화장지는 솜사탕과 매우 비슷하다. 사실 둘은 같은 원료다. 사
람이 먹을 수 있느냐 없느냐 하는 차이가 있을 뿐이다. 염소라면 둘 다
먹을 수 있다. 염소에게는 둘 다 같은 영양소이기 때문이다. 화장지는 종
이이고 종이의 원료는 펄프다. 펄프는 나무에서 셀룰로오스만 남기고 다
른 불순물, 이를테면 나무의 수지resin인 리그닌을 제거한 상태다. 즉, 화
장지는 100% 셀룰로오스다. 면은 98% 셀룰로오스다. 생김새만 다를 뿐
화장지, 종이, 면, 나무는 모두 태생도 같고 성분도 같다.

셀룰로오스는 포도당의 중합물이다. 포도당 단분자를 연결해 고분자
를 형성한 것이 셀룰로오스다. 설탕은 자당이라고 하는데 포도당과 과당
을 연결한 것으로 그냥 포도당이라고 생각하면 된다. 코카콜라의 단맛은
옥수수로 만든 액상과당에서 온다. 녹말도 포도당의 중합체다. 결국 설
탕도 종이도 포도당이 원료인 셈이다.

PP는 종이와 정반대인 물성을 가졌다. 종이나 면은 물을 좋아하는 친

수성이지만 PP는 물을 전혀 흡수하지 않는 극단적인 소수성 물질이다. 따라서 박테리아가 살기 좋은 환경은 아니다. 박테리아는 바닷속 수심 1만 미터나 펄펄 끓는 물에서도 생존한다. 그러나 단 두 가지 조건, 건조하거나 자외선이 내리쬐는 환경에서는 어떤 박테리아나 바이러스도 생존할 수 없다. 마스크로는 꽤나 적합한 소재라고 할 수 있다.

유대인에게는 팔 수 없는 원단

"울과 린넨이 함께 제직된 옷을 입지 말라." "Do not wear clothes of wool and linen woven together." 유대인의 모세5경 신명기 22장 11절에 있는 내용이다. 영어 성경에는 이렇  게 되어 있다. "You shall not wear a garment of divers sorts, as of woolen and linen together." 한글판 성경은 이렇다. "양털과 베실로 섞어 짠 것을 입지 말지니라."

유대인은 왜 자신들의 율법에 이런 희한한 금지를 하게 되었을까? 베실은 우리말로 삼을 뜻하며 삼은 곧 대마hemp를 의미한다. 안동 지방에서 생산하는 안동포가 바로 대마를 원료로 한 삼베다. 아마亞麻인 린넨과는 엄연히 다르다. 성경을 한글로 번역한 사람이 섬유에 대해 잘 몰라서 생긴 오류다. 차라리 마麻라고 했으면 문제가 없었을 것이다. 미국, 유럽과 달리 우리나라는 아마, 모시, 대마를 각각 구분하지 않고 '마'라는 하나의 일반명 generic name 으로 의류에 표기한다.

유대인의 율법은 울과 린넨이 혼용된 원단뿐만 아니라 동물을 잡종 교배하거나 이종의 식물을 함께 경작하는 것도 금지하고 있다. 린넨은 나일강 유역에서 경작되는 대표 식물이며 울은 유대인  의 대표 생산물이다. 린넨은 면이 나오기 전까지 가장 많이 사용된 식물성 섬유다. 이집트 노예로 수백 년을 산 정신적 트라우마 때문에 금지했다는 속설도 있고 제사장에게만 허락함으로써 일반인이 경찰 제복을 착의할 수 없는 것처럼 금지된 특수복으로 규정했다는 이야기도 있다. 아무래도 후자가 더 설득력 있는 주장 같다. 일종의 신성함으로 금지한다는 것이다.

나는 기능적인 접근을 해보고 싶다. 알다시피 린넨은 대표적인 여름 섬유이며 울은 그 반대다. 따라서 둘을 섞는다는 것은 물과 불을 섞는 것과 마찬가지다. 서로의 장점을 상쇄하기 때문이다. 이 원단은 여름에는 덥고 겨울에는 추울 것이다. 물론 세상에 두 소재만 존재한다면 가을이나 봄에 입기 위해 둘을 섞을 수도 있겠지만 소재가 다양한 오늘날에는 그럴 필요가 없다. 일부 럭셔리 브랜드 춘하복에 사용하는 경우가 있기는 하다. 각 소재를 선염해 제직한 까다로운 원단으로 솔리드 solid 염색이 쉽지 않고 세탁도 당연히 드라이클리닝을 해야 한다.

린넨과 울은 또 다른 이유로 상반되는 소재다. 린넨은 레질리언스 resilience 가 가장 나쁜 소재다. 즉, 구김이 심하다. 반대로 울은 레질리언스가 가장 양호한 소재다. 성능이 뛰어난 울에 레질리언스가 최악인 린넨이 섞이면서 탁월한 장점을 상쇄해 버린다. 하지만 이 소재를 긍정적으로 받

다음 사례는 원단이 아니라 의류 자체를
금지하고 있다. Gap의 산하 브랜드인 바
나나리퍼블릭Banana Republic 의 모직 코트
칼라 뒷부분에 처리한 스티치에 린넨 재
봉사를 사용한 것을 문제 삼고 있다. 전문
가도 발견하기 어려운 부분을 지적할 정
도로 까다롭다.

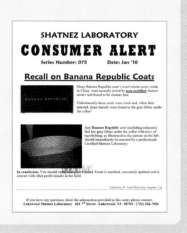

아들인다면 다음과 같은 아이디
어도 가능하다. 100% 린넨소재
로 된 여름 양복은 시원하지만 구
김 때문에 선택을 망설이게 된다.
이때 냉감을 어느 정도 양보하더
라도 울을 섞어 구김을 보완할 수
있다. 구김은 상당히 성가신 문제

△ 울과 린넨 혼방사

이기 때문에 개선된 레질리언스는 이를 충분히 보상하고도 남을 것이다.
다만 얼마큼 섞어야 만족할 만한지는 쉽지 않은 문제다.

이 소재는 울에 멜란지melange 효과를 내는 기능도 있다. 울 염색은 기
본적으로 선염이므로 면의 멜란지처럼 폴리에스터를 섞어 효과를 낼 수
도 있다. 그러나 린넨이 섞인 멜란지는 폴리에스터를 섞은 것과는 크게
달라 보인다. 특히 린넨은 터프tough하거나 빈티지한 이미지를 연출할 수
있고 특유의 광택으로 모직 원단을 실크처럼 고급스럽게 만들 수 있다.

폭발하는 당구공과 레이온

19세기 중반, 당구용품 회사인 펠란앤콜렌더Phelan&Collender는 상아를 대체할 재료를 발명한 사람에게 1만 달러의 포상금을 주겠다고 제안했다. 당구 게임이 인기를 끌면서 당구공의 수요는 날로 늘어나는데 상아의 공급은 점점 감소했기 때문이었다.

⬥ 셀룰로이드 당구공

완벽한 샷으로 당구공이 폭발하기도 하는 시절이 있었다. 인류 최초의 플라스틱인 셀룰로이드로 만든 당구공이 그랬다. 당구공은 균일한 물리적 성질을 가지고 있어야 한다. 내부 밀도가 일정해 어떤 곳에 충돌하더라도 균일하게 반발해야 하기 때문이다. 게임이 요구하는 모든 성능을 만족하는 유일한 재료는 최상급 상아였지만 코끼리 사냥과 상아 수출이 점차 금지되는 추세였다. 1856년에 발명된 셀룰로이드는 이름에서 짐작할 수 있듯이 셀룰로오스에서 유래했으며 셀룰로이드의 원료인 니트로셀룰로오스는 높은 가연성을 가진 화약의 일종으로 면화약guncotton이라고도 불린다. 면은 셀룰로오스 98%로 이루어진 섬유다. 현대의 탁구

🔵 면화약 니트로셀룰로오스

공도 셀룰로이드로 만들어지니 이들은 모두 친척 관계다.

최초의 인조섬유

인류 최초의 인조섬유는 사실 레이온이다. 진정한 의미의 '인조'는 아니지만 화학적으로 천연재료의 형태를 바꾼 '최초의 섬유'라는 점에서 의미가 있다. 모든 천연섬유는 그 자체로 섬유 형태다. 실로 만들 수 있어야 한다는 절대조건이 달려 있기 때문이다. 화학섬유는 가소성 플라스틱이므로 언제든 원하는 형태로 바꾸면 된다. 레이온은 면과 동일한 성분인 셀룰로오스이지만 나무에서 비롯되었으며 나무는 수지인 리그닌을 포함한 다양한 불순물이 섞여 있으므로 거의 순수한 셀룰로오스로 이루어진 면과 다르다. 나무에서 불순물을 제거하고 100% 순수한 셀룰로오스로 만든 것이 펄프다.

방적 가능한 형태

문제는 펄프가 면과 달리 방적 가능한 섬유 형태가 아니라는 점이다. 가루에 가까운 단섬유를 기다란 섬유 형태로 바꾸기 위해서는 국수 제조를 떠올릴 필요가 있다. 국수를 만들려면 밀가루에 물을 첨가해 반죽

으로 만들어야 한다. 반죽이 되지 않으면 국수를 만들 수 없지만 밀가루에는 '글루텐'이라는 끈적이는 성분이 있어 가능하다. 펄프는 순수한 셀룰로오스로 점착력이 없어 그대로는 반죽을 만들 수 없다. 방법은 셀룰로이드처럼 액체 상태가 되도록 녹이는 것이다.

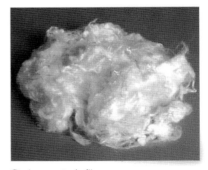

△ viscose staple fibre

끈적한 액체로 당구공을 만드는 대신 가느다란 관을 통과시켜 섬유로 뽑아낸 것이 레이온이다. 동물의 위에서도 소화되지 않는 셀룰로오스는 녹이기 어려운 천연고분자다. 다양한 용매와 케미컬을 이용한 수십 차례의 시도 끝에 몇몇 종류의 레이온이 탄생했다. 그중 대중적으로 상업화에 성공한 최초의 레이온이 이황화탄소를 사용한 비스코스viscose이다. 질산을 사용하지 않아 폭발은 피했지만 이황화탄소는 인간의 신경계에 작용하는 위험한 독극물이다. 이황화탄소 공해가 발생하지 않는 레이온이 탄생하기까지 그로부터 150년이나 기다려야 했다.

야누스 같은 레이온

레이온은 19세기 중반에 탄생했지만 진정한 인조 화학섬유인 나일론은 그로부터 85년이나 뒤에 만들어졌다. 레이온은 처음에는 인조 실크라는 이름으로 알려졌다. 그러나 실제로는 동물성 섬유인 실크보다는 면에 가까운 성분이다. 정확하게는 면과 분자 크기만 다를 뿐 100% 동일한 성분이다. 단지 실크처럼 표면이 매끄러워 광택이 비슷할 뿐이다. 따라서 모든 물성은 면과 같거나 유사하다. 1924년 미국 상무부는 특유의 광택을 반영해 빛을 뿜어낸다는 의미로 'ray'와 cotton의 'on'을 결합해 레이온rayon이라 불렀다. 인조 실크보다는 '빛나는 면' 쪽이 훨씬 더 사실에 가깝다. 하지만 장섬유라는 점과 특유의 드레이프drape성, 매끄럽고 광택이 나는 외관은 실크에 가깝다고 할 수 있다. 세탁할 때 수축이 크게 일어나 드라이클리닝해야 하는 점도 실크와 비슷하다. 레이온은 외면과 내면이 다른 두 얼굴의 섬유다.

안티파파라치 재킷

영국의 〈탑 기어〉Top Gear는
세계에서 가장 유명한 자동
차 TV 프로그램이다. 프로그
램의 창안자이자 MC인 제레
미 클락슨 Jeremy Clarkson은 동
료 제임스 메이 James May와 함

께 람보르기니와 페라리 컨버터블을 타고 번잡한 밤거리를 지나갈 때 누
가 더 많은 카메라 세례를 받는지 내기했다. 이들이 아무런 사전 통보 없
이 밤 8시쯤 이스트런던의 좁은 도로를 지나는 약 7분간 제임스는 120
번, 제레미는 무려 280번이나 행인들에게 사진 찍혔다. 제레미와 제임스
는 사진 찍힌 횟수를 어떻게 알았을까? 당연히 플래시 때문이다.

파파라치는 셀럽들에게 큰 골칫거리다. 만약 제레미가 디자이너인 당신
에게 얼굴을 가리지 않고도 밤에 사진 찍히지 않는 안티파파라치 재킷an-
ti-paparazzi jacket을 만들어달라고 한다면 어떻게 할 것인가? 답은 소재에 있다.

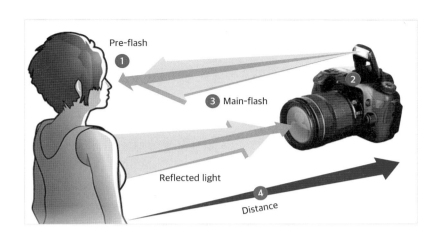

파파라치가 사용하는 카메라 플래시는 일반적으로 TTLThrough the Lens 자동 모드다. TTL은 셔터를 누르면 2단계 연속 동작을 하는데 먼저 피사체를 향해 '사전 플래시'preburst light라고 하는 작은 플래시를 발광한다. 눈에 보이지도 않는 희미한 빛이 마치 레이더처럼 피사체에 반사되어 렌즈를 통해 카메라로 다시 돌아오면서 반사된 빛의 양에 대한 정보를 카메라에 전달해 올바른 노

출 정도를 결정하고 정상적인 두 번째 플래시가 터지도록 한다. 안티파파라치 재킷은 TTL의 작동 알고리즘을 역으로 이용해 피사체의 얼굴을 어둡게 만든다.

플래시는 카메라의 명령에 따라 밝기가 조절되는데 안티파파라치 재킷은 카메라가 장면을 실제보다 훨씬 더 밝다고 착각하게 만든다. 왜냐

하면 재킷에 사용된 재귀반사_{retro reflection} 소재가 그림에서 보다시피 사전 플래시로 방출된 거의 모든 빛을 카메라로 되돌리기 때문이다. 결국 카메라는 피사체가 매우 밝다고 인식해 플래시의 밝기를 낮추고 결과적으로 노출이 부족한 피사체를 만든다.

재귀반사는 광원에서 나온 빛이 물체의 표면에 반사되어 다시 광원으로 되돌아가는 것이다. 단, 정면으로 입사한 빛만 광원 방향으로 되돌릴 수 있다. 자동차의 헤드라이트나 플래시 빛을 재귀반사 소재에 비추면 광원에서 나온 빛이 다른 방향으로 산란되지 않고 빛을 비춘 방향으로 되돌아가 광원 쪽에 있는 사람이 물체를 뚜렷하게 볼 수 있다. 일상생활과 산업현장에서 발생할 수 있는 각종 안전사고로부터 생명과 재산을 보호하기 위해 스포츠웨어나 야간 도로공사 노동자, 경비원, 경찰관 및 소방관의 작업복에 재귀반사의 특성을 이용한 응용기술을 적용하고 있다.

자동차 엔진의 파워를 나타내는 척도는 마력_{horse power}이다. 양초력_{candle power}은 반사물질에 대한 빛의 반사성능 파워를 나타낸다. 마력이 '말의 수 × 힘'인 것처럼 밝기를 '양초의 수 × 밝기'로 나타낸 것이다. 미국

○ 양초력

의 3M에 의하면 흰색 원단의 양초력은 0.1~0.3, 자동차 번호판은 50이며 전형적인 재귀반사 원단은 무려 500이다. 사진을 찍을 때 재귀반사 원단의 양초력이 극단적으로 높은 데 비해 사람의 얼굴은 노출이 부족하므로 검게 찍히게 된다.

세상에서 가장 비싼 면 원단

셀룰로오스는 5천만 종에 달하는 지구상의 모든 동물과 식물의 에너지원인 포도당의 '중축합물'이다. 하지만 2,000톤의 무게에 80m가 넘는 거대한 세콰이어 나무가

제대로 서 있으려면 부드러운 셀룰로오스만으로는 불가능하다. 26층 건물에 달하는 키를 유지하기 위해서는 강철에 버금가는 강성이 필요하다. 강성을 높여주는 보완재는 우리가 원단을 스티프stiff 또는 하드hard하게 만들기 위해 사용하는 수지와 같다. 나무의 수지를 '리그닌'이라고 하며 리그닌은 동물의 뼈와 같은 역할을 한다.

나무는 면에 비해 구하기 쉬운 재료이지만 리그닌이 섞여 있어 그대로는 섬유의 재료로 쓸 수 없다. 나무를 분쇄해 셀룰로오스만 남기고 나머지를 제거한 것이 펄프다. 뼈를 제거하고 살코기만 남긴 정육과 마찬가지다.

목화솜은 나무와 달리 리그닌이 거의 없는 순수한 셀룰로오스다. 펄프는 100% 셀룰로오스이므로 면과 펄프는 가장 가까운 친척이다. 다른 점은 '길이', 즉 섬유장뿐이다. 면은 천연섬유 중에서 섬유장이 가장 짧지만 펄프는 그보다 더 짧은 섬유로 되어 있다. 면은 방적기술로 잘 빗질해 꼬임을 가하면 실로 만들 수 있지만 펄프는 불가능하다. 따라서 펄프는 부직포가 되었다.

△ 펄프

부직포는 제직, 편직에 이어 원단을 만드는 세 번째 방법으로 섬유 → 실 → 제직을 거치지 않고 섬유를 바로 원단으로 만드는 방법이다. 섬유가 모래라면 실은 벽돌과 같다. 부직포는 집을 지을 때 벽돌 없이 모래와 시멘트가 섞인 모르타르로 벽을 만드는 것과

△ 솜

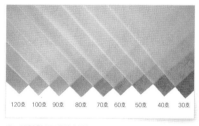

120호 100호 90호 80호 70호 60호 50호 40호 30호

△ 다양한 두께의 부직포

마찬가지다. 섬유를 2차원 평면으로 겹겹이 쌓아올린 결과물인 셈이다. 종이도 마찬가지다. 즉, 종이는 셀룰로오스로 만든 부직포다. 면직물과 제조 방법의 차이가 있을 뿐, 둘은 정확히 같은 성분으로 이루어진 원단이다.

워싱턴, 제퍼슨, 링컨 등 미국 대통령의 얼굴이 새겨진 달러 지폐는 면 75%와 린넨 25%가 혼용되어 있는 면 혼방 부직포 원단이다. 질긴 린넨

이 포함된 이유는 내구성을 유
지하기 위해 군복에 면과 폴리
에스터를 혼방한 소재를 쓰는
이유와 같다.

　종이의 일반적인 정의가 '나
무의 펄프로 만든 소재'라고 한
다면 달러 지폐는 엄밀히 말해 종이가 아니다. 달러 지폐는 미국의 크레
인앤코Crane&Co라는 200년도 더 된 역사적인 제지회사에서 만들고 있다.
철저히 비밀에 부친 제조법을 보면 오랜 역사를 가진 회사라는 짐작이
간다. 사실 나무보다 훨씬 비싼 순수 셀룰로오스의 결정체인 면을 종이
로 만드는 경우는 없다. 경제성이 없기 때문이다. 하지만 지폐라면 이야
기가 달라진다. 100불짜리나 1불짜리나 제조 원가는 같지만 가치 차이
는 100배나 된다.

　달러를 자세히 보면 빨간색과 초록색의 작은 섬유가 불규칙하게 들어
있는 것을 알 수 있다. 비록 몇 오라기에 지나지 않지만 그것은 분명 실
크다. 위조를 방지하기 위해 지폐 제작공장에서 집어넣은 것이다. 달러는
1861년 최초로 만들어진 이래 한 번도 바뀐 적이 없다. 아이러니하게도
면 파동이 일어났을 때 달러 지폐의 제조원가는 일곱 배로 뛰었지만 실
제 가치는 오히려 떨어졌다.

　달러 지폐는 크기가 15.59cm × 6.63cm이며 무게는 1g 정도가 나간
다. 규격이 정수로 떨어지지 않는 점이 놀랍다. 미터법을 쓰지 않는 지구
상의 몇 안 되는 나라가 미국이지만 인치 단위에서도 정수로 떨어지지
않는다. 왜 이런 희한한 크기를 갖게 되었을까? 궁금하지만 이 이야기는
나중에 하도록 하겠다.

　면이 1kg 있으면 달러 지폐 750장을 만들 수 있다. 그런데 1yd의 원
단을 만들려면 무려 달러 지폐 99장이 필요하다. 따라서 코튼과 린넨으

로 된 이 원단은 1달러짜리로 만들어도
야드당 99불이 된다. 100불짜리로 만
든다면 9,900불이 될 것이다. 이 원단
10만yd는 9억 9천만 불이다. 널리 사
용되는 폴리에스터 듀스포 원단 가격의
1만 배다.

△ 이산화티탄 분말

　달러 지폐는 코팅되어 있다. 지폐를 코
팅하는 이유는 여러 가지가 있지만 그중
가장 중요한 목적은 지폐가 투명해지지
않도록 하는 풀덜full dull 효과다. 화섬공장에서 풀덜 원사를 만들기 위해
폴리에스터나 나일론을 제조할 때 쓰는 첨가제 중 하나는 이산화티탄TiO₂
이다. 빛이 산란하면서 원단을 투과하는 것을 막는 원리다. 소광제라고
불리는 이산화티탄은 자외선을 차단해 주는 선블록에 사용되며 하얀 초
콜릿의 성분이기도 하다. 달러 지폐는 세상에서 가장 비싼 풀덜 코튼 린
넨 원단이다. 그런데 얼마 전부터 린넨 대신 합성섬유를 사용하기 시작했
다. 질겨지기는 하겠지만 지속가능성sustainability에 반하는 결정이다.

가짜 가짜 모피

오타가 아니다. 말 그대로 가짜 모피인 척하는 진짜 모피를 의미한다. 지속가능성이라는 생소한 패러다임이 패션산업을 관통하면서 시작된 초유의 사태다. 얼마 전부터 니먼마커스 Neiman Marcus, 닥터제이스 DrJays 같은 고급백화점 브랜드가 모피 의류의 품표 content label에 진짜를 가짜로 표기하는 믿기 어려운 사례가 나타났다.

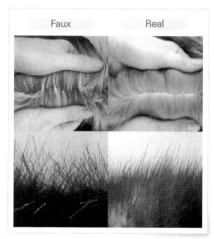

🔵 가짜와 진짜 모피

모피는 최고의 의류소재이고 많은 사람이 사랑하지만 어떤 사람들은 모피를 구입하지 않기 위해 의식적인 선택을 한다. 이는 인조가죽을 에코 레더 eco leather라고 부르는 것과 맥을 같이한다. 가죽이나 모피는 해당

동물을 죽여야 얻을 수 있다. 그뿐만 아니라 가죽 가공인 무두질에 5가 크롬을 사용하는 가죽 염색은 강한 발암성 오염물질을 배출하는 공해산업이다. 그 때문에 지속가능성이 지배하는 신인류 소비자를 위한 인조모피의 필요성이 점점 증가하고 있다. 문제는 이를 대체할 인조모피가 아직 진짜 모피의 품질이나 감촉, 내구성을 기술적·기능적으로 구현하지 못한다는 사실이다. 진짜와 구분하기 어려운 인조가죽과 달리 대부분의 인조모피는 형편없는 촉감과 굵은 모발, 부자연스러운 싸구려 광택, 그리고 물을 밀어내는 소수성 소재라는 초보 단계에 머물러 있다. 이런 이유로 럭셔리 브랜드의 고민이 깊어가는 중이다. 가짜 가짜 모피는 그들의 주고객인 상류층 소비자의 품위를 지키면서도 럭셔리 제품 수준에 맞는 품질을 포기하고 싶지 않은 욕망에서 비롯된 시도다. 비난의 눈길에서 자유로운 가짜를 표방하면서 감성이나 기능은 진짜를 사용함으로써 진짜와 구분되지 않는 첨단기술을 사용한 인조모피로 호도해 상류층 소비자의 만족을 얻어낼 수 있다.

수천 년간 우리는 가짜를 진짜로 속여 파는 세상에 살았지만 지금은 진짜를 가짜라고 허위 기재하는 새로운 세상에 산다. 미국시장에서 이와 비슷한 사례가 증가하면서 미국 FTC의 경고와 제재가 시작되었다. 가짜인 척하는 진짜 제품은 의무적으로 기재해야 하는 실제 모피의 종류나

🔵 모피가 없는 모피

원산지조차 알 수 없게 되어 있기 때문이다.

예를 들어 니먼마커스는 웹사이트에 항목을 설명할 때 모피 내용을 허위로 표기했고 버버리 Burberry의 아우터웨어 재킷, 스튜어트와이츠먼 Stuart Weitzman의 발레리나 플랫 및 앨리스앤올리비아 Alice+Olivia의 세 가지 제품에 동물 종류와 모피 원산지를 공개하지 않았다. 또 다른 고급백화점 삭스피프스에비뉴 Saks Fifth Avenue 에서 판매 중인 버버리의 퍼 후드는 웹사이트에서 가짜 털이라고 소개하고 있고 라벨에도 실제

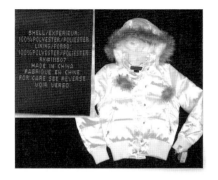

모피에 대한 정보를 기재하지 않았는데 시험실에서 확인해 본 결과 진품 토끼털이라는 사실이 밝혀졌다. 로카웨어 Rocawear의 재킷 후드는 라쿤털의 종류나 원산지에 대한 표기가 전혀 없으므로 가짜 털일 것이라고 소비자가 잘못 생각하게 만든다.

미국시장의 섬유 제품 라벨에 대한 등록과 규정을 제정하고 관리하는 미국 FTC는 라벨에 허위 사실이나 제네릭 네임 generic name으로 등록되지 않은 소재 이름을 사용하는 경우 때로는 수백만 불에 달하는 막대한 페널티를 부과한다. 진짜를 가짜로 표기하는 것은 도덕적으로 문제가 되지 않을 것 같고 그 자체로는 FTC 규정을 위반하지도 않지만 가죽의 종류와 원산지 정보를 표기해야 하는 의무 in-fur-mation alert를 피할 수 있도록 방조하므로 명백한 불법이다. 지속가능성이 일으킨 작은 파문은 나비 효과로 이어져 끝을 알 수 없는 뉴 노멀new normal을 창조하는 중이다. 뉴 노멀을 정확하게 예측하고 신속하게 발견해 대책을 수립해야 기존에 없던 경쟁력을 확보할 수 있다.

그래핀 이불

연필심에 사용되어 우리에게 친숙한 흑연은 탄소가 벌집 모양의 육각형 그물로 배열된 평면이 층으로 쌓여 있는 구조다. 이 중 한두 개의 원자 두께인 단일 흑연 층을 그래핀graphene이라 부른다. 그래핀은 0.2나노미터의 두께로

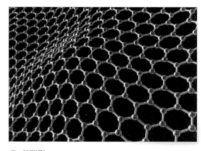

🔵 그래핀

물리적·화학적 안정성이 매우 높다. 2004년 영국의 안드레 가임Andre Geim 과 콘스탄틴 노보셀로프Konstantin Novoselov 연구팀이 상온에서 투명테이프를 이용해 흑연에서 그래핀을 떼어내는 데 성공했고 그 공로로 2010년에 노벨 물리학상을 받았다.

그래핀 이불이라니, 과학을 동원할 필요도 없이 단순한 경제 논리로만 이야기해도 충분한 답이 된다. 그래핀을 발열소재로 사용하는 것은 3캐럿짜리 천연 다이아몬드로 유리 자르는 칼을 만드는 것과 같다. 그래

핀이 최초로 탄생했을 때는 가격이 0.1g에 10만 불이었다. 지금은 10g에 1,500불 정도로 저렴해지기는 했으나 그렇다고 해도 이불의 보온 기능을 위해 사용하기에는 터무니없이 비싸다. 이불이 5억 원 정도면 몰라도 말이다.

발열이 아닌 축열

숯은 매우 훌륭한 축열소재다. 축광소재는 받아들인 빛을 천천히 방출하고 축열소재는 열을 천천히 방출한다. 별 다섯 개짜리 돌침대가 지금도 팔리고 여름 해변의 모래와 뚝배기에 담긴 설렁탕이 지독하게 뜨거운 이유와도 같다. 축열소재로 많이 사용되는 것이 주로 세라믹 종류의 무기물인데 산화지르코늄이 가장 적합한 소재이지만 무기물의 대표격인 탄소도 물론 훌륭한 축열소재다. 탄소원자 자체가 축열 기능을 하므로 분자구조와는 상관없이 작동한다. 즉, 숯이든 흑연이든 다이아몬드든 탄소로만 된 분자는 모두 마찬가지라는 말이다. 따라서 가격이 쌀수록 가성비가 높다. 흑연으로 막을 일에 그래핀을 동원하는 것은 호미로 할 일에 포크레인을 들이대는 것과 같다.

그래핀

탄소는 흑연, 숯, 다이아몬드에 이어 축구공 모양으로 생긴 풀러렌fullerene, 튜브처럼 생긴 탄소나노튜브CNT·Carbon Nanotube, 그리고 가장 최근에 발견된 그래핀이 있다. 그래핀은 2차원 평면 형태로 세상에서 가장 얇은 막이다. 탄소 삼형제를 발견한 여섯 명의 과학자 중 다섯 명이 노벨상을 받았다. CNT를 발견한 이지마는 현재 가장 강력한 노벨 화학상 후보다. 그래핀은 우리 생활 전반에 가장 큰 영향을 끼칠 수 있는 중요한 소재다. 구리보다 전기가 100배나 잘 통해 전기 저항이 거의 없는 소자를 만들 수 있고 질기기는 강철보다 200배 강하다. 실리콘보다 100배나 더 빨리 전자를 보낼 수 있으며 검은색인데도 빛의 98%를 투과해 디스플레이로도 활용 가능하

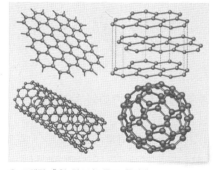

△ 그래핀, 흑연, 탄소나노튜브, 풀러렌

다. 이를 필름으로 가공하면 둘둘 말거나 접을 수도 있다. 신축성도 있어 25%나 늘어난다. 흑연만큼 가격이 내려가 대량생산이 가능해진다면 우리 생활에 수많은 혁신을 가져올 것이다. 이런 물건을 겨우 이불의 보온 기능을 높이는 데 활용할 것인가? 그건 숯으로도 충분하다.

착색 문제와 분산 문제

탄소를 기반으로 축열소재를 만들기 위해서는 원단의 표면온도가 의미 있는 수준으로 데워질 만큼 충분한 양의 탄소가 필요하다. 원단에 코팅해야 하는 적정량은 원단을 까맣게 착색시킬 만큼이다. 즉, 반드시 원단의 반대쪽 면에만 사용할 수 있다. 검은색으로 착색되는 문제는 모든 탄소 기반의 소재에서 일어나는 동일한 골칫거리다. 실제로 탄소 같은 무기물을 원단 위에 고르게 코팅하기 위해서는 탄소 입자를 균일한 용액 상태로 만들어야 하는데 이를 분산하는 것이 매우 힘들다. 미숫가루를 차가운 물에 풀어본 사람은 이 말을 이해할 것이다. 미숫가루는 물에 잘 풀리지 않고 덩어리지기 쉽다. 입자가 작을수록 더 힘들다. 즉, 탄소 가루를 코팅 용액으로 만들기가 힘들다. 코팅 용액이 불균일하면 코팅 두께가 고르지 않고 기능이 균일하지 않게 된다. 방수이든 축열이든 마찬가지다.

코팅액을 만들기 위해 CNT의 분산 문제를 해결한 국내 IT 업체가 있었는데 지금도 존재하는지 모르겠다.

표면온도의 변화와 보온

표면온도가 다른 원단에 비해 조금 더 높게 형성되는 것이 보온에 얼마나 도움이 될까? 의류의 보온 효과는 Clo값으로 측정해야 하는데 사실 원단의 표면온도가 보온에 미치는 영향은 그렇게 크지 않다. Clo값을 높이려면 우수한 단열재인 공기를 가둘 수 있는 원사나 원단으로 설계하는 것이 가장 효과적이다.

물개 창자로 만든 투습 방수 원단

이누이트는 알래스카, 그린란드, 캐나다 북부와 시베리아 극동에 사는 원주민이다. 미국에서는 알래스카 극권에 사는 이누이트족과 유픽족을 가리지 않고 에스키모라고 부르지만 캐나다에서는 독립적인 원주민으로서 법적 지위를 부여하고 있다. 이누이트는 날것을 먹는 야만인이라는 의미가 담긴 에스키모로 불리는 것을 원치 않는다. 에스키모라는 말은 크리어에서 나왔다고 알려져 있으나 정확히 어떤 말에서 유래한 것인지는 불분명하다.

시베리아나 툰드라 같은 혹한의 동토에서 야영이나 사냥을 할 때는 물이 공포의 대상이 될 수도 있다. 혹한의 겨울에 물에 빠지는 것은 목숨을 위협하는 중대 사건이기 때문이다. 영하 10도만 되어도 옷을 입은 채 강물에 빠지면 즉시 물 밖으로 나와 젖은 옷을 벗고 몸을 건조시켜야 한다. 그렇지 않으면 십여 분 이내로 저체온증이 엄습해 죽게 된다. 물이 너무 차가워서가 아니라 젖은 옷에서 물이 증발하면서 발생하는 대량의 기화열이 체온을 순식간에 앗아가기 때문이다. 아무리 시베리아라도 수온은 영상 3도 이하로는 떨어지지 않는다. 그 이하로 내려가면 얼음이 된다. 사실 툰드라의 강은 겨울에 얼음이 두껍게 얼기 때문에 차가운 물에 빠지는 사고가 발생하는 일은 거의 없다.

영하 40~50도 추위에도 얼음이 얼지 않는다면 어떻게 될까? 알래스카에 사는 이누이트족은 대부분 바다와 인접한 곳에 주거한다. 북빙양에는 해양생물이 많아 먹을거리가 풍부하기 때문이다. 특히 차가운 바닷물에는 산소가 많이 포함되어 있어 어종이 풍부하고 덩치가 큰 어류나 고래 같은 해양동물이 많이 산다. 북빙양에서 참치를 잡는 현대 어부들은 물에 젖지 않도록 고무나 방수 필름이 처리된 폴리에스터나 나일론 같은 화섬으로 만든 방수복을 입는다. 만약 이누이트족이 화섬으로 만든 방수복이 발명되기 전부터 그곳에 살고 있었다면 그들은 어떤 옷을 입었을까? 생존과 관련된 일이므로 이 문제를 해결하지 못하면 고기잡이는

커녕 바닷가에서 살 수조차 없다. 지금도 카약을 타고 바다로 나가 물개나 바다사자 같은 해양동물을 잡아 생활을 영위하는 이누이트족은 차가운 바닷물에 빠지는 일이 다반사다.

완벽하게 방수되는 옷은 20세기 전까지 존재하지 않았다. 나일론이 발명된 때가 1935년이다. 방수 재킷은 2차 세계대전이 끝나가던 무렵 영국에서 처음으로 발명되었다. 최초의 면 방수 원단인 벤타일Ventile로 만들어진 파일럿 재킷이다. 이마저도 오랜 시간 버티지 못하고 물에 젖으면 어마어마하게 무거워진다. 생존 시간을 벌게 해주는 수단일 뿐 이 옷을

입고 바다에서 어떤 작업도 할 수 없다. 이누이트족의 방한 의류는 대개 동물 가죽이므로 방수가 될 리 없다. 겉옷이 방수 기능을 하기 어렵다면 내의라도 방수 처리된 것으로 입어야 목숨의 위협을 받지 않게 된다.

내의가 방수 기능을 하기 위해서는 우선 얇으면서도 충분히 질겨야 하며 습기를 많이 머금어서도 안 된다. 피부에 달라붙기 때문이다. 또 방수가 되면서 투습도 가능해야 한다. 그렇지 않으면 통기성이 없어 안쪽이 땀으로 젖게 된다. 이렇게 까다로운 소재를 20세기 이전에 어디서 구할 수 있었을까?

동물의 창자는 피부와 마찬가지로 단백질 섬유로 되어 있다. 대표적인 단백질 섬유인 콜라겐 조직 섬유tissue fiber인 셈이다. 동물의 피부는 말할 것도 없이 천연 투습 방수다. 단, 동물이 살아 있는 경우만 해당된다. 건조된 가죽은 방수가 되지 않는다. 즉, 죽은 피부는 방수가 불가능하다. 반면 동물의 내장은 증기나 땀을 배출해야 하는 피부와 달리 언제나 액체 상태인 내용물을 처리하는 곳이므로 우수한 방수 기능을 가지고 있다. 따라서 건조 후에도 방수 기능이 건재하다. 원래 내장을 이루는 단백질 섬유는 피부보다 훨씬 더 가늘고 치밀하다. 극도로 가는 섬유를 쌓아올려 만든 나노 멤브레인nano membrane과 비슷한 구조다. 순대를 생각해보면 된다. 섬유를 층층이 쌓아올려 방수를 하는 구조에서는 섬유가 가늘수록 더 얇은 원단을 만들 수 있다. 섬유가 충분히 가늘지 않으면서 방수가 되려면 원단이 두꺼워질 수밖에 없다. 인간의 머리카락 굵기인 섬유를 적층해 방수 원단을 만들려면 두께가 30cm는 되어야 하지만 내장은 얇고 부드러우면서도 질긴 투습 방수 원단이다.

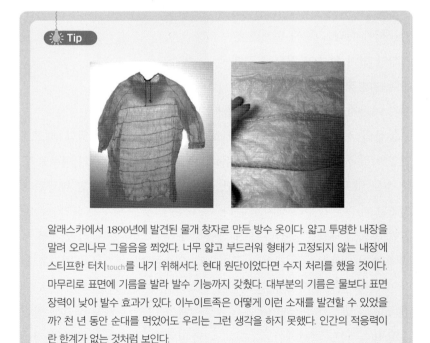

🔅 Tip

알래스카에서 1890년에 발견된 물개 창자로 만든 방수 옷이다. 얇고 투명한 내장을 말려 오리나무 그을음을 쬐었다. 너무 얇고 부드러워 형태가 고정되지 않는 내장에 스티프한 터치touch를 내기 위해서다. 현대 원단이었다면 수지 처리를 했을 것이다. 마무리로 표면에 기름을 발라 발수 기능까지 갖췄다. 대부분의 기름은 물보다 표면 장력이 낮아 발수 효과가 있다. 이누이트족은 어떻게 이런 소재를 발견할 수 있었을까? 천 년 동안 순대를 먹었어도 우리는 그런 생각을 하지 못했다. 인간의 적응력이란 한계가 없는 것처럼 보인다.

버킨백이 그토록 비싼 이유

홍콩 침사추이에 가면 중고 럭셔리 제품을 파는 가게가 많다. 주요 품목인 핸드백 중에서도 가장 눈에 띄는 가방은 에르메스 버킨백이다. 가게마다 쇼윈도에 에르메스 버킨백을 진열해 두고 있다. 그 유명한 핸드백의 가격이 궁금해진 나는 가격표를 확인하고 눈을 의심할 수밖에 없었다.

가방에 적힌 가격은 홍콩 달러로 28만 달러. 우리 돈으로 환산하면 중고 핸드백 하나가 4천만 원인 셈이다.

평범한 사람들에게는 거부감이 들 정도로 혹독한 가격이다. 보통 사람이 이런 가격을 들으면 처음에는 놀라다가 나중에는 화를 낸다. 그들은 가방 하나에 왜 그토록 비싼 가격이 매겨졌는지 궁금해하기보다는 부자들의 정신 나간 사치나 교만 때문에 붙은 거품이라 생각하며 가치를 폄하해 버린다. 하지만 과연 그럴까? 부자들은 오히려 가치소비를 하는 경향이 많다. 시장가격이 비싸게 매겨진 이유는 상품의 가치가 높고 혹독한 값을 치르더라도 살 사람이 있기 때문이다.

지상 최고의 소재

170년 역사를 이어온 에르메스의 기업정신은 최고의 소재, 장인정신, 그리고 희소성 추구다. 그들은 최고의 소재만을 사용한다. 따라서 버킨 백 같은 고가 핸드백의 소재는 주로 악어가죽이다. 당시에 샤넬이 그랬듯이 그들은 소재를 아웃소싱하지 않는다. 에르메스는 호주에 소유하고 있는 악어농장에서 직접 소재를 공수해 온다. 에르메스 악어가죽의 놀라운 검사 과정을 보면 세계 최고라고 인정할 만하다. 다른 악어와 싸우다가 상처가 생긴 악어는 말할 것도 없이 퇴짜다. 에르메스의 악어가죽은 큰 땀구멍은 물론이고 벌레 물린 자국만 있어도 소재로서 불합격이다. 만약 날씨가 나빠 악어의 피부 상태가 좋지 않으면 아무리 주문이 밀려 있어도 그해는 아예 백의 생산을 중단해 버린다. 그러면 고객들은 추가로 1년을 더 기다려야 한다. 물론 1년 후에도 백을 받을 수 있다는 보장은 없다. 날씨가 좋아져 악어의 피부가 매끄러워지기를 기도하는 수밖에.

장인 자격

가죽이 확보되면 당연히 최고의 장인이 가방을 만든다. 에르메스의 가죽 장인이 되려면 프랑스 가죽 장인 학교를 3년간 다녀야 한다. 그게 다가 아니다. 졸업 후 바로 수련 기간을 거쳐야 한다. 의과대학을 졸업하고 인턴과 레지던트를 거쳐야 하는 의사와 닮았다. 하지만 인턴이라도 어느 정도 치료에 가담하는 의사와 달리 레지던트가 수련 기간에 만든 가방은 아무리 솜씨가 좋아도 절대 판매하지 않는다. 완벽하지 않거나 예술혼이 들어가 있지 않기 때문이다. 장인학교에서 2년의 수련 기간이 끝나면 전문의, 아니 장인 자격craftsmanship을 갖추게 되고 비로소 실제 가방 제작에 참여하게 된다. 가죽 장인은 일주일에 33시간, 즉 하루에 6시간 정도 일한다. 그들은 예술가와 같아서 과다한 예술활동은 좋은 작품을 만드는 데 방해가 된다. 피카소는 예외다. 그렇다면 제작 기간은 어떻게 될까? 버킨백 하나를 만들려면 쉬지 않고 일해도 꼬박 18시간이 걸린다. 그러니 장인 한 사람이 가방 하나를 만드는 데 꼬박 3일이 걸린다. 일주일에 두 개도 만들 수 없다.

평생 유지되는 품질 보증

시속 400km를 달릴 수 있는 세계 최고의 양산차인 부가티 베이론Bugatti Veyron은 대당 가격이 200만 달러이며 일주일에 한 대 정도 만들어진다. 장인 한 사람이 만드는 에르메스 백이 부가티와

● 부가티 베이론

비슷한 속도로 생산되는 셈이다. 어렵게 만든 가방이지만 고객에게 팔렸다고 끝나는 것이 아니다. 에르메스 백은 만든 날짜와 장소, 제작한 장인이 누구인지를 고유번호로 표기한다. 가방을 만든 장인은 자신이 만든 가방을 평생 책임져야 한다.

가방을 사간 고객이 수선을 요구하면 오로지 그 가방을 제작한 장인만이 수선할 자격을 가진다. 일종의 주치의 개념과 같다. 놀라운 것은 수선할 때 가죽이 필요하다면 반드시 그 가방을 만든 해에 공급된 가죽을

사용해야 한다는 사실이다. 그들은 수선을 위해 가방을 제조한 해에 별도의 가죽을 확보해 생산연도를 써 붙인 다음 수십 년 동안 보관한다. 수선이 필요 없더라도 고객이 가방을 맡기면 초기 상태와 유사하게 복원해준다. 이 정도면 가방이 아니라 예술품이라고 할 만하지 않은가? 그것도 벽에 걸어놓고 감상하는 예술품이 아니라 사용할 수 있는 예술품이다.

그 결과 전 세계 수만 명의 대기자가 최소 7년을 기다려야 가방을 살수 있다. 매일 수십 대씩 양산되는 국산 자동차 한 대도 5천만 원이 넘는 시대다. 엄정한 소재 관리와 제작 과정, 전문의에 필적하는 장인에 의한 사후 서비스 과정을 알고도 이 가방이 비싸다고 할 사람은 없을 것이다.

실제로 에르메스와 부가티는 자동차 여행용 가방으로 컬래버레이션한 적이 있다. 사상 최고의 절묘한 만남이라고 해야 할 것이다. 세계에서 가장 많은 버킨백을 소유하고 있는 사람은 축구선수 베컴의 아내 빅토리아 베컴이다. 베컴은 세상에서 가장 능력 있는 남자라고 할 만하다. 그렇다면 버킨백의 신품 가격은 얼마나 할까? 악어가죽으로 만든 고가 품목은 1억 2천만 원이 나가는 것도 있다고 한다. 소재를 만들어 파는 나로서는 그들의 숭고한 장인정신에 숙연해질 수밖에 없다. 명품이 만들어지기 위해서는 그에 걸맞는 소재가 필요하다.

사이비 원단

소비자가 섬유와 원단에 대해 잘 알기는 어렵다. 생활과 밀접한 의류나 침구 등 대개는 친숙한 물건을 구성하는 재료이므로 얼핏 쉬워 보이지만 그것을 이루는 소재는 물론 만들어지는 방법이나 원리가 까다로운 과학기술을 토대로 하기 때문이다. 예를 들어보자. 매일 입고 벗는 면 내의는 몸의 일부인 것처럼 걸치지 않으면 허전해서 견딜 수 없다. 따라서 우리는 면을 잘 알고 있는 것 같다. 하지만 한때 눈부신 태양빛을 받은 생물이자 단지 솜 덩어리에 불과한 하얀 털이 우리가 입는 속옷이 되는 과정을 상상할 수 있을까? 아이가 "면이 뭐예요?"라고 묻는다면 몇 분, 아니 몇 초라도 설명할 수 있을까? "면은 1년생 관목인 목화라는 식물의 씨에 붙어 있는 섬유 뭉치란다" 정도로 말할 수 있다면 아주 유식한 축에 속한다. 그러나 이 설명은 면의 실체에 조금도 접근하지 못했다. 맞선 자리에서 "나는 수명이 70~80년 정도 되는 포유동물인 호모사피엔스이며 황인종이다"라고 자신을 소개하는 것과 마찬가지다. "면의 성분은 셀룰로오스다. 셀룰로오스는 포도당의 중합물이며 식물을 구성하는 포도당은 광합성의 산물로 원료는 태양에너지와 이산화탄소 그리고 물이다"
라고 설명해도 아직 갈 길이 멀다.

섬유는 소재과학이며 재배와 육종은 생물학, 이를 수확하는 것은 경제학, 이후 면화를 실로 만드는 공정은 물리학을 토대로 하는 엔지니어링이다. 이 때문에 산업혁명이 도래했고 섬유를 염색하기 위해 화학이라는 학문이 본격 태동했다. 전 세계의 메이저 화학회사인 바이엘Bayer, 헌츠만Huntsman, 다이스타Dyestar 등은 1856년 이후 원단을 염색하기 위한 합성염료가 발명되면서 생겨났다. 그러니 말 많은 셜록 홈즈라도 어떤 원단에 대해 말하라고 하면 즉시 말문이 막힐 것이다. 섬유와 원단에 대해 자유롭게 떠들 수 있는 사람은 별로 없다. 전문가도 귀하다.

다른 분야에서는 제법 똑똑한 소비자라도 섬유와 원단의 소재에 관해서는 거의 문맹에 가깝다. TV 홈쇼핑에서 소재에 대해 떠드는 쇼호스트의 이야기가 얼마나 앞뒤 안 맞는 허황된 소리인지 대부분은 모른다. 떠드는 사람도 모르고 듣는 사람도 모른다. 그러니 광고에서 어떤 실없는 이야기를 해도 소비자는 믿을 수밖에 없다. 진실인지 확인해 보기도 어렵고 단서도 빈약하다. 과학 논문에서 대충 가져온 허약한 이론으로 엉터리 마케팅을 펼쳐도 반론을 제기하는 사람이 없다. 그것이 대단히 잘못되었다는 것을 아무도 모르기 때문이다.

요즘은 판매자와 소비자 간 제품 정보의 비대칭이 완화되고 있지만 섬유는 예외다. 섬유 제품은 애초에 정보의 비대칭이 존재하지 않는다. 양쪽 다 무지하기 때문이다. 이런 상황이 장기간 지속되다 보니 매 시즌 광고하는 다양한 신소재와 원단의 기능이 진짜인지 의심스럽다. 사실 그것이 진짜인지 아닌지는 비즈니스에서 별로 중요하지 않다. 진짜라서 소비자가 더 선호하는 것도 아니며 가짜라서 배척당하는 것도 아니기 때문이다. 마치 신문기사처럼 기자가 근거도 없이 휘갈겨 써도 신문이기 때문에 철석같이 믿어주는 풍토가 패션업계에도 잘 조성되어 있다. 그러니 수많은 R&D 센터에서 종사하는 연구원이 진지하게 섬유 제품을 개발하는 노력이 시간 낭비일 수도 있다.

자신이 쓰는 기사가 진실인지 아닌지 알 수 없고 독자도 진실 여부에 관심이 없다면 기자는 왜 진실된 기사를 써야 할까? 진실을 증명하기 위해 투입되는 많은 시간과 비용은 경제적인 관점에서 헛수고에 불과할 뿐아니라 영리를 추구하는 신문사의 이익을 좀먹는 불필요한 낭비라고 할수 있다. 그렇다고 그들을 욕할 필요는 없다. 그들은 다만 우리 사회의 기초를 이루고 있는 자본주의 경제논리에 따라 움직일 뿐이다.

제임스 랜디

제임스 랜디가 나타나기 전까지 세상에 존재하는 수많은 초능력자가 진짜인지 아니면 눈속임하는 마술사인지 아무도 몰랐다. 누구도 검증한 적이 없었기 때문이다. 마술사 출신인 랜디의 눈에는 초능력자의 퍼포먼스가 단순한 트릭에 불과하다는 사실이 낱낱이 드러나 보였다. 마침내 랜디는 전 세계의 초능력자들에게 100만 불이라는 거액의 상금을 걸고 도전했다. 그들이 구사하는 초능력이 눈속임이 아니라는 사실을 눈앞에서 보여주면 즉시 상금을 지불하겠다는 조건이었다.

상금은 1964년부터 걸려 있었지만 지금까지 단 한 사람도 가져가지 못했다. 만약 진짜 초능력자가 세상에 존재한다면 절호의 기회가 될 것이다. 100만 불은 물론이고 전 세계에 이름을 날려 상금의 수백 배를 챙길 수도 있다. 하지만 대부분의 초능력자는 침묵했다. 누구도 기꺼이 도전하지 못했다. 용감하게 도전한 몇몇은 모두 그에게 참혹하게 패했다.

결론은 우리가 초능력이라고 알고 있는 모든 능력이 마술사의 트릭에 불과하거나 초능력자는 돈에 관심이 없고 아무도 없는 산속에 살기 때문에 제임스 랜디를 모른다는 것이다. 사기꾼이 되기 싫은 초능력자는 마술사로 직업을 바꾸면 된다.

그렇다면 세상에는 제임스 랜디 같은 사람이 몇 명이나 있을까? 섬유와 원단 분야에는 당연히 없다. 누구도 검증하려 하지 않는 동안 패션업계에 얼마나 많은 거짓과 사이비가 점철되었을까? 검증은 어렵지 않다. 사실 과학을 잘 몰라도 된다. 논리적으로 타당하기만 해도 대부분은 검증 가능하다.

굴 껍질로 만든 섬유

씨울은 굴 양식장에서 채취한 굴 껍질을 재활용해 만들어졌다. 굴 껍질은 식품산업에서 조달해 분말로 분쇄하고 재활용 PET병과 혼합한다. 씨울은 직물에 냄새를 유발하는 박테리아가 자라는 것을 차단해 직물을 오랫동안 신선하게 유지하고 겨울철에 발생하는 정전기를 방지할 수 있다. 씨울은 촉감이 부드럽고 천연 단열재를 제공해 추운 온도에서 몸을 따뜻하게 유지하는 데 도움이 된다.

- 씨울 제조업체 홈페이지

이 희한한 이름의 섬유가 세상에 처음 나왔을 때 제조업체는 남자에게 좋은 섬유라고 광고했다. 굴에서 유래했기 때문이다. 굴은 왜 남자에게 좋을까? 호색가로 유명한 카사노바가 매일 굴을 먹었다는 이야기가 있는데 그건 사실인 것 같다. 과학적인 근거가 있기 때문이다. 남자의 정소는 약하고 예민해서 일반적인 면역계에 의해 스스로 파괴될 수 있다. 외부에서 침입하는 박테리아를 막는 특별한 화학방어벽이 바로 아연Zn

이며 굴은 자연에서 가장 많은 아연을 가진 생물이다.

그렇다면 카사노바는 굴 껍질을 먹었을까 아니면 굴을 먹었을까? 바보 같은 질문이다. 당연히 아연은 껍질이 아닌 굴에 들어 있고 굴 껍질은 다른 조개나 소라 껍질처럼 탄산칼슘, 즉 분필과 똑같은 성분이다. 그가 굴 껍질을 먹었다면 호색가로 소문나기 전에 사망했을 것이다. 애초에 살아 있는 생물인 굴을 섬유에 포함시킨다는 것 자체가 어불성설이다. 따라서 제조업체는 이후 굴에서 굴 껍질로 후퇴했다. 굴 껍질은 전혀 특이하지 않으며 굴 껍질 성분에는 분필밖에 없다. 그럼에도 그들은 포기하지 않고 지금도 리사이클 폴리에스터recycled polyester와 굴 껍질을 결합해 새로운 선진 기능성 원단을 만들었다고 광고하고 있다. 다음은 그들의 광고 문구를 그대로 옮겨온 것이다.

"친환경이다."

이 섬유가 친환경eco-friendly인 것은 굴 껍질과 아무 상관 없다. 굴 껍질은 자연에서 발생하고 생태계에서 저절로 처리되는 물질이다. 인간이 만든 수백 년간

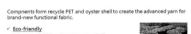

Compnents form recycle PET and oyster shell to create the advanced yarn for brand-new functional fabric.

✓ **Eco-friendly**
Using recycle PET and waste oyster shell.
✓ **Keep warm**
0.05 W/mK thermal conductivity of Caco3 in oyster shell (Wool 0.054 W/mK) makes Seawool an excellent isolation.
✓ **Anti-static**
Oyster with positive electricity would neutralize the negative electricity from human body.

썩지 않는 플라스틱과는 전혀 다르다. 조개껍질은 인간이 처리할 필요가 없으며 쓰레기라고 부르지도 않는다. 조개껍질은 세월이 지나면 학교로 가서 분필이 되거나 아름다운 백사장의 일부를 이루게 될 것이다. 리사이클 폴리에스터와 결합했으니 지속가능sustainable하다? 그런 논리 역시 굴 껍질과는 아무 상관 없다.

"탄산칼슘의 열전도율이 울과 비슷하게 낮아서
최고의 단열 성능을 나타낸다."

겨울에 공원의 쇠 벤치가 나무 벤치보다 더 차갑다고 느끼는 이유는

철의 열전도율이 나무보다 훨씬 높기 때문이다. 마찬가지로 원단이 보온단열 성능을 나타내려면 열전도율이 낮아야 한다. 표를 보면 탄산칼슘CaCO₃의 열전도율은 2.7이고 울은 0.031

Material Constants		
	Thermal Conductivity [W*m-1*k-1]	Spec. Heat Capacity [KJ*Kg-1*K-1]
PP	0.23	1.68
HDPE	0.51	2.70
탄산칼슘(CaCO₃)	2.70	0.86
Talc	2.10	0.86

🔵 열전도율

이다. 울보다 100배나 더 높다. 즉, 탄산칼슘은 오히려 열전도율을 높여준다. 보온이 아니라 냉감을 위해 쓰는 게 나을 지경이다. 더구나 이 섬유의 성분은 굴 껍질이 아니라 95% 이상이 폴리에스터다. 겨우 5%의 탄산칼슘이 열전도율을 변화시킬 수나 있을까?

☀️ 각 소재의 열전도율

Sample yarn Combination	Loop Length (mm)	Tightness Factor (TF)	Thickness (mm)	Thermal Conductivity (W/mK)
Wool	6.2	7.21	0.837	0.031
Acrylic	6.2	7.21	1.116	0.036
Wool-Acrylic blended	6.2	7.21	1.65	0.035
Cotton-Acrylic blended	6.2	7.21	0.72	0.036
Cotton(comb)+Polyester plated	6.2	7.21	0.37	0.030
Viscose-Lycra plated	6.2	7.21	0.40	0.026
(Cotton-Bamboo)-Polyester plated	6.2	7.21	0.38	0.027
Melange-Polyester plated	6.2	7.21	0.39	0.034

"굴의 양전하가 인체의 음전하를 중성으로 만들어주어 정전기를 방지한다."

굴 껍질로 후퇴한 줄 알았는데 슬그머니 다시 굴을 들고 나왔다. 원단에서 발생하는 정전기는 양전기든 음전기든 상관없다. 부도체에서 마찰에 의해 발생한 전기가 흐르지 못하고 쌓여 폭발하듯 방전하는 것이 정전기다. 탄산칼슘이 양전하이고 인체가 음전하라는 것은 초등학생도 웃을 말도 안 되는 이야기다. 양전하와 음전하는 만나면 중화되는 것이 아니라 서로 잡아당긴다. 책받침을 머리카락에 문지른 다음 종잇조각을 대면 종이가 달라붙는 것과 같다. 정전기를 방지하려면 부도체인 원단에 정체되어 흐르지 못하는 전하가 흐를 수 있도록 도체로 만들어주면 된다. 흡습이 되도록 하는 것도 방법이다. 탄산칼슘은 고체로 존재할 때는 부도체이므로 전기가 통하지 않는다. 정전기 방지에는 전혀 효과가 없다.

면 400수의 진실

해외에서는 면 400수, 600수, 많게는 1,000수까지 베개커버나 이불커버로 만들어진다. 면 400수, 600수, 1,000수가 터무니없다고 느껴지는가? 그렇다면 당신은 제대로 공부한 사람이다. 세계에서 섬유장이 가장 긴 면으로 만든 해도사는 이론적으로 2,000수까지 가능하기는 하다. 안동진, 『Merchandiser에게 꼭 필요한 섬유지식』 1, 한올, 2007. 하지만 여기에는 "이론적으로"라는 단서가 붙는다. 그 말은 즉, 실제로는 존재하지 않는다는 뜻이다.

온라인 판매글을 자세히 보자. '이집트면 400수'라고 되어 있다. 저 내용을 의심하는 소비자가 몇이나 될까? 패션산업에 종사하는 사람이라도 대부분 그냥 넘어갈 것이다. 저 판매글은 거짓이거나 오류다. 결론을 즉시

내릴 수 있는 이유는 면 400수의 존재 자체가 불가능하기 때문은 아니다. 물론 일생에 단 한 번이라도 면 400수 원사를 본 적 있는 사람은 없을 것이다. 하지만 유발 하라리가 『사피엔스』에서 주장했듯이 인간을 다른 동물과 구분 짓는 중요한 특성은 눈에 보이는 것만을 믿지 않는다는 것이다. 즉, 인간은 실제로 존재하지 않아도 머릿속으로 상상할 수 있는 동물이다. 따라서 100수가 있으므로 400수도 존재할 것이라고 추정하고 믿는다. 같은 이유로 우리는 사피엔스이기 때문에 저 판매글의 진위를 확인하기 위해 면 400수가 있는지 눈으로 직접 확인해 볼 필요가 없다. 스도쿠게임과 마찬가지로 정해진 알고리즘과 법칙에서 벗어나면 거짓임이 증명되지 않아도 참이 아니라고 결론 내릴 수 있다. 우리는 말이나 글에서 사고나 추리 따위를 이치에 맞게 이끌어가는 과정을 논리라고 부른다. 논리 전개에 모순이 있는지만 확인해 봐도 진위를 가릴 수 있다.

면직물은 면사의 굵기와 실의 개수인 밀도에 의해 두께가 결정된다. 예컨대 청바지 같은 두꺼운 면직물은 10수나 7수 정도의 굵은 면사로 이루어져 있다. 시장에서 흔하게 거래되는 광목은 20수이고 이불 같은 침구에 사용되는 침장용 원사는 30수 정도. 이만한 정보라면 면 셔츠는 몇 수 정도의 원사인지 감이 잡힐 것이다. 가장 흔한 면 셔츠 원단은 40수 원사로 되어 있다. 이보다 고급스러운 원단을 원하는 브랜드는 50수를 선택하고 대신 밀도를 추가하는 것으로 목적을 달성할 수 있다. 하지만 욕심을 부려 60수까지 가는 것은 밀도를 추가한다 해도 원단이 너무 얇다는 느낌이 들고 레질리언스가 너무 떨어져 블라우스라면 몰라도 셔츠로는 부적합하다.

그렇다면 코스트코의 유명한 커클랜드Kirkland 100수 남성 드레스셔츠는 어떻게 된 것일까? 태그tag를 자세히 보면 100수 2합100/2이라고 되어 있다. 결국 굵기는 50수인 것이다. 50수보다 더 높은 품질을 원하는 브랜드는 60수가 아니라 두 가닥의 100수를 합한 100수 2합으로 간다.

40수보다 80수 2합 면사가 훨씬 더 고급스럽고 광택도 난다. 폴로Polo 옥스퍼드 셔츠에서 이러한 면사를 사용하는 이유다. 따라서 100수 2합은 셔츠에 구현 가능한 거의 최대의 고품질 면사다. 물론 150수 3합이라면 이론적으로 품질이 더 높은 것은 확실하다. 그러나 가격 문제를 떠나 50수와 100수 2합은 품질 차이가 극명하지

만 100수 2합과 150수 3합은 겉으로 보기에 다르다는 느낌을 받기 어렵다. 솜과 다운down은 크게 다르고 소비자도 만져보기만 하면 금방 알아챌 정도지만 덕 다운duck down과 구스 다운goose down은 차이를 알 수 없는 것과 마찬가지다. 소비자의 플라시보 효과placebo effect를 노린 광고 전략이라면 몰라도 실용적으로 선택하기에는 불필요한 전략이다. 침장용 제품군은 셔츠보다 약간 더 두꺼운 원단이므로 40수 대신 30수가 일반적이다. 그리고 상향된 품질을 위해 지금까지와 비슷한 스토리가 전개될 것이다.

침구는 기능면에서 셔츠와는 조금 다른 측면이 있다. 면소재이고 통기성이나 땀을 흡수하는 친수성을 요구하는 것은 똑같지만 겨울 아우터웨어처럼 안쪽에 솜이 들어가거나 오리털, 거위털 등 충전재padding가

△ 진드기 방지용 침구

들어간다. 따라서 통기성을 어느 정도 포기하더라도 밀도를 높여 다운이 새지 않도록 다운프루프down-proof 원단이 되어야 한다. 물론 진드기 방지용 마이트프루프mite-proof는 그보다 더 높은 고밀도가 되어야 한다. 목적

을 위해 셔츠와는 달리 60수, 더 나아가 80수까지 원사가 가늘어질 필요가 있다.

물론 이불은 셔츠처럼 레질리언스에 대한 염려가 없으므로 가능한 이야기다. 하지만 아무리 이불이라도 100수 이상은 인열강도tearing strength 문제 때문에 한계가 있다. 즉, 생활에서 볼 수 있는 면직물의 면사 최대 굵기는 80수다. 그러니 그보다 다섯 배나 더 가는 400수라는 번수가 얼마나 터무니없는지 즉시 이해될 것이다. 면 400수가 논리적·물리적인 실체가 되려면 400수 5합400/5이 되어야 한다. 물론 침구 가격은 수백만 원대가 될 것이므로 비현실적이다. 예산budget이 무한대라고 해도 5합사는 반복되는 꼬임 때문에 또 다른 문제가 생길 수 있다. 이론적으로만 가능한 번수인 것이다.

일반 승용차 엔진은 보통 150마력 정도이며 2인승 고성능 스포츠카라도 300마력 정도다. 500마력 이상 되는 페라리나 람보르기니는 슈퍼카라고 한다. 만약 일반 승용차를 과대광고하고 싶다면 200마력이나 250마력이면 충분하다. 소나타를 900마력이라고 광고하는 바보는 없을 것이다. 이불 원단으로 면 400수를 비교하자면 자동차로 따져 2,000마력 정도 된다. 그런데 판매회사는 왜 그토록 터무니없는 숫자를 들이대게 되었을까?

영국의 한 온라인스토어 광고에 400스레드 카운트thread count라고 되어 있는 것을 보면 앞서 나온 침구의 판매글이 어디서 왔는지 알 만하다. 방적사의 굵기를 나타내는 번수는 영국식 면 번수가 세계적인 기준이며 ECCEnglish Cotton Count라고 한다. 보통 실을 뜻하는 영어 얀yarn을 써서 얀 카운트yarn count라고 한다. 스레드thread는 얀과는 약간 개념이 다르지만 우리말로 번역하면 똑같이 '실'이다. 얀은 직물을 구성하기 위한 원료로

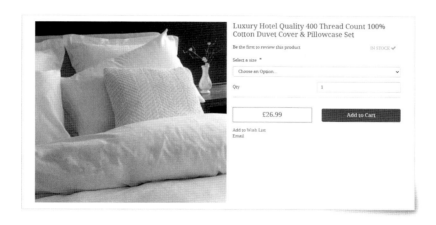

서의 실이며 아직 원단이 되지 않
은 반제품이다. 하지만 스레드는
완성품인 실을 말한다. 즉, 재봉사
같이 그 자체로 완성품인 실은 얀

이 아니라 스레드다. 따라서 이미 최종 제품인 원단을 구성하는 실은 스
레드다. 안동진, 『섬유지식 기초』, 한올, 2020. 우리말 개념으로는 조금 어려우니
다르게 접근해 보자. 다음은 네이버사전에서 가져왔다.

정확히 같은 뜻은 아닌 것으
로 보이지만 우리는 영어 원어민
이 아니니 이 정도는 그냥 혼용
해서 써도 될 듯하다. 다음에는
'count'를 넣어서 찾아봤다.

얀 카운트는 네이버사전에도
'변수'라고 정확하게 나와 있다. 하지만 스레드 카운트는 공백으로 되어
있다. 국내에는 그 어떤 사전에도 없는 모양이다. 캠브리지사전에는 위키
피디아를 참조하라고 나온다. 스레드 카운트는 평방인치 내에서 가로세
로 양방향을 지나가는 실의 개수다. 이것은 정확하게 원단의 밀도, 즉 덴

시티density를 설명하고 있다. 덴시티는 원단 1제곱인치 내에 들어 있는 경사와 위사의 수를 말한다. 즉, 경사밀도와 위사밀도로 나타낼 수 있다. 그런데 영국인은 이를 덴시티라고 하지 않고 스레드 카운트라고 하기도 한다. 즉, '실의 개수'이다. 얀과 스레드는 둘 다 실인데 뒤에 붙는 카운트의 의미가 한쪽은 굵기, 다른 쪽은 개수를 나타내고 있다. 얀은 실이라는 개념이나 존재를 의미하고 스레드는 원단으로 완성되어 있는 상태의 실을 의미한다. 따라서 얀 카운트는 '얀'이라는 단수로 카운트할 수 있는 개념, 즉 굵기가 되고 스레드는 복수로 카운트된다. 그들이 어떤 의미나 배경으로 개념을 세웠든 우리는 알 바 없다. 결과만 정확하게 알면 된다.

'스레드 카운트'라는 용어는 생소한 것 같지만 패션산업에서 빈번하게 사용하는 익숙한 단위다. 현장에서 직물의 제원을 이야기할 때 190t 또는 290t라고 부르

는 단위는 경위사를 합한 밀도를 의미한다. 여기서의 't'가 바로 스레드 카운트다.

이제 우리를 놀라게 한 판매글의 진실에 다가서게 되었다. 원단은 400수가 아니라 400t라는 경위사를 합한 밀도를 나타내고 있다. 실의 번수는 나와 있지 않지만 80수쯤 될 것이다.

TEXTILE
SCIENCE

02
궁금한
소재 이야기

붉은색이 빨리 바래는 이유

특정한 색을 만드는 분자를 발색단이라고 한다. 1876년 오토 위트Otto Witt가 제창한 개념으로 가시광선에서 특정 주파수 대역에 해당하는 전자기파를 흡수하는 원자단이다. 발색단은 염료의 성

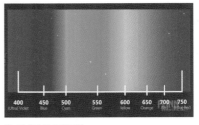

🔺 가시광선 스펙트럼

분이다. 우리 눈에 보이는 파란색 계통은 붉은색 계통을 주로 흡수하는 발색단이다. 반대로 붉은색 계통은 파란색 전자기파를 흡수하는 발색단이다. 그런데 빛은 진동수가 많을수록, 즉 파장이 짧을수록 더 큰 에너지를 가진다. 자외선은 스펙트럼에서 보듯이 가시광선에서 파장이 가장 짧은 보라색보다 파장이 짧은 영역이므로 모든 가시광선보다 에너지가 더 크다. 따라서 자외선은 유기물과 무기물을 포함해 많은 것을 파괴하며 수명을 짧게 만든다. 발색단도 예외는 아니다. 특정 색이 햇볕에 바래는 이유는 발색단이 파괴되어 더는 기능하지 못하기 때문이다.

☀ Tip

왼쪽 사진은 서점 외부에 장식해 놓은 책들이다. 이 책들은 왜 표지가 모두 검거나 푸를까? 원래는 그렇지 않았다. 오른쪽 사진처럼 원래는 붉은색과 노란색이 들어간 화려한 표지였지만 햇볕에 장시간 노출되면서 색이 바랬을 뿐이다. 책 표지만이 아니라 거리의 간판이나 의류도 대개는 빨간색 계통이 햇볕에 빨리 퇴색된다. 색을 만드는 분자인 염료나 안료는 물론 종이에 인쇄된 잉크나 페인트도 모두 비슷한 현상을 보인다.

광화학 법칙

빛은 물질에 부딪히면 반사되거나 흡수 또는 투과된다. 그중 물질에 흡수된 빛만이 광화학 반응을 일으킨다. "어떤 종류의 강력한 빛을 비추더라도 물질이 흡수하지 않으면 빛으로 인한 화학반응은 일어나지 않는다." 이것을 그로투스-드레이퍼 법칙Grotthuss-Draper law 또는 광화학 제1법칙이라고 한다. 아인슈타인에게 노벨상을 안겨준 광양자설E=hv을 기반으로 "한 개의 광자만이 한 분자 또는 원자에 반응한다"는 이론이 광화학 제2법칙이다. 우리 눈에 보이는 색은 다만 물질에 반사된 빛이며 실제로 물질의 화학반응에 개입하는 것은 물질에 흡수된 빛이라는 뜻이다.

파장이 짧은 빛의 에너지

아인슈타인의 광양자설에 의하면 빛에너지의 크기는 진동수와 비례한다. 빛의 파장이 짧을수록 진동수가 많아지므로 파장이 짧을수록 에너지가 큰 빛이라는 말이 된다. 빨간색 계통은 파란색, 즉 파장이 짧은 영역의 전자기파를 주로 흡수하며 파장이 긴 빨간색 쪽의 스펙트럼은 반사해 버린다. 따라서 붉은색 계통의 발색단은 광화학 제1법칙에 따라 더 심하게 두들겨 맞는 가혹한 환경에 놓여 있다. 우리 눈에 파란색으로 보이는 물체는 파괴력이 약한 붉은색 계통의 복사선을 흡수한다. 따라서 이런 종류의 발색단은 상대적으로 안전하며 오래간다. 실제로 빨간색 영역의 빛에너지36kcal/mol 보다 파란색 영역의 빛에너지72kcal/mol가 두 배나 크다. 자외선은 가시광선의 파란색보다 두 배나 큰 빛에너지를 가진다.

그렇다면 검은색은 어떨까? 검은색 원단은 가시광선 영역의 모든 빛을 흡수하므로 가장 불리하지 않을까? 검은색은 오히려 햇빛에 강하다. 다른 색 원단보다 훨씬 더 많은 염료를 투입해 발색단의 수가 몇 배나 더 많기 때문에 가

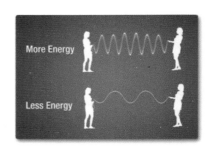

⬤ 파장이 짧을수록 큰 에너지

장 오래 버틸 수 있다. 물론 파란색이나 검은색도 시간이 지나면 발색단이 파괴되어 아무것도 흡수할 수 없는 분자가 되며 그 결과 흰색이 된다. 일광견뢰도는 정해진 시간에 발색단 기능을 상실해 퇴색된 컬러를 원래색과 비교해 8단계로 판정한다.

검은 옷과 흰옷

청마 유치환은 「생명의 서」에서 태양이 불사신처럼 작열하는 사막을 묘사했다. 그런데 뜨거운 사막에 터전을 일군 베드윈족의 옷은 놀랍게도 흰색이 아니라 검은색이다. 그들이 입는 검은 로브_{robe}는 수천 년간 사막에서 살아온 경험에서 비롯됐다. 검은 옷은 겨울에, 흰옷은 여름에 입기 좋다는 우리의 상식과 정면으로 충돌한다.

🔵 검은색 로브를 입은 베드윈족

검은색은 태양광이 내뿜는 전자복사파의 가시광선을 남김없이 흡수한다. 반대로 흰색은 가시광선을 모두 반사한다. 하지만 가시광선은 태양에서 오는 빛의 극히 일부분일 뿐이다. 태양빛의 스펙트럼은 가장 짧은 파장인 감마선에서 가장 긴 장파까지 무려 10^{24}, 즉 10 뒤에 0이 24개가 붙을 정도로 넓은 영역인데 그중 가시광선이 차지하는 영역은 겨우 400~750나노미터 정도로 매우 협소하다. 그런데 우리가 따뜻하다고 느끼는 태양광의 실체는 가시광선이 아니라 적외선infrared ray이다. 어떤 색의 의류가 실제로 따뜻해지려면 반드시 적외선을 흡수해야 한다.

적외선은 그림처럼 가시광선에 비해 영역이 훨씬 넓고 양도 지구로 복사되는 전체 태양광의 50% 정도에 해당한다. 그렇다면 가시광선을 모두 흡수하는 검은색 소재는 적외선도 흡수할까? 답은 '그렇다'이다. 사실 검은색은 자외선도 많이 흡수한다. 흡수된 가시광선의 에너지 준위가 낮아지면서 적외선으로 바뀌기도 한다.

여름날 여러 색깔의 소재를 햇볕에 놓아두면 검은색 옷이 가장 먼저 뜨거워진다. 이유는 단순하다. 가시광선이나 자외선을 흡수하는 분자는 발색단 분자, 즉 염료인데 염료는 검은색에 가장 많이 들어 있다. 그렇다면 검은색 옷이 따뜻하다는 상식은 결론이 난 것일까? 세상 모든 일이 그렇듯 이 또한 그렇게 단순하지 않다. 문제는 적외선의 흡수 총량이 의복 내부의 온도를 결정하는 유일한 단서는 아니라는 사실이다. 실제는 훨씬 더 복잡하다.

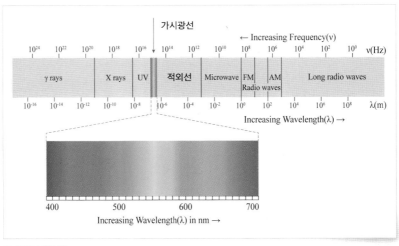

◐ 빛의 스펙트럼

적외선은 어떤 물질에 흡수되기도 하지만 반대로 방사·복사되기도 한다. 구스타프 키르히호프Gustav Kirchhoff는 1857년 로베르트 분젠Robert Bunsen과 흑체복사 개념을 도입해 일정한 온도에서 같은 파장의 전자기파에 대한 물체의 흡수율과 방출률의 비가 물체의 성질과 관계없이 일정한 값을 가진다는 열복사 법칙을 알아냈다. 키르히호프의 법칙에 의하면 많이 흡수되는 적외선은 방사도 그만큼 많이 일어난다. 검은색 물질은 가시광선뿐 아니라 적외선도 잘 흡수할 것 같다. 하지만 검은색 물질이 흡수한 적외선은 즉시 외부로 방사된다. 많은 흡수는 많은 방사를 의미한다. 따라서 적외선이 흡수되는 양은 실제로 의류 내부의 온도와 거의 상관없다. 믿어지지 않는가? 이 부분은 이따 다시 다루도록 하겠다.

이번에는 다른 각도로 생각해 보자. 흡수가 아닌 투과라면 어떨까? 어떤 물질에 빛이 도달하면 반사, 흡수, 투과라는 세 가지 현상이 동시에 일어난다. 적외선은 파장이 길어서 자외선이나 가시광선보다 투과성이 좋다. 반면 파장이 짧은 자외선은 투과성이 나빠서 공기처럼 미세한 입자를 만나도 반사되어 버린다. 사실 대부분의 자외선은 대기 중에서 공기 분자와 부딪혀 산란되어 지표면까지 도달하지 못한다. 투과는 원단의 밀도나 원사의 굵기 문제다. 밀도가 높을수록, 원사가 굵을수록 투과가 적게 일어난다.

흡수에 대해 조금 더 알아보자. 여름에 흰색 양산과 검은색 양산을 써보면 알 수 있다. 검은색은 흰색보다 자외선을 더 효과적으로 차단한다. 즉, 차폐능력이 뛰어나다. 이에 대한 생물학적 증거가 바로 피부색이다. 일조량이 많은 적도에 사는 사람의 피부색은 왜 검은색일까? 검은 피부는 멜라닌이 만들어낸다. 정교한 고도의 생물학적 장치의 목적은 당연히 햇빛을 차단하는 데 있다. 피부 건강에 직접적으로 관계되는 햇빛은 주로 자외선이다. 자외선은 파장이 짧아 에너지가 크기 때문에 피부 표피에 화상을 입힐 수도 있고UVB 진피층까지 작용해 영구적인 주름을 만들기도 한다UVA. 장시간 노출되면 DNA가 파괴되어 피부암에 걸릴 수도 있다.

자외선을 잘 차단하는 색이 바로 검은색이다. 검은색은 자외선을 흡수해 소멸시켜 버린다. 검은 피부는 마치 검은 양산 같은 역할을 한다. 선탠을 하면 피부가 그을리는 이유는 인체가 자외선으로부터 피부를 보

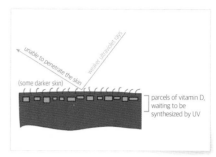

▲ 자외선을 튕겨내는 진한 색 피부

호하기 위해 멜라닌을 분비하기 때문이다. 백인은 멜라닌이 잘 만들어지지 않는다. 그래서 자외선을 많이 쐬도 피부가 빨갛게 되기만 하고 그을리지 않는다. 백인의 피부가 이렇게 진화한 이유는 아프리카와 달리 자외선 조사량이 별로 없는 북쪽에 정착해 살았기 때문이다. 그렇더라도 굳이 멜라닌 분비를 소멸시킬 필요까지 있었을까? 이에 대한 명백한 이유가 또 있다.

자외선이 피부에 부정적이기만 한 것은 아니다. 인체는 자외선을 필요로 한다. 사실 자외선이 없으면 사람은 일어설 수도 없다. 자외선은 피부에서 비타민 D를 합성해 칼슘 흡수를 돕는 역할을 한다. 멜라닌의 양은

주거지에서 일어나는 자외선의 조사량에 따라 조절된다. 흑인이 태양 조사량이 적은 추운 지방에 살면 비타민 D의 합성이 잘 일어나지 않아 골다공증에 걸릴 수 있다. 반대로 백인이 적도에 살면 자외선을 잘 차단하지 못해 피부암에 걸릴 확률이 높다. 황인종이 적도에 살면 멜라닌 합성

이 증가해 피부색이 진해지고 북쪽에 살면 피부가 원래보다 하얗게 되는 적응이 일어난다.

태양빛이 적은 고위도 지방에서는 자외선을 차단할 필요가 없다. 비타민 D를 합성해 칼슘을 만들어주기 때문에 오히려 고마운 존재다. 위도가 높은 지방에 사는 사람이 햇빛만 보면 본능적으로 일광욕을 하고 싶어 하는 이유다. 여기까지는 자외선에 관련된 이야기다. 다시 적외선으로 돌아가 보자. 그렇다면 같은 햇볕을 쬘 때 흑인이 백인보다 더 덥다고 느낄까?

검은 양산을 썼을 때와 달리 인체가 느끼는 햇볕의 열은 흑인과 백인의 차이가 전혀 없다고 문헌에 알려져 있다. 왜 그럴까? 이유는 검은색이 방사를 잘하는 것과 관련이 있다. 즉, 가시광선이나 적외선을 흡수해 열이 발생해도 효과적으로 내보낸다는 뜻이다. 하지만 흑인은 백인보다 동상에 더 취약하다는 사실이 한국전쟁을 통해 밝혀졌다. 생각해 보면 에베레스트를 정복한 흑인을 본 적이 없는 것 같다. 인간은 아프리카에서 진화했으므로 검은 피부가 생물학적으로 인간에게 더 자연스럽고 유리하다. 백인의 피부는 인간이 불을 비롯한 보온 장치를 발명해 고향인 아프리카를 떠나 추운 지방으로 이동하면서 골다공증에 걸리지 않고 살아남기 위해 일어난 적응이다.

이제 처음으로 돌아가 베드윈족의 검은 로브에서 일어나는 현상을 살펴보자. 검은 로브는 키르히호프의 법칙에 의해 태양의 적외선을 흡수하는 즉시 방사한다. 검은색이므로 적외선 흡수가 잘 일어난다. 하지만 흡수된 적외선은 대부분 피부까지 도달하지 못하고 로브의 표면만을 따뜻하게 한다. 투과된 극히 일부의 적외선만이 몸을 덥힐 수 있다.

적외선은 태양에서만 오는 것이 아니다. 살아 숨 쉬는 항온동물인 인간도 피부의 열을 빼앗기면서 끊임없이 일정량의 적외선을 외부로 방사한다. 이 적외선은 어디로 갈까? 만약 옷을 입고 있지 않고 외기의 온도가 체온보다 더 낮다면 인체가 내뿜는 적외선은 외부로 전량 방사된다. 반면 옷을 입은 상태에서는 달라진다. 몸에서 나온 적외선은 태양에서 온 적외선과 마찬가지로 검은 로브가 흡수해 외부로 방사한다. 적외선은 온도가 더 낮은 곳으로 방사되기 때문이다.

반대로 흰옷을 입으면 몸이 방사한 적외선이 외부로 투과되거나 옷에 반사되어 몸 쪽으로 되돌아온다. 만약 알루미늄 담요를 몸에 두르면 몸에서 나오는 적외선의 97%는 외부로 흡수되거나 투과되지 않고 몸

🔵 열 반사 보온 담요

으로 되돌아온다. 이것이 열 반사heat reflective 보온의 원리다.

한편 검은 옷의 표면이 따뜻해지면 내부와 온도 차이가 발생해 공기가 이동하게 된다. 이는 기온이 낮은 곳에서 높은 곳으로 바람이 부는 원리와 같다. 샤를의 법칙에 따르면 기체의 온도는 부피와 비례한다. 공기 온도가 1도 올라가면 부피는 273분의 1씩 늘어난다. 기체의 부피가 커지면 보일의 법칙에 의해 기압이 낮아지고 기압이 높은 쪽에서 낮은 쪽으로 기체의 이동이 일어난다. 즉, 고기압과 저기압 때문에 바람이 부는 원리와 같다. 물론 옷이 피부에 밀착돼서는 안 되고 내부에 공기를 많이 포함해 상당히 부푼 모습이어야 한다. 로브가 바로 그런 형태의 옷이다.

검은색 로브는 자외선과 적외선을 차단하고 내부에 공기가 잘 통해 시원하다. 따라서 겨울 아우터웨어에 적합한 컬러는 검은색이 아닌 흰색이다. 흰색은 적외선을 많이 투과해 의류 내부를 따뜻하게 만들고 몸에서 방사하는 적외선을 몸 쪽으로 되돌린다. 추운 지방에 사는 동물의 털은 흰색이 유리하다. 추운 지방은 일조량이 적기 때문에 몸에서 나오는 열이 외부로 나가지 못하게 차단하는 것이 중요하다.

북극곰의 털이 바로 멋진 사례다. 북극곰의 털은 흰색인 데다 중공사이므로 몸에서 발생하는 열을 효과적으로 가둘 수 있다. 표면온도로 측정하는 보온의 정도는 내의나 셔츠처럼 피부 표면에 밀착하는 의류에서만 유효하다. 아우터웨어의 보온 효과는 Clo값으로 나타내는 것이 가장 적합하며 사실상 아우터웨어 소재의 표면온도는 보온 기능과 거의 상관이 없다는 결론에 도달한다.

레이온이 무거운 이유

레이온 원단은 무겁다. 기분 탓일까? 하지만 레이온으로 만든 드레스나 바지를 책상 위에 올려두면 액체처럼 자꾸 아래로 흘러내린다. 더 큰 중력이 작용하는 것이 분명하다.

소재의 비중

모든 소재 중에서 유일하게 아무런 가공 없이 드레이프drape성을 나타내는 원단이 레이온이다. 왜 그럴까? 소비자는 대부분 '레이온이 무거워서'라고 생각한다. 그 생각은 매우 직관적이며 결코 착각이 아니다. 레이온은 방적사로 만든 원단이든 필라멘트 원단이든 예외 없이 무거워 축 처지는 느낌이 든다. 과연 레이온은 다른 소재보다 무거울까? 어떤 물체가 무겁다는 객관적인 수치는 비중으로 나타낼 수 있다. 표를 보면 셀룰로오스 섬유들은 비중이 비슷하다. 면은 오히려 레이온보다 비중이 더크다. 비중은 물질의 밀도를 쉽게 알 수 있도록 물의 밀도를 1로 하고 다른 물질을 물과 대비해 나타낸 숫자다. 즉, 1보다 작은 비중을 가진 물체는 물에 뜬다는 의미다.

☼ 섬유의 비중

섬유	비중	섬유	비중
면	1.54	아세테이트	1.32
아마	1.50	나일론6	1.14
양모	1.32	폴리에스테르	1.38
견	1.39	아크릴	1.15
레이온	1.52	PP	0.91
폴리노직	1.52	폴리우레탄	1.20

레이온보다 비중이 더 큰 면은 드레이프성도 없을 뿐 아니라 무겁다고 느껴지지도 않는다. 이 명백한 모순을 어떻게 해야 할까? 문제는 대부분의 사람이 섬유와 실을 혼동하기 때문에 생긴다. 여러 가닥의 섬유가 모여 하나의 실이 된다. 둘의 차이를 모르는 사람은 아무도 없다. 그런데 왜 혼동할까? 실은 하나의 완제품이 될 수 있지만 섬유는 언제나 반제품이므로 일상에서 만날 일이 없다. 그래서 둘을 착각하는 오류를 범하는 것이다.

☼ 실의 종류에 따른 비중

실의 종류	번수('s)	실의 비중	섬유의 비중	패킹팩터
	4	0.245	1.54	0.16
면사	16~60	0.544	1.54	0.35
	180~200/2	1.125	1.54	0.73
아마사	2~200	0.961	1.54	0.62
방모사	9~20	0.708	1.32	0.54
소모사	13~80	0.717	1.32	0.54
견방사	64~110	0.642	1.35	0.48
생사	8~40/50	1.044	1.35	0.77
레이온사	6~120	1.230	1.52	0.81

함기율

방적사를 생각해 보자. 방적된 실은 단섬유를 꼬아서 만든다. 단섬유는 꼬임 때문에 내부로 가해지는 압력으로 마찰이 발생하면서 쉽게 끊어지지 않는 적정 인장강도를 유지해 실이 될 수 있다. 이때 맞대고 있는 각각의 섬유 사이는 공기로 채워진다. 이처럼 실 내부에 포함된 공기의 비율을 함기율이라고 한다. 즉, 실 내부에 형성된 공간의 크기와 같다. 꼬임이 많을수록 실 내부에 가해지는 압력이 커지고 공간이 축소되면서 함기율이 줄어든다.

섬유장과 실의 굵기

면 섬유의 굵기는 원산지가 어디든 차이가 거의 없으나 섬유장은 크게 다르다. 섬유장이 길수록 품종이 좋은 면이다. 같은 굵기라도 더 짧은 섬유로 만들어진 실은 긴 섬유로 만들어진 실보다 배향도가 낮아 틈이 더 많으며 그만큼 함기율이 높다. 섬유장이 짧은 면은 방적할 때 섬유 간 충분한 접촉 면적을 확보하기 위해 더 많은 섬유가 필요하며 그 결과 굵은 실이 된다. 섬유장이 긴 면일수록 섬유 간 접촉 면적이 크고 마찰이 높아 원하는 인장강도에 쉽게 도달하므로 더 가는 실을 뽑을 수 있다. 섬유장이 긴 면으로 세번수를 뽑을 수 있는 이유다.

실의 굵기와 함기율

굵은 실은 가는 실보다 많은 섬유로 이루어져서 틈새가 많으며 더 많은 공기를 가지고 있다. 따라서 태번수 실이 세번수 실보다 함기율이 더 높다. 실제로 면 4수는 내부에 포함된 공기가 75%나 된다. 60수만 해도 부피의 절반이 공기다. 하지만 극세번수인 200수 정도가 되면 공기가 30% 정도로 희박해진다. 실 내부에 포함된 공기가 적을수록, 즉 함기율이 낮을수록 실은 더 무거워진다.

패킹팩터

레이온은 모든 실 중에서 함기율이 가장 낮다. 이를 나타내는 객관적인 수치가 패킹팩터 PF · Packing Factor이다. PF는 실의 비중을 섬유의 비중으로 나눈 값이다. 따라서 최댓값은 1이다. 1에 가까울수록 함기율이 낮다는 의미다. 레이온의 PF는 면사의 두세 배나 된다. 액상으로 노즐을 빠져나와 섬유가 된 레이온의 긴 섬유장과 높은 배향도 때문에 방적 시 섬유간 접촉 면적이 극대화되기 때문이다. 거꾸로 면사는 레이온사보다 공기를 두세 배나 더 많이 가지고 있어서 가볍다. PF는 표면적과 반비례한다. 표면적이 크면 함기율이 높아 가볍다고 느낀다. 레이온사는 표면적이 가장 작은 실이다.

파란색의 비밀

    파란 개, 파란 고양이, 파란 사자를 본 적 있는가? 동물은 물론 식물 중에도 파란색을 띠는 개체는 거의 없다. 사실 자연에는 파란색이 극히 드물다. 색깔은 염료나 안료가 빛의 특정 주파수를 흡수해 만들어진다. 자연에서 유래한 색은 대개 안료에서 비롯된다. 동물이 띠는 색도 주로 섭취하는 먹이에 들어 있는 안료에서 유래한다. 아름다운 홍학도 태어날 때는 회색이지만 먹이에 포함된 카로티노이드 carotenoid를 섭취해 분홍색을 띠게 된다.

    동물의 색은 매우 다양하지만 파란색은 상당히 희귀하다. 조류나 어류에서 드물게 찾아볼 수 있을 뿐이다. 특히 파란색을 띠는 열매는 찾기 어렵다. 이유는 단순하다. 자연에는 파란 안료가 극히 드물기 때문이다. 먹을 수

있는 식물 중에 파란색은 거의 없는 것 같다. 파란색 과일도 없다. 있다 해도 먹기 어려울 것이다. 파란 딸기가 있다면 과연 먹고 싶다는 생각이 들까?

생물이 띠는 파란색은 독이 들어 있다는 경고로 보이는 경우가 많다. 프러시안블루prussian blue는 청산이라는 뜻의 극약인 시안cyanide이 들어 있어 아름다운 파란색을 띤다. 어떤 동물이라도 본능적으로 파란색은 먹지 않으려고 한다. 지독하게 쓴맛이 나서 새가 먹기 싫어하는 나방처럼 만약 파란색을 띨 수 있다면 스스로를 보호할 수 있는 특단의 방법이 될 것이다. 눈에 잘 띄지 않는 보호색이 아니라 거꾸로 눈에 잘 띄는 보호색인 셈이다. 어떤 동물은 구하기 어려운 파란색 안료를 먹거나 보유하도록 진화하는 대신 물리적인 안료 없이도 다른 동물에게 파란색으로 보이는 일종의 사기 전술을 획득했다.

모르포나비

아마존강에 서식하는 모르포나비는 아름답고 선명한 파란색을 띠지만 모르포나비가 띠는 파란색은 안료가 아닌 날개의 미세구조에 기인한다. 가시광선 중에 파장이 짧은 파란색이 산란이 잘되는 점을 이용했다. 태양빛이 지구에 들어올 때 파란색이 대기에 부딪혀 잘

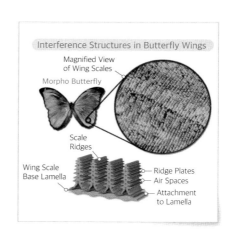

산란되기 때문에 하늘이 파랗게 보이는 것과 같은 원리다. 나비의 날개는 층층으로 되어 있어 표면의 파란색을 제외한 다른 색깔은 흡수되거

나 반사되지 않아 눈에 보이지 않는다.

푸른 눈과 멜라닌 색소

백인의 푸른 눈은 모르포나
비의 날개와 마찬가지로 구조
색의 일종이다. 홍채는 두 겹으
로 되어 있는데 뒷부분인 백 레
이어back layer에는 멜라닌 색소
가 들어 있다. 반면 앞부분인
프론트 레이어front layer는 멜라

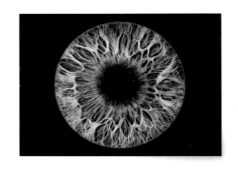

닌이 전혀 없는 투명한 구조다. 이 때문에 파란색이 산란되어 홍채가 푸
르게 보인다. 만약 백 레이어에도 멜라닌이 없다면 핏줄이 비쳐 붉게 보
이게 된다. 분홍색 눈은 멜라닌 색소가 결핍된 알비노백색증를 앓고 있는
사람에게서 볼 수 있다. 즉, 푸른 눈은 약간의 멜라닌과 홍채의 텍스처
texture 구조가 만들어낸 결과물이다.

하늘은 왜 푸른색일까?

햇빛이 지구 대기에 도달하
면 공기 중의 가스와 입자에 의
해 사방으로 흩어진다. 푸른색
가시광선은 파장이 짧아 쉽게
산란되어 멀리 가지 못한다. 반
대로 붉은색은 가장 멀리 여행
하게 된다. 푸른색보다 파장이

더 짧은 자외선의 많은 부분이 지구의 대기를 통과하지 못하고 튕겨나가는 이유다. 석양이 붉은 이유는 파장이 긴 붉은색 계통의 가시광선이 먼 거리를 통과해 산란되기 때문이다. 만약 대기가 없으면 하늘은 달에서 보는 것처럼 검은색이 된다. 짙고 푸른 태평양 바다나 에메랄드 색의 아름다운 스위스 호수도 손에 물을 떠놓고 보면 투명하다.

텍스타일 염색의 미래

원단을 착색하기 위한 염색산업은 패션의류에서 매우 중요하지만 강과 바다를 오염시키는 주요 원인이 된다. 피염색물의 100배나 되는 물을 사용하는 지나치게 비효율적인 염색 방법 때문이다. 물은 섬유에 염료를 흡수시키기 위해 사용되지만 막대한 수자원을 낭비하고 오염시키는 주범이므로 납이 첨가된 휘발유처럼 절대 존재해서는 안 되는 기술이다.

자연은 염료나 안료 없이도 얼마든지 아름다운 색을 만드는 예를 극명하게 보여주었다. 이에 따라 텍스타일textile 염색의 미래는 아예 물을 사용하지 않거나 구조를 이용한 구조색 또는 RGB 다이오드로 수백만 가지 컬러를 만드는 TV처럼 소프트 디스플레이 기술이 구현된 첨단기술이 될 것이다.

벙어리장갑이 더 따뜻한 이유

극한 추위로 동상에 걸려 손
가락을 잃기 싫다면 반드시 병
어리장갑을 껴야 한다. 이 사실
을 모르는 사람은 없다. 하지만
이유를 아는 사람은 별로 없을
것이다.

동상은 심장에서 멀리 떨어진 신체부위이자 추위에 노출되기 쉬운 손가
락, 발가락, 귀, 코 등에 잘 생긴다.

- 삼×의료원 홈페이지

삼×의료원 홈페이지에 가면 손가락이나 발가락이 동상에 잘 걸리는
이유가 심장에서 멀고 추위에 노출되었기 때문이라고 되어 있다. 나는
이 설명이 마음에 들지 않는다. 심장에서 멀리 떨어진 신체부위는 발등

이나 발뒤꿈치도 예외가 아니다. 발목은 손보다 심장에서 훨씬 더 멀지만 동상에 걸리는 일이 거의 없다. 반대로 코나 귀는 동상에 잘 걸리는 부위인데 심장에 가깝다. "추위에 노출되기 쉬운"이라는 의사의 말은 정확히 어떤 의미일까? 옷으로 감쌀 수 없는 부위라는 뜻일까? 아마 그들이 말하고 싶은 단어는 '비표면적'일 것이다.

동상에 잘 걸리는 손가락, 발가락, 코끝, 귓바퀴의 공통점은 무엇일까? 바로 말단부위, 즉 몸에서 돌출된 작은 부분이라는 점이다. 이런 부위는 인체의 다른 부위에 비해 비표면적이 크다. 따라서 비표면적이 상대적으로 작은 다른 신체부위보다 체온을 더 빨리, 더 많이 빼앗긴다. 결과적으로 급속 냉각된 해당 부위의 혈관을 통해 차가운 피가 심장으로 흘러들어 가게 된다. 고도로 정밀한 인체는 중심체온을 유지하기 위해 비표면적이 큰 부위의 혈관을 축소해 냉기를 차단한다. 불이 났을 때 방화문을 닫아 건물 전체로 화재가 번지는 것을 막는 알고리즘과 같다. 이 상태가 계속되면 혈관이 축소된 말단부위는 혈액순환이 나빠지고 연조직이 얼어붙어 결국 혈액공급이 중단된다. 최종결과는 괴사다. 인체는 생존하기 위해 손가락과 발가락을 과감하게 포기한다.

말단부위가 동상에 잘 걸리는 이유는 심장과 거리가 멀어서, 또는 추위에 노출되어서가 아니라 상대적으로 비표면적이 크기 때문이다. 아이들에게 겨울에 손발이 유난히 시린 이유를 이야기해 보라고 하면 심장에서 멀리 떨어져서 "혈액순환이 나쁘기 때문"이라고 말한다. 실제로는 혈액순환이 나빠서 손발이 시린 것이 아니라 손발이 다른 부위보다 더 차갑기 때문에 혈액순환이 나빠진 것이다. 즉, 원인과 결과가 뒤바뀌어 있다. 섬유지식에서 난데없이 인체해부생리학과 물리학이 튀어나온 이유는 이 사실을 모르면 최고의 방한 의류를 설계할 수 없기 때문이다. 디자이너는 의상 스타일만 설계하는 사람이 아니라 의류 본연의 목적인 기능은 물론 착의 감성까지 동시에 설계하는 사람이다. 자동차의 외형이 150년 동안 기본 틀에서 크게 벗어나지 못한 이유다.

체표면적과 비표면적

면적이란 2차원 평면에서 일정 공간을 차지하는 넓이를 말한다. 표면적은 3차원 입체 표면의 면적이다. 초등학생 때 전개도를 그리고 잘라서 육면체를 만들어본 기억이 날 것이다. 표면적은 도형의 전개도 면적과 같다.

◉ 육면체와 전개도

체표면적BSA·Body Surface Area이란 의학에서 인체의 표면을 둘러싼 면적을 의미한다. 사람을 포함한 동물의 표면적은 체표면적, 생물이 아닌 사물은 표면적, 그리고 이들의 부피 대비 면적을 비표면적SSA·Specific Surface Area이라고 한다. 겁먹지 말자. 앞으로 나올 계산은 초등학교 산수에 불과하다.

그림을 한번 보자. 한 변이 2인 꼬마 정육면체의 부피는 8이다. 꼬마 정육면체 여덟 개를 오른쪽 그림과 같이 쌓아 어른 정육면체를 만들면 부피는 당연히 8 × 8 = 64이다. 이번에는 표면적을 따

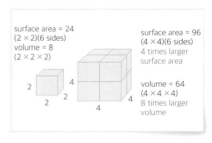

져보자. 꼬마의 표면적은 2 × 2 = 4라는 면이 여섯 개이므로 24가 된다. 그렇다면 어른의 표면적도 부피처럼 여덟 배가 될까? 그렇지 않다. 실제로 계산을 해보면 16 × 6 = 96으로 네 배가 된다.

예시를 통해 부피는 여덟 배로 증가했지만 표면적은 네 배가 되어 3차원 물체의 크기가 커질수록 부피 대비 표면적이 작아진다는 사실을 알 수 있다. 제곱과 세제곱의 차이다. 이는 수학적·물리학적으로뿐만 아니

라 생리학적으로도 중대한 결과를 가져오는 사실이다. 결과적으로 비표면적은 부피가 큰 물체일수록 작고 부피가 작은 물체일수록 크다. 이 결론은 우리의 직관에 거슬린다. '큰 것이 작고 작은 것이 크다'고 하기 때문이다. 하지만 우리는 회색빛 뇌세포와 차가운 이성으로 생소한 결론을 받아들여야 한다.

쥐가 코끼리보다 더 큰 것은? 아무리 생각해 봐도 그런 것은 존재하지 않을 것 같지만 답은 바로 비표면적이다. 코끼리는 비표면적이 극단적으로

작은 동물이며 반대로 쥐는 비표면적이 극단적으로 큰 동물이다. 지구상에서 비표면적이 가장 작은 동물은 길이 33m에 몸무게는 125톤인 대왕고래다.

네덜란드인의 키가 큰 이유

이제 결론을 낼 시간이다. 손가락은 손보다 훨씬 더 작기 때문에 손가락장갑의 표면적이 벙어리장갑의 표면적보다 더 크다. 장갑을 만드는 데 필요한 자재 소요량을 비교해 보면 즉시 알 수 있다. 체온이 빠져나가는 유일한 통로는 피부이므로 체온 손실은 외기와 접촉하는 표면적이 작은 벙어리장갑이 더 적다.

이 사실을 입증하는 멋진 규칙이 있다. 중심체온을 유지해야 하는 항온동물의 경우 비표면적이 크면 체온을 뺏기기 쉬우므로 추운 지방에 살기 어렵

🔵 표면적의 차이

다. 반대로 비표면적이 작은 동물, 즉 덩치가 큰 동물은 추운 지방에 살기 적합하다. 인간도 예외가 아니어서 세상에서 가장 키가 큰 사람은 네덜란드인이다. 북유럽에 사는 백인들의 덩치가 큰 이유다. 이를 베르크만의 규칙Bergman's rule이라고 한다.

형광색의 일광견뢰도가 낮은 이유

형광은 발광의 한 형태다. 어떤 물질에 일단 흡수된 다음 방출되는 빛은 원래보다 에너지 준위가 낮으므로 더 긴 파장을 가지게 된다. 즉, 스펙트럼의 영

역이 진동수가 낮은 쪽으로 이동하게 된다. 형광의 가장 흔한 예는 흡수된 빛이 사람이 볼 수 없는 자외선 영역에 있고 방출된 빛은 가시광선 영역에 있을 때다. 자외선을 흡수해 가시광선을 방출하는 물질을 형광물질이라고 한다.

형광등은 안쪽에 형광물질이 발려 있다. 램프에서 수은 증기를 이용해 자외선을 방출하면 형광물질이 자외선을 흡수해 가시광선으로 방출한다. 만약 형광등 안쪽에 형광물질이 발려 있지 않으면 빛을 내지 못한다. 이것이 클럽에 가면 볼 수 있는 '블랙 라이트'이다.

네온사인은 형광등의 일종으로 형광등에 들어가는 아르곤이나 수은

대신 네온이나 질소 같은 다른 기체를 넣어 다양한 색을 낼 수 있게 만든 것이다. 전자가 몽땅 떨어져 나간 기체에서 빛이 나오는데 이렇게 이온화된 기체를 플라스마라고 한다.

형광색은 형광염료를 사용해 자외선을 가시광선으로 변환한 색이므로 채도가 매우 높다. 자외선을 흡수해 가시광선으로 바꿔 눈으로 볼 수 있도록 하므로 가시광선보다 파장이 더 짧은 빛이 된다. 즉, 스펙트럼에서 에너지가 가장 큰 가시광선보다도 에너지가 크다. 빛의 반사율이 높아서 매우 밝은 빛을 내며 흰색의 경우는 백도가 두 배 이상 증가할 수 있다.

염료는 특정 파장에 해당하는 빛을 흡수하는 물질이다. 만약 붉은색을 흡수하면 파란 계통의 색을 낼 것이다. 이런 기능을 가진 유기 또는 무기 분자를 발색단이라고 하는데 이런 발색단 분자로 만들어진 물질이 바로 염료다. 만약 발색단 분자가 기능을 잃게 되면 흡수하던 특정 파장의 빛을 더 이상 흡수

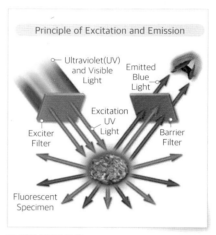

△ 빛의 자극과 방사

하지 못하고 반사해 버린다. 이것이 바로 퇴색이다. 퇴색이 계속 진행되면 결국 탈색된다. 탈색의 최종 결과는 모든 빛을 반사하는 흰색이다.

발색단으로 염색·채색된 원단은 불변 염색되었더라도 시간이 지나면 햇빛에 의해 최종적으로 흰색이 된다. 그렇다면 색깔에 따라 퇴색·탈색되는 시간이 다를까? 답은 '그렇다'이다. 햇빛에 노출된 원단은 빛을 반사하거나 투과하거나 흡수한다. 원단의 발색단은 흡수된 빛을 통해 전자기파와 충돌하고 조금씩 파괴된다. 이것이 광화학 제1법칙이다. 따라서 염료가 흡수하는 파장에 해당하는 전자기파의 에너지 크기에 따라 탈색

되는 시간이 달라진다. 물론 염료의 양이 많은 경우에는 더 오래 버틸 수 있다. 염료의 양이 적은 파스텔 컬러의 일광견뢰도가 낮은 이유다. 파장이 짧아 에너지 준위가 높은 파란색의 광선을 주로 흡수하는 빨간색 염료가 가장 빨리 파괴되는 발색단이다.

형광색의 경우 두 가지가 문제가 발생한다. 첫째는 흡수하는 빛의 에너지 수준이다. 흡수하는 전자기파의 에너지가 강하면 발색단이 쉽게 파괴된다. 둘째는 염료의 양이다. 염료는 색을 발현하는 발색단 분자를 보유하는 일종의 도구다. 양이 많을수록 기능은 더 오래 살아남는다. 연한 색은 적은 양의 염료가 사용되고 진한 색은 많은 양의 염료가 사용된다. 연한 색은 일광견뢰도가 낮고 진한 색은 일광견뢰도가 높은 이유다. 형광염료는 대부분 자외선을 흡수하는 염료다. 자외선은 모든 가시광선의 영역보다 에너지가 한 단계 더 높은 전자기파다. 대략 가시광선의 두 배에 달한다. 따라서 형광염료는 파괴력이 가장 큰 자외선의 공격을 받기 쉬운 환경에 놓여 있고 채도가 높아 염료를 적게 사용하므로 일광에 취약하다.

형광 핑크의 비밀

H사의 김 차장은 G사의 다운 재킷을 수주했는데 작업을 완료한 후 문제가 발생했다. 빗물이 묻은 부분이 푸르게 변한 것이다. 봉제를 하는 입장에서는 그야말로 재앙이다. 무슨 일이 생긴 것일까?

형광염료

형광색을 내기 위해서는 형광물질이 필요하다. 형광물질은 안료와 염료가 있는데 핸드필hand feel과 세탁견뢰도 때문에 패션소재로는 주로 염료를 사용한다. 로다민rhodamine B은 나일론 원단을 아름다운 형광 핑크로 만들 수 있는 유기물이다. 로다민은 단백질과 만났을 때 형광을 띠기 때문에 주로 생물학 분야에서 세포를 추적하는 용도로 쓰인다. 형광 핑크는 로다민의 용도를 염료로 확장한 것인데 문제는 이 염료의 일광·세탁견뢰도가 낮다는 점이다. 일광견뢰도가 낮다는 것은 분자가 자외선에 쉽게 변형·파괴된다는 뜻이며 세탁견뢰도가 낮다는 것은 조건이 달라졌을 때 염료의 분자구조가 깨지거나 물에 의한 화학반응이 일어난다는 뜻이다. 로다민은 특히 pH에 예민한 유기물이다. 산성 용액이냐 알칼리 용액이냐에 따라 색깔이 완전히 달라지기 때문이다. 파란색을 내는 형광 염료로는 플라빈flavine이 있다.

로다민 변색

로다민은 원래 입자가 붉지만 알칼리 조건에서는 파란색이나 초록색으로 변한다. 나일론의 산성염료는 pH가 3~4인 조건에서 염색해야 한다. 문제는 로다민 염색이 완료된 후에도 알칼리에 노출되면 파랗게 될 수 있다는 점이다. 작업을 완료한 G사의 형광 핑크 재킷에 빗물이 묻자 푸르스름하게 변한 이유다. 따라서 로다민을 사용했다면 염색 후 완충buffer 처리를 세심하게 해야 한

◎ 로다민 수용액의 원래 색상

다. 그렇지 않으면 알칼리성 용액에 닿았을 때 파란색이나 보라색으로 변색되는 문제가 생길 수 있다. 비눗물은 주위에서 흔히 볼 수 있는 알칼리성 용액이다. 즉, 빨래할 때 중성세제가 아닌 세탁비누를 사용해도 문제가 생길 수 있다. 로다민의 성질은 리트머스 시험지와 같다. 만약 세탁 후 이런 문제가 생긴다면 구연산을 사용해 산성으로 만든 물에 빨면 없앨 수 있다.

견뢰도 문제

원래 형광염료는 일광견뢰도가 나쁘다. 무슨 수를 써도 3급 이상 나오

지 않는다. 일광견뢰도야 할 수 없
다고 치더라도 세탁견뢰도까지 나
쁜 이유는 무엇일까? 나일론을 염
색할 때는 고착제가 들어간다. 그
런데 이 고착제는 형광색의 채도
를 낮추는 부작용을 일으킨다. 메
이저 브랜드는 컬러매칭에 매우
보수적이다. 컬러가 맞지 않으면

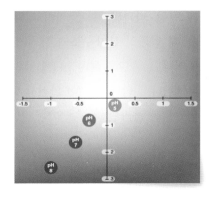

선적할 수 없다. 따라서 컬러를 맞추기 위해 고착제를 미흡하게 처리하거
나 아예 처리하지 않는 경우가 생긴다. 그럴 경우 로다민이 모두 빠져나
올 때까지 계속 분홍 물이 나오게 된다. 뜨거운 물에 밤새 담가두면 로다
민이 거의 다 빠져나올 수도 있다. 이런 일이 생기면 원래와 전혀 다른 인
디언 핑크 색상이 되어버린다. 로다민은 에탄올, 즉 에틸알코올에서도 분
해되어 녹는다. 염료회사인 헌츠만Huntsman은 채도를 낮추지 않는 고착제
를 개발했다고 광고하고 있다. 실제로 효과가 있는지는 확인하지 않았다.

발암성

로다민은 발암물질carcinogen로 알려져 있다. 다만 아직 어느 나라에서
도, 심지어 유럽에서도 이를 규제하지 않고 있다. 로다민은 고춧가루를
빨갛게 만들기 위한 착색제로도 쓰이는데 미국에서는 로다민을 식재료
에 쓰면 불법이다. 하지만 아무리 발암물질이라도 먹는 음식이 아닌 이상
큰 문제는 없지 않을까? 유아기 아동에게는 위험할 수 있지만 유아복에
형광색을 사용하는 경우는 거의 없다. 물론 옷을 빨아 먹는 어른도 없다.

나일론 프린트가 어려운 이유

나일론은 프린트가 어렵다. 불가능하지는 않지만 다른 소재에 비해 힘들다. 나일론 프린트는 일광견뢰도가 낮고 컬러의 일관성, 재현성이 떨어지며 깨끗하게 균염되지 않고 자주 번져서 프린트에서 가장 중요한 요소인 해상도가 떨어지므로 깔끔한 경계선 sharp edge을 구현하기 어렵다. 따라서 대량 물량을 발주하는 메이저 브랜드의 기준을 통과하지 못한다. 왜 그런지 한번 알아보자.

염색의 블로킹 문제

나일론 염색은 블로킹 blocking이 발생한다. 블로킹은 원단의 특정 부분이 염료를 더 많이 흡수해 상대적으로 적게 흡수되는 부분이 생기면서 원단 전체에 불균염을 초래하는 현상이다. 나일론은 염착 좌석염료가 고착 가능한 한계이 특히 부족한데 염착 속도는 빨라서 그 결과 불균염이 생긴다.

나일론의 염착 좌석은 울의 20분의 1밖에 되지 않는다. 화학반응을 동반하는 염색은 섬유의 비결정영역에만 작용하기 때문에 염착 좌석은 섬유의 비결정영역에 비례한다. 강철을 염색할 수 없는 이유는 결정영역만 존재하기 때문이다.

염착 속도와 pH

염료가 섬유에 염착되는 속도를 늦출 수 있다면 불균염도 줄일 수 있다. 균염제를 사용하면 염착 속도를 느리게 해 완염 효과를 얻을 수 있다. 나일론을 염색하는 산성염료는 pH에 민감하다. 따라서 pH 조절에 실패하면 컬러 차이가 크게 나타난다. 염색 현장에서는 이를 예민하다고 받아들일 것이다.

프린트에서 발생하는 문제

산성염료의 일광견뢰도는 그다지 좋지 않지만 세탁견뢰도는 문제없다. 문제는 프린트할 때 산성염료의 균일한 고착을 위해 승온을 낮추므로 증열 시간이 길어진다는 것이다. 특히 프린트는 점성 viscosity을 확보하기 위해 염료를 풀과 혼합하는데이를 색호라고 한다 이 때문에 고착 시간이 더욱 길어진다. 증열은 프린트 후 열을 이용해 섬유에 염료를 견고하게 고착하는 과정이다. 생산 시간이 지연되면 생산량이 줄어들어 생산비용이 높아진다. 나일론 프린트 가격이 혹독하게 비싼 이유다.

나일론은 폴리에스터에 비해 번짐 blurring이 많이 생긴다. 즉, 염료가 모세관 현상을 잘 일으켜 패턴의 경계선을 무너뜨리기 때문에 모티프의 깔끔한 경계선을 요구하는 프린트에서는 치명적인 결점이 된다. 풀을 섞어 색호를 만들 때 풀을 추가해 점성을 높이면 번짐이 약간은 줄어들지만 고착 시간도 길어져 한계가 있다. 따라서 세밀한 패턴을 구현하기 어렵고 온도와 pH에 예민해 재현성이 나빠 스트라이크 오프strike off와 벌크bulk의 차이가 클 뿐만 아니라 로트lot 차이도 많이 발생한다. 이런 문제로 대량으로 물량을 발주하는 대기업 브랜드의 기준을 통과

● 채도가 높은 나일론 프린트

하기 어렵다. 수량이 적은 규모의 브랜드에서만 나일론 프린트 원단을 볼 수 있는 이유다.

산성염료 때문에 생기는 문제를 피하기 위해 나일론을 분산염료로 염색하기도 하는데 그렇게 하는 경우 견뢰도 쪽으로 문제가 생긴다. 분산염료는 나일론 염색의 차선책이기 때문이다. 최근에는 나일론의 표면을 개질한 뒤 분산염료를 이용해 전사 프린트를 시도하기도 한다.

원래 나일론의 산성염료는 채도가 높아 비비드vivid하다. 반면 분산염료는 어둡고 칙칙하다. 따라서 둘은 절대 같은 톤으로 나올 수가 없다. 소재와는 관계없는 염료 자체의 기질적인 문제다. 나일론의 화려하고 아름다운 컬러는 이처럼 까다로운 조건으로 언제나 디자이너를 고심하게 만든다. 디지털로 찍은 나일론 프린트는 대체로 문제가 덜하다.

PU와 TPU는 어떻게 다를까?

폴리우레탄polyurethane은 1937년 독일에서 처음 만들어졌으며 이름 그대로 우레탄 결합을 가진 고분자의 중합물이다. 우레탄 결합이란 '-NHCOO-'를 말하는데 폴리에스터계와 폴리에테르계가 있다.

통상 PU라고 부르는 폴리우레탄은 두 가지 종류가 있는데 열가소성thermoplastic과 열경화성thermosetting이 그것이다. 전자를 TPU, 후자를 CPU라고 하며 대부분의 PU는 열경화성이다. 열가소성 수지 혹은 플라스틱은 특정 온도유리전이온도와 융점 사이에서 점도가 높은 액체 상태가 되어 몰드mold에서 원하는 모양으로 성형이 가능하고 냉각하면 원래의 고체 상태를 유지하는 특성을 가진 고분자다. 염색이 어렵고 열에 약하다는 단점이 있으며 소프트하므로 부드럽게 만들기 위해 가소제를 사용할 필요가 없어 PVC와 달리 친환경 소재에 속한다.

라이크라Lycra로 대표되는 스판덱스spandex 섬유가 대표적인 TPU이다. TPU 필름은 섬유가 아닌 2차원 판상의 스판덱스다. TPU는 이름 그대로 성형이 가능하고 재활용할 수 있다. 당연히 탄성이 있으므로 라미네이팅용 필름으로 사용하면 스트레치 우븐stretch woven 원단, 심지어 니트에도 적용 가능하다는 장점이 있다. 니트는 아우터웨어와는 거리가 먼 소재였지만 TPU로 필름을 입히면 다운 재킷도 만들 수 있다. 그야말로 광범위한 니트 활용의 혁신이 열린 것이다. 니트는 부드럽고 탄성이 있어 기존의 우븐 다운 재킷과는 다른 차별화를 가져올 수 있다. 다만 내구성이 떨어지고 마찰에 취약한 니트의 한계점을 감안해 간절기에 가볍게 입을 수 있는 하이브리드 재킷hybrid jacket, 키메라 재킷chimera jacket 정도에 적용하는 것이 좋다.

반면 열경화성인 CPU는 고온에서도 녹지 않고 분해되며 탄성이 없고 재활용이 불가능하다. 물론 강성이 요구되는 용도로 사용하기 위해 제조되었으므로 단단하고 충격에 강해 오래 사용해도 물성 저하가 적어 내구성이 우수하다. 운동화 밑창으로 많이 사용되는 PU는 부드럽고 쿠션이 있어 TPU 같

○ CPU

지만 대부분 CPU를 기포 상태로 만든 발포 제품이다. TPU로 만든 발포 제품은 찾아보기 힘들다.

원단의 방수를 위한 코팅에 사용되는 PU는 용제형 PU라고 한다. 용제형 PU는 친수성hydrophilic과 소수성hydrophobic이 있는데 열이 아닌 MEK나 DMF 또는 톨루엔toluene 같은 휘발성 용제로 녹여 사용한다. 열경화성이나 열가소성 PU는 가공할 때 용제가 필요 없는 PU이다.

TPU 필름은 투명하거나 불투명하게 제조해 샤워커튼 같은 자재로 사용 가능하다. 프린트가 가능하다는 장점으로 최근 비옷이나 트렌치 코트

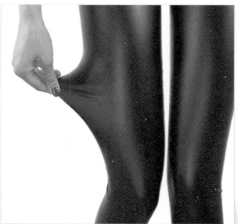

등의 의류소재로 유행하고 있다. 정교하게 가공해 인조가죽으로도 만들 수 있는데 진짜와 구분할 수 없을 정도로 비슷하고 탄성까지 있다. 동물 보호와 가죽 가공 과정에서 일어나는 공해 방지 차원에서 인조가죽을 에코 레더eco leather로 부르며 Zara 같은 브랜드에서 다양한 소재와 스타 일에 사용하고 있다.

원단의 중량이 변하는 이유

우븐 원단은 같은 레시피recipe, 즉 동일한 원사를 동일한 밀도로 설계해 제직하더라도 염색이나 가공을 거치고 나면 폭도 달라지고 중량도 일정하지 않다. 그 이유는 무엇일까?

생지

우븐 원단은 같은 설계의 원단이라도 생지부터 달라진다. 제직 중 경사가 매우 팽팽하게 당겨지기 때문이다. 외줄을 타는 아크로바트 곡예사처럼 제직 중 경사를 팽팽하게 당겨야 늘어짐 없이 들어올린 상태에서 위사가 초고속으로 그 사이를 왕복할 수 있다. 직기는 설계된 알고리즘에 따라 종광을 들어올린 다음 위사를 끼워넣어 조직을 형성한다. 빗처럼 생긴 바디는 경사를 일정한 간격으로 벌려 불균일로 인한 경사줄을 방지한다. 경사는 장력으로 인해 원래보다 더 늘어나 길어지게 되고 이는 경사가 더 가늘어지는 결과로 나타난다. 원래 50데니어인 원사라면 위사는 그대로지만 경사는 49.5데니어가 되는 식으로 가늘어진다. 물론 장력을 받아 당겨진 원사는 이후 염색이나 수세에서 다시 수축된다. 면직물은 생지 상태가 가장 무겁지만 화섬의 경우는 큰 폭으로 열수

🔺 바디를 통과하는 경사

축하기 때문에 생지 때보다 염색된 원단의 중량이 더 많이 나가게 된다. 열수축도 각 섬유나 원사에 균일하게 일어나지 않고 조금씩 다르다. 이런 모든 변화는 각 원사에 균일하게 일어나지 않기 때문에 완성된 생지부터 조금씩 차이가 난다.

폭과 길이

원단은 염색 후 폭에 따라 중량이 달라진다. 생지 때는 같은 중량의 원단이라도 전처리나 염색 가공 등을 거치면서 두꺼워지거나 얇아지는데 특히 폭에 따라 극명하게 차이가 난다. Lyd리니어 야드, 폭 × 1y로 원단의 중량을 표기하면 폭이 어떻게 되든 중량이 달라지지 않는다. 하지만 Sqm 스퀘어 미터, 1m × 1m로 중량을 표기하면 폭이 넓은 경우는 원단이 얇아져서 중량이 가볍게 나오고 폭이 좁으면 그 반대가 된다. 가공이 끝난 원단의 길이가 생지 때보다 늘어나면 당연히 원단이 얇아지고 중량이 덜 나가게 된다. 기본적으로 제직이나 염색 가공은 원단을 경사 방향으로 당기기 때문에 원단이 장력을 받아 늘어나는 구조로 되어 있다. 원단이 염색 가공 후 늘어났는지 확인하려면 위사밀도를 체크하면 된다. 만약 위사밀도가 감소되었으면 원단이 경사 방향으로 당겨져 늘어난 것이다. 달라진 위사밀도와 원단의 길이는 서로 정확하게 반비례한다.

가공

연속 공정이 수반되는 대부분의 가공, 특히 코팅 가공을 하고 나면 원단이 더 가벼워진다. 원단 표면에 추가로 폴리머를 바르는 가공이므로 더 무거워질 것 같지만 실제로는 반대다. 코팅 가공은 나이프로 원단 위에 폴리머를 도포하는 작업이다. 이 작업은 페인트칠처럼 전형적인 아날로그 공정이므로 코팅 수지를 완벽하게 균일한 두께로 바르는 것은 불가능하다. 되도록 일정한 두께를 유지하려면 원단이 평평하고 딱딱한 상태를 유지해야 하므로 원단을 경사 쪽으로 최대한 팽팽하게 당겨줘야 한다. 이 상태로 고온에 노출되면 원단은 늘어난 상태로 고정된다. 길이가 늘어난 만큼 원단의 중량이 줄어드는데 추가된 코팅 폴리머 중량이 이를 커버하지 못한다. 화섬이 아닌 경우는 코팅 후 경사 방향 수축률 문제도 해결해야 한다. 직물의 수축률 문제는 대개 경사 쪽에서 일어난다.

아날로그 공정의 결과

심지어 폭이 같아도 여기저기 구멍을 뚫어 중량을 재보면 똑같은 결과가 나오는 법이 없다. 원사의 굵기가 완벽하게 일정하지 않기 때문이다. 원사는 여러 가닥의 섬유로 되어 있고 각 섬유는 모두 굵기가 약간씩 다르다. 눈에 보이지 않는 작은 차이지만 100% 같을 수는 없다. 이 역시 아날로그 공정이기 때문이다. 실을 뽑는 방사spinning는 고분자가 액상으로 노즐을 통해 빠져나오는 공정으로 국수 제조와 비슷하다. 정밀 공

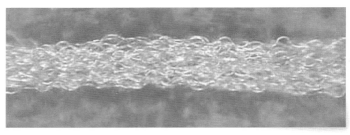

학은 아닌 것이다. 각 섬유의 미세한 굵기 차이는 수십 수백 가닥이 모여 하나의 실이 되면서 더 큰 차이를 만들어낸다. 만약 텍스처 가공을 거친 DTY 같은 원사라면 직선이 아닌 꼬불꼬불한 섬유와 실이 되므로 굵기 뿐만 아니라 각각 다르게 형성되는 크림프crimp 정도에 따라 실의 길이에 서도 차이가 난다. 이런 차이가 수만 개의 원사가 집합된 원단이 되면 밀 도에 따라 더 큰 차이로 벌어지게 되는 것이다. 시험기관lab에서도 다섯 군데의 중량을 측정해 평균값을 결과치로 보고한다.

원단이 말리는 이유

목욕탕에 오래 있으면 손이 쭈글쭈글해지는 경험을 누구나 해보았을 것이다. 손이 쭈글쭈글해지는 이유는 피부가 진피와 표피로 이루어져 있기 때문이다. 우리 눈에 보이는 피부인 표피는 죽은 세포로 신축성이 크지 않다. 반면 안쪽 피부인 진피는 살아 있는 세포로 신축성이 크다. 피부가 물에 닿으면 진피는 수축하지만 함께 붙어 있는 표피는 수축이 거의 일어나지 않기 때문에 쭈글쭈글해진다. 오징어를 불에 구우면 돌돌 말리는 이유도 비슷하다. 건오징어는 납작하게 생겼지만 원래 모습이 그런 건 아니다. 건조하는 과정에서 오징어의 배를 갈라 납작하게 편다. 원통을 잘라 평면을 만들었으므로 한쪽은 오징어의 바깥 피부, 다른 한쪽은 오징어의 속살이 된다. 껍질이 붙어 있고 오징어 눈이 보이는 쪽이 바깥 피부다. 바닷물과 접촉하는 오징어의 바깥 피부는 속살보다 물리적 충격에 강하다. 따라서 불에 구우면 속살의 단백질 수축이 더 많이 일어나 언제나 안쪽 방향으로 말린다.

　우븐직물은 틀어지기는 해도 말리는 경우가 없지만 코팅이 두껍게 되었거나 필름이 라미네이팅된 2레이어layer 원단은 말릴 수 있다. 만약 화섬 원단에 친수성 필름이 처리되어 있다면 습도가 높거나 원단이 젖었을 때 필름이 물을 흡수해 팽윤팽창하면서 필름이 밖으로 말리는 현상이 일어난다. 투습 방수 필름 중 미세한 구멍이 없는 친수성 필름의 경우가 대표적이다. 필름은 그대로 있는데 원단이 수축해도 역시 같은 방향으로 말린다.

　원단이 말리는 현상은 원단면의 어느 한쪽이 늘어나거나 줄어들어 양쪽 면 텐션의 밸런스가 맞지 않을 때 일어난다. 원단을 고열로 다림질할 때도 다림질하는 쪽 면으로 원단이 말리는 경우가 있다. 역시 원단의

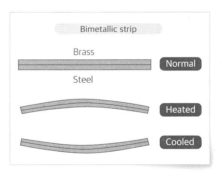

앞부분에 일시적으로 열수축이 일어나기 때문이다. 바이메탈은 이 원리를 이용한 스위치 개폐장치다. 수분 대신 온도에 반응하는 열팽창계수는 다른 두 금속을 붙여서 쓰는 경우에 발생한다.

　니트는 앞면을 라이트 사이드right side, 뒷면을 롱 사이드wrong side라고 한다. 우븐의 페이스face와 백back과는 달리 원단의 양쪽 면을 옳고 그름

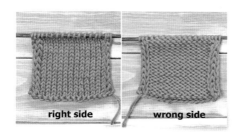

right side   wrong side

으로 표시한 것이다. 이 말에는 롱 사이드를 사용해서는 안 된다는 의미가 들어 있다. 직물도 앞뒤를 구분해 사용하기는 하지만 뒷면을 사용한다고 해서 큰 문제가 되는 것은 아니며 일부러 뒷면을 쓰는 경우도 있다. 싱글 저지single jersey의 앞면은 루프가 V자 모양 격자로 배열된 두 행을 연결하는 수직선이 나타나는 부분이다. 반대쪽은 루프의 끝이 위아래 모두 보여 리버스 스토키네트reverse stockinette라는 훨씬 더 텍스처한 면이 나타난다.

　V자 모양 줄을 지탱하는 실이 앞면에 있고 스티치를 나란히 형성하는 부분이 뒷면에 있는 언밸런스한 루프 구조로 인해 직물의 트윌twill과 마찬가지로 편직 후 원사 내부에서 처음 형태로 돌아가려는 토크torque가 생긴다. 따라서 거의 모든 플레인 니트plain knit는 말리는 경향이 있다. 싱글 저지는 상하에서 앞쪽으로, 좌우에서 뒤쪽으로 말리는 경향이 강하게 나타난다. 저지가 말리는 방향을 보고 앞뒤를 구분할 수도 있다.

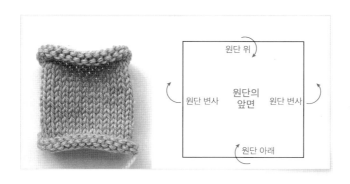

원단 위

원단 변사　원단의 앞면　원단 변사

원단 아래

자외선 차단 의류의 모든 것

　자외선은 태양빛을 구성하는 전자복사파 중에서 파장이 짧은 쪽인 가시광선보다 에너지가 더 큰 빛이다. UVA, UVB, UVC가 있으며 그중 파장이 가장 짧아 인체에 크게 위해한 UVC는 대부분 지구 대기를 통과할 수 없으므로 지상까지 도달해 피부에 영향을 미치는 UVA와 UVB가 우리의 관심사가 된다. 둘 중 파장이 더 짧은에너지가 더 큰 UVB는 피부의 외층인 표피에 영향을 미쳐 태닝 또는 피부 화상을 일으킨다. 에너지가 더 적은 UVA는 진피까지 침투해 장기적으로 주름 형성의 원인이 되고 단기적으로 DNA의 변형을 유발해 피부암을 일으킨다. 피부의 겉층인 표피에도 물론 DNA가 있으나 표피는 이미 죽은 세포다. 자외선이 DNA에 영향을 끼치는 이유는 세포의 DNA를 구성하는 네 가지 염기인 아데닌, 티민, 구아닌, 시토신이 자외선을 잘 흡수하는 성분이기 때문이다.

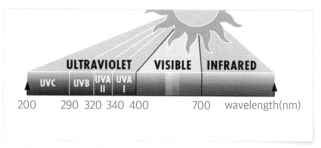

UVB는 UVA보다 파장이 짧아 피부에 더 큰 손상을 입히지만 대기 중에 흡수되는 경우가 많고 진피까지 도달하기 어려워 실제로 진피층까지 들어오는 양은 UVA가 더 많고 위해가 즉시 드러나지 않아 방심하기 쉬우므로 UVA를 차단하는 것이 더욱 중요하다. UVB는 여름날 12시를 전후한 4시간 동안 가장 많이 발생한다. 즉, 그림자가 키보다 더 작은 시간에 절반 이상의 UVB가 내리쬔다고 생각하면 된다. 여름을 기준으로 적도 부근의 UVB가 북유럽보다 두세 배 더 많다. 특히 고도가 높은 지역은 대기의 자외선 흡수가 줄어들고 파장이 짧은 자외선이 지표면에 도달할 가능성이 높아 자외선의 위험이 더 크다. 우리가 생각하는 자외선은 대개 직사 자외선이지만 다른 물체에 먼저 부딪혀 들어오는 산란 자외선도 있다. 특히 자외선은 파란색보다 산란이 잘 일어나므로 산란 자외선이 인체에 도달하는 자외선의 양을 증가시킨다.

산란은 하늘이 아닌 지상에서도 자외선이 입사할 수 있다는 것을 의미한다. 구름은 자외선을 감소시키지만 연한 구름은 영향이 거의 없고 때로는 산란을 증가시켜 자외선을 더 강하게 할 수도 있다. 연무는 산란을 증가시켜 더 많은 자외선 노출을 유발한다. 풀, 흙, 물은 자외선을 10%만 반사하지만 금방 내린 눈은 거의 80%나 반사한다. 따라서 고도가 높은 스키장에서는 한여름과 비슷한 수준의 자외선에 노출될 수 있다. 모래는 10~25%만 반사한다. 95%의 자외선은 물을 투과하지만 수심

50cm 이내에서는 40%로 감소한다. 즉, 물 밑은 자외선으로부터 대개 안전하다. 생물이 물에서 발생한 중대한 이유다. 그늘은 우리 생각과는 달리 산란 자외선으로 인해 자외선을 겨우 50% 정도만 차단한다.

멜라닌

멜라닌은 자외선으로부터 피부를 보호하기 위한 인체 보호 단백질로서 자외선을 잘 흡수하는 검은 색소를 이용해 자외선을 분해한다. 즉, 멜라닌 색소는 자외선을 흡수해 소멸시킨다. 멜라닌이 많아 피부가 검을수록 더 효과적인 보호망이 된다. 피부색은 자외선이 조사되는 양과 깊은 상관관계가 있다.

자외선 차단 지수

자외선 차단 지수에는 UPF와 SPF가 있는데 SPF는 UVA만 다루는 수치다. UVA와 UVB를 모두 측정한 결괏값은 UPF 지수다. UPF가 2라면 자외선을 2분의 1, 즉 절반만 통과시킨다는 의미다. 10이라면 10분의 1만큼 통과시켜 90%의 자외선을 차단할 수 있다는 뜻이다. UPF가 20이면 UPF 10보다 자외선을 두 배로 차단할 수 있다는 뜻이 아니라 20분의 1의 자외선을 통과시킨다는 뜻이다. 따라서 차단율은 95%이므로

❆ UVF 지수에 따른 자외선 차단율

UPF Rating	Protection Category	% UV Radiation Blocked
UPF 15~24	Good	93.3~95.9
UPF 25~39	Very Good	96.0~97.4
UPF 40~50$^+$	Excellent	97.5~98$^+$

UPF 10과는 단 5% 차이다. UPF가 100이라도 차단율은 99%라는 뜻이다. 결국 자외선을 100% 차단하는 지수는 없다. 표를 보면 실제로 각 수치는 별로 차이가 없어 보인다. 선블록을 살 때 참고 바란다.

선블록 크림의 효과

선블록은 자외선을 흡수해 소멸시키는 것과 반사 또는 산란시키는 것이 있다. 선블록 기능은 이산화티탄$_{TiO_2}$이 대부분 담당한다. 선블록이 모두 하얀색을 띠는 이유다. 이산화티탄과 산화아연은 자외선을 잘 흡수하는 무기물이기도 하다. 즉, 반사 기능과 흡수 기능을 모두 지녔으므로 얼굴에 바르기 좋다.

자외선 차단과 의류

자외선이 원단에 도달하면 반사되거나 흡수 또는 투과된다. 이 중 투과되는 자외선이 피부에 도달해 영향을 미친다. 자외선 차단은 자외선의 투과를 막고 반사 또는 흡수시키는 것을 의미하지만 반사는 자외선을 소멸시키지 못하고 자신이나 타인의 피부에 위해가 될 수 있으므로 흡수가 더 바람직하다고 할 수 있다.

소재의 종류

면이나 양모 같은 천연섬유보다는 폴리에스터나 나일론 등의 화섬이 차단에 효과적이다. 화섬은 대개 벤젠고리가 들어 있는 탄화수소 유기물이므로 자외선을 잘 흡수하는 성분이다. 자외선 차단 테스트는 원단 위에 자외선을 조사해 단위 시간 동안 얼마나 많은 자외선이 원단을 통과하는지 확인해 결과치를 얻는다. 고맙게도 여러 번 측정해 평균치가 아닌 최소치를 결괏값으로 보고한다.

원사

가는 원사로 촘촘히 구성한 고밀도 원단과 굵은 원사로 구성한 저밀도 원단 중 어느 쪽이 더 나을까? 원사와 원사 사이 틈이 작고 수가 많은 쪽과 틈은 크지만 수가 적은 쪽 중 자외선을 덜 투과하는 원단은 어느 쪽일까? 정답은 굵은 쪽이다. 원사가 너무 가늘면 자외선이 원사 자체를 통과할 수 있다. 즉, 굵은 원사가 가는 원사보다 차단율이 더 좋다. 이산화티탄이 원사에 함유된 풀덜full dull 원단은 더욱 유리하다.

원단의 두께와 밀도

모든 원단은 자외선 차단 기능이 있다. 아무 가공도 하지 않아도 그렇다. 양산은 굳이 자외선 차단 가공을 하지 않는 경우가 많다. 그래도 자외선의 절반은 차단할 수 있다. 당연히 두꺼운 원단일수록, 밀도가 촘촘한 원단일수록 자외선을 더 잘 차단한다. 태양빛은 태양 표면을 떠나 1억

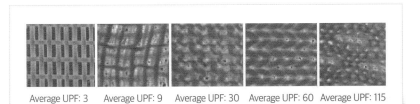

| Average UPF: 3 | Average UPF: 9 | Average UPF: 30 | Average UPF: 60 | Average UPF: 115 |

🔺 원단의 밀도에 따른 UPF 지수

5천만 킬로미터 떨어진 지구까지 8분 만에 도달하지만 태양 중심부에서 발생한 빛이 태양 표면까지 이동하는 데 걸리는 시간은 100만 년이다. 태양의 밀도가 높기 때문이다.

언제나 직진하는 자외선은 원사의 굵기나 원단의 밀도로 형성된 방어벽에 의해 투과되지 못하고 반사되거나 흡수된다. 따라서 밀도가 그다지 높지 않더라도 두꺼운 원단은 그만큼 차단율이 좋다. 반대로 얇은 원단은 밀도가 높아도 차단율이 썩 좋지 않다. 자외선은 원단이나 원사의 미세한 틈을 통해 피부에 도달한다.

자외선은 가시광선보다 파장이 짧아 더 작은 틈새를 통해 투과될 수 있다. 즉, 눈에 보이지 않는 틈이라도 자외선이 지나갈 수 있다. 하지만 그만큼 미세 물질을 만나 산란도 잘 일어난다. 실제로 지구 대기의 공기 분자와 부딪혀 산란되는 자외선의 양이 가장 많다. 그런 논리로 기존의 원단을 수축하면 밀도가 높아지는 효과가 생기므로 차단율을 높일 수 있다.

자외선의 흡수

자외선을 잘 흡수하는 물질은 유기물과 무기물로 나눌 수 있다. 유기물은 벤조페논디리버티브 benzophenone derivative · 2,2-dihydroxy-4-methoxy-benzophone 가 대표적이지만 그 밖에도 다양한 종류의 유기물이 존재한다. 유기물은 효과 좋은 자외선

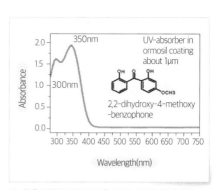

△ 좁은 영역의 자외선만 흡수하는 벤젠고리 유기물

차단제이지만 대개 좁은 범위에서만 가동된다. 즉, UVA나 UVB를 포괄

해 흡수하지 못하며 어느 한쪽만 선택적으로 흡수한다. 반면에 이산화티탄이나 산화아연 같은 무기물은 UVA와 UVB를 포함한 넓은 영역의 자외선을 흡수할 수 있다. 탄소, 특히 카본나노튜브CNT·Carbon Nanotube는 자외선을 아주 잘 흡수하는 물질이다. NASA에서는 우주선 외벽의 자외선 손상을 막기 위한 도장면으로 CNT를 연구하고 있는데 기존의 페인트보다 10배 이상의 자외선을 흡수한다고 알려져 있다. 문제는 패션과 우주선 소재는 다르다는 점이다. CNT는 원단이 검은색을 띠게 하므로 주로 파스텔 컬러가 많은 여름 원단에는 쓰기 어렵다.

색상

원단 색이 진할수록 자외선을 더 잘 차단한다. 원단 염색에 사용되는 염료가 자외선을 잘 흡수하기 때문이다. 염료는 발색단 분자로 구성되어 있으며 가시광선과 자외선을 잘 흡수하는 성질이 있다. 색이 어둡다는 것은 가시광선을 많이 흡수한다는 의미이므로 밝은색이 자외선 차단에 유리하다는 우리의 상식과는 직접적인 상관관계가 없다. 다만 어두운색 원단에 연한 색 원단보다 더 많은 염료, 즉 더 많은 발색단 분자가 포함되어 있기 때문에 자외선 차단에 유리하다는 말이다. 그런데 원착색인 돕 다이드dope dyed 원사를 사용한 검은색 원단은 염료를 쓴 것이 아니다. 그렇다면 돕 다이드는 검은색이라도 예외가 될까? 그렇지 않다. 돕 다이드 블랙 원사도 자외선 차단에 효과적이다. 돕 다이드 원사의 검은 성분이 자외선을 잘 흡수하는 무기물인 탄소이기 때문이다.

형광색

여름철에 많이 사용하는 형광색은 백도가 매우 높아 비비드한 효과를 낸다. 형광색을 내는 데 필요한 형광염료도 다른 염료와 마찬가지로 자외선을 잘 흡수하는 성질이 있다. 형광등은 자외선이 형광물질에 접촉하면 에너지 준위가 떨어져 가시광선으로 바뀌는 원리다. 즉, 형광물질은 자외선을 잘 흡수하는 성질이라는 사실을 알 수 있다. 따라서 어두운색이 아니더라도 비비드한 컬러나 형광증백제를 사용한 흰색 원단도 자외선 차단 효과가 있다. 만약 흰 와이셔츠를 형광증백제가 들어간 세제에 빨면 원단이 수축되고 형광물질이 코팅되는 이중 효과가 일어나 자외선 차단에 유리해진다.

기모

원단을 기모raise하면 표면에 만들어진 잔털이 빈 공간을 메워 자외선의 투과를 막으므로 더 좋은 차폐 효과를 기대할 수 있다. 기모는 가공 처리된 자외선 차단제 입자의 물리적 세탁 내구성을 높일 수 있다. 단, 기모는 경량의 원단인 경우 인열강도를 급격하게 저하시키므로 한계가 있다.

씨레 가공

화섬의 씨레cire 가공은 다운프루프down-proof 효과에서 알 수 있듯이 교차하는 원사와 원사 사이의 틈을 메꿔주는 역할을 하므로 더 높은 차폐율을 기대할 수 있다. 원단 표면은 기모하고 뒷면은 씨레하면 이중 효과를 볼 수 있다.

의류의 형태

타이트한 의류보다 루즈하게 설계된 의류가 피부에 도달하는 자외선

양이 적어 자외선 차단에 유리하다. 자외선을 포함한 빛은 산개하는 성질이 있기 때문에 틈을 통과한 자외선은 더 넓은 범위로 퍼져 영향력이 축소된다. 스트레치stretch 원단은 고밀도라도 타이트하게 설계된 옷이 대부분이므로 옷과 피부 사이의 거리가 가깝고 움직일 때마다 틈이 벌어지므로 자외선 차단에 취약하다.

코팅

불투명한 피그먼트 코팅pigment coating은 별도의 자외선 차단 효과를 기대할 수 있다. 대부분의 안료도 무기물 성분이므로 염료와 마찬가지로 자외선을 잘 흡수하는 성질이 있다.

자외선 차단제

시바가이기Ciba-Geigy 같은 염료회사에서 공급하는 자외선 차단 가공제는 대개 자외선을 흡수하는 기전으로 되어 있다. 좋은 효과를 내기 위해서는 입자가 작고 고르게 분산되어야 한다. 입자가 작을수록 세탁 후에도 좋은 내구성을 보여준다.

⬤ UPF가 표시된 자외선 차단 의류

자외선 차단에 유리한 원단은 대체로 두껍거나 밀도가 높고 색이 진하며 기모나 씨레되어 있는 등 겨울 원단의 특성을 지닌다. 정작 자외선 차단이 필요한 소재는 여름용이므로 필요에 정반하고 있다. 따라서 형광색이거나 투명한 경량 원단에 최소 UPF 50 정도로 우수한 자외선 차단을 구현해야 실용적인 자외선 차단 의류가 된다. 하지만 그런 의류는 상당히 희귀하다.

원단의 앞뒷면 구분하기

물체의 양면이 대칭이 아닐 경우 우리는 앞면과 뒷면을 구분해서 부른다. 손바닥에 앞뒤가 있는 것처럼 직물에도 앞뒤가 존재한다. 그렇다면 원단은 어느 쪽을 앞면이라 규정해야 할까? 앞면은 페이스face 혹은 프론트front, 뒷면은 백back이라고 하는 것이 보통이지만 니트의 경우 라이트 사이드right side와 롱 사이드wrong side라고 부르기도 한다. 이 표기에는 옳고 그름이라는 개념이 포함되어 있다. 즉, 뒷면은 사용할 수 없는 쪽이라는 뜻이다.

어느 쪽이 손의 앞면이고 뒷면인지는 사실 논란의 여지가 있다. 손은 면이 두 개이지만 앞뒤로 부르기보다는 '바닥'과 '등'으로 구분하기 때문이다. 그렇다면 손은 어느 쪽이 앞면일까? 우리말에는 앞뒤 구분이 없지만 영어는 'front'와 'back'으

The front(left) and back(right) of an adult human right hand

◯ 손의 앞면과 뒷면

로 손의 앞뒤를 정확하게 구분한다. 손바닥의 다른 영어 표기는 'palm'
이다. 원래 'palm'은 손바닥보다 종려나무가 더 유명하다. 구글 이미지에
검색해 보면 대부분 종려나무 사진이 나온다. 'palm'의 반대 표기는 무
엇일까? 손바닥과 달리 손등이라는 독립된 영어 단어는 존재하지 않는
다. 그냥 'back of the hand'이다. 영어 표기에 의하면 손의 앞면은 손바
닥, 뒷면은 손등이 된다.

원단의 조직

두 면이 대칭인 경우에는 앞뒤 구분
이 존재하지 않는다. 구분 자체가 불가
능하다. 직물에서는 평직이, 니트에서
는 인터록이 그렇다. 평직은 경사 1올
과 위사 1올이 대등하게 교차하기 때
문에 앞뒤가 구분되지 않는다. 반면 능
직은 앞뒷면이 다르다. 물론 앞뒤로 같
은 형태의 능이 있는 2/2 같은 조직도
있지만 능직은 2/1, 3/1 등이 대부분

🔺 능직의 앞뒷면

이다. 능직의 앞면은 능이 확실하게 보이는 면이다. 제직 자체가 능이 있
는 면을 의류의 겉면으로 사용하기 위해 설계되었기 때문이다. 능직에서
능을 구성하는 원사는 주로 경사다. 따라서 데님 원단처럼 경사만 염색
하고 위사는 염색하지 않는 로화이트raw white로 두면 경사가 보이는 앞면
은 인디고 블루가 되고 뒷면은 흰색 배경에 인디고 컬러가 점점이 찍힌
것처럼 보인다.

주자직satin은 앞뒷면이 극명하게 다른 조직이다. 우리가 보는 주자직의
앞면은 경사 배열이다. 뒷면은 위사만 보여 평직처럼 보이기도 한다. 능직

△ 주자직의 앞뒷면

은 앞뒷면의 조직 형태만 다르지만 주자
직은 추가로 '광택'이라는 감성이 나타난
다. 주자직의 특징인 눈부신 광택은 언제
나 앞면에만 나타난다. 만약 광택을 목적
으로 주자직 조직을 설계했다면 뒷면은
그야말로 롱 사이드가 되는 것이다. 사염
으로 경사와 위사의 컬러를 다르게 해서

△ 선염 양면 원단

주자로 제직하면 앞뒷면의 색이 전혀 다른 양면reversible 원단이 된다.

제직 설계자의 의도와 상
관없이 디자이너가 의도적으
로 뒷면을 사용하는 경우도
있다. Zara는 광택이 나는 앞
면과 광택이 없는 뒷면을 사
용해서 베스트셀러를 만들었
다. 같은 원단이지만 앞뒷면
을 사용해 드레스와 스커트
가 서로 다른 소재인 듯한 느

△ 같은 원단의 앞뒷면을 사용해 봉제한 스커트

껌을 주거나 한 가지 스타일에서 같은 원단의 앞뒤를 사용하는 변칙으로 참신한 느낌을 주었다. 무늬가 있는 도비 dobby는 앞뒷면이 모호할 때가 많다. 설계자의 의도가 뒷면에 있더라도 사용자가 앞면으로 적용하면 그쪽이 앞면이 된다. 도비는 보기에 예쁜 쪽이 앞면이다. 선염으로 제직한 도비는 앞뒷면의 패턴이 반대로 나타난다.

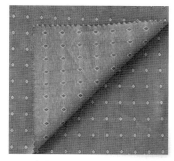
🔺 도비 직물

프린트

프린트된 원단은 앞뒷면이 다르지만 모두 같은 정도는 아니다. 예를 들어 원단의 앞뒷면이 다 드러나 보이는 셔츠나 블라우스용 원단은 프린트가 찍힌 앞뒷면이 비슷하지 않으면 상품가치가 떨어진다. 얇은 원단은 한쪽 면만 찍는 프린트라도 뒷면으로 충분히 배어 나오기 때문에 앞뒤가 비슷하다. 이때는 반드시 전사 프린트가 아닌 웨트 프린트wet print로 찍어

1.6 oz Ripstop Polyester – Front   1.6 oz Ripstop Polyester – Back

🔺 전사 프린트 원단의 앞뒷면

야 한다. 염료와 풀이 혼합된 색호의 점도를 낮게 설정하면 모세관 현상에 의한 번짐 현상으로 앞면에 찍은 프린트가 뒷면으로 치고 나가기 때문에 의류 착용 시 원단의 뒷면이 약간씩 드러나도 별 차이를 느끼지 못한다.

폴리에스터 전사 프린트는 블라우스나 셔츠 같은 의류에 절대 금물이다. 전사 프린트는 웨트 프린트와 달리 건조된 상태에서 프린트가 이루어지므로 모세관 현상이 발생하지 않아 뒷면으로 염료 번짐이 나타나지 않는다. 얇은 원단에 진한 색으로 프린트하면 뒷면으로 비치기 때문에 조금 낫지만 원단이 충분히 두껍다면 앞면이 뒤로 전혀 비치지 않기 때문에 프린트물의 뒷면이 거의 흰색으로 나타난다. 따라서 뒷면이 조금이라도 드러나는 의류에 절대 사용해서는 안 된다.

텐터의 핀홀

탄환이 철판을 관통한 탄흔은 탄환이 앞으로 들어간 흔적일까? 아니면 철판의 뒷면에서 뚫고 나온 자국일까? 그걸 모르는 사람은 아무도 없을 것이다. 원단의 앞뒷면이 모호할 경우 이를 확인하기 위해 텐터의

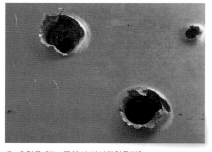

○ 총알은 어느 쪽에서 발사되었을까?

침이 뚫고 들어간 자국인 핀홀pin hole을 보는 방법도 있다. 직물은 염색 가공이 끝나면 최종 완성폭을 형성하기 위해 양쪽 식서selvedge를 바늘처럼 생긴 핀으로 단단히 고정한 다음 뜨거운 챔버로 열고정과 함께 폭을 맞춘다. 영화에서 총 맞은 사람의 옷에 남은 탄흔을 보면 총알이 외부에서 들어간 것이 아니라 몸 안쪽에서 밖으로 나온 듯한 모양을 하고 있다.

🔺 텐터의 핀홀

즉, 외부에서 발사한 총알이 들어간 것이 아니라 몸 안쪽에 장치한 무언가가 밖으로 폭발해 나온 것이다. 마찬가지로 핀홀을 자세히 보면 핀이 어느 쪽으로 뚫고 들어간 것인지 확인할 수 있다. 사진의 탄흔처럼 핀이 들어간 쪽이 원단의 뒷면이며 원단을 뚫고 나온 쪽이 앞면이 된다. 그런데 가끔 핀 자국이 두 개가 아니라 네 개인 경우가 있다. 이것은 어떤 이유에서든지 텐터를 두 번 친 결과다. 주로 재염한 경우가 많다.

기모

기모 가공은 원단의 어느 쪽에 할까? 기모는 대부분 원단 뒷면에 적용하지만 앞면에 하는 경우도 많다. 뒷면은 기능적인 이유로, 앞면은 감성적인 이유로 가공한다. 앞면은 손으로 만졌을 때 부드러운 느낌을 주기 위해 기모 가공한다. 뒷면은 따뜻한 느낌을 주기 위해 가공하며 실제로 기능적인 작용을 한다. 즉, 앞면은 피부의 촉점을, 뒷면은 온점을 자극하기 위해 가공한다. 털이 길게 나오는 기모 효과를 극대화하려면 주자직 원단을 사용해 앞면을 기모하면 된다. 표면이 마찰에 가장 약한 조직

이기 때문이다. 기모된 털이 조직을 덮는 스웨이드suede나 몰스킨mole skin
원단은 대개 주자직이나 3/1 능직을 베이스로 한다.

코팅

기능을 위한 코팅은 주로
보이지 않는 뒷면에 얇게 적
용한다. 감성을 위한 코팅은
두껍게 가공하고 앞면에 적
용한다. 코팅은 사실 투박하
고 거친 작업이다. 녹아서 죽
처럼 된 고분자를 원단 위에
바르고 나이프를 이용해 골

고루 펴주는 페인트칠처럼 단순한 작업으로 코팅 두께가 일정하지 않고
소포제를 사용하기는 하지만 내부에 거품이 있는 경우도 많다. 사용하는
코팅제에 따라 끈적거리는 경우도 있다. 따라서 코팅된 면은 반드시 의
류의 뒷면으로 사용하고 안감을 적용해 눈에 보이거나 만져지지 않게 한
다. 만약 코팅면을 페이스로 사용하고 싶다면 코팅을 수회에 걸쳐 덧발
라야 고르고 매끈한 표면을 형성할 수 있다. 이때 사용하는 폼 코팅foam
coating은 코팅 횟수가 무려 7회에 달한다. 가격은 말할 것도 없이 혹독하
다. 코팅된 쪽의 컬러가 앞면과 약간 다르기 때문에 일부 디자이너가 코
팅면을 페이스로 사용하는 경우가 있지만 이는 큰 실책이다. 폴리에스터
같은 경우는 이염migration이 나타나기도 하고 한동안 끈적이기 때문에 때
가 들러붙으면 세탁해도 지워지지 않아 사고를 피할 수 없다. 코팅의 기
능은 주로 방수나 저렴한 다운프루프다.

발수와 위킹

발수와 위킹wicking은 원단의 한쪽 면에만 가공하는 것이 아니라 배치batch에 푹 담그는 디핑dipping 방식으로 가공하기 때문에 효과가 앞뒷면에 똑같이 발생하고 색상 차이도 나지 않는다. 소비자는 발수 스프레이를 사용해 옷에 뿌리기 때문에 앞뒤 기능이 달라지지만 공장에서 원단에 작업할 때는 편발수를 제외하면 무조건 디핑이다. 따라서 발수 효과로는 앞뒷면을 구분할 수 없다.

씨레 가공

원단의 광택은 유행에 따라 달라진다. 광택이 트렌드일 때는 앞면에 페이스 씨레face cire하고 그렇지 않을 때는 뒷면에 백 씨레back cire한다. 씨레 같은 광택 가공은 심미적인 효과와 더불어 원단 틈을 밀폐해 다운이나 패딩 솜이 빠져나가지 않도록 하는 효과도 있다. 기능적인 면에서는 어느 쪽을 사용하든 상관없지만 심미적인 면에서는 잘못 사용했을 경우 재앙이 된다. 만약 기능을 원하고 광택은 싫어하는데 원단의 뒷면이 보이는 의류라면 콜드 씨레cold cire로 기능은 유지하고 광택은 죽이는 방법이 있기는 하다. 씨레 효과는 열과 압력을 동시에 이용하기 때문에 압력을 유지하고 열을 낮추면 광택도 어느 정도 낮출 수 있지만 기능은 그만큼 손해 보게 된다.

다운프루프 가공은 없다

다운프루프를 위한 보조 가공은 있다. 하지만 다운프루프 가공은 존재하지 않는다. '-proof'는 무언가가 새지 않도록 막는 것을 의미한다. '-proof' 앞에는 물water, 바람wind, 심지어 진드기mite가 들어가기도 한다. 만약 자동차 홍보 문구에 '-proof'와 함께 'death'가 들어가면 죽음을 막는다는 뜻으로 사용할 수 있다. 다운프루프는 새의 솜털이 원단에서 빠져나가지 않도록 하는 가공이다. 이 가공은 극히 까다로운 밀폐 가공이다. 어떤 것은 막되 다른 것은 통과시켜야 하는 델리케이트delicate한 조건이기 때문이다. 다른 어떤 것은 바로 공기다. 즉, 투습 방수 원단처럼 다운이 빠져나가지 않게 잘 틀어막으면서도 공기는 수월하게 통과시켜야 하는 까다로운 조건이다.

투습 방수 원리는 간단하다. 액체인 물과 기체인 물의 분자군은 크기가 다르다. 따라서 액체보다는 작되 기체인 물보다는 큰 미세한 구멍을 설계하면 된다. 이처럼 골디락스Goldilocks 영역에 해당하는 적절한 크기의 미세한 구멍이 생기도록 멤브레인membrane을 만든 사람이 로버트 고어_{Robert Gore}이고 그렇게 설립한 회사가 고어텍스_{Gore-tex}이다. 고어텍스의 투습 방수는 미세한 구멍이 설계된 필름을 원단에 접착하기만 하면 된다. 즉, 거의 모든 원단에 적용 가능하다. 심지어 니트 원단도 투습 방수 기능을 만들 수 있다.

◯ 다운 백

하지만 다운프루프는 전혀 다르다. 원단에 방수 필름을 접착하거나 액상의 고분자를 코팅하는 것으로는 안 된다. 경사와 위사가 교차하는 작은 틈을 조절해 다운보다는 작고 공기는 쉽게 드나드는 원단을 만드는 고도의 작업이다.

다운프루프 원단을 만들기 위해서는 후가공만으로는 부족하다. 원단의 제직 설계부터 개입되어야 한다. 기본적으로 다운프루프가 되기 위해서는 경사와 위사가 교차하면서 생기는 틈새를 최소화해야 하므로

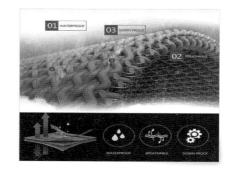

원사는 가늘고 밀도가 높을수록 좋다. 다만 원사가 가늘수록 밀도가 더욱 증가해야 하므로 단가를 상승시키는 원인이 된다. 원단의 조직은 반드시 평직이어야 한다. 트윌처럼 위사가 경사를 두 올 이상 교차하면 틈새가 커질 수밖에 없기 때문이다. 밀도는 한계에 다다를 만큼 가능한 한 최대로 설계해야 한다. 단, 경사와 위사의 밀도 차이가 너무 크면 안 된다. 직물의 밀도는 대부분 경사가 위사보다 두 배 이상 높다. 제직료를 절감하기 위해서다. 예를 들어 면 40수로 설계한다면 밀도가 최소한 230t,

120 × 110은 되어야 한다. 만약 60수라면 280t, 140 × 140이 기본이다. 폴리에스터 50d라면 경위사 합이 300t는 되어야 한다. 나일론 20d는 430t는 되어야 자격이 된다.

여기서 번수와 밀도가 선형적으로 비례하지 않음을 주의해야 한다. 즉, 20d는 50d보다 두 배 이상 가늘기 때문에 밀도가 600t 이상 되어야 할 것 같지만 실제로는 그렇지 않다. 실의 굵기와 공간을 차지하는 넓이가 정비례 관계에 있지 않기 때문이다.

알맞은 굵기와 충분한 밀도로 설계된 원단이 준비되면 마무리 가공이 필요하다. 고밀도 원단이라도 아직 틈새

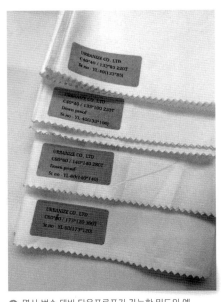

△ 면사 번수 대비 다운프루프가 가능한 밀도의 예

는 있다. 후가공은 틈새를 물리적으로 좁게 만들어주는 역할을 한다. 가장 쉽게 생각할 수 있는 것은 압력이다. 원단을 무거운 롤러 사이에 넣고 눌러주면 원사가 납작해지면서 틈새가 좁아진다. 면 같은 천연소재는 세탁을 하면 물리적으로 조절해 놓은 틈새가 원래대로 돌아가기 쉽다. 하

지만 화섬은 가소성 고분자이기 때문에 열과 압력을 동시에 가해주면 그 모양 그대로 성형되어 세탁 후에도 회복되지 않는다. 이것이 씨레cire 가공이다. 면은 씨레라고 하지 않고 친츠

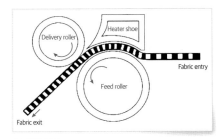

△ 씨레 가공

chintz라고 한다. 씨레 가공은 다림질과 비슷한 조건이므로 원치 않아도 광택이라는 부수 효과를 불러온다. 만약 광택을 원치 않는다면 온도를 낮춰 냉 씨레 가공을 하면 되지만 원래보다 밀폐 기능이 떨어질 것을 각오해야 한다.

다운프루프는 이처럼 쉽지 않다. 완성 후에도 세탁이나 물리적인 충격으로 틈이 생기기도 한다. 따라서 다운프루프를 보증하는 원단공장은 어디에도 없다. 성능을 시험하는 기관도 희귀하다. 우리나라에는 아예 없고 홍콩으로 보내야 한다. 시험기관에서 하는 테스트도 원시적이다. 정해진 규격으로 필로pillow를 만들어 일정 시간 털어서 다운이 몇 개 나오는지 개수를 세는 방식이다. 세 개 이하로 나오면 합격이고 그 이상 나오면 불합격이다. 이처럼 단순한 테스트를 거치기 때문에 결과의 일관성을 유지하기 어렵다.

원단공장이 다운프루프를 보증하지 않는 또 다른 이유는 만약 이 문제로 클레임이 제기되면 배상의 규모가 어마어마하기 때문이다. 다운 재킷은 기본적으로 수백 불이나 한다. 한 가지 주의할 점은 재킷에서 다운이 샌다고 해서 이를 시험기관에 보내 테스트해 달라고 할 수 없다는 사실이다. 다운프루프 테스트는 규격화된 필로를 만들어야 하기 때문에 재킷으로는 테스트가 불가능하다. 반드시 원단 상태여야만 한다. 대부분의 다운프루프 사고는 원단보다는 심seam을 통해 누출되는 경우가 많기 때문에 다운이 빠져나온다고 원단을 탓하는 것은 깨밭에 넘어진 곰보가 깨밭 주인을 탓하는 격이 된다. 몽클레르Moncler를 한 번이라도 사본 사람은 잘 알 것이다. 수백만 원 하는 몽클레르도 다운은 샌다.

드라이클리닝할 수 없는 원단

'전지적 원단 시점'에서 보면 빨래를 세탁기로 돌리는 일은 가혹한 물리적 폭력이며 유효기간이 다해 폐기될 때까지 계속되는 테러다. 흰옷처럼 빨래를 자주 해야 하는 옷일수록 수명이 짧은 이유다. 물은 거의 모든 것을 녹인다. 물세탁은 오구를 제거하려는 단순한 목적이지만 할 때마다 원단이 퇴색될 뿐만 아니라 의류의 물성과 성능을 약화시키는 총체적인 파괴 행위다. 따라서 물과 접촉하지 않아도 되는 드라이클리닝은 원단의 입장에서는 축복이다. 기계세탁machine wash 조건에서 여러 종목에 불합격하는 원단이라도 드라이클리닝에서는 거의 문제가 없다는 사실이 그것을 증명한다. 드라이클리닝 조건에서 하나라도 불합격하는 원단은 사용할지 말지 심각하게 고민해 보아야 할 정도다. 특히 울이나 실크 같은 동물성 소재는 물에 닿는 즉시 수축과 변형이 일어나므로 드라이클리닝해야 한다는 것이 상식이다. 그런데 어떤 옷은 드라이클리닝 금지 표시가 되어 있다. 어떤 소재의 원단을 사용했기에 드라이클리닝을 금지하는 것일까?

드라이클리닝이라고 옷이 아예 젖지 않는 것은 아니다. 물 대신 휘발성 용제인 석유를 사용하기 때문에 그렇게 표현하는 것뿐이다. 의류에 묻은 오구는 물에 녹는 수성인 동시에

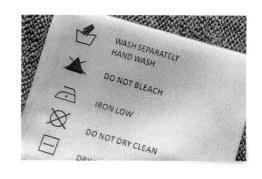

유성인 경우도 많다. 세탁 비누를 사용하지 않으면 이런 기름때는 제거하기가 어렵다. 하지만 아예 기름때를 녹이는 휘발성 용제에 옷을 세탁하면 강한 마찰이 없어도 오구가 쉽게 제거된다. 물에 의한 수축, 변형, 퇴색도 생기지 않는다. 우리나라에서 사용하는 드라이클리닝용 세탁 용제는 석유다. 따라서 석유에 쉽게 녹는 성분이 가공된 원단이라면 석유에 용해되어 기능을 완전히 상실하게 되므로 절대 드라이클리닝해서는 안된다.

코팅

원단 코팅은 대개 방수 기능이 목적이다. 원단 틈새로 물이 새어나오는 것을 막기 위해 폴리우레탄이나 아크릴 같은 고분자 플라스틱을 휘발성 용제에 녹여 액상으로 만든 다음 원단에 골고루 발라 밀폐하는 과정이 코팅이다. 고분자가 원단에 얇게 도포되면 사용했던 용제는 저절로 증발해 사라진다. 이렇게 원단 표면에 형성된 고분자 플라스틱 막은 세탁 시 물과 마찰해 조금씩 깎여나가 성능이 약해진다. 문제는 휘발성 용제를 만났을 때다. 고분자 플라스틱 막은 휘발성 용제를 다시 만나면 녹아 액체로 변하기 때문에 더는 밀폐 기능을 수행할 수 없어 방수 기능을 상실하게 된다. 녹아버린 고분자가 다른 세탁물을 오염시킬 수도 있다.

접착제

원단을 가공할 때는 접착제가 자주 사용된다. 두 장의 원단을 합포하는 본딩bonding은 말할 것도 없고 방수나 투습 방수를 위해 원단의 뒷면에 필름을 붙이는 라미네이팅 가공도 접착제를 사용한다. 심지어 요즘 유행하는 알루미늄 포일 가공에도 접착제가 사용된다. 문제는 대부분의 접착제가 휘발성 용제에 녹아 사라진다는 것이다. 따라서 접착제를 사용한 모든 원단은 드라이클리닝할 수 없다. 다만 필름을 부착하는 라미네이팅은 접착제가 필름과 원단 사이에 처리되어 있어서 고분자가 완전히 노출된 코팅과는 달리 즉시 문제가 되지는 않을 것이다. 하지만 드라이클리닝 용제가 원단을 뚫고 뒷면까지 가는 경우는 문제의 소지가 있다. 라미네이팅에 사용된 원단 종류에 따라 다를 것이다. 어느 정도의 드라이클리닝 후에 문제가 발생하는지에 대한 데이터는 아직 충분하지 않다. 조금씩 깎여나가 기능이 얼마나 상실되었는지 알기 어려운 코팅과는 달리 라미네이팅된 원단은 용제에 아주 조금만 노출되어도 필름에 버블이 생기기 때문에 즉시 가치를 상실한다.

워터프루프 울

세계적인 명품 모직 의류브랜드인 이탈리아의 로로피아나Loro Piana는 얼마 전 완벽하게 방수되는 모직 코트를 개발했는데 이를 '스톰 시스템'Storm System이라고 명명했다. 방수를 위한 코팅은 고분자 플라스틱을 페인트칠하듯 원단 위에 바른다. 코팅된 원단은 고분자 플라스틱 막으로 뒤덮이게 되고 당연히 핸드필이 나빠진다. 모직물은 표면이 털로 뒤덮여 있고 대단히 두껍기 때문에 코팅으로 방수 처리를 하려면 여러 번 코팅해야 하며 코팅면이 두꺼워져 원단의 핸드필이 크게 손상되어 그대로는 도저히 쓸 수 없을 정도가 된다. 로로피아나가 개발하기 전까지 방수가 되는 모직 코트가 존재하지 않았던 이유다. 로로피아나의 방수 비결은 바로 라미네이팅이다. 즉, 필름을 모직 원단 뒷면에 접착하는 것이다.

필름은 두께가 균일하기 때문에 코팅처럼 두꺼울 필요도 없고 잔털이 있는 원단에 적용할 수도 있으며 핸드필을 손상시키지도 않는다. 심지어 소재에 따라 더 좋아질 때도 있다. 접착제를 원단 전면에 바르지 않고 도트dot 방식으로 최소한만 사용하기 때문이다. 물론 투습 방수 원단의 경우 접착제가 처리된 부분은 투습 기능을 상실한다.

울 제품은 원래 드라이클리닝해야 하는데 이런 경우는 어떻게 해야할까? 그렇다고 모직을 물세탁할 수도 없으니 진퇴양난이다. 로로피아나는 그들의 재킷에 퍼크로클리닝P dryclean only이라고 썼다. 원단 뒷면의 필름에 용제가 닿지 않는 봉제 기법을 사용한 것일까? 드라이클리닝했을 때 즉시 석유와 만나는 코팅과 달리 필름 접착제는 원단과 필름 사이에 있어서 원단을 뒷면까지 뚫고 지나가야 만날 수 있다. 코팅보다 유리한 조건이

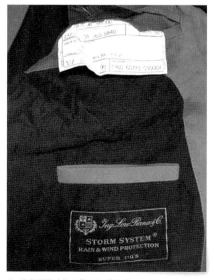

○ 로로피아나의 스톰 시스템 코트

기는 하다. 미국에서 주로 사용하는 드라이클리닝 용제인 퍼크로에틸렌은 우리나라 세탁소에서 주로 사용하는 석유보다 낮은 온도에서 세탁하므로 화재 위험성이 낮다. 그러나 용제가 필름 사이에 들어가면 버블이 생겨 제품가치를 상실할 위험이 여전히 존재한다.

램스울과 캐시미어의 차이

　한때 대한민국에서 가장 유명했던 머플러가 있다. 바로 버버리 울 머플러다. 30대 이상 남녀를 통틀어 중산층이라면 누구나 하나 정도는 보유한 인기 있는 머플러였다. 머플러 단일 수요로는 전무후무한 기록을 가지고 있을 것이다. 버버리 특유의 타탄체크tartan check 무늬의 겨울용 머플러였는데 장점을 세 가지나 가지고 있었다. 명품이라는 브랜드 가치와 겨울 패션을 완성하는 멋진 스타일이라는 장점 외에도 보온 기능 면에서 나무랄 데 없는 훌륭한 머플러였다.

　이 머플러는 램스울lambs wool 과 캐시미어 두 가지 소재로 출시되었는데 캐시미어 가격이 거의 두 배 더 비쌌다. 겉으로 보기에는 별반 다를 것 없어 보이는 두 소재의 가격이 그토록 차이 나는 이유는 무엇일까? 캐시

미어의 가치가 램스울의 두 배나 될 만할까? 답은 '매우 그렇다'이다.

희소성

먼저 원료의 공급부터 따져보자. 호주, 뉴질랜드에만 1억 마리에 달할 정도로 많은 면양이 목축되고 있다. 물론 용도는 양모의 채취다. 양모는 '전모'라는 과정을 통해 바리깡으로 털을 깨끗하게 밀어 채취한다. 반면에 캐시미어는 참빗 같은 것으로 캐시미어 염소의 털을 빗어 빗 사이에 끼인 털을 채취할 정도로 귀하게 취급한다. 그 결과 전 세계 양모의한 해 공급은 200만 톤에 달하는 반면 대부분 몽골지역에서 목축되는 캐시미어는 5,000톤에 불과하다. 그것도 최근 몇 년 사이 네 배로 급증한 결과다. 공급만 해도 400배 차이가 난다. 두 배의 가격 차이가 민망할정도다.

핸드필

어린양의 털로 만든 램스울은 다른 양의 털에 비해 훨씬 부드럽다. 털이 가늘기 때문이다. 하지만 그조차도 캐시미어와는 상대가 되지 않는다. 캐시미어의 굵기는 14미크론 이하로 사람 머리카락 굵기의 6분의 1에 불과하다. 캐시미어가 그토록 부드러운 이유다. 이에 필적하는 동물섬유는 앙고라 토끼털뿐이다.

중대한 차이

모직 소재인 셔츠를 본 적이 있는가? 아무리 추운 겨울이라도 셔츠는 면으로 만든다. 모직은 면보다 흡습성이 두 배나 좋으며 흡착열과 높은

⬤ 〈빅뱅이론〉에서 레너드가 입은 가려운 스웨터는 캐시미어가 아니다.

함기율 때문에 따뜻하다. 모직은 구김도 타지 않는다. 천연소재 중 가장 레질리언스resilience가 좋다. 반면에 면은 열전도율이 높아 차갑다. 흡습성은 모직의 절반에 불과하고 구김도 매우 잘 탄다. 그럼에도 우리가 모직 셔츠를 볼 수 없는 이유는 셔츠가 피부와 직접 접촉하는 내의와 같은 성격을 가진 의류이기 때문이다. 모직의 수많은 장점에도 불구하고 모직으로 된 셔츠를 입으면 따갑고 가렵다. 피부가 예민한 사람은 알러지가 생길 수도 있다. 동물의 털로 된 섬유의 굵기가 18미크론 이상이면 사람 피부를 찌를 수 있다. 그보다 가는 섬유는 휘어지기 때문에 피부를 찌르지 못한다. 캐시미어는 피부를 찌르지 않기 때문에 속옷으로 입어도 부드럽고 가렵지 않다. 목은 피부가 얇고 예민하기 때문에 의류에서 동물섬유의 굵기는 중대한 조건이다.

항균 섬유의 진실

코로나19가 창궐하면서 항균antimicrobial 원단 연구가 미국시장에서 인기를 끌었다. 정체를 알 수 없는 바이러스가 사람을 죽일 수도 있다는 공포가 불러일으킨 방어 본능이라고 해야 할까? 항균 처리는 유해 박테리아를 제거하는 것을 목표로 한다. 하지만 코로나19를 일으키는 미생물은 박테리아가 아닌 바이러스다. 박테리아와 바이러스는 전혀 다르다. 박테리아를 죽이는 항생제는 다양하지만 항바이러스 약물은 드물다. 아직 감기 바이러스를 완전히 죽이는 치료약조차 없을 정도다.

나는 매일 아침 헬스장에 들러 웨이트 운동을 하고 파우더룸에서 머리를 말린다. 기분 좋은 파우더룸의 평화를 깨는 파괴자는 헤어스타일을 고정하기 위해 머리에 스프레이를 뿌리는 사람들이다. 비록 자기 머리에 뿌린다고는 하지만 자신을 포함해 반경 3~4m 이내에 있는 모든 사람이 함께 스프레이를 마시게 된다. 그런데 헤어스프레이는 사람이 먹어도 될 만한 화학제품일까? 더 큰 문제는 호흡을 통해 스프레이를 코로 들이마신다는 사실이다. 구강을 통해 섭취하는 모든 약물은 '위와 간'이라는 여

과장치를 거친다. 하지만 뇌에서 가장 근접한 비강을 통해 흡입한 약물은 뇌로 직접 연결된 후각신경을 타고 신속하게 혈류로 이동하기 때문에 효과가 빠르게 나타난다. 영화에서 코카인을 코로 들이마시는 것도 같은 이유다. 약은 구강으로 섭취하면 위나 간을 통해 독성이 제거되어 효과가 떨어지지만 만약 코로 들이마시면 혈류에 거의 손실 없이 흡수된다. 헤어스프레이를 설계한 화학자가 사람이 헤어스프레이를 먹을 수도 있다는 전제를 두고 성분을 조제했을 리는 없을 것 같다.

세균은 무조건 나쁜 것일까? 다음 표는 대표적인 유해 세균을 소개하고 있으며 항균은 저런 세균을 죽이는 것을 목표로 한다. 인간은 1만여 종의 세균과 한 몸을 공유하며 살고 있다. 해를 끼치지 않는 공생 세균은 1천조 마리에 달하며 무게만 1kg이 넘는다. 그런데 의류에 처리된 항균제는 어떤 균을 죽일까? 항균제가 좋은 균과 나쁜 균을 구분할까? 그럴 리가 없다. 감염 때문에 먹는 항생제조차도 나쁜 균만 골라서 타격하지는 못한다. 수만 명을 살상한 가습기에 들어간 살균제가 대표적인 사

☀ 대표 유해 세균

황색포도상구균 (Staphylococcus Aureus)	MRSA (Methicillin-Resistant Staphylococcus Aureus)	폐렴균 (Klebsiella Pneumoniae)	대장균 (Escherichia Coli)
땀냄새 등 악취	염증, 구토, 설사 등	호흡기 감염	식품 등을 오염시킴
병원성 세균(황색의 화농균, 식중독균)으로 피부, 점막, 공기, 물, 우유 등에서 발견	내성을 가진 황색포도상구균으로 일부 약제에 면역성을 가짐	호흡기 감염증, 요로 감염증, 패혈증, 수막염, 창상감염 등에 화농균이 되어 내인성 감염, 원내감염을 유발	사람이나 동물의 장에 상주하는 대표적인 균종으로 병원균과 오염의 가능성에 대한 지표로 사용됨

16	PAH · Polycyclic Aromatic Hydrocarbons(16 Substances)
17	Biological active products: with exception accepted by Oeko-Tex ®
18	Flame retardant agents

례다. 가습기 살균제 사건은 가습기 분무액에 포함된 살균제로 사람들이 사망하거나 폐질환과 전신질환에 걸린 사건이다. 방 안에 뿌린 수증기 형태의 가습기 살균제가 인체에 침입해 인체에 없어서는 안 되는 세균을 말살해 버린 것이다. 항생제는 저격수가 아니라 수류탄과 마찬가지다. 근처에 던지면 피아를 가리지 않고 모두 죽인다. 그런 이유로 유럽에서는 살균제가 포함된 모든 항균 처리 원단의 수입을 수년 전부터 엄격하게 규제하고 있다.

최근에 연구된 항균 처리는 균을 죽이는 살균제보다 미생물의 생육조건과 번식환경을 어렵게 만드는 쪽이나 은, 구리, 유황 등 자연적인 항균 무기물, 광촉매 등으로 가닥을 잡고 있다. 문제는 항균 원단의 효과를 입증하기가 어렵다는 것이다. 항균 원단은 피부와 접촉하면서 발생하는 감염에 대처하기 위해 연구되고 있다. 하지만 피부 접촉이 얼마나 많은 감염을 유발하는지에 대한 데이터가 존재하지 않는다. 개개인은 물론 환경에 따라서도 크게 다를 것이다. 엄격한 조건에서 진행되는 배양을 통한 항균성 평가도 신뢰하기 어렵고 인체 안전성에 대한 실험도 수십 가지에 달한다. 연구에서 보편적으로 사용하는 표준은 커비-바우어 테스트 Kirby-Bauer test로 두 개의 한천 플레이트에 균주 세포 100만 개 정도를 배양한 다음 디스크에 항균제를 넣어 억제 효과가 있는지 확인하는 것이다. 사진에 보이는 두 플레이트 중 왼쪽 플레이트는 억제 영역이 원으로 나타났으며 오른쪽 플레이트는 효과가 없음을 보여주고 있다. 억제 영역이 클수록 항균 효과가 더 좋은 것이므로 억제 영역을 나타내는 원의 지름을 재면 된다.

문제는 균이 배양되는 시간이 18~24시간 정도로 짧은데 과연 살균제가 아닌 구리나 은 같은 무기물의 항균 억제 효과가 단기간에 나타날 수 있는가이다. 또 얼마큼의 함량이 섬유

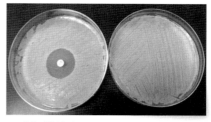

● 커비-바우어 테스트

에 포함되어야 필요한 정도의 살균 효과가 있는지에 대한 데이터도 현존하지 않는다. 미국에서 한때 인기리에 판매된 삼성전자의 은나노 세탁기는 살균 효과를 입증하는 데 실패해 철수했다. 만약 무기물 항생제가 커비-바우어 테스트를 통과할 수 있다면 유럽시장에서도 환영받을 것이다. 최근에 나일론 섬유에 아연을 넣은 항균 섬유가 좋은 효과를 보인다는 보고가 있다. 아연은 남성의 정소를 보호하는 항생물질로 유명하다.

위킹의 두 얼굴

위킹wicking은 물을 밀어내는 발수와 반대로 원단이 물을 빨아들이는 기능이다. 면 같은 친수성 섬유는 태생이 그렇기 때문에 위킹 기능이 있다고 말하지 않는다. 즉, 위킹은 원래 물을 흡수하지 못하는 소수성 섬유에 해당하는 용어다.

원단이 물을 빨아들일 때, 원단 자체만이 아니라 섬유도 물을 빨아들인다. 혼란스러운 말이지만 정확한 언급이다. 원단이 물을 빨아들이는 것과 섬유가 물을 빨아들이는 것은 다르다. 둘은 별개로 움직여서 물을 전혀 빨아들이지 않는 섬유라도 원단으로 만들면 물을 빨아들여 젖을 수 있다. 섬유와 원단이 물을 끌어당기는 이른바 흡수 작용을 하기 위해서는 서로 다른 두 가지 힘이 개입되어야 한다.

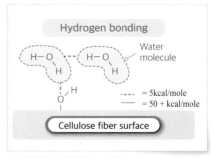

🔺 셀룰로오스와 물의 수소결합

흡수 작용에 필요한 두 가지 힘

첫째는 화학적인 힘이다. 원자나 분자 간의 결합에 의해 생겨나며 수소결합이나 이온결합, 공유결합 같은 경우다. 수소결합은 다른 것과 조금 다른데 설명하기 복잡하니 우선 넘어가자. 화학결합은 친수성 또는 소수성이라는 섬유와 소재의 성격을 결정한다. 면이 친수성 섬유인 이유는 수소결합 때문이다. 면을 구성하는 셀룰로오스 분자와 물 분자 간의 수소결합이 서로를 끌어당긴다. 이렇게 발생한 힘은 물이 기체나 액체 상태일 때 동일하게 작용한다. 즉, 수증기도 빨아들인다.

둘째는 물리적 힘인 모세관력capillary force이다. 모세관 현상으로 알려진 신기한 물리적 현상은 좁은 틈이 있으면 에너지를 별도로 투입하지 않아도 유체여기서는 액체가 저절로 이동하는 힘이다. 이 힘은 실로 대단해 중력조차 거스를 정도다. 액체인 물은 좁은 틈만 있다면 위로 상승할 수 있다. 거꾸로 거슬러 흐르는 폭포를 상상하면 된다. 가까운 예는 나무다. 나무는 뿌리에서 흡수한 물을 어떻게 꼭대기까지 보낼 수 있을까? 나무의 증산작용은 잎에서 물이 증발하면서 발생하는 힘과 모세관력에 의해 일어난다. 키가 100m에 달하는 세쿼이아 나무 꼭대기까지 상승하는 물의 수압은 무려 20기압이나 된다. 모세관력은 틈이 작을수록 더 강력하며 섬유와 섬유 사이의 틈, 실과 실 사이의 틈에서 발생한다. 따라서 더 가

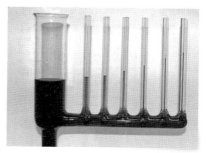

⬆ 모세관 현상

는 섬유와 많은 가닥으로 만들어진 실일수록, 더 가는 실과 높은 밀도로 만들어진 원단일수록 모세관력이 더 크게 발생한다.

방해하는 화학적인 힘

면직물에 물을 떨어뜨리면 두 가지 힘이 동시에 작용한다. 화학적인 힘은 물을 급속도로 빨아들이고 내부로 빨려 들어간 물은 수소결합이 포화될 때까지 잡혀 있다가 더 많은 물이 투입되면 다른 부분으로 서서히 이행한다. 수소결합이 발생하는 거리는 매우 짧기 때문에 이웃인 분자가 멀리서 물을 끌어당기지는 못한다. 이때 모세관력이 필요하다. 물은 모세관 현상에 의해 더 멀리 퍼진다. 물은 멀리 갈수록 수심이 낮아지면서 수소결합에 붙들려 더는 진행할 수 없을 때까지 퍼진다. 만약 모세관력이 없으면 면직물 위에 떨어진 물은 그 상태 그대로 즉시 퍼지지 못하다가 이웃 분자의 수소결합이 미치는 힘의 범위에 들어오면 연쇄적으로 조금씩 퍼지기 시작한다. 즉, 젖지 않은 면 섬유가 수소결합의 힘으로 물을 잡아당길 때까지 거리가 좁혀져야 작용한다.

모세관력은 화학적인 힘과 반대다. 수소결합은 오로지 물을 잡아당겨 붙들지만 모세관력은 물을 전 방향으로 보내는 힘이기 때문이다. 즉, 둘은 서로 경쟁한다. 원단 위에 물방울이 떨어지면 수소결합이 물을 강력하게 잡고 놔주지 않는다. 그러다 물의 양이 많아져 포화 상태에 이르면 물이 넘쳐흘러 주변으로 번지면서 또 다른 수소결합을 발생시키며 원단을 적신다. 하지만 이런 식으로는 진행 속도가 매우 느리다. 이때 모세관력이 나타난다. 모세관력은 강력한 힘으로 물을 바깥쪽으로 밀어 보내는 일종의 확산 작용을 한다. 모세관력은 수소결합이 물을 잡아당기는 힘에 저항하면서 물을 가능한 한 멀리 보낸다.

박스를 원단, 당구공을 물이라고 생각해 보자. 박스에 당구공 16개가

○ 포화 상태　　　　　　　　　　○ 과포화 상태

가득 찰 때까지 당구공은 다른 곳으로 갈 수 없다. 여기서 당구공이 가득
찬 상태를 포화라고 한다. 오른쪽 사진처럼 과포화 상태가 되면 당구공
은 더 쌓이지 못하고 다른 곳으로 이동하게 된다. 굴러떨어진 공은 옆으
로 넘어가 다른 박스를 채우고 이후 또 다른 박스를 채우면서 계속 이동
한다. 속도가 매우 더디지만 만약 외부에 공을 잡아당기는 힘이 있다면
빨리 진행될 것이다. 모세관력은 공이 박스를 채우면서 다른 박스로 이
동하는 과정을 가속시킨다. 실제로 박스에 가득 차기도 전에 공을 옆 박
스로 밀어 보낸다. 친수성 소재에서는 정확하게 이러한 과정이 일어난다.
물을 멀리 번지게 하는 모세관력과 섬유에 달라붙게 하는 수소결합은
서로 반대 방향의 힘이다. 즉, 둘은 서로의 진행을 방해한다.

협조하는 화학적인 힘

소재가 소수성이라면 어떻게 될까? 폴리에스터는 면과 달리 물을 밀
어낸다. 박스에 당구공이 들어가지 않으니 육안으로는 원단이 물에 젖지
않아 아무 일도 일어나지 않는 것처럼 보인다. 화학결합도 없고 모세관
력도 없다. 물은 원단 표면에 그대로 반구형을 형성하고 있다. 그러나 그
상태가 지속되지는 못한다. 속도가 느리지만 결국 물은 약한 화학결합

○ 쿨맥스

을 이기고 모세관력에 의해 섬유를 적시기 시작한다. 일단 젖기 시작하면 다음부터는 강한 모세관력이 물을 이동시킨다. 친수성 소재와 반대되는 현상이다. 오히려 친수성 소재보다 물이 더 빨리 퍼진다. 물을 밀어내는 소수성이라는 화학적인 힘이 돕기 때문이다. 위킹 가공한 폴리에스터라면 친수성 케미컬chemical이 표면에 처리되어 있으므로 면처럼 즉시 젖는다. 일단 원단이 젖으면 위와 동일한 과정이 일어난다. 이 과정을 더 빠르게 하려면 어떻게 해야 할까? 방법은 모세관력을 강화하는 것이다. 모세관력은 작은 틈에서 발생하므로 방법은 두 가지다. 작은 틈을 더 많이 만들거나 틈을 더 작게 만들면 된다. 천연섬유는 구조를 변형할 수 없지만 폴리에스터 같은 합섬이라면 가능하다. 두 마리 토끼를 잡는 방법은 표면적을 확대하는 것이다. 같은 굵기의 섬유로 된 실이라도 표면적이 큰 섬유는 작은 틈을 더 많이 만든다. 이 원리로 설계한 쿨맥스Coolmax의 단면을 보면 즉시 이해가 된다.

쿨맥스가 면 수건을 대체할 수 없는 이유

쿨맥스는 친수성 소재가 아니므로 박스에 공을 채우려는 생각이 없다. 따라서 단지 외부로 향하는 모세관력에 이끌려 빠르게 확산한다. 즉,

박스에 공을 채우지도 않은 상태에서 공들이 다른 박스로 이동한다. 쿨맥스는 일단 원단이 젖으면 면보다 훨씬 더 빠른 속도로 물이 퍼진다. 소수성 힘과 모세관력은 서로 협조하면서 물을 빠르고 멀리 퍼지게 한다. 예를 들어 면직물 위에 떨어진 물 한 방울이 3초 이내에 $10cm^2$의 원을 만든다면 동일한 중량의 폴리에스터 직물 위에서는 같은 시간에 $40cm^2$ 크기의 원을 만든다.

결과적으로 쿨맥스는 면보다 두 배나 더 많은 물을 흡수한다. 따라서 우리가 사용하는 면 수건도 진작에 쿨맥스로 바뀌었을 것 같지만 쿨맥스는 스포

● 위킹 처리된 마이크로 타월의 흡수력

츠 타월에만 사용된다. 왜 그럴까? 쿨맥스는 최초로 물이 떨어졌을 때 화학적인 힘이 없어 모세관력만으로 물을 빨아들인다. 물은 쿨맥스 표면에서 모세관력이 작동할 때까지 기다려야 한다. 그 결과 물은 면처럼 표면에 즉시 흡수되지 않고 잠시 동안 방울을 형성한다. 손으로 물방울을 누르면 즉시 모세관력이 개입하면서 흡수가 빠르게 일어난다. 면 타월은 젖은 몸을 닦으면 피부에 닿는 즉시 물기를 빨아들이면서 피부를 건조하게 만든다. 피부는 이를 쾌적하다고 느낀다. 쿨맥스 타월은 물기를 즉시 빨아들이는 대신, 잠깐 동안이지만 더 많은 물을 몸에 바르는 것처럼 만든다. 이미 젖어버린 수건으로 몸을 닦는 것과 비슷하다. 피부는 이를 불쾌하다고 느낀다. 마치 몸이 젖은 상태로 옷을 입는 것과 같다.

그 때문에 샤워 후 한 번이라도 쿨맥스 타월을 써본 사람은 즉시 면 타월로 돌아가게 되어 있다.

흡한속건

이제 건조 시간을 생각해 보자. 건조는 물의 증발을 의미하며 증발은 원단의 표면에서만 일어난다. 컵에 들어 있는 물도 마찬가지다. 물은 온도가 아무리 낮아도 증발이 끊임없이 일어나지만 표면에서만 그렇다. 이때 면의 수소결합은 물의 증발을 방해한다. 물을 잡아당기기 때문이다. 따라서 면 원단은 잘 마르지 않는다. 반대로 소수성 섬유는 물을 밀어내므로 증발에 적극 협조한다. 화섬이 빨리 마르는 이유다.

표면이 위킹 처리된 화섬은 흡수는 빠르지만 면처럼 물을 잡아당겨 증발이 원래보다 더디다. 또한 원단이 두꺼울수록 비표면적이 작아져 건조 시간이 늘어난다. 증발은 표면에서만 일어난다는 사실을 상기하라. 쿨맥스는 이 문제 또한 모세관력으로 커버할 수 있다. 쿨맥스가 빨아들인 물은 면보다 멀리 퍼지기 때문에 원래보다 더 큰 원을 만든다. 즉, 물의 양이 같을 때 면은 $10cm^2$, 쿨맥스는 $40cm^2$의 원을 만들고 있으므로 후자가 더 넓은 표면에 물을 담고 있다. 증발은 표면에서만 일어나므로 더 넓은 표면은 더 빠른 증발을 의미한다. 이런 식으로 서로 반대되는 성질인 흡한과 속건이라는 두 마리 토끼를 잡을 수 있다. 실제로 쿨맥스는 위킹 케미컬 처리를 하지 않는다. 따라서 수소결합이 일어나지는 않지만 물이 압력에 의해 일단 스며들면 이후에는 급속도로 강력한 모세관 현상이 발생하면서 흡한속건QAQD·Quick Absorption Quick Dry 작용을 한다. 위킹 처리되지 않은 소수성 섬유에서는 수소결합의 방해 대신 소수성이라는 협조 때문에 물이 멀리 퍼진다. 위킹 케미컬 처리는 물이 최초로 떨어졌을 때만 차이를 만든다. 쿨맥스에 위킹 케미컬을 처리하면 완벽할 것이다.

하지만 유감스럽게도 위킹은 수회의 세탁으로 사라지는 가공이다.

T400과 흡한속건 기능

머리카락은 단면이 원형인 직모보다 타원형인 곱슬머리의 표면적이 더 크다. 겨드랑이 털처럼 땀을 흡수하거나 머리털처럼 물리적인 충격에서 뇌를 보호하기 위해서는 직모보다 곱슬머리가 더 효과적이다. 그러나 현대인은 기능보다 외모를 중시하는 경향이 있다. 현대에는 뇌를 보호하는 기능이 크게 중요하지 않게 되었고 직모가 곱슬머리보다 예쁘다는 심미적인 관념이 주류가 되었으므로 기능상 뒤떨어지는 직모도 도태되지 않고 진화하게 되었다. 수컷 공작의 아름다운 깃털은 암컷을 유혹하는 도구지만 너무 무거워 생존에는 불리하다. 그럼에도 사라지지 않은 이유는 진화의 목적이 생존이 아닌 번식이기 때문이다.

듀폰DuPont이 발명한 T400은 PU 스판덱스가 가진 몇 가지 치명적인 문제를 개선하기 위한 일종의 기계적 탄성 섬유mechanical stretch이고 쿨맥스는 흡한속건 기능을 위해 개조된 폴리에스터인데 두 원사가 무슨 상관관계가 있다는 것일까? 성분도 T400은 섬유 한 올에 폴리에스터 PET와 PTT 성분이 결합된 2종bi-constituent 섬유이고 쿨맥스는 폴리에스터다.

쿨맥스는 모세관력을 극대화하기 위해 표면적을 확장한 섬유 구조로 되어 있다. 생산자 입장에서 합섬은 원통형이 가장 이상적인 구조다. 공 모양이나 원통형이 최소의 표면적을 가진 입체이므로 마찰이 가장 적다. 따라서 노즐을 빠져나오는 합섬의 생산 속도도 가장 빠르다. 반대로 마찰이 큰 구조일수록 마찰에 비례해 생산이 느려진다. 그러나 섬유의 표면적이 커지면 여러 가지 감성 효과 또는 기능을 획득할 수 있다. 대표적인 것이 모세관력 증대로 인한 위킹과 퀵 드라이quick dry, 즉 QAQD 기능이다. 제조업체는 어떤 방식으로 섬유의 표면적을 확장했을까? 섬유의 표면적을 확장하는 가장 단순한 단계는 그림 2처럼 원형 단면을 타원으로 만드는 것에서 출발한다. 표면적은 이 첫 단계에서 이미 증가한다.

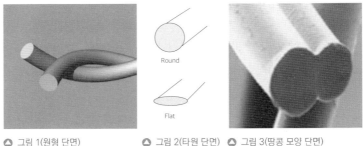

△ 그림 1(원형 단면)   △ 그림 2(타원 단면)   △ 그림 3(땅콩 모양 단면)

다음 단계는 깎아서 날렵하게 만드는 것이다. 물론 실제로 깎는 게 아니라 허리를 잘록하게 성형하면 된다. 타원인 섬유 단면의 중간을 잘록하게 하면 그림 3처럼 된다.

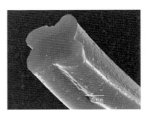

△ 그림 4(4채널과 6채널)   △ 그림 5(클로버 모양 단면)

그 결과 잘록한 두 개의 채널이 생겼으므로 이것을 2채널channel이라고 한다. 이보다 넙적한 타원형을 만들어 채널을 두 개 더 만들어보자. 그러면 그림 4의 왼쪽인 4채널이 된다. 타원이 아닌 원형에서 4채널을 만들면 그림 5같은 클로버 형태가 나온다. 그림 4의 오른쪽처럼 4채널을 더 납작하게 6채널로 만들면 표면적이 더 늘어나게 될 것이다. 하지만 여기까지가 한계다. 섬유가 납작한 상태에서 더 가늘어지면 강력strength 문제가 생긴다. 결국 최소 강도를 유지하면서 체표면적을 극대화할 수 있는 가장 이상적인 모델은 타원 6채널이다. 이 모델을 그대로 상업화한 것이 듀폰의 쿨맥스다.

T400은 PET와 PTT를 한 가닥의 섬유에 콤바인combine한 모델이다. 즉, 복합섬유다. 이런 섬유를 콘주게이트 파이버conjugate fiber라고 한다. 그림 3처럼 마치 두 가닥의 섬유가 한데 붙은 것 같은 땅콩 모양이 된다.

이 모델은 2채널에 해당된다. 따라서 그림 1 같은 원형 단면 보다는 표면적이 1.5배 가까이 증가한 상태다. 게다가 섬유 가운데 좁은 틈이 생겼으므로 실과 원단을 만들면 4채널이나 6

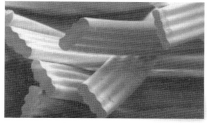

△ 듀폰의 쿨맥스

채널까지는 아니더라도 모세관력을 상당히 증가시킬 수 있으며 흡한속 건 기능이 생기게 된다.

다음은 4채널 클로버 형태로 만든 폴리에스터 섬유로 중국에서 제조한 쿨패스Coolpass 섬유다. 형태만 봐도 쿨맥스만큼의 기능이 나오기는 어려울 것 같지만 표면적을 늘리기 위한 구조 변형이 적용되었으므로 엄연한 QAQD 원사다. 결론적으로 T400은 2채널이지만 쿨맥스 구조처럼

△ 중국의 쿨패스

표면적이 확장된 형태이므로 QAQD 기능이 가능하다. 물론 쿨맥스 성능과는 차이가 날 것이다. 실제로 듀폰은 T400으로 만든 원단에 쿨맥스 태그를 달 수 있도록 허락했다.

TEXTILE
SCIENCE

03

독보적인
소재지식

나일론6과 나일론66

　나일론도 여러 종류가 있다는 사실을 알고 있는가? 지금까지 만들어진 나일론은 수십 종류나 된다. 1935년 월리스 캐러더스 Wallace Carothers 가 발명한 인류 최초의 합성섬유인 나일론은 나일론66이다. 휴비스나 코오롱, 효성 등에서 생산하는 나일론과는 다르다. 국산 나일론은 모두 나일론6이다. N66와 N6 두 가지 나일론이 전체 나일론 시장의 95%를 차지하므로 우리는 두 가지만 공부하면 된다. 나일론과 폴리에스터의 차이점을 공부하기도 벅찬데 같은 나일론의 차이까지 알아야 할까? 당신이 패션산업에 종사하고 있다면 '매우 그렇다'고 답하겠다. 최초의 나일론 N66는 '헥사메틸렌디아민'과 '아디프산' 두 가지로 중합된 고분자이지만 N6는 '카프로락탐'이라는 한 종류의 분자가 중합되었다. 얼핏 보기에

$$\left(\begin{array}{c} H \\ | \\ N \end{array} - (CH_2)_6 - \begin{array}{c} H \\ | \\ N \end{array} - \begin{array}{c} O \\ || \\ C \end{array} - (CH_2)_4 - \begin{array}{c} O \\ || \\ C \end{array}\right)_n$$

Nylon66

$$\left(\begin{array}{c} H \\ | \\ N \end{array} - (CH_2)_5 - \begin{array}{c} O \\ || \\ C \end{array}\right)_n$$

Nylon6

🔺 N6와 N66의 분자식

도 N6가 더 간단해 보인다. 실제로도 그렇다.

국산 제품인 N6가 아닌 오리지널 N66도 시장점유율이 40%에 달한다. 우리와 경쟁국인 대만은 주로 N66를 생산하고 있다. 두 종류의 나일론은 공급이나 수요에서 양대 산맥을 형성하고 있으나 물성은 크게 다르다. 보통 이전에 출시된 제품보다 후발 제품이 더 고품질로 개발되어 나오는 경우가 일반적이지만 나일론은 오리지널인 N66보다 더 낮은 단계의 제품이 나중에 출시되었다. 따라서 오리지널인 N66를 프리미엄 나일론으로 마케팅한다.

가격

둘은 가격부터 다르다. N66가 N6보다 더 비싸다. 제조원가에서만 30% 이상 차이가 나기 때문이다. 가격은 브랜드가 소재를 기획하는 단계에서 굉장히 예민한 사안이다. 흔한 폴리에스터보다 감성적으로 뛰어난 나일론을 쓰고 싶어 하는 디자이너는 많지만 안 그래도 비싼 나일론 중에서도 30% 이상 더 고가인 나일론을 감당할 수 있는 브랜드는 많지 않다. N66가 물성에서 크게 앞서지만 실제로는 N6가 더 많이 사용되는 이유다.

물성

N66는 N6보다 분자의 결정화도가 더 높다. 밀도도 1.2 대 1.15로 더 높고 융점도 더 높다. 잡아당기는 힘인 인장강도 또한 8 대 6으로 N66가 더 높다. 반대로 수분율은 결정화도가 낮은 N6가 더 높게 나온다. 결정화도가 낮으면 염색성에서는 유리하다.

녹는점

가장 두드러지는 차이는 융점이다. 다리미 열을 가장 높은 단계까지 견디는 소재는 식물성 소재인 면이나 마이다. 반대로 열에 약한 소재는 화섬이며 그중에서도 나일론의 융점이 가장 낮다. 폴리에스터의 융점은 섭씨 260도 정도인데 나일론은 220도밖에 되지 않는다. 이 정도면 큰 차이라고 할 수 있다. 그에 비해 오리지널인 N66의 융점은 폴리에스터보다 높다. 소비자가 열에 약하다고 인식하는 나일론은 N6이다.

외관 차이

외관으로 보이는 차이는 거의 없다. 그에 따라 가격이 더 비싼 N66는 프리미엄 마케팅에 부합하도록 외관상 드러나는 차이를 만들기 위해 광택이 없는 풀덜full dull로 원사를 만드는 경우가 많다.

감촉

둘의 감촉은 별반 다르지 않다. 차별화를 위해서는 필라멘트 굵기를 가늘게 해서 마이크로파이버microfiber 원사로 제직하는 방법뿐이다. N6와 N66의 차이와는 별개로 감촉도 외관도 달라지는 방법이다.

텍스처드 얀과 타슬란

나일론의 매끈함과 광택 등 화섬 특유의 개성을 감추고 천연섬유와 비슷하게 보이도록 하기 위한 텍스처texture 가공을 통해 ATYAero Textured Yarn 원사를 만들고 이를 원단으로 실현한 브랜드가 듀폰DuPont의 타슬란 Taslan이다.

탁텔

듀폰은 이후 독일에서 만들어진 값싼 N6와 차별화하기 위해 원단 브랜드 이름을 여러 가지로 만들어 출시했다. 타슬란도 듀폰에서 만든 브랜드지만 시간이 지나 타슬란이 일반명사가 되면서부터 탁텔Tactel이나 서플렉스Supplex라는 새로운 이름으로 텍스처 원사를 사용한

원단 브랜드를 출시했다. 즉, 탁텔과 서플렉스는 나일론 텍스처 원단이며 듀폰의 브랜드 이름이다. 이들은 모두 기본적으로 풀덜 원사를 사용했다. 탁텔은 ATY가 아닌 DTY 원사로 만들어졌다. 중량감 있는 타슬란과 달리 얇은 원단이 많다. 차별화를 위해 마이크로파이버로 만들었기 때문이다.

서플렉스

타슬란과 같은 ATY 원사이면서 나일론에서 희귀한 160d가 136가닥136F인 마이크로파이버에 가까운 원사를 사용했다. 따라서 핸드필hand feel이 부드럽고 피치peach 가공했을 때

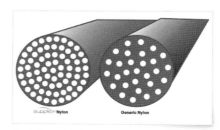

🔺 마이크로파이버에 가까운 서플렉스 원사(왼쪽)

파우더리powdery 효과를 볼 수 있다. 표면적이 커서 위킹wicking 등 다양한 기능적 효과를 볼 수 있다.

코듀라와 볼리스틱 나일론

코듀라

특수 섬유인 케블라kevlar가 나오기 전까지 가장 질긴 합섬이었던 두 원단이 있다. 코듀라Cordura와 볼리스틱Ballistic 나일론이다. 코듀라는 의류가 아닌 생활·산업용 원단으로 내구성이 뛰어나고 질긴 원단을 만들기 위해 듀폰이 개발한 원단 브랜드이며 현재는 인비스타Invista가 소유하고 있다. 마모나 인열에 강하고 45년 이상 군용으로 사용되었으며 지금도 다양한 미군용 제품 원단이 코듀라를 기반으로 하고 있다. 반복 사용으로 내구성을 요하는 작업복과 강한 마찰을 견뎌야 하는 모터사이클복에도 적합하다. 특히 무거운 중량을 버텨야 하고 공항 컨베이어벨트에 구르고 쓸려도 상처 나지 않을 만큼 강인한 마찰 내구성을 요하는 여행용품luggage으로도 각광받고 있다. 당연히 물성이 더 약한 N6보다는 결정화도가 높은 N66 500d나 1,000d 같은 굵은 원사를 사용한 두터운 원단이다. 최근에는 마찰 내구성을 요하는 등산복의 팔꿈치나 무릎 부분에 일부 적용하는 것이 크게 유행하기도 했다. 목적을 위해 N66 ATY사가 적용되어 광택이 적고 텍스처드textured한 외관을 지닌 질긴high tenacity 원단이다. 일반적으로 100% 나일론 직물이지만 면 또는 기타 천연섬유와의 혼방일 수도 있다. 이스트팩Eastpak은 배낭에 코듀라 패브릭을 사용한 최초의 브랜드이며 잔스포츠JanSport는 오늘날 독점적으로 코듀라를 사용한다.

볼리스틱

볼리스틱 나일론은 처음부터 군용으로 개발된 원단이다. 볼리스틱탄도이라는 이름이 말해주는 것처럼 처음에는 2차 세계대전 대공전투에서 날아오는 파편과 총알 그리고 포탄의 충격으로부터 공군을 보

호하기 위한 파일럿 재킷 용도였다. 결과적으로 방탄 성능을 제대로 내지 못했지만 마찰 내구성보다 찢어지지 않도록 인열강도tearing strength에 초점을 맞춰 설계한 원단이다. 물론 마찰 내구성도 같은 굵기의 원사라면 코듀라와 동일한 성능을 가진다. 볼리스틱은 최대의 인열강도를 위해 특별히 2 × 2 바스켓basket 조직으로 제직되었다. 바스켓 조직은 두 가닥의 경위사가 평직처럼 평행으로 교차한다.

🔺 바스켓 조직

원단은 경위사가 만나는 접점에서 최초 한 가닥의 원사가 끊어지면서 찢어지기 시작하는데 이후 원사가 도미노처럼 연쇄적으로 절단되면서 진행되는 역학구조로 되어 있다. 그런데 바스켓 조직은 경위사 접점에서 나란히 평행한 두 가닥의 원사가 동시에 끊어져야 다음 원사의 연쇄적 절단으로 이어지도록 되어 있다. 따라서 평직에 비해 거의 두 배 정도로 더 강한 인열강도를 낼 수 있다. 원단에 사용되는 나일론 원사도 굵기는 대개 코듀라와 비슷하지만 ATY 원사가 아니어서 코듀라처럼 벌키_{bulky}하지 않고 매끈해 나일론 특유의 광택이 나타난다. 볼리스틱 나일론은 원래 파일럿 재킷에 사용되었지만 충분하지 못한 방탄 성능으로 인해 비전투용으로 유용했다. 배낭, 수하물, 벨트 및 스트랩, 모터사이클 재킷, 시계 밴드 및 칼집에서 찾을 수 있다. 전기톱 보호용 바지에도 사용되어 작업자를 보호할 수 있다.

차이

두 원단은 용도와 두께가 비슷하지만 기능적·감성적 차이가 있다. 사실 볼리스틱은 코듀라 원단의 하위 브랜드다. 즉, 볼리스틱도 크게는 코듀라 원단이다. 둘의 기능적 차이는 인비스타 홈페이지에도 나와 있듯이 코듀라는 마모에 강하고

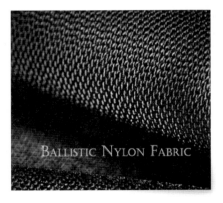

볼리스틱은 인열에 강하다. 하지만 소비자가 피부로 느끼는 차이는 아마도 없을 것이다. 감성적인 차이는 코듀라가 ATY를 사용해 광택이 없고 벌키한 데 비해 볼리스틱은 매끈한 촉감에 나일론 특유의 광택이 있다

는 점이다. 광고와 달리 물리적으로 같은 굵기에서 마찰 내구성에 유리한 것은 텍스처드 얀이 아닌 매끈한 필라멘트다. 매끈한 쪽의 표면적이 더 작고 미끄러워 마찰계수가 낮기 때문이다. 사실상 둘은 같은 소속이므로 정확한 이름은 '코듀라 클래식'이나 '코듀라 볼리스틱'이라고 해야 옳다.

텐셀 G100과 A100

이황화탄소는 인간의 신경계를 무력화하는 독성이 매우 강한 화학물질이다. 레이온을 제조할 때 대부분 이 끔찍한 기체가 사용된다. 제조 시 사용된 이황화탄소는 모두 회수하지

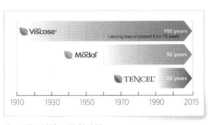

△ 브랜드명에 그린 잎사귀

못해 절반 정도 대기로 방출된다. 직접 확인해 보지는 않았지만 오스트리아의 렌징Lenzing만이 폐쇄시스템closed roof system을 사용해 이황화탄소를 방출하지 않는다고 알려져 있다. 렌징이 각 브랜드명에 잎사귀를 그려놓아서 대부분 친환경 섬유라고 생각하지만 그중에 친환경이라고 할 만한 것은 텐셀Tencel과 리오셀뿐이다.

제조 시 이황화탄소를 아예 사용하지 않는 레이온인 텐셀의 주요 특징은 표면의 피치감이다. 이는 모달Modal의 샌드워시sand wash된 표면처럼 퇴색fade out되는 컬러 효과와 더불어 균일하고 미세한 표면 잔털을 형성해

특유의 '파우더리'라고 불리는 마이크로 핸드필micro hand feel을 나타낸다. 하지만 모달보다 더 강한 물성을 지닌 텐셀의 피치 표면 형성은 모달의 샌드워시처럼 물리적인 가공만으로는 충분하지 않다. 또 텐셀은 특유의 분섬fibrillation 효과로 인해 그냥 놔둬도 지저분한 잔털이 생기기 쉽다. 기모 가공을 통해 얻은 잔털은 털의 길이가 일정해 원단의 품위를 높인다. 하지만 털의 길이가 일정치 않은 잔털은 마치 난개발 도시계획처럼 원단의 품위를 급격하게 낮춘다. 두 가지 문제를 동시에 해결하기 위해 텐셀은 효소enzyme가 들어가는 바이오워싱bio-washing 가공이 필요하다.

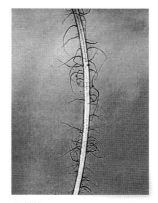

⬆ 분섬

텐셀은 두 단계 절차를 통해 1차 분섬외층의 거친 분섬 → 제거 → 2차 분섬내층의 부드러운 피브릴이 일어나며 완성된다. 만약 텐셀을 바이오워싱 없이 면이나 레이온 같은 일반 셀룰로오스 원단처럼 염색하면 과정 중 발생하는 1차 분섬 때문에 표면이 지저분해진다. 이런 원단은 상품성이 없다. 이렇게 필연적으로 바이오워싱을 거쳐야 하는 일반적인 텐셀을 텐셀 G100이라고 부른다.

전형적인 텐셀이 부드러운 피치 표면을 형성하는 이유는 2차 분섬으로 생기는 모우毛羽가 짧고 균일하며 효소에 의해 미세한 취화약화가 일어나기 때문이다. 효소를 사용하면 동시에 반응성 염료의 퇴색도 진행되어 피그먼트 페이드 아웃pigment fade out처럼 퇴색된 빈티지 효과가 발생한다. 또 분섬이 일어난 부분은 하얗게 보이는데 이를 백화라고 한다. 2차 분섬된 부분의 백화현상 때문에 텐셀 G100은 빈티지 효과가 극명하게 나타난다. 당연히 진한 검정 같은 심색深色은 기대할 수 없다. 빈티지 효과는 원치 않아도 발생하며 피할 수 없다. 따라서 빈티지 트렌드가 아닌 시기나 기질적으로 좋아하지 않는 마켓, 혐오하는 특정 연령층에서는 수요가 제한되는 단점이 있다. 우리나라와 일본은 고령층에서 빈티지 효과를 매우 선호한다. 유럽은 중간 정도이나 미국시장에서는 대개 선호하지 않는다.

빈티지 효과 때문에 발생하는 다른 문제는 컬러의 로트lot 차이다. 반응성 염료의 퇴색은 효소의 양이나 온도, 시간, pH 등의 조건에 따라 불규칙하게 아날로그로 진행되어 각 롤roll마다 색이 조금씩 다른 로트 차이가 발생한다. 롤 간의 색차뿐만 아니라 같은 롤에서의 좌우 차이listing나 첫부분과 끝부분의 차이ending도 발생할 수 있으므로

◔ 퇴색 효과가 나는 텐셀 의류

이는 봉제공장으로서는 매우 큰 스트레스이며 상황에 따라 아예 작업이 되지 않을 수도 있어 경험이 없는 봉제공장은 오더order 진행을 두려워한다. 다양한 경험이 축적되어 텐셀의 로트 관리를 잘하는 원단 공급자supplier만이 이런 문제를 줄일 수 있다. 이 문제는 일견 심각하지 않은 것처럼 보이지만 실제로 봉제공장 입장에서는 오더 수주를 망설이는 경우가 있을 정도로 심각한 사안이다. 반복되는 문제 때문에 한때 봉제를 완성한 이후에 바이오워싱 공정을 하는 포스트트리트먼트post-treatment, 즉

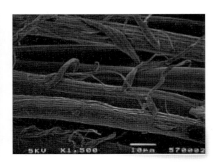

◔ 직물과 섬유의 분섬

TENCEL® is smooth and soft

- Coarse and wet textiles can cause irritation due to higher friction
- TENCEL® has a smooth surface and high moisture absorbency

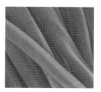

| Cotton | Wool | TENCEL® |

가먼트 바이오워싱garment bio-washing을 선호하기도 했다.

텐셀을 최초로 개발한 영국의 코톨즈Cautaulds는 처음부터 아예 분섬이
일어나지 않도록 케미컬 처리한 새로운 텐셀을 출시했다. 목적은 매끈한
표면을 원하는 소비자나 빈티지 효과를 원하지 않는 수요층의 취향, 바
이오워싱 때문에 발생하는 로트 차이로 인한 까다로운 봉제작업, 그리고
고가의 가격에 대한 대안이다. 사실 텐셀이 고가인 이유는 대부분 바이
오워싱 때문이다. 바이오워싱은 샌드워싱보다 시간이 두 배나 더 걸리기
때문에 가격에 크게 영향을 미친다. 새로운 텐셀은 일반 면을 염색하는
공장에서 별도의 특별한 시설 없이 염색할 수 있다는 장점이 있으며 백
화나 퇴색이 일어나지 않으므로 심색을 발현할 수 있다는 특징도 있다.

이렇게 탄생한 매끄러운 텐셀이 바로 A100이다. 우븐woven보다는 주
로 니트에 적용되는데 같은 목적으로 렌징에서 뒤늦게 개발한 텐셀이 리
오셀Lyocell LF이다. 두 제조업체의 차이는 포르말린 함량인데 최소량이
포함된 A100에 비해 LF는 포름알데히드formaldehyde 함량이 0이다. 하지

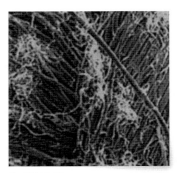

 텐셀 A100　　　　　　　　　　　　⬤ 텐셀 G100

만 이름에서 짐작할 수 있듯이 LF는 분섬이 아예 일어나지 않는 게 아니라 약간의 분섬low fibrillation을 허용한다. 이후 영국의 코톨즈도 포름알데히드 함량이 0인 제품을 출시했다. 제품의 이름은 텐셀 A300이다.

A200을 거쳐 탄생한 A300은 알칼리에 저항력이 높고 케미컬 처리 공정이 라이크라Lycra의 히트 세팅heat setting과 조건이 같아 스판덱스가 들어간 텐셀 니트 저지에 적용하면 최상의 결과를 얻을 수 있다. 지금은 두 회사가 합병해 텐셀이나 리오셀이나 모두 렌징의 제품이 되었다.

전혀 예상치 못했던 문제는 수많은 기능적인 장점에도 불구하고 A100의 품위가 G100에 비해 낮아 보인다는 것이다. 사실 털이 없는 매끈하고 깨끗한 텐셀은 흔한 비스코스 레이온이나 폴리에스터 원단과 달라 보이지 않는다. 수박에서 특유의 줄무늬를 없애면 맛이 없어 보이는 것과 마찬가지다. 줄무늬가 없는 수박은 수박으로 보이지도 않는다. A100은 이론상 텐셀의 모든 문제점을 완벽하게 해결했다. 하지만 결과는 실패인 것 같다. 시장에서 A100을 거의 볼 수 없기 때문이다. 그 이유는 위에서 언급한 것처럼 명백하다. 기능은 감성을 이길 수 없다.

섬유의 제왕 캐시미어

푸들의 아름다운 브라운 곱슬털curly hair은 안 그래도 부드러운데 짧게 깎으면 믿을 수 없을 만큼 소프트해진다. 동물의 털은 대개 겉털topcoat 과 속털undercoat로 이루어져 있다. 각자 담당하는 기능이 다르기 때문이다. 겉털은 주로 방어 목적이나 발수water repellent, 방오soil release 또는 피부와 연결된 센서 기능을 한다. 속털은 단열insulation 기능으로 조류의 다운down 기능처럼 많은 공기를 함유해 단열 보온 기능을 극대화할 수 있도록 진화했다. 다량의 공기를 함유하기 위해서는 다운처럼 가늘고 표면적이 커야 한다. 그 결과 다운의 무게는 공기와 거의 같다. 촉감이 부드러운 털은 굵기가 가늘다는 것을 의미한다. 예외적으로 두 동물의 털이 싱글 레이어single layer인데 바로 알파카alpaca와 비큐나vicuna이다. 푸들은 특이하게도 겉털과 속털이 명확하게 구분되지 않는 싱글 레이어로 겉털이 없고 속털만 있다. 따라서 털이 부드러운 대신 발수나 방오 기능이 전혀 없다. 즉, 푸들은 인간처럼 비를 맞지 않고 사는 동물로 진화했다. 반려동물인 이들에게는 야생에서 필요한 발수 기능보다 인간에게 호감을 줄 수 있는 부드러운 털을 갖는 것이 자신이 처한 환경에서 살아남기 더 유리하다.

캐시미어

로로피아나Loro Piana 캐시미어 재킷 한 벌의 가격은 765만 원이다. 밍크코트 가격과 비슷하다. 캐시미어는 생산량이 극히 제한된 고급소재를 대표하는 천연섬유로 캐시미어 염소털에서 채취된다. 캐시미어는 가볍고 강하고 부드러우며 단열 효과는 일반 염소털의 세 배에 달한다. 이유는 놀랍도록 단순한데 비밀은 바로 털의 굵기다.

캐시미어는 북부 인도와 파키스탄의 경계인 카슈미르Kashmir 지방에서 유래한다. 품종에 따라 그레이,

브라운 등 몇 가지 색이 있는데 유색은 하급품에 속한다. 따라서 화이트가 가장 좋은 품종이다. 캐시미어 털도 양모처럼 길고 짧은 섬유로 분류되어 소모와 방모로 나뉘어 방적된다. 캐시미어는 양모보다 훨씬 더 부드러운 모발을 가지고 있으며 곱슬거림의 정도는 양모보다 낮은 수준이다. 즉, 직모에 더 가깝다. 캐시미어도 사람 머리칼과 같은 단백질keratin의 일종이므로 모든 화학적·물리적 성질은 양모와 마찬가지다. 한 가지 차이가 있다면 털 내부에 미세한 기공air pocket이 있어서 가벼울 뿐만 아니라 우수한 단열 성능을 나타낸다. 이런 섬유를 중공사hollow fiber라고 부른다. 캐시미어의 굵기는 품종에 따라 14~19미크론 정도로 분포되는데 14~16미크론이 대부분인 중국산 품질이 몽골산보다 더 좋다고 할 수 있다. 중국산은 내몽골 지역에서 생산된다.

캐시미어의 정의

미국의 양모제품 표시법wool product labeling act은 캐시미어라는 라벨을 옷에 달기 위해서는 "캐시미어 염소의 안쪽 털에서 채취된 직경 19미크론 이하의 섬유로 30미크론이 넘는 섬유가 3%를 초과하면 안 된다"라

△ 캐시미어 염소

고 규정하고 있다. 이런 복잡한 정의는 의류에 사용되는 캐시미어 원단에 가짜나 규정에 미달하는 하급품이 포함된 속임수가 빈번하다는 것을 의미한다.

캐시미어가 아닌 캐시미어

또한 이 정의는 설혹 캐시미어 염소에서 채취한 털이라도 모두 캐시미어의 분류에 포함될 수 없다는 사실을 함축한다. 새의 깃털이 페더feather와 다운으로 엄격히 구분되어 있는 것과 같다. 어쨌든 캐시미어 염소의 털이므로 기준에 미달하는 캐시미어의 겉털만을 모아 별도의 원사를 만들어보는 것은 어떨까 하는 생각도 든다. 이 경우는 캐시미어라고 하면 안 되고 울이라고 표기하되 캐시미어 염소의 겉털이라고 별도로 행택을 달아 표시하면 될 것이다.

생산

캐시미어의 겉털을 가드 헤어guard hair라고 한다. 우리가 필요한 부분은 안쪽 속털이므로 캐시미어 섬유를 채취하기 위해서는 가드 헤어를 먼저

제거해야 한다. 이 과정을 디헤어링de-hairing이라고 한다. 캐시미어는 양모처럼 무식하게 바리깡으로 털을 밀지 않는다. 최고급 소재에 걸맞게 귀족적으로 우아하게 채취한다. 전통적인 방법은 봄에 털갈이를 할 때 참빗처럼 매우 촘촘한 빗을 이용하는 수작업이다. 빗으로 빗어 섬유를 채취하는 것이다. 최상급 캐시미어를 얻기 위해서는 타이밍이 매우 중요하다. 수작업으로 이루어지던 공정이 기계화된 것은 19세기 말 영국의 조셉 도슨Joseph Dawson에 의해서다. 도슨은 세계 최초로 현대화된 캐시미어 공정을 시작했으며 현재도 도슨그룹Dawson group은 밸런타인Ballantyne이라는 브랜드로 캐시미어 의류를 생산하고 있다. 중국내몽골이 연간 1만 톤 정도로 세계 최대 생산국이며 7,000톤을 생산하는 몽골외몽골과 더불어 전 세계 생산량의 80% 이상을 차지한다. 그마저도 총 생산량에서 불순물을 제거한 순수 캐시미어는 6,000톤에 불과하다. 희소성이 극도로 높은 섬유라고 할 수 있다.

원단 제조

채모

빗을 사용해 채모採毛한다. 서식지 기온의 연중 차이가 커서 기계로 털을 깎아내면 산양이 겨울을 넘길 수 없다. 채모 시기는 4월 말부터 6월 초에 자연적으로 털갈이할 때다.

정모

정모整毛는 채모한 섬유를 수세 전에 굵은 털coarse hair과 구분하고 색을 선별하는 과정이다.

염모

캐시미어 염색染毛은 대개의 양모가 그렇듯 모두 선염이며 원료 상태로 염색한다. 세탁과 일광견뢰도가 취약하므로 탈색되기 쉬워 진한 색과 연한 색을 섞어 짜면 색의 깊이감이 더해진다. 원료의 색상으로 화이트, 라이트 그레이, 브라운이 있으며 별도의 표백 과정이 없으므로 화이트 캐시미어의 발색이 가장 좋다. 섬유 손상을 막기 위해서 되도록 저온에서 염색한다.

편직과 제직

피부에 닿아도 되는 특성 때문에 우븐보다는 니트가 많다. 인장강도가 약하므로 방적과 연사할 때 절사를 주의해야 한다.

축융

양모처럼 캐시미어도 스스로 축소되는 축융felting 성질이 있다. 축융 가공으로 섬유의 간격이 좁아지고 밀도가 커지면서 원단 표면의 털끝이 결합해 독특하고 매끄러운 느낌을 낸다.

섬유의 황제

'소프트 골드'soft gold라고도 불리는 파슈미나Pashmina라는 이름의 울트라파인ultra-fine 캐시미어는 지금도 인도의 카슈미르 지방에서 생산되고 있다. 분쟁지역이라는 지정학적 특성상 매우 희귀해 정확한 생산량을 알 수 없지만 대략 염소 한 마리당 연간 150g 정도 생산된다. 여성용 스웨터 한 벌을 만들기 위해서는 캐시미어 염소 네 마리 이상이 필요하고 1년을 기다려야 한다. 일반 캐시미어가 15~19미크론인 데 비해 파슈미나의 굵기는 11~15미크론으로 믿을 수 없을 만큼 가늘다. 진품 파슈미나의 전 세계 생산량은 0.1%에도 미치지 못한다. 주로 숄shawl이나 스카프를 만드는데 파슈미나로 만든 제품은 지정학적 폐쇄성으로 원료가 외부로 유출되지 않으므로 오직 카슈미르와 네팔 일부에서만 생산되고 있다. 파슈미나 패브릭fabric의 중심 생산지는 스리나가르Srinagar이다. 70 × 200cm 규격

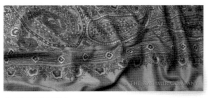
⬭ 파슈미나 제품

의 스톨stole을 하나 만드는 데 순수 작업 시간으로만 180시간이 걸린다. 최근의 파슈미나는 대개 실크와 혼용해서 만들어진다. 안타깝지만 이토록 고귀한 파슈미나도 미국의 FTC에 별도의 일반명generic term으로 등록되지 못해 품표content label에 표기할 수 없다. 울 제품 중에서 라벨에 표기 가능한 것은 모헤어mohair, 캐시미어, 카멜 헤어camel hair, 비큐나, 라마llama, 알파카, 그리고 두 동물의 잡종 교배에서 비롯된 캐시고라cashgora와 파코비큐나paco-vicuna뿐이다. 최근에는 유사품이나 가짜가 범람해 진짜 파슈미나는 드물게 확인되는 실정이다.

캐시미어 굵기가 의미하는 것

캐시미어 굵기가 15~19미크론이라는 사실은 의류소재에서 매우 의미심장한 특징이다. 굵기가 18미크론이 넘는 동물의 털은 인간의 피부를 찌르기 때문이다. 외부물질이 피부를 찌르면 인체는 해충이나 병원균의 침범으로 판단하고 히스타민을 분비해 가려움을 느끼게 된다. 따라서 피부와 직접 접촉해야 하는 숄이나 스카프 같은 제품은 가려움증이나 알러지를 유발하지 않기 위해 캐시미어를 원료로 하는 것이 좋다. 특히 일반 양모로는 만들기 어려운 셔츠도 캐시미어로는 적용 가능하다. 최근 울앤프린스Wool&Prince라는 미국의 신생 브랜드에서 캐시미어와 굵기가 비슷한 슈퍼 파인super fine 양모로 남자 셔츠를 만들려는 시도가 있었다. 현재 캐시미어 제품의 최대 공급국은 스코틀랜드, 이태리, 일본이다. 이태리의 로로피아나는 부자들이 즐겨 입는 최고급 브랜드로 손꼽힌다.

❶	❷	❸	❹
Human Hair	Coarse Wool	Fine Wool	Cotton
60-120 Microns	35-40 Microns	18 Microns	15-20 Microns

◔ 양모의 파인 울 굵기 비교

☼ 각종 동물섬유의 굵기

Fibre	Fibre diameter(um)	Fibre length of down hair(mm)	Yield per animal(kg/yr)	Production (tonnes/yr*)	Price(US$/kg*)
Alpaca	20–36	200–550	3–5	4,000–5,000	2–10
Angora rabbit	14	60	0.42–0.82	3,000	20
Cashgora	18–23	30–90	50% of fleece	50	45
Camel hair	18–24	36–40	3.5–5	4,500	9.5–24
Cashmere	12.5–19	35–50	0.10–0.16	9,000–100,001	100–130
Guanaco	14–16	30–60	0.70–0.95	10	150
Llama	19.38	80–250	2–5	2,500–2,750	2–4
Mohair	23–40	84–130	4–10	7,000	7.5–8
Musk ox	11–20	40–70	0.9	3	
Silk		Filament	Not relevant	75,000	22–20
Vicuna	12–15	30–40	0.2	5	360
Yak	15–20	35–50	0.1	1,000	20

캐시고라

캐시고라는 캐시미어 염소와 앙고라 염소를 교배한 잡종이다. 혼란스럽게도 앙고라 염소의 털은 우리가 추측하는 앙고라 토끼털이 아니라 모발이 굵고 곱슬거리며 광택이 뛰어난 패션소재인 모헤어다.

앙고라 염소는 튀르키예 앙카라 지방에서 서식하는 염소이며 대중적으로 알려진 앙고라는 앙고라 토끼의 털로 앙고라 울angora wool이라고 한다. 앙고라는 털의 굵기가 캐시미어와 비슷해 매우 부드럽고 내부가 비어 있는 중공섬유라서 따뜻하다. 캐시고라는 국제양모사무국 IWO에 의해 1988년 정식으로 제네릭 네임generic name에 이름을 올렸다. 굵기는 18~23미크론으로 모헤어와 캐시미어의 중간쯤 된다. 캐시미어보다는 모헤어에 가까우나 모헤어보다 더 부드럽고 광택은 떨어진다.

🔵 모헤어

🔵 캐시고라

리사이클 캐시미어

당연하지만 캐시미어도 양모처럼 이미 스웨터로 제조된 제품을 수거해 재생한다. 재생된 섬유로 만든 캐시미어를 리사이클, 염소에서 최초로 채취한 원모를 사용한 제품을 버진virgin이라고 한다. 재생모는 버진에 비해 섬유장이 훨씬 짧기 때문에 얇거나 섬세한 원단을 만드는 데 제한이 있다.

가짜 캐시미어와 혼용률 사기

캐시미어의 수요가 폭발적으로 늘어나면서 양모와 섞어 캐시미어의 혼용률을 속이거나 심지어는 화섬을 섞는 경우가 종종 보고되고 있다. 아사히신문에 따르면 다이에가 캐시미어 80% 스웨터를 100%라고 속여서 판매했다고 한다.

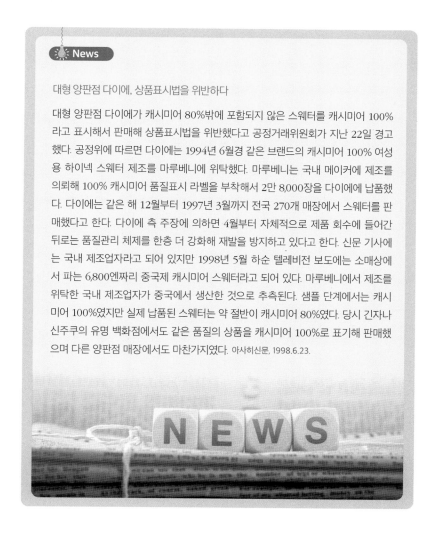

News

대형 양판점 다이에, 상품표시법을 위반하다

대형 양판점 다이에가 캐시미어 80%밖에 포함되지 않은 스웨터를 캐시미어 100%라고 표시해서 판매해 상품표시법을 위반했다고 공정거래위원회가 지난 22일 경고했다. 공정위에 따르면 다이에는 1994년 6월경 같은 브랜드의 캐시미어 100% 여성용 하이넥 스웨터 제조를 마루베니에 위탁했다. 마루베니는 국내 메이커에 제조를 의뢰해 100% 캐시미어 품질표시 라벨을 부착해서 2만 8,000장을 다이에에 납품했다. 다이에는 같은 해 12월부터 1997년 3월까지 전국 270개 매장에서 스웨터를 판매했다고 한다. 다이에 측 주장에 의하면 4월부터 자체적으로 제품 회수에 들어간 뒤로는 품질관리 체제를 한층 더 강화해 재발을 방지하고 있다고 한다. 신문 기사에는 국내 제조업자라고 되어 있지만 1998년 5월 하순 텔레비전 보도에는 소매상에서 파는 6,800엔짜리 중국제 캐시미어 스웨터라고 되어 있다. 마루베니에서 제조를 위탁한 국내 제조업자가 중국에서 생산한 것으로 추측된다. 샘플 단계에서는 캐시미어 100%였지만 실제 납품된 스웨터는 약 절반이 캐시미어 80%였다. 당시 긴자나 신주쿠의 유명 백화점에서도 같은 품질의 상품을 캐시미어 100%로 표기해 판매했으며 다른 양판점 매장에서도 마찬가지였다. 아사히신문, 1998.6.23.

미국 FTC, 캐시미어 의류의 감독을 강화하다

구입한 캐시미어 모크mock 터틀넥 스웨터가 가려움itch 테스트에 불합격했다. 최근 워싱턴에 사는 소비자가 예민한 피부 때문에 값비싼 캐시미어 스웨터를 구입했으나, 제품은 가려움을 유발했고 결국 양털이 섞인 제품을 속아서 구입한 것으로 밝혀졌다. 1990년대 후반 아시아 금융위기 때문에 캐시미어 가격이 급락했을 때 미국 소비자들은 부드럽고 사치스러운 캐시미어 제품을 싼 가격에 구입할 수 있었다. 그러나 캐시미어 원자재 값이 다시 폭등하고 있다. 저가용 몽골산 브라운 캐시미어 제품은 킬로당 99달러까지 뛰었으며, 최고급 내몽고산 화이트 캐시미어는 1998년 말 킬로당 55달러에서 올해 120달러까지 급등했다. 소매상은 값이 싼 캐시미어를 구입하고자 서로 다투고 있으며 일부 아시아와 이탈리아 업체는 저렴한 양모와 기타 불순물을 캐시미어에 섞고 있다. 수많은 스웨터, 재킷, 코트 등이 미국시장에 유입되었지만 전년 가격을 유지하기 위해 캐시미어 혼용률을 속이고 있다.

미국 연방무역위원회FTC는 긴급회의를 열어 문제점을 고취하고 자체 검사규정을 강화하고 있다. 원단과 의류 등에는 울과 캐시미어와 같은 섬유의 함유량이 라벨에 정확히 표시되어야 한다. 미국 최대의 통신판매 회사인 랜즈엔드Land's End는 작년 크리스마스에 판매한 129달러짜리 상의에 '울 80% 캐시미어 20%'라고 혼용률을 표시했다. 그러나 소비자 고발이 있고 난 후 확인한 결과 캐시미어 함유율은 6%에서 18% 정도였다. 결국 랜즈엔드는 의류를 구입한 고객 1만 5,000명에게 사과문을 보냈고 가격을 99달러로 절하했다. 또한 전단catalog에 캐시미어 함유율을 3%로 표시했다.

아직도 많은 업체가 가격 경쟁력 때문에 저품질의 제품을 진품 100% 캐시미어라고 속이고 캐시미어의 고유한 이미지를 손상하고 있다. 1년에 스웨터를 100만 장 이상 판매하는 코스트코는 백화점에서 249달러에 판매되는 스웨터와 유사한 제품을 49.99달러에 판매하고 있으나 품질 테스트 결과 진품 100% 캐시미어가 맞는지 의문이 제기되고 있다. 캐시미어의 혼성률은 수년간 논쟁의 대상이었다. 중국과 몽골의 고원지방에 사는 산염소 솜털로 만든 캐시미어는 수백 년간 중국 황제와 중동의 술탄에게 우아한 의상을 제공했으며, 19세기 중엽 부유한 유럽인이 선호하는 제품이었다. 수요에 부응하기 위해 이탈리아 플라토Plato에 위치한 방적업체는 수십 년 동안 캐시미어 의류와 조각을 재생해 만든 원단으로 코트와 재킷을 만들었으며 고객에게는 신제품으로 판매했다.

중국이 캐시미어 니트웨어 사업에 뛰어든 후 사태는 더욱 악화되었다. 전 세계 캐시미어 염소의 3분의 2가 서식하는 중국은 전통적인 최대 원자재 공급처다. 그런데 중국이 스웨터와 기타 의류를 수출하기 시작한 후 일부 제조업체가 혼용률을 조작해 문제가 되고 있다. 이러한 문제는 미국의 값싼 캐시미어 수요에 비례해 수년간 전반적으로 확대되었다. 미국은 1990년 중반 전 세계 물량의 4분의 1이 판매되기 시작한 이래 현재는 전체 물량의 4분의 3이 소비되는 세계 최대 시장이다. 한편, 캐시미어 제품을 모방하는 기술도 정교해지고 있다. 특정 가공으로 울을 가늘게 하고 외관과 느낌을 캐시미어와 유사하게 해 전문가조차 모조품을 가려내는 것이 어렵다. 5년 전에는 모조품이 거의 없었지만 현재는 약 15%에 이르고 있다. 전통적으로 진품 캐시미어를 판매한 몇몇 대형 백화점조차도 공급선을 충분히 감독하지 않아 본의 아니게 모조품을 판매하고 있다. The Wall Street Journal Europe, 2001.5.7.

전자파 차단 원단

주파수가 높은 강한 전자파가 인체에 도달하면 전신 또는 부분적으로 체온이 상승한다. 이것을 '열적 작용'이라고 부른다. 주파수가 낮은 경우에는 체내에 유도된 전류가 신경을 자극하는데 이것을 '자극 작용'이라고 한다. 저주파 치료가 바로 자극 작용을 이용한 경우다. 신경계의 기능은 체내의 전기 화학적 변화에 영향을 받으므로 아주 강한 전자파는 스트레스를 일으키거나 심장질환과 혈액의 화학적 변화를 유발해 인체에 영향을 미칠 수 있다. 일상생활에서 경험하는 약한 레벨의 전자파는 상대적으로 안전하다고 생각하지만 아직 확실한 근거는 없다. 반대로 고주파나 저주파에 의한 열적 작용과 자극 작용이 근육이나 관절 치료에 사용되기도 한다.

현대인은 갈수록 전자파에 많이 노출되고 있다. 아직까지는 크게 화제되지 않았지만 언젠가 큰 문제로 떠오를 가능성

T·E·X·T·I·L·E   S·C·I·E·N·C·E

이 높다. 특히 임신부의 경우 더
조심해야 한다. 태아는 가장 약
한 인간이기 때문이다. 전자파
에 지속적으로 노출되는 산업
현장에서 작업자를 보호하는
대책도 중요하다. 전자파 차단
원단은 정전기 방지 원단에서

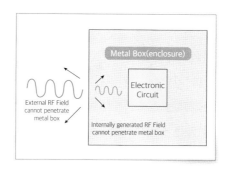

한 단계 더 나아가는 과정이다. 정전기 방지보다 더 높은 차원의 도전체
로 만들어야 한다는 말이다. 부도체인 플라스틱류는 전자파를 흡수해 인
체를 그대로 통과한다. 따라서 구리나 니켈 같은 금속 전도성 물체를 사
용하면 전자파를 반사해 차단할 수 있다. 전자파 차단 효과는 원단의 도
전성과 밀도 그리고 두께에 비례한다.

⛭ 각종 물질의 도전성

금속	전기전도율	열전도율
은	106	108
구리	100	100
금	72	76
알루미늄	62	56
마그네슘	39	41
아연	29	29
니켈	25	15
카드뮴	23	24
코발트	18	17
철	17	17
백금	16	18
주석	15	17
납	8	9

표면저항

원단에 전기를 어느 정도 통하게 해야 전자파를 차단할 수 있을까? 전자파 차단에 객관적인 기준이 있을까? 표면저항 수치는 전기가 물체를 통과하는 정도를 나타낸 것이다. 즉, 표면저항이 클수록 전기가 잘 통하지 않는 물질이다. 따라서 표면저항 값은 전자파를 차단할 수 있는 객관적인 기준을 부여한다. 원단 개발자는 원단의 표면저항 값을 일정 수준 이하로 만드는 것을 목표로 전자파 차단 기능을 개발할 수 있다. 최근에 인정받은 유효 표면저항 값은 0.05Ω/cm²이다. 표준에서 나타나는 전자파 차폐율은 99%에 이르며 이보다 저항값이 더 높으면 차단율이 불충분하다고 알려져 있다.

차폐율

또 다른 기준은 차폐율이다. 전자파 차폐율은 소리소음의 크기를 나타내는 기준과 같은 데시벨dB로 정해져 있으며 20dB 정도 되면 차폐율이 90% 이상 된다고 본다. 숫자가 클수록 차폐율이 높다. 이것을 마찰대전압으로 표현하면 대략 1,000V 정도에 해당한다. 정전기로 충격을 받는 전압이 1만V 수준이므로 아예 느낌이 없는 정도다. 차폐율은 입사파와 투과파의 차이를 데시벨로 나타낸 것이며 차폐율을 퍼센티지로 환산하면 다음과 같다.

- 20dB = 90% 감쇄
- 40dB = 99% 감쇄
- 60dB = 99.9% 감쇄
- 80dB = 99.99% 감쇄
- 100dB = 99.999% 감쇄

즉, 20dB이나 100dB이나 10% 차이에 불과하다. 자외선 차단 수치인 UPF와 비슷하다. 의류에서 40dB 이상은 불필요하고 20dB이면 충분하다.

정전기 차단 원단

정전기를 유별나게 잘 타는 사람이 있다. 나도 그중 하나다. 전기 인간에게 겨울은 그야말로 정전기 공포 그 자체. 금속 난간이나 문고리는 물론이고 정수기, 자판기, 휴대폰 등 금속이 조금이라도 포함된 물건에

손을 가까이 대면 여지없이 빠직 소리를 내며 파란 불꽃이 튄다. 짜증 내며 지나칠 정도가 대부분이지만 적지 않은 충격을 받을 때도 있다. 심지어 손을 씻으려 할 때도 정전기가 발생한다. 정전기가 물에 닿아 방전하기 때문이다. 이런 사람은 겨울뿐만 아니라 봄, 여름, 가을에도 툭하면 정전기 쇼크가 발생하기 일쑤다. 일상생활에 상당히 지장을 받기 때문에 굉장한 스트레스를 겪는다. 심지어 정전기가 물을 담은 종이컵을 통과하기도 한다. 특히 어떤 나이키 운동화는 겨울에 발전기가 된다. 시멘트 같

은 부도체로 된 바닥을 단지 몇 걸음만 걸어도 막대한 전기가 쌓인다.

정전기는 이름 그대로 멈춰 있는 전기다. 어디론가 흐르지 않고 멈춰 있으므로 마찰로 인해 전기가 생길 때마다 점점 쌓여 커지는 것이 당연하다. 의류에서는 여성의 얇은 블라우스나 스커트에서 문제가 일어난다. 몸에 달라붙기 때문이다. 안티클링anti-cling이라는 기능이 나올 정도로 옷이 몸에 달라붙는 현상은 착용자를 귀찮게 할 뿐만 아니라 타인이 보기에도 곤혹스럽다. 정전기가 잘 생기는 의류소재는 주로 합섬이다. 원단에 정전기가 생기는 까닭은 원단이 부도체이기 때문이다. 원단에 전기가 통하지 않으므로 마찰로 생성된 전기가 대전되지 않고 적체되어 전압이 점점 높아진다. 이때 정전기가 쌓이지 않고 즉시 방전될 수 있도록 도와주는 가장 고마운 존재가 바로 물이다. 주위에 수증기가 있으면 정전기를 방전시켜 준다. 따라서 습도는 정전기 충격에 중요한 인자다. 습도가 낮은 겨울에 정전기가 주로 발생하는 이유다. 겨울에 보습제를 손에 발라주면 손이 건조되지 않고 습기가 남아 있어 어느 정도 도움이 된다. 하지만 근본적인 대책은 원단에 전기가 통할 수 있게 하는 것이다. 즉, 전도체로 만들면 정전기에서 완벽하게 해방될 수 있다. 구두는 걸을 때마다 땅과 지속적으로 접촉하므로 밑창에만 정전기 방지 처리가 되어도 정전기를 해결할 수 있다.

해결책

전도체 원단을 만드는 방법은 두 가지다. 처음부터 전기가 통하는 원사 또는 일부의 도전사를 삽입해 원단을 제조하는 것과 후가공을 통해 원단을 전

⬢ 금속이 삽입된 영구적인 정전기 원단

도체로 만드는 것이다. 전기가 통하는 도전사로 만든 원단은 영구적이며 고단가이기 때문에 산업용이 될 확률이 높다. 따라서 의류에 적용하기에는 후가공이 저렴하고 간편하다. 물론 핸드필이 나빠지는 등 이에 따른 대가를 지불해야 한다.

금속

후가공을 위한 도전 물질은 어떤 것이 있을까? 금방 떠오르는 재료는 전기를 잘 통하게 하는 금속 재료다. 금속을 분말로 만들어 바인더와 함께 원단에 얇게 코팅하면 도전체로 만들 수 있다. 가장 가성비 좋은 재료는 니켈과 구리를 섞은 분말이다. 이 경우 코팅 후 원단이 너무 하드해지고 산화하는 문제가 발생한다. 금속이므로 당연히 녹이 스는 것이다. 따라서 물에 닿지 않도록 격리하지 않는 한 물빨래가 불가능하다. 중저가인데도 물빨래가 안 되는 옷은 미국시장에는 아예 진입조차 불가능하다. 이는 심각한 결격사항이므로 반드시 해결해야 한다. 원단의 한쪽 면을 격리해 봉하는 것도 쉽지 않다.

탄소

전기를 잘 통하게 하는 또 다른 물질은 탄소다. 사실 탄소는 원사나 원단에 흔하게 사용된다. 돕 다이드 dope dyed 원사가 바로 탄소가 함유된 원사다. 가볍고 저렴해 도전사를 만들 때도 주로 탄소를 이용한다. 문제는 탄소가 항상 검은색이라는 점이다. 패션에서 색이 제한된다는 것은 치명적인 단점이다. 하지만 탄소는 핸드필을 크게 손상시키지 않으면서 양호한 도전성을 확보할 수 있다. 일반 탄소가 아닌 카본 나노튜브CNT를 사용하면 더 좋다. 그렇다면 애초에 탄소가 들어 있는 검은색 돕 다이드 원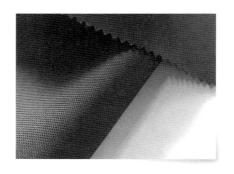

사는 전기가 잘 통할까? 예상과는 달리 전기가 잘 통하지 않는다. 전기를 흘리기에는 불충분한 양의 탄소가 내부에 불균일하게 분포되어 있기 때문에 전기가 흐르는 통로가 연결되지 않기 때문이다. 도전사는 전기가 흐르는 통로가 연결될 수 있도록 섬유의 중심쪽core이나 바깥쪽sheath으로 균일하게 배치해야 한다. 그래야 충분한 도전성을 기대할 수 있다.

코팅과 라미네이팅

코팅은 아우터웨어용 원단에 방수 기능을 부여하기 위한 목적이 첫 번째다. 저렴한 가격으로 제법 괜찮은 방수 성능을 얻을 수 있기 때문이다. 전문 아웃도어가 아닌 캐주얼 의류에는 별문제 없을 정도다. 그런데 원단에 코팅을 하면 여러 가지 원치 않는 부작용이 생긴다. 가장 중요한 것이 핸드필이다. 패션의류에서 핸드필은 원단의 컬러 다음으로 중요한 감성이다. 기능과 패션이 충돌하면 기능이 양보해야 하는 것이 패션계의 불문율이다. 따라서 핸드필이 크게 나빠지면 아예 기능 자체를 포기하거나 어느 정도 하향 조정이 필요하다.

코팅

섬유에서 코팅은 염색된 원단의 표면에 다양한 두께의 박막을 형성하기 위해 액상 폴리머를 도포하는 공정 또는 결과물을 말한다. 기능적 또는 감성적인 목적이 있다. 원단에 올리는 코팅의 두께는 원단마다 다르다.

원단에 형성된 틈새의 크기가
각각 다르기 때문이다. 촘촘
한 세번수 원사로 제직된 콤팩
트한 우븐 원단에는 코팅을 얇
게 먹여도 된다. 틈새 사이즈가
작고 가늘기 때문이다. 나일론

20d 400t 정도 원단은 아예 코팅 없이 발수만으로 생활방수를 실현할
수 있다. 만약 직물이 성기거나 굵은 원사를 사용한 두꺼운 원단일 때는
코팅을 여러 번 하거나 두껍게 먹여야 물이 새지 않는다. 문제는 코팅을
두껍게 먹인 경우다. 코팅 작업은 페인트칠과 비슷하다. 즉, 정밀한 작업
이 아니며 원단 위에 액상 고분자를 흘린 다음 나이프로 긁어 평평하게
바르는 것이 전부다. 따라서 코팅 작업은 균일하게 이루어지기 어렵고 거
칠다. 두께도 부분마다 다르고 액상의 고분자에 거품이 들어 있을 수도
있다. 물론 거품이 생긴 자리는 방수력이 거의 없다고 보면 된다. 방수 테
스트를 할 때 운 나쁘게 이 부분이 선택되면 결과는 불합격fail이다. 코팅
두께가 두꺼워질수록 불균일은 더욱 확대된다.

더 큰 문제는 핸드필이다. 직물이 소프트하고 자유자재로 접히는 유연
성을 가진 이유는 교차하는 경사와 위사의 접촉이 제한적이기 때문이다.
경위사 접촉 면적이 작을수록 마찰이 감소하고 자유도가 높아진다. 원단

은 자유도가 높을수록 유연하다. 폴리에스터 원단을 감량 가공하면 믿을 수 없을 정도로 부드러워지는 동시에 드레이프drape성이 좋아진다. 감량 가공은 폴리에스터 섬유에 달 분화구 같은 일종의 크레이터crater를 형성하는 가공인데 왜 드레이프성이 좋아지는 것일까? 경사와 위사가 만나는 접촉면적이 줄어들면서 마찰이 최소화되고 자유도가 상승하면서 나타나는 결과다. 철판은 딱딱하고 유연성이 전혀 없지만 사슬 갑옷처럼

철사고리로 철망을 만들면 원단보다 더 찰랑거리게 할 수 있다. 각 고리들의 접점이 적어 자유도가 높아지기 때문이다.

방수를 위한 코팅은 경위사 접점에 형성된 틈새에 액상의 고분자를 끼워넣어 물이 새지

⬆ 두꺼운 원단의 코팅

않도록 꼼꼼하게 밀폐한다. 문제는 경위사의 틈에 끼어든 고분자가 건조되면 원사들끼리 움직일 수 있는 공간과 간극이 없어지고 자유도를 박탈해 버린다는 것이다. 코팅한 원단이 뻣뻣하고 딱딱해지는 이유다.

라미네이팅

라미네이팅은 원단에 필름을 접착하는 것이다. 필름의 성분은 PU나 폴리에스터 등 다양하다. 목적은 방수 기능을 얻으려는 코팅과 같다. 원단에 막을 형성해 물이 새지 않도록 밀폐하는 것이다. 코팅이 아날로

그 특성을 가지고 라미네이팅이 디지털 특성을 가진다는 점에서 다르다. 코팅은 세탁할 때마다 물이나 다른 원단과 마찰해 조금씩 깎여나가면서 성능이 떨어진다. 반면 라미네이팅은 세탁 후에도 필름이 깎여나가는 일이 없으며 따라서 점진적으로 성능이 감소하지 않는다. 문제는 수개월 또는 수년의 시간이 경과한 후다. 바인더로 접착한 필름은 언젠가는 일부가 원단에서 떨어져 버블 현상을 보이게 된다. 즉, 눈에 보이지 않게 기능을 조금씩 상실하는 코팅과 달리 어느 날 갑자기 가치를 상실한다. 버블은 제품 자체의 가치를 완전히 박탈한다. 코팅과 달리 기능 상실이 눈으로 확연히 보이기 때문이다.

고분자가 불균일하게 도포된 코팅에 비해 라미네이팅 필름은 훨씬 더 균일한 상태로 제작되어 나온다. 거품 같은 것은 전혀 없다. 따라서 원단의 어느 부분

🔵 라미네이팅 원단

을 시험해 봐도 방수 기능이 동일하다. 필름 두께는 얼마든지 조정 가능하며 균일하기 때문에 코팅 두께보다 훨씬 더 얇은 것으로 처리해도 충분한 방수 기능을 얻을 수 있다. 핸드필 문제도 없다. 라미네이팅된 원단의 핸드필이 문제 되지 않는 이유는 필름이 원단 표면의 최상층에만 붙어 있고 그 아래 경위사가 만나는 접점의 틈새까지 스며들지 않기 때문이다. 원사의 움직임을 방해하지 않아 원래의 자유도가 그대로 유지된다. 필름도 충분히 얇고 부드러워 기존의 소프트니스softness를 방해하지 않는다. TPU 필름은 탄성까지 있어서 스판덱스 원단에 붙여도 탄성을 그대로 유지한다. 방모나 폴라플리스처럼 표면에 털을 일으킨 기모된 거친 원단을 코팅하려면 어마어마한 두께로 발라야 하지만 필름은 문제없다.

심지어 니트에도 적용 가능하다. 니트 원단은 고정이 되지 않아 코팅 작업 자체가 불가능에 가까울 정도로 어렵다. 길이 방향으로 장력을 팽

팽하게 줘야 하고 나이프로 바를 때 밀리지 않고 형태가 유지되어야 하기 때문이다. 얇은 니트 원단은 코팅이 아예 불가능하다. 하지만 라미네이팅은 아무리 얇은 니트 원단이라도 문제없다. 니트로 된 방수 원단이나 다운 재킷을 최근에 볼 수 있게 된 이유다.

△ 메시 라미네이팅

△ 코팅이 어려운 기모나 니트 원단

라미네이팅이 코팅보다 감성, 기능 등 모든 면에서 우세하지만 원단의 방수를 위해 가장 널리 적용되는 것은 코팅이다. 코팅의 강력한 장점, 바로 저렴한 비용 때문이다. 라미네이팅은 코팅보다 적어도 세 배 이상 비싸다. 필름의 종류에 따라 100배 이상 비쌀 수도 있다. 고어텍스는 필름 가격만 15불이나 되는 것도 있다. 중저가 브랜드는 수용할 수 없는 가격대다.

04
디자이너를 위한
소재지식

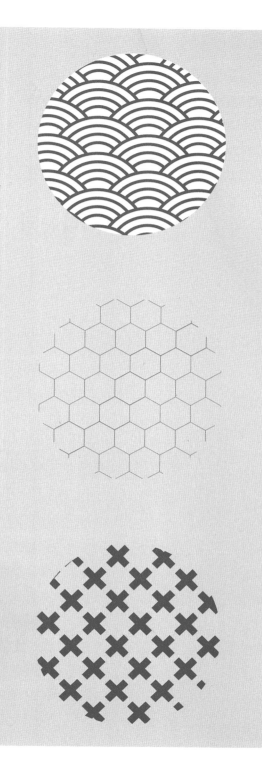

다운과 솜

테라노바 원정terra nova expedition은 1910년부터 1913년까지 영국 탐험대가 남극점을 정복하기 위해 떠난 탐험이다. 로버트 스콧Rovert Scott이 이끈 탐험대는 남극점에 도달한 세계 최초의 팀이 되기를 원했다. 스콧과 네 명의 동료는 1912년 1월 17일 마침내 남극점에 도착했으나 로알 아문센Roald Amundsen이 이끄는 노르웨이 팀이 자신들보다 34일이나 앞섰다는 사실을 알게 되었다. 스콧과 그의 대원들은 영영 기지로 귀환하지 못했다. 8개월 후, 수색대가 그들의 시체와 함께 일지 및 사진의 일부를 발견했다. 대원들의 빈약한 복장을 보라. 만약 그 시대에 다운 재킷down jacket이 있었다면 그들은 살아 돌아왔을 것이다.

🔺 테라노바 원정팀

방한을 위한 겨울 아우터웨어 소재는 세 가지로 대표된다. 가죽모피 포함, 울wool, 그리고 다운down이다. 셋 중 어느 것이 가장 따뜻할까? 극지로 가는 탐험가들이 예외 없이 선택하는 소재가 어느 쪽인지 생각해 보면 답이 나온다. 브랜드가 캐나다구스Canada Goose이든 아니든 결론은 다운 푸파down puffa이다. 다운 푸파는 왜 그토록 따뜻할까? 새의 깃털이나 솜털이 따뜻하기 때문일까? 그 이유를 알기 위해서는 우리가 따뜻하다고 느끼는 물리적·생리적 현상에 대해 알아볼 필요가 있다. 인체를 통제하고 조절하는 관제탑은 물론 대뇌피질, 즉 뇌이다. 그런데 뇌는 어떤 방식으로 각 기관에 명령을 내릴까? 뇌가 사용하는 통신 방식인 프로토콜은 어떤 것일까?

한겨울 공원에서 쇠 벤치에 앉을 때와 나무 벤치에 앉을 때, 둘은 정확하게 같은 온도이지만 우리는 쇠로 만든 벤치가 더 차갑다고 느낀다. 그것은 쇠가 나무보다 열전도율이 높기 때문에 쇠 벤치가 우리 몸에서 체온을 빨리 빼앗아가고 있다는 뇌의 신호이자 경고다. 쇠가 나무보다 열전도율이 훨씬 더 높다는 사실을 숫자나 그림으로 보여주는 대신, 엉덩이가 피부의 냉점과 통점을 이용해 대뇌피질에 전달하는 것이다. 다음 표를 보면 같은 금속이라도 구리가 강철보다 여덟 배나 열전도율이 높다는 사실을 알 수 있다. 뇌는 피부의 통점과 냉점을 통해 쇠 벤치의 열전도율을 보고받고 즉시 엉덩이에 '고통'이라는 신호를 보내 쇠 벤치를 떠날 것을 명령한다.

빛은 다양한 크기로 진동하는 전자기파의 다발이다. 인간은 그중 극히 일부분의 영역을 감각이라는 센서를 통해 구분할 수 있다. 눈으로 구분할 수 있는 영역을 가시광선이라고 하며 열을 이용해 피부 감각으로 구분할 수 있는 영역을 적외선이라고 한다. 나머지 영역은 눈에 들어와 망

☼ 각종 소재의 열전도율

소재	열전도율
폴리프로필렌	0.2
폴리아미드6	0.25
강철	50
구리	400
은	405

막을 자극해도 아무것도 느끼지 못한다. 가시광선에 해당하는 전자기파의 진동이 망막에 도달하면 간상세포와 원추세포는 그것을 즉시 감지하고 뇌에 신호를 보낸다. 뇌는 해당 진동

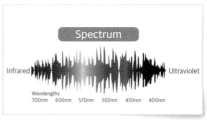

◐ 빛이라는 전자기파의 영역

의 주파수가 400나노미터 파장인 전자기파라고 알려주는 대신 붉은색을 본다. 즉, 우리가 보는 색깔은 가시광선의 특정 진동에 의한 신호이며 언어인 셈이다. 직관적이며 단순하고 혼동할 염려가 없는 아름다운 신호체계다. 지구상에 생존한 모든 생물이 진화라는 알고리즘을 통해 효율적이고도 세련된 기관으로 개선되어 온 결과다.

Tip

다운과 솜

인간은 항온동물이다. 따라서 어떤 환경에서도 정상체온을 유지해야 하며 단 몇 도만 정상 범위에서 벗어나도 생명이 위험하다. 인간은 한겨울에 차가운 물에 빠지면 10분도 지나기 전에 저체온증으로 사망한다. 따라서 체온을 유지하기 위한 비상 대책이나 경고가 아주 잘 발달되어 있다. 체온이 단 1도라도 떨어질 만한 환경에 노출되었다고 감지하면 뇌는 즉시 몸을 초고속으로 진동시키고 추위라는 지독한 고통을 느끼게 함으로써 경고 신호를 보낸다. 이 신호는 인체에서 외부로 열이 빠져나가는 시간과 비례해 커진다. 저체온증 hypothermia이 보내는 단계별 신호는 다음 그림과 같다.

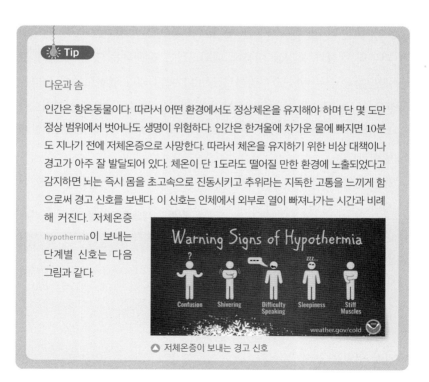

◐ 저체온증이 보내는 경고 신호

단열insulation은 열의 이동을 차단해 인체를 보호하는 일종의 소극적인 보온 기능이다. 열의 이동을 차단하는 재료를 단열재라고 한다. 단열재는 열이 빠져나가는 것은 물론이고 차가운 기운이 내부로 들어오는 것을 막는다. 인체는 외부로 빼앗기는 열을 지속적으로 보충하기 위해 막대한 칼로리를 사용해 발열한다. 하지만 열의 이동을 차단하는 효과적인 수단이 없는 상태에서는 발열만으로 충분하지 않다.

다운이 따뜻한 이유

겨울에 다운 재킷을 입고 포근하다고 느낀다면 단열 작용이 효과적으로 일어나 체온이 외부로 유실되는 것을 충분히 차단하고 있다는 증거다. 즉, 다운 재킷은 단열로 보온 기능을 수행한다. 새의 깃털이나 솜털은 열을 발생시키는 발열이나 일정 시간 보관하는 축열 기능을 하지는 못한다. 다운은 스스로 단열 기능을 할 수도 없다. 다운은 단지 건물의 뼈대frame와 같은 역할만 수행한다. 단열 기능의 주체는 다름 아닌 '공기'이다. 공기는 매우 우수한 단열재이므로 공기를 많이 품을수록 단열 효과가 좋아진다. 다운 볼down ball은 밀폐된 재킷 안에서 서로를 밀어낸다. 즉, 간

⬆ 폴리에스터 솜

⬆ 다운

격을 유지하려고 하며 그 결과 팽창한다. 사실 재킷 안에 타이어처럼 공기를 잔뜩 넣고 마개로 막을 수 있다면 다운은 필요 없다. 물론 이 방식은 재킷을 타이어처럼 딱딱하게 만들어야 하므로 의류로는 적당하지 않다. 다운은 재킷을 부드럽게 유지하면서도 펌프로 공기를 잔뜩 넣은 것 같은 효과를 낸다. 이보다 더 놀라운 기능은 만약 압력 때문에 공기가 빠져나가면 자동으로 재킷에 공기를 공급해 언제나 같은 수준의 공기압을 유지해 준다는 것이다. 물리적 압력에 저항해 공기를 부풀려 원상태로 복원하는 힘이 바로 필파워fill-power이다. 필파워가 강할수록 더 큰 사이즈로 팽창하고 더 빠르게 복원한다. 다운은 자동으로 작동하는 부드러운 스마트 뼈대인 셈이다.

솜도 다운만큼 따뜻할까?

한편 폴리에스터로 만든 솜은 다운과 어떤 차이가 있을까? 충전재로서 공기라는 단열재가 충만하도록 하는 뼈대 기능을 하고 물리적 압력에 저항해 원상태로 복원하는 성질은 솜도 마찬가지다. 하지만 솜은 다운과 달리 그 자체의 막대한 부피로 인해 공기로 채워야 할 자리를 빼앗는다. 재킷 내부의 공기 총량은 전체 공간에서 충전재가 차지하는 부피를 뺀 값이다. 밀도가 극단적으로 낮은 다운은 공기가 차지할 공간을 거의 빼앗지 않는다. 재킷에 들어간 다운 전체를 한 주먹에 쥘 수 있을 정도이기 때문이다. 실제로 같은 크기의 다운 재킷과 솜 패딩의 Clo값을 비교해 보면 다운이 두 배 정도 더 높다. 즉, 패딩 솜이 차지하는 공간의 크기가 다운의 두 배라는 뜻이다. 부피뿐만 아니라 무게 역시 크게 차이난다. 다운은 공기 중에 떠다닐 수 있을 정도로 가볍다.

다운이 차지하는 공간은 솜털이 거리를 둔 상태에서 같은 극의 자석처럼 서로 밀어내기 때문에 간격이 상당히 크다. 반면 패딩 솜은 간격 없이 섬유끼리 접촉한 상태에서 압축에 저항해 굴곡이나 굽힘이 복원되는 기계적 탄성력에 의지해 공간을 형성하고 그 안에 공기를 담아두므로 상대적으로 빈 공간이 협소하다. 새의 뼈와 인간의 뼈를 비교해 보면 이해

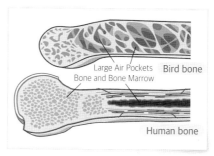

◎ 새와 사람 뼈의 내부 밀도

할 수 있다. 새의 뼈는 내부에 빈 공간, 즉 에어포켓air pocket이 많다. 하늘을 날기 위해 가벼워야 하기 때문이다. 한편 땅에 붙어 사는 인간은 중력에 저항하기 위해 높은 강도의 단단한 뼈대를 가져야 하므로 밀도가 훨씬 더 치밀하고 상대적으로 함기량이 적다.

다운과 솜의 차이

다운과 패딩 솜의 굵기는 얼마나 차이가 날까? 물론 해보나 마나 다운이 패딩 솜보다 훨씬 더 가늘 것이다. IDFL에서 하는 다운프루프down-proof 검사가 패딩프루프padding-proof 검사보다 통과하기 어렵기 때문이

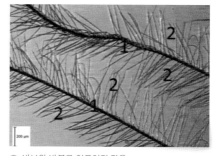

◎ 바브와 바불로 이루어진 다운

다. 다운을 자세히 보면 마치 소나무 가지와 솔잎을 보는 것 같다. 사진에서 1로 표시된 가지 부분을 바브barb라고 하고 2로 표시된 잎 부분을 바불barbule이라고 한다. 물론 바브는 너무 굵어서 원단의 틈을 뚫고 밖으로 나오기 힘든 구조다. 다운 재킷에서 재봉선이 아닌 원단을 통해 새는 것은 모두 바불이다. 바불의 굵기는 3미크론, 즉 0.3d이다. 패딩 솜은 보통

1.2~1.5d이고 신슐레이트Thinsulate나 웰론Wellon처럼 가는 섬유로 된 패딩이 0.5d이다. 웰론은 다운의 굵기와 별로 차이 나지 않는다. 따라서 일반 패딩 솜에 비해 누출될 확률이 크기 때문에 별도의 대책이 있어야 한다. 단순히 패딩 솜만 바꿔서 될 일이 아니라 그에 맞는 원단의 기능을 추가해야 한다. 웰론이 들어간 푸파는 패딩프루프 검사가 아닌 다운프루프 검사를 거치는 편이 좋다.

점 접촉부터 형 접촉까지

패션 디자이너는 기초 해부생리학을 공부해야 한다. 인체의 오감에서 미각을 제외한 시각, 청각, 후각은 물론 특히 촉각에 관여하는 인체의 최외곽 부분에 대한 충분한 이해가 필요하다. 인간은 체온을 일정하게 유지하기 위해 몸에서 끊임없이 수증기를 내뿜는 항온동물이다. 땀이 나는 이유도 체온을 유지하기 위해서라는 사실을 우리는 잘 알고 있다. 정상 체온을 유지하기 위한 세 가지 수단은 수증기, 땀, 그리고 혈관이다. 더울 때 피부가 붉어지는 이유는 혈관을 몸 바깥으로 가까이 밀어내 열을 식히기 위해서다. 수증기는 기화열을 이용하는 땀과 마찬가지로 작용하지만 땀과 달리 언제나 배출되고 있다는 점이 다르다. 피부와 가까이 밀착되는 의류는 수증기가 쾌적성에 큰 영향을 미치므로 옷을 입었을 때 불쾌감이 없도록 의류를 설계하는 배려가 필요하다.

인간은 습도가 너무 낮으면 피부가 가렵고 건조하며 습도가 너무 높으면 덥고 불쾌하다고 느낀다. 적정선은 대략 50%이다. 따라서 피부와 밀착하는 의류인 셔츠나 바지는 습도가 50%를 넘지 않도록 하는 것이 중

⚫ 시어서커

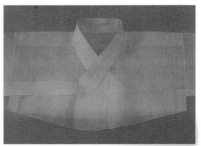
⚫ 모시 적삼

요하다. 그러나 한여름에 습도가 80~90%를 넘어가면 의류 설계를 이용한 습도 조절도 한계에 부딪힌다. 이런 상황에서는 차라리 옷을 입지 않는 것이 더 쾌적한 것 같다. 적어도 끈적한 피부에 무언가 닿지 않는 것만으로도 불쾌감을 덜 수 있다. 그러나 그것이 최선의 방법은 아니다.

한여름에 에어컨이 없는 실내에서 잠을 청할 때 옷을 아예 입지 않는 것보다는 면소재의 얇은 속옷을 입는 편이 더 낫다. 몸에서 발산하는 수증기를 흡습성이 좋은 면이 빨아들이고 피부 주변의 습도를 낮추기 때문이다. 즉, 피부 주변의 습도를 실내보다 더 낮출 수 있다. 대신 면 내의는 약간 젖게 되지만 인체는 내의의 흡습률이 20%가 넘어도 느끼지 못한다. 속옷은 피부에서 약간 떨어져 있는 것이 통기성에 좋다. 다시 말해 원단이 피부와 접촉하는 면을 최소화할수록 좋다. 전문 용어로 말하자면 2차원 면 접촉보다는 0차원 점 접촉이 더 시원하다. 시어서커seersucker는 그런 이유 때문에 만들어졌다.

시어서커는 일반적으로 스트라이프나 체크무늬이고 여름 의류에 사용되는 얇고 울퉁불퉁한 질감의 면직물이다. 시어서커는 얇은sheer 빨판sucker이라는 뜻에서 유래했다. 소금과 설탕이 어원이라는 의견도 있지만 어느 쪽이 더 일리가 있는지는 군이 확인할 필요도 없다. 시어서커는 패턴에 따라 경사 쪽으로 주름을 주는 방식으로 제직된다. 착용 시 직물이 피부에 밀착되지 않게 해 열 발산 및 공기 순환을 촉진한다.

마 직물은 자연상태에서 언제나 구겨져 있고 펴져 있어도 원사에 힘이 있어 피부에 잘 달라붙지 않는다. 구겨진 상태에서 피부와 접촉하면 이는 1차원 선 접촉이 된다. 모시에 풀을 먹여 저고리로 입으면 옷이 공중에 뜬 것처럼 피부에 닿지 않는다. 이는 드레이프drape성과 정반대인 상태다. 드레이프성이 있는 원단이 피부와 접촉하면 2차원 면 접촉이 된다. 마가 아닌 경우 원단의 표면을 오징어 빨판처럼 울퉁불퉁하게 만들면 피부에 접촉하는 면적이 극소화될 것이다. 즉, 0차원 점 접촉이 일어난다.

겨울에는 정반대의 일이 일어난다. 실내 습도가 50%가 되지 않는 경우는 수증기를 빨아들이지 않아도 된다. 그러기 위해서는 피부와의 접촉을 최대화하는 것이 좋다. 즉, 겨울에는 면 접촉이 더 좋다. 하지만 면 접촉이 일어나더라도 소재의 열전도율이 높으면 오히려 차갑게 느

△ 기모된 플리스

껴진다. 면 접촉보다 더 많은 접촉이 일어나게 하는 방법이 바로 형 접촉이다. 인체는 3차원 물체이므로 2차원 평면으로 완벽한 접촉이 일어나는 것은 불가능하다. 몸에 달라붙는 옷도 한계가 있다. 3차원 접촉이 일어나면 2차원인 면 접촉보다는 훨씬 더 많은 접촉이 일어날 것이다. 3차

원 접촉을 위해서는 원단에 기모를 더해 형 접촉을 일으키면 된다. 형 접촉은 3차원인 피부의 굴곡을 따라 완벽하게 밀착하게 만드는 것이 최선이다.

기모된 원단은 피부와 접촉하고 있지만 중간에 공기 층이 있어 통기성은 물론이고 열전도율이 낮은 공기로 인해 체온

△ 파니에

을 빼앗기지 않도록 단열 작용도 한다. 따라서 같은 원단이라도 기모되어 있는 원단은 훨씬 더 따뜻하게 느껴진다. 모피를 입을 때 단지 보온만을 고려한다면 털 부분이 안쪽으로 가는 게 좋을까 아니면 바깥쪽으로 가는 게 좋을까? 털이 긴 모피라면 바깥쪽으로 가는 게 훨씬 더 효과적이다. 공기에 의한 내부 단열은 공기의 유동만 막는다면 파니에panier로도 충분하다. 모피는 외부로 개방되어 있고 움직임이 있어도 털이 충분히 길다면 공기를 효과적으로 잡아둘 수 있다.

미국 관세 혜택을 위한 원단 가공

미국에 비옷을 수출하면 특별히 낮은 관세를 적용받는다는 말이 있다. 이런 해괴한 이야기가 사실일까? 그렇다. 미국시장에 봉제품을 수출하는 사람은 모두 다 아는 사실이다. 이유는 자명하다. 관세는 대개 자국산업을 보호하기 위해 상품에 따라 각각 다르게 매겨지고 어떤 때는 비상벨을 울릴 때도 있다. 그것이 이른바 '세이프 가드'이다.

인도네시아는 성장가도에 있는 자국의 섬유산업을 보호하기 위해 모든 섬유 수입품에 SGS에서 독점으로 시행하는 수입 검사를 실시한 적이 있었다. SGS 검사는 까다롭기로 악명 높아 순전히 그 검사 때문에 인도네시아 수출 자체를 포기하는 공장도 있을 정도다. 문제는 그로 인한 예기치 못한 부작용이다. 검사가 까다로우니 인도네시아로 들어가는 제품은 브랜드의 상하 레벨이나 소매가격에 상관없이 품질이 좋아야 했다. 원단공장은 당연히 인도네시아행 원단 가격을 높게 불렀다. 자국의 섬유산업과 내수 봉제는 보호되었겠지만 원자재를 다른 나라보다 더 비싸게 구매해야 했던 해외 수출 봉제산업은 어려움을 겪었다.

Ideas For Lower Duty Rate

Woven Jacket

Ex: PU coating

- Water Resistant(must pass AATCC 35 therefore Garment Lab test report is required)(7.1%)
- Visible Milky Coating(7.1%)
- Down filled(4.4%)

Coat including Raincoats

Cannot be under Water Resistant Duty could have the following:
Visible milky coating(7.1%)

Woven Vest(Padded Sleeveless Jacket)

- Cannot be under Water Resistant Duty but could have the following Visible milky coating(7.1%)
- Down filled(4.4%)

Swim trunk

Can not be Water Resistant Duty but could have the following:
Visible milky coating(7.1%)

🔵 미국 수출 봉제품에 대한 관세 혜택 대상의 예

　미국이나 유럽의 메이저 브랜드는 벤더vendor에게 자신이 지정한 공장의 원단을 사용하도록 의무화하고 있다. 불필요하게 까다로운 검사는 안 그래도 촉박한 납기로 시작하는 봉제 작업의 원활한 진행을 방해한다. 그 결과 메이저 브랜드는 인도네시아 벤더를 기피하게 되었다. 원단의 수입을 어렵게 하기 위해 도입한 관세 장벽이 오히려 자국 봉제산업의 경쟁력을 떨어뜨리는 풍선 효과를 가져온 것이다. 그로 인한 혜택은 고스란히 중국으로 넘어갔다. 반면교사의 결과로 중국은 수입 원단 검사인 GB 테스트 대상에서 수출용 원단을 면제하고 있다. 즉, 내수제품에만 까다로운 검사를 적용하는 현명한 결정을 내린 것이다.

　미국에 수출되는 아우터웨어용 화섬 직물의 경우 관세를 세이브save하는 두 가지 방법이 있다. 먼저 생활방수 기능이 있으면 레인웨어rainwear로 분류되어 관세가 7.1%로 낮아진다. 두 번째로 오리털이 들어간 재킷은 관세가 4.4%로 낮게 적용된다. 생활방수 기능은 코팅이 육안으로 확인되지 않으면 레인테스트rain test라는 시험을 통과해야 한다. 코팅이 육안으로 확인되는 비저블 밀키visible milky는 가격이 더 비싸서 벤더들은 대부분 PA 또는 PU 코팅 처리하고 레인테스트를 받는 쪽을 선택한다. 여기까지는 재킷의 경우이고 코트와 베스트vest는 반드시 비저블 코팅visible coating 처리해야 한다. 오리털은 관세는 낮지만 너무 고가여서 대부분 선택에서 제외된다. 추가로 남자 수영복도 비저블 코팅하면 관세가 7.1%로 낮게 적용된다.

진정한 스마트 의류

재킷을 아이폰과 연동해 팔에 달린 스위치로 전화를 걸거나 메일을 보낼 수 있다면 스마트 의류라고 할 수 있을까? 만약 그렇다고 생각한다면 당신은 큰 착각에 빠져 있는 것이다. 스마트폰을 한번 생각해 보자. 단순히 휴대폰이 진화한 버전이 스마트폰일까? 스마트폰은 이동 전화기인 휴대폰과 전혀 다른 물건이다. 휴대폰도 물론 하나의 혁신이지만 스마트폰은 전혀 다른 개념의 혁명이라는 사실을 굳이 이야기하자면 입만 아프다. 혁명이란 이전에는 존재하지 않은 무언가를 의미한다. 사실 스마트폰은 과거의 인류가 미래를 상상할 때 단 한 번도 언급하지 않은 물건이다. 상상을 초월한 제품인 것이다.

불과 얼마 전에 인류가 상상한 미래의 신문 배달은 각 가정에 파이프라인을 설치해 고압 공기로 신문을 쏘아 보내는 식이었다. 하지만 현대기술은 물리적 실체인 종이 대신 아예 형체도 없는 전자기 파동으로 신문을 배달하는 혁신을 이루었다. 이처럼 스마트 의류는 의류의 개선이나 진화를 통한 IT 기기와의 어설픈 융합이 아니라 스마트폰처럼 우리가 전혀 상상하지 못한 '어떤 것'이 되어야 마땅하다. 종이 없는 신문을 그 누가 상상이나 했을까?

스마트 의류란

우리가 살고 있는 행성의 자연과 생태계의 질서는 철저하게 낭비를 배제하고 최소의 자원으로 최대의 효율을 추구하는 방식을 기초로 한다. 그것이 엔트로피entropy가 언제나 증가하는 방향으로 설계되어 있는 물리학의 가장 중요한 '열역학

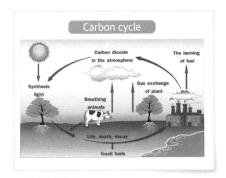

⬆ 생태계의 순환

제2법칙'을 위반하는 최소의 방법이기 때문이다. 규칙의 최종 목적은 지속가능성sustainability, 즉 설계자의 개입이 없어도 스스로 순환하며 작동하는 세계 모형을 만드는 것이다.

그에 비해 인간의 문명과 기술은 아직 초라한 단계에 머물러 있다. 하등동물로 보이는 누에조차도 자신이 거주할 주거지를 만들기 위해 단 한 올의 섬유로 2차원 평면을 거쳐 3차원 형태를 만들어낸다. 인간은 옷을 만들기 위해 섬유를 채취해 실로 만들고 그 실로 원단을 짜고 염색을 한 다음 복잡한 재단과 봉제를 통해 3차원 모형을 만든다. 길고 긴 과정을 지나는 동안 시간과 돈을 포함한 막대한 낭비가 발생하고 소중한 자원은 버려지고 오염된다. 자연이 구축한 '지속가능성'이라는 효율적인 순환 알고리즘과는 거리가 멀다.

가장 처참한 기술은 의류에 원하는 색상을 부여하는 염색이다. 염색이야말로 비효율적이고 야만적이며 끔찍한 하등기술이다. 피염물의 100배나 되는 막대한 물을 동원하고 수십 가지 화학약품과 갖가지 염료를 조합해 착색한 다음 거의 사용한 만큼의 염료나 화학약품을 자연에 버린다. 이렇게 방출된 오폐수는 또다시 사용한 물 이상의 깨끗한 물을 오염시키고 바다로 나가 해양 생태계를 망가뜨린다. 정원사가 곱게 가꾼 장미

밭에 들어가 뒷발 분탕질로 엉망을 만드는 멧돼지와 전혀 다를 게 없다.

장미는 단지 햇빛과 서너 방울의 물로 그토록 아름다운 고채도의 붉은색을 구현할 수 있다. 막대한 자원을 소비하거나 생태계에 해를 끼치는 매연이나 오폐수는 전혀 만들지 않는다. 오히려 우리가 숨 쉴 수 있도록 산소를 배출하고 버려지는 태양에너지를 저장 가능한 화학에너지인 포도당으로 바꾸는 숭고한 일을 말없이 수행한다. 최고의 프로그래머가 설계한 깔끔한 순환작동 시스템인 것이다. 우리는 이를 '자연'이라고 부른다.

스마트 의류가 되려면 적어도 이 행성이 돌아가는 질서와 알고리즘을 위반하지 않는 지속가능한 원단을 사용해야 한다. 착색을 위해 원단에 그토록 끔찍한 작업을 할 필요는 없다. 한번 염색된 옷은 다른 색이 될 수 없는 원

시적인 기술도 더는 존재하지 않게 될 것이다. 스마트 의류는 인체를 지키기에는 너무 연약한, 단백질 섬유로 만들어진 피부를 대신해 칼에 베여도, 자동차에서 뛰어내려도 상처 나지 않는 각종 방어 기능을 갖게 될 것이며 최종적으로 어떤 사고에도 죽지 않는 데스프루프death-proof를 실현하게 될 것이다.

더위나 추위를 막는 기능은 모든 의류에서 실현될 최저 사양이 되고 염료나 케미컬 없이 언제나 원하는 색상으로 바꿀 수 있는 선명한 컬러로 착색될 것이다. 우리가 움직이면서 만들어내는 마찰이나 생활운동 에너지는 버려지지 않고 그대로 저장되어 스마트 의류가 필요로 하는 기능의 에너지원으로 사용될 것이다. 지금까지 이야기한 기술은 이미 현존하고 있다. 스마트 의류는 그런 것들과 차원이 다른 상상을 초월하는 수준이 될 것이다. 스마트 의류소재는 IT의 발달과 함께 15년 이상 다양한

경로를 통해 개발되어 왔지만 지금까지 시장에서 의미 있는 반응을 이끌어낼 만한 소재는 출시되지 않았다.

누가 방아쇠를 당길까?

2013년 캘리포니아 마운틴뷰의 구글 본사 캠퍼스에서 새로운 사업 영역을 열정적으로 리서치하며 아이디어를 분석하던 5만 5,000명의 인재는 놀라운 사실을 발견했다. 천 년 동안이나 전인미답의 경지에 머물러 있는 좋은 비즈니스가 있었던 것

△ 구글의 프로젝트 자카드

이다. 최근 150년간 일어난 단 두 번의 사건을 제외하고는 그동안 아무도 개척하거나 손대지 않은 유망한 사업이 존재했다. 바로 패션 비즈니스였다. 새로운 사업 영역의 개척에 목말라 있던 애플도 이 사실을 인지하고 막대한 집단지성을 동원해 경쟁적으로 이 비즈니스에 뛰어들 것을 예고했다.

2015년 5월 29일 구글은 세상에서 가장 오래된 패션브랜드인 리바이스Levi's와 함께 스마트 의류와 스마트 소재의 역사를 시작하고자 했다. 구글과 리바이스는 프로젝트 자카드Project Jacquard를 통해 의류 제품을 단순한 옷의 개념이 아닌 플랫폼 또는 완성된 디바이스로 활용할 계획이라고 발표했다. 그들이 개발한 제품은 2016 F/W 시장에 공개되었다. 극히 초보 수준으로 시작했지만 업계는 어떤 제품이 나오든 그들이 만든 의류는 기존의 제품과는 완전히 다른 차원일 것이라고 예상했다. 이 사건으로 지금까지 군림한 전 세계의 막강한 의류브랜드는 자신이 감히 넘볼 수 없는 거대한 경쟁자를 만났다는 사실을 알게 되었을 것이다. 이 작

은 사건은 천 년 동안 잠들어
있던 패션산업이라는 거대한
사자의 잠을 깨운 방아쇠가 되
었다. 이로써 전 세계 브랜드가
그동안 미루었던 스마트 의류
와 소재 개발에 열광적으로 뛰
어들게 될 것이라 예상했다. 또

한 시장의 무관심에 묻혀 있었으나 그동안 개발된 스마트 의류와 소재
도 갑자기 조명을 받게 되었다. 지금까지 개발된 건강 관련 스마트 의류
와 소재는 주로 센서를 이용한 퍼스널 닥터personal doctor와 같은 기능을
한다. 초보적인 기술은 의류에, 고난도 기술은 소재 자체에 센서를 이식
한다. 2022년 마이크로소프트도 스마트 원단을 출시했다.

제1단계: 정보 수집

누구나 생각할 수 있는 초보 단계로서 의류에 삽입된 센서를 통해 정
보와 데이터를 축적하는 기술이 다양하게 개발되고 있다. 웨어러블wear-
able 디바이스의 끊임없는 혁명과 혁신 덕분에 우리의 건강 상태를 확인
하는 일은 티셔츠를 걸치는 것만큼 쉽고 간편해졌다. 현대의 기술은 디
바이스뿐만 아니라 패브릭 소재 자체에 웨어러블 기술을 탑재하는 단계
까지 와 있다. 클로딩플러스Clothing Plus, 노블바이오머티리얼즈Noble Bioma-
terials와 같은 기업이 웨어러블 신기술을 이끄는 선두주자다. 이들 덕분에
우리가 입는 셔츠가 퍼스널 닥터와 닮아가면서 옷에 삽입된 센서를 통해
건강을 실시간으로 체크하고 있다. 웨어러블 기술은 일련의 센서에 의존
하고 있다. 소재를 이루는 원사 또는 원단에 센서를 심어둠으로써 인체
에서 실시간으로 획득한 정보를 다른 디바이스, 예를 들면 스마트폰으로
전송하게 된다.

보다 진보한 웨어러블 기술 시장에서의 또 다른 선두주자는 바로 클로딩플러스 Clothing Plus이다. 텍스타일 textile과 웨어러블을 결합한 기술력을 보유한 이 기업은 핀란드에 기반을 두고 있다. 설립 후 17년 동안 언더웨어와 각종 액세서리에

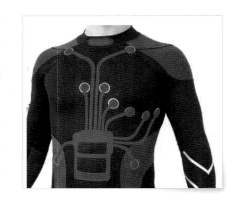

응용 가능한 센서를 개발하고 생산한 전 세계 최대 규모의 회사다. 서큐텍스 테크놀로지 Circuitex technology와 같은 신기술을 도입한 센서가 삽입된 의류 제품을 착용한 사용자는 당화혈색소 체크처럼 데일리 베이스로 일정 기간 자신의 건강 문제에 대한 관찰 데이터를 확보할 수 있게 된다. 사용자에게 요구되는 사항은 그저 속옷을 착용하거나 셔츠를 입고 일상생활을 하는 것이 전부다.

제2단계: 자가발전

현존하나 아직 실용 단계에 이르지 못한 기술이다. 의류가 웨어러블 디바이스가 되려면 지속적으로 공급되는 에너지가 필요하다. 만약 배터리를 떠올린다면 참혹한 수준이다. 인간은 어떤 환경에서도 계속 활동

🔵 신발을 이용한 압전기술

할 수 있는 항온동물이다. 우리가 움직일 때는 언제나 압력과 마찰이 동반된다. 압력을 전기로 바꾸는 압전 piezoelectricity기술은 이미 발달 단계이며 마찰을 전기로 바꾸는 기술은 아직은 초보 수준이지만 가능하다. 만

들어진 전기를 에너지가 필요한 부분으로 보내는 송전기술은 치렁치렁 늘어진 끔찍한 구리선이 아닌 송전 블루투스로 실현할 것이다. 에너지를 스스로 축적하고 축적된 에너지를 전기로 바꾸어 필요한 디바이스와 센서로 공급하기만 해도 투박한 배터리나 구리선이 없는 매력적인 패션의류가 나올 수 있다. 발열이 필요한 보온 기능이나 냉감 기능은 이로써 의류의 기본 구성이 될 것이다. 의류에 전기가 공급된다면 고도로 발전된, 그리고 지금도 빠르게 발전하고 있는 디스플레이 기술을 착색 용도로 도입할 수 있다. 수십만 컬러를 만들어내는 TV에 장착된 다이오드는 겨우 RGB Red, Green, Blue 세 종류뿐이다. LED 같은 발광소자는 눈에 보이지 않을 정도로 작아지고 가격도 저렴해질 것이다. 필름은 접히기도 하고 말리기도 하며 물에 들어갈 수도 있다. 원단을 만드는 기술은 누에처럼 중간 단계 없이 섬유를 바로 원단으로 바꾸는 효율적인 시스템이 된다. 섬유도 아닌 소재를 바로 원단으로 만드는 기술도 가능하다. 가까운 미래에 3D프린터가 그것을 가능하게 할 것이다. 3D프린터가 발전되면 디스플레이 기술 없이도 원단의 컬러를 텍스처드textured한 표면으로 구현할 수 있다. 이를 구조색이라고 한다. 아마존강에 서식하는 모르포나비도 이런 식으로 자신을 화려하게 치장한다.

제3단계: 데스프루프

중세 기사는 칼에 찔리거나 베이지 않도록 겉에는 쇠 갑옷을, 속에는 사슬 갑옷을 입었다. 사슬 갑옷은 소재가 무거운 철이라는 것만 빼면 사실 지금의 니트와 동일하다. 현존하는 기술만으로도 인간의 연약한 단백질 피부를 보강해 줄 수 있는 제2의 피부를 설계할 수 있다. 마찰에 강한 원단을 사용하면 된다. 예를 들면 케블라kevlar로 내의를 만들면 된다. 문제는 두껍고 핸드필hand feel이 하드hard하다는 것이다. 이 두 가지 문제만 해결하면 예기치 않은 사고를 당해도 찰과상이나 열창으로부터 피부를

보호할 수 있는 기능을 확보할
수 있다. 에너지가 공급되는 환
경이라면 자동차 에어백처럼 평
소에는 부드럽다가 충격을 받
았을 때 고강도로 변하는 소재
가 개발될 수도 있다. 또는 원단
을 이루는 섬유가 일시에 팝업
pop up되어 거품이 되면서 두꺼

워지는 것도 충분히 생각해 볼 수 있다. 모자가 충격을 받으면 헬멧이 되
는 기술도 이미 나와 있다. 아직은 흉측한 모습이지만 곧 우아하게 바뀔
것이다. 거리나 학교에서 갑작스러운 총격전이 벌어졌을 때, 입고 있던 옷
이 방탄소재가 되는 경우도 현재 기술로 충분히 상상 가능하다. 여기까
지가 우리가 예상할 수 있는 스마트 의류의 모습이다. 물론 기술이 동원
된 모든 소재는 반드시 지속가능성을 기본 전제로 하고 있어야 한다.

제4단계: 스마트 의류

이제부터는 기발한 상상력과 융합기술이 필요하다. 예를 들면 무중
력 같은 기능이 나올지도 모른다. 중력에서 해방되면 하늘을 날 수도 있
다. 연관 기술도 전혀 없는 상태이지만 상상은 가능하다. 솔방울처럼 옷

에 달린 수백만 개의 작은 창문
이 날씨에 따라 열리고 닫히는
기능도 상상 가능하다. 사실 생
활의 일부인 옷 한 벌이 수많은
첨단기술과 과학을 담고 있을
필요는 없다. 하지만 의류는 인
간이 언제 어디서든 동반하는

스마트폰처럼 생활에 밀착된 장비다. 적어도 앞에 '스마트'라는 단어가 붙으려면 그럴 만한 자격이 필요하며 우리는 그에 대한 이야기를 하고 있는 것이다. 20세기 초, 거리에 쌓인 말똥을 걱정하던 사람들은 불과 8년 뒤 자동차라는 기계가 7,000년간 인류의 운송 수단으로 쓰인 마차를 대체하는 날이 올 줄은 꿈에도 몰랐다. 진정한 스마트 의류는 그런 것이어야 한다. 우리가 상상하고 예측할 수 있다면 그것은 이미 스마트 의류가 아니다.

원단 품질이 조금씩 다른 이유

아날로그와 디지털

아날로그란 연속적으로 변화하는 물리량을 나타내는 신호나 정보를 뜻한다. 디지털은 임의의 값이 최솟값의 정수 배로 되어 있고 이 외의 중간값을 취하지 않는 신호를 의미한다. 단속적이고 숫자를 셀 수 있으며 0과 1 사이에 정수는 하나도 없다. 그러나 분수는 무한개다. 정수와 분수를 포함하는 유리수가 아날로그 개념이며 정수 외 0과 1 사이에 존재하는 무한개의 분수는 무시하는 개념이 디지털이다.

가까운 예로 시계가 있다. 시침과 분침이 돌아가며 시간을 표시하는 시계와 숫자로만 표시하는 시계가 있는데 전자가

⬤ 디지털 시계와 아날로그 시계

아날로그 시계, 후자가 디지털 시계다. 액정에 단 하나의 시간만을 나타내는 디지털 시계에 비해 아날로그 시계는 보는 사람에 따라 무한개의 시간을 나타낸다. 100m 달리기 경주 기록을 재는 전광판 시계가 디지털인 이유다. 다른 예로 LP판과 CD가 있다. LP판은 음파를 플라스틱 판 위에 새겨 소리를 재현한다. CD에 비해 훨씬 더 세밀한 음성까지 표현할 수 있지만 똑같이 복사할 수는 없다. 너무 복잡하기 때문이다. 따라서 같은 날 생산된 LP판도 소리가 조금씩 다르다. 반면 CD는 복잡한 음파를 단순하게 생략한 디지털 신호로 표현하므로 100% 똑같은 신호로 복사가 가능하며 이후 수천 번 복사해도 언제나 소리가 같다.

모두가 궁금해하는 문제

똑같은 밀도와 번수를 제원으로 설계된 생지에 동일한 처방으로 동일한 염료를 사용해 염색하는데도 원단의 색과 폭, 밀도는 조금씩 다르다. 반복 오더repeat order라도 매번 선적 때마다 다르고 심지어 같은 선적

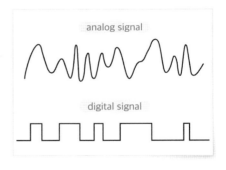

분에서도 염색탕에 따라 다르다. 더 자세히 보면 1y 안에서도 조금씩 다르다. 바이어buyer는 원래의 설계도와 조금씩 다르게 제조했기 때문이라고 생각하지만 그럴 리가 없다. 공장은 일관성 있게 설계도대로 작업하는 것이 가장 쉽고 생산성도 높다. 원단 품질이 조금씩 다른 이유는 염색된 원단이 매우 복잡한 물건, 즉 아날로그 타입이기 때문이다. 공장이 만든 제직·편직 설계나 컬러매칭을 위한 염색 처방은 단순하기 그지없는 디지털 정보다. 설계대로만 제조하면 언제나 똑같은 물건이 생산되어야

한다. 그러나 제조공정은 아날로그 타입이다. 따라서 동일한 신호나 정보를 입력해도 결과물은 언제나 조금씩 다르게 나온다.

원단이 생지인 상태에서는 실의 굵기와 밀도의 결과로 나타나는 물리적 차이로 변동이 크지 않지만 염색은 분자 단위로 움직이는 염료와 각종 케미컬의 화학공정이 개입하므로

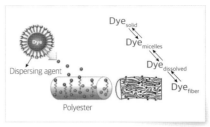

🔵 분자 단위로 진행되는 염색 과정

다양한 변수가 존재한다. 날씨 예보처럼 나비 효과가 발생해 눈에 보이지 않는 작은 차이가 나중에는 예측하기 어려운 큰 결과를 만들어내기도 한다. 온도나 pH 같은 변수는 분자를 수백 수천 배씩 다르게 움직이게 한다. 모든 물맛이 다르듯 염색 결과는 수질에 따라서도 다르게 나온다. 염색이 완료된 후에도 환경에 따라 변화가 나타나기도 한다. 세탁은 말할 것도 없고 보관 장소의 온도나 습도, pH 같은 유동적인 변수들이 원단의 컬러를 변하게 한다.

반면 종이 클립 같은 단순한 물건을 보면 언제나 품질이 같다. 설계도 공정도 모두 디지털이기 때문이다. 그러나 이런 공산품도 공정이 복잡해지면 품질이 달라진다. 전형적인 공산품인 기계 부품으로만 만든 자동차는 100% 설계대로 제조되지만 막상 출고되면 다양한 품질이 나타난다. 자동차 설계도는 디지털이지만 부품은 미세하게 조금씩 다르다. 주물이나 쇠를 깎는 제조공정이 아날로그 특성이기 때문이다. LP판처럼 쇠를 아무리 정밀하게 깎아도 오차는 언제나 존재한다. 부품 한 개는 각각의 작은 오차가 허용 범위 안에 있도록 제조된다. 하지만 그것이 10만 개 모여 일련의 반응을 일으키는 복잡한 개체를 형성하면 결과물에서 큰 차이가 생기게 된다. 미세한 오차가 모여 연쇄 반응을 일으키면 큰 오류를 만들기 때문이다. 동일한 공장에서 동일한 부품으로 같은 사람이 같은

날 조립한 자동차의 성능이나 고장 범위도 각각 다르게 나타난다. 따라서 변수를 잘 관리하고 통제해 변동폭을 줄이는 공장이 실력 있다고 말한다. 아날로그의 변동폭은 줄일 수는 있지만 결코 없앨 수는 없다.

✳️ 직물의 제원

직물 구성	코튼
직물 종류	우븐
직물 구조	트윌
중량(Fabric Weight)	168
경사밀도(EPI · Ends Per Inch)	130
위사밀도(PPI · Picks Per Inch)	70
경사번수(Warp Count)	30
위사번수(Weft Count)	30

사람들이 오해하는 이유는 자신이 보는 원단의 제원이 디지털 개념이기 때문이다. 그들은 설계도는 디지털이라도 공정이 아날로그이기 때문에 최종 결과물은 아날로그로 나타난다는 사실을 모른다. 세상에 똑같은 원단은 없다.

라벨 표기법
Generic name

의류를 구성하는 원부자재의 성분을 밝히는 라벨을 품표content label라고 한다. 당연한 말이지만 라벨에 들어가는 성분명은 엄격하게 통제되고 있다. 즉, 상표명common name 처럼 아무 성분 이름이나 라벨에 써넣지 못한다는 말이다. 미국 연방거래위원회FTC·Federal Trade Commission는 2013년 아마존닷컴, 레온맥스, 메이시스, 시어스에 레이온 제품을 대나무 섬유로 판매한 네 개 업체에 총 126만 달러의 벌금을 부과했다. 품표에는 반드시 공인된 성분명만 사용할 수 있으며 미국에서 규정하는 라벨 공인성분명을 FTC의 제네릭 텀generic term이라고 한다. 1998년부터 FTC는 유럽의 ISO와 통합해 서로 인정하는 제네릭 네임generic name을 다음과 같이 게시했다. Textile Fiber Products Identification Act, 2014 개정판.

제네릭 네임은 텍스타일과 울 두 가지로 규정되어 있다. FTC와 ISO가 공통으로 허용하는 성분 중에서 이름만 다른 것은 유럽과 미국시장에서 각각 적용이 가능하다. 예를 들면 비스코스 레이온viscose rayon은 FTC가, 비스코스viscose는 ISO가 규정한 이름으로 둘 다 호환해 사용 가능하다.

제네릭 네임

천연섬유

미국은 오로지 다음 여섯 가지 소재만 천연섬유로 분류한다. 우리나라는 네 가지 소재만 인정하며 그 외는 재생섬유를 포함해 모두 합성섬유다.

- Cotton
- Silk
- Wool
- Ramie
- Linen
- Hemp

합성섬유

흰 점으로 표시한 소재는 같은 종류의 하위 분류다. 예를 들어 트리아세테이트_{triacetate}는 아세테이트_{acetate}의 한 종류이나 별도의 제네릭 텀을 가진다. 대부분의 아세테이트는 디아세테이트_{diacetate}로 전혀 다른 물성을 지닌다. 즉, 'Acetate'로 표기되면 그 소재는 디아세테이트다. ISO 성분명은 이 리스트에 표시되지 않은 것도 인정된다.

● Acetate	○ Triacetate	● Acrylic
● Anidex	● Aramid	● Azlon
● Elastoester	● Fluoropolymer	● Glass
● Melamine	● Metallic	● Modacrylic
● Novoloid	● Nylon	● Nytril
● Olefin	○ Lastol	● PBI
● PLA	● Polyester	○ Elasterell-p
○ Triexta	● Rayon	○ Lyocell

- Rubber
- Spandex
- Vinyon
- Chlorofibre
- Elastodiene
- Fluorofibre
- Polyamide
- Polylactide
- Viscose

- Lastrile
- Sulfar
- Alginate
- Cupro
- Elastolefin
- Metal
- Polyethylene
- Polypropylene

- Saran
- Vinal
- Carbon
- Elastane
- Elastomultiester
- Modal
- Polyimide
- Vinylal

파이버 콘텐트

섬유 성분을 나타내는 함량fiber content은 각 소재 중량의 퍼센티지로 나타내고 단일 소재가 사용되었다면 '100%' 또는 'All'로 표기해야 한다. 5% 이상인 경우는 각각의 소재명을 반드시 표기해야 하며 5% 이하인 경우는 'Others'로 나타내면 된다. 성분은 반드시 섬유 형태여야 하며 섬유 형태를 띠지 않은 소재는 이 규정에 포함되지 않는다. 예컨대 글라스glass는 유리섬유glass fiber를 말하며 유리구슬glass beads은 해당되지 않는다. 단, 울 또는 리사이클 울은 5% 이하라도 소재명을 표기할 수 있고 스판덱스spandex처럼 기능을 위해 첨가된 섬유의 경우도 마찬가지다. 울은 리사이클에 반해 'New' 또는 'Virgin'이라는 표기를 할 수 있다.

> 예 100% Wool
> All Wool
> 100% Virgin Wool
> 96% Polyester 4% Spandex

기능성 섬유가 아닌 소재라도 그 자체로 다른 섬유의 강도를 보강하거나 기타 기능을 목적으로 추가된 것이라면 기능으로 인정해 5% 미만도 표기 가능하다.

> 예 96% Wool 4% Nylon

라이크라Lycra나 텐셀Tencel은 잘 알려진 유명한 소재이지만 제네릭 네임에 등록되지 못했으므로 라벨에 표기할 수 없다. 예를 들면 텐셀은 'Lyocell' 또는 'Tencel™ Lyocell'이라고 표기해야 한다.

라벨에 브랜드명을 쓸 수 있도록 완화되었지만 제조업체로 등록된 상표를 사용해야 하며 법적으로 입증할 수 있는 서류가 없으면 심각한 법적 제재를 받을 수 있다. 알다시피 미국에는 '징벌적 손해배상'이라는 무시무시한 법리 차원의 응징이 존재한다. 성분명을 결코 가벼이 사용할 수 없음을 명심해야 한다.

섬유 성분이 5% 이상인 경우

원단에 포함된 소재 중에서 총량이 5% 이상인 섬유 성분은 반드시 라벨에 기재해야 한다. 더 우세한 성분을 앞에 기재하면 된다. 즉, 다음 예와 같이 더 많은 퍼센티지를 먼저 기재하고 그보다 총량이 적은 성분은 뒤에 기재한다.

> 예 65% Cotton 35% Polyester

섬유 성분이 5% 미만인 경우

총량이 5% 미만인 경우는 'Other Fiber'라고 기재한다. 하지만 기능적으로 유의미한 섬유는 제네릭 네임을 표기할 수 있다. 1998년에 개정된 룰에 의하면 더는 라벨에 기능을 표기할 필요가 없다. 예컨대 92% 코튼cotton 4% 나일론nylon 4% 레이온rayon이라면 다음과 같이 표기한다.

> 🔵 92% Cotton 8% Other Fibers

파일 원단의 경우

벨벳처럼 파일pile과 그라운드ground, back의 성분이 다르다면 각각 별도로 표기할 수 있다.

> 🔵 100% Nylon Pile
> 100% Cotton Back(Back is 60% of Fabric and Pile 40%)

Bi-constituent 또는 Multi-constituent Fiber

마이크로파이버microfiber처럼 방사 시 두 가지 이상의 섬유가 한 가닥에 혼재되어 있는 경우 다음과 같이 표기할 수 있다. 경위사 중 일부만 사용된 경우라도 마찬가지다.

> 🔵 100% Bi-constituent Fiber(65% Nylon 35% Polyester)

Premium Cotton Fibers-Pima, Egyptian, Sea Island 등

프리미엄 코튼인 경우 다음과 같이 표기할 수 있다. 단, 소비자를 기만해서는 안 된다.

> 🔵 100% Pima Cotton

프리미엄 성분이 100%가 아닌 경우는 다음과 같이 표기할 수 있다.

> 예 100% Cotton(50% Pima)
> 50% Pima Cotton
> 50% Upland Cotton(Other Cotton)
> 100% Cotton Pima Blend

울 파이버 네임

울은 유래한 동물을 표기할 수 있으며 표기 가능한 모섬유 동물은 다음과 같다. 재생인 경우는 반드시 표기해야 한다.

> 예 Sheep, Lamb, Angora Goat, Cashmere, Camel, Alpaca, Llama, Vicuna, Mohair

> 예 50% Recycled Camel Hair 50% Wool
> 55% Alpaca 45% Camel Hair

단순히 'Wool'이라고 표기한 섬유에 행택 같은 다른 방법으로 'Fine Cashmere' 등을 별도 표기하는 것을 금지한다.

그 외 동물털 또는 퍼

위에서 언급한 동물 외의 동물털이나 퍼fur가 사용된 경우 중량 단위로 5% 이상이 되면 'Fur Fiber' 또는 'X Animal Hair'라고 표기할 수 있다. 캐시고라cashgora나 파코비큐나paco-vicuna 같은 잡종 교배한 동물 이름도 표기 가능하다. 만약 퍼에 가죽이 붙어 있으면 별도의 퍼 룰

fur rule 규정에 따른다. 앙고라 염소는 모헤어mohair를 만드는 동물이다. 따라서 우리가 앙고라로 알고 있는 토끼털은 그 외other hair 분류에 속하며 'Wool'이라고 쓸 수 없다.

> 예 60% Wool 30% Fur Fiber 10% Angora Rabbit Hair

파이버 트레이드마크

섬유의 상표명fiber trademark을 표기하고 싶으면 제네릭 네임 옆에 표기하되 반드시 같은 글씨체와 사이즈로 제작해야 한다. 한쪽은 대문자로 다른 한쪽은 소문자로 표기하는 것도 금지되어 있다.

> 예 80% Cotton 20% Lycra® Spandex

언노운 파이버

일부 혹은 전체의 성분이나 구성 비례를 알 수 없을 경우 'Unknown Fiber Content', 'Unknown Reclaimed Fibers', 'Unknown Fibers' 라고 표기할 수 있다.

> 예 45% Rayon 30% Acetate 25% Unknown Fiber Content
> 75% Recycled Wool 25% Unknown Reclaimed Fibers
> 60% Cotton 40% Unknown Fibers — Scraps

파이버 콘텐트의 톨러런스

파이버 콘텐트는 3%의 톨러런스tolerance가 적용된다. 만약 40% 면이라고 표기되었다면 실제 총량은 37~43%까지 허용한다. 만약 80% 폴리에스터라면 액추얼actual은 77~83%까지 허용한다. 소수점 이하는 근접한 정수로 표기한다. 한편 단일 소재인 제품의 경우는 톨러런스가 없다. 즉, 98% 실크 2% 폴리에스터라는 결과가 나왔다면 '100% Silk'라고 표기한 라벨은 위반mislabeling이다. 울 제품도 마찬가지 룰이 적용된다. 만약 헤더 이펙트heather effect를 내기 위해 면에 1%의 폴리에스터를 사용했다면 이 역시 100% 면이라고 할 수 없고 '99% Cotton 1% Others'라고 표기해야 한다.

코티드 패브릭

코티드 패브릭coated fabric은 코팅되었거나 이식된 원단 또는 필드filled된 원단과 라미네이트 필름laminated film을 포함한다. 예컨대 PU나 PA, 기타 레진resin을 의미하며 이들 성분은 섬유 형태가 아니므로 아무리 많아도 콘텐트content에 포함할 수 없다. 심지어 합성가죽fake leather처럼 80% PU 20% 폴리에스터라도 '100% Polyester'라고 해야 한다. 성분을 굳이 표기하고 싶으면 다음과 같이 표기할 수 있다.

> 📋 100% Polyester
> Polyurethane Coated

다음은 일반적으로 많이 사용되는 라벨로 허용되는 이름과 그렇지 않은 이름의 예시다.

☀ 제네릭 네임의 올바른 사용법

제네릭 네임	허용 가능한 이름 예시	허용되지 않는 이름 예시
Acrylic	Dralon® Acrylic	Dralon® Polyacrylic
Azlon	Azlon from Soybean	Soy
Cotton	Pima Cotton Egyptian Cotton Combed Cotton Supima® Cotton	Pima
Elastane	Elastane Spandex	
Elastoester	Rexe Elastoester	Rexe
Lyocell	Tencel® Lyocell	Tencel®
Nylon	Supplex® Nylon Tactel® Nylon Microfiber 100% Nylon Nylon 66	Supplex® Tactel® Microfiber
Polyester	PolarTec™ 100% Polyester Coolmax® 100% Polyester Microfiber 100% Polyester Micromattique™ Polyester Trevira Finesse Polyester Trevira Micronesse Polyester Elite® Polyester	PolarTec™ Coolmax® Microfiber Micromattique™ Finesse® Micronesse® Elite Polyacrylic
Rayon	Microfiber 100% Rayon Rayon from Bamboo	Microfiber Polynosic Bamboo
Silk	Tussah Silk China Silk	Tussah
Spandex	Lycra® Spandex Elastane	Lycra®
Wool	Worsted Wool Merino Wool Zephyr Wool	Worsted Merino Zephyr

참조: 이 표는 모든 제네릭 네임을 담고 있지 않다. 일반명은 라벨에 허용되지 않지만 마케팅 목적으로 행텍에 사용할 수는 있다.

패션 디자이너와 건축설계사

20만 년 전 원시인이 거주한 라스코동굴에는 놀라운 벽화가 있다. 아주 작고 희미하지만 분명 사람의 몸에 새의 얼굴을 한 그림이다. 반인반수는 실제로 존재하지 않으므로 이 그림은 인간의 상상력이 만들어낸 산물이다.

인간이 지구를 지배한 이유

지구에 생존하는 5천만 종의 생물 중에서 오로지 인간만이 문명을 건설한 이유가 무엇일까? 모든 생물은 동일한 생태계에서 동일한 조건으로 발생하고 진화했지만 인간이 지구를 지배할 수 있었던 이유는 '보이지 않는 것을 보는 힘'이 있었기 때문이다. 이 능력을 '상상력'이라고 부른다. 우리는 이를 당연하다 생각하지만 인간을 제외한 다른 동물에게는 상상하는 능력이 없다.

진화와 개선

인간이 아닌 동물의 주거환경을 보면 자연을 그대로 이용하거나 단순 노동으로 공간을 넓히고 자연에 있는 소재를 쌓아 만든 경우가 많다. 모양도 언제나 동일하다. 개선은 오로지 진화에 의해 이루어졌다. 진화

에 따른 개선은 최소한 수십만 년의 시간이 필요하다. 인간도 처음에는 다른 동물처럼 동굴에 살았다. 동굴은 직접 건설하지 않아도 비바람을 막아주는 좋은 환경이었지만 공간을 확대하거나 기능을 개선하기에는 한계가 있었다. 인간은 동굴을 벗어나 흙을 쌓아올려 주거지를 건설했다. 흙집은 동굴과 달리 다양한 모양을 만들 수 있었고 층을 쌓을 수도 있었다. 흙은 원시 건축계의 혁명을 일으킨 소재가 되었다. 그러나 흙은 강도가 약해 쉽게 부서졌다. 인간은 흙을 불에 구우면 단단해진다는 사실을 알고 일정한 형태로 빚은 흙을 구워 만든 벽돌을 발명했다. 눈부신 개선은 진화에 따른 것이 아닌 상상력과 창의력의 결과다.

상상력과 창의력

벽돌은 무려 10층 이상도 건축할 수 있는 견고한 신소재였다. 자연에서 발생한 신소재는 진화에 의해 생겨났다. 육지에 최초로 등장한 식물인 풀은 키가 클수록 햇볕을 많이 받아 생존에 유리하다. 유연하고 부드러운 몸을 가진 풀은 어느 정도 자라면 고개를 숙이기 때문에 높게 자라는 데에 한계가 있었다. 리그닌의 탄생은 풀만 있었던 식물계에 '나무'

라는 새로운 형태를 등장시켰다. 리그닌은 매우 견고한 수지로 집채만 한 나무가 100m까지 자랄 수 있는 강성을 부여한다. 풀이 흙이라면 나무는 벽돌에 해당한다. 돌연변이를 통한 진화의 힘으로 새로운 소재가 발명되려면 최소 수십만 년 이상 기다려야 하지만 인간은 상상력을 발휘해 수백 년이라는 초단기간에 벽돌이라는 신소재의 발명을 이루어냈다.

문명과 건축가

철의 발명과 이를 이용한 철골조는 100층이 넘는 건물을 세울 수 있도록 했다. 모래를 불에 구워 만든 유리의 발명은 건축물 내부로 빛은 들여오되 바람은 막을 수 있는 신기원을 이룩했다. 새로운 소재가 늘어갈수록 건축물은 크고 다양해지고 아름다워졌다. 새로운 소재의 발명은 상상력의 산물이다. 필요는 상상력을 키우고 상상력의 성장은 신소재의 발명으로 나타난다. 발명이 개선으로 이어지면서 인류는 초단기간에 급격한 문명을 이루었다. 즉, '상상력 + 소재 = 문명'이라는 공식이 성립된다. 건축가architect의 위업이다.

문명과 디자이너

많은 동물이 집을 짓는다. 하지만 인간을 제외한 어떤 동물도 옷을 만들어 입지는 않는다. 특히나 기능이 아닌 외모 증강을 위해 옷을 입는 동물은 없다. 동물이 스스로 외모를 가꾸기 위해 진화하려면 수백만 년이 걸릴 것이다. 오랜 시간에 걸쳐 진화한다고 하더라도 공작처럼 화려한 외모로 진화한 동물은 천적에게 쉽게 노출되어 생존을 위협받는 막대한 대가를 치러야 한다. 공작의 깃털은 인간의 옷처럼 필요에 따라 입고 벗을 수 없기 때문이다.

오직 인간만이 탈착 가능한 옷을 발명했다. 그것도 섬유를 꼬아 실을 만들고 실을 직조해 원단을 만든 다음 이를 염색하고 재단해 실로 꿰매는 고도의 복잡한 과정을 거쳐 의류를 제작했다. 이 모든 발전은 디자이너의 위대한 상상력에 의해 실현되었다.

초기 인류가 아프리카에서 발생한 이유는 자명하다. 털도 없는 동물이 옷도 집도 없는 환경에서 생존하려면 추위가 없어야 하기 때문이다. 하지만 인류는 단 20만 년 만에 아프리카를 떠나 전 세계로 주거지를 확장했다. 추위를 막는 집을 만들 수 있게 되었고 옷을 발명해 추운 곳에서도 활동할 수 있었기 때문이다. 오늘날 연평균기온이 영하 50도인 캄차카반도에도 사람이 산다.

상상력 + 지식 + 알고리즘

디자이너는 상상력과 창조력만 갖춘 사람이 아니다. 예술품은 상상력과 창조력으로 만들 수 있다. 그러나 그것이 실제로 인간생활에 쓰일 수 있는 물건이 되기 위해서는 더 높은 차원의 설계가 필요하다. 따라서 디자이너는 창조력과 그것을 실생활에 적용할 수 있는 데이터지식의 축적, 그리고 그것들이 맞물려 제대로 작동하는 알고리즘을 개발해야만 한다.

위대한 발명

에디 바우어 Eddie Bauer가 최초로 만들었다고 알려진 다운 재킷을 보자. 오리털을 넣은 이불처럼 단순해 보이지만 다운 재킷은 고도의 엔지니어링과 창조력을 동원해 만들어진 작품이다. 보온을 위해 원단에 솜을 채워 만든 이불은 확실히 뛰어난 발명이지만 다운 재킷에 비하면 훨씬 낮은 차원이다. 재킷은 이불처럼 무거워서는 안 된다. 이불은 이동이 불필요하고 비바람을 막아주는 집안에 있는 물건이지만 재킷은 착용하고 외부로 나가 활동하며 온갖 기후를 견뎌야 한다. 비를 맞아도 젖으면 안 되고 바람이 들이쳐도 안 된다.

추위를 막으려면 인체와 외부의 열 교환을 차단해 주는 단열재가 필요하다. 실제로 공기는 우수한 단열재이기 때문에 더 많은 공기는 더 우수한 단열을 의미한다. 재킷 내부에 공기를 잡아두기 위해서는 솜이 유력한 선택이다. 가볍고 부피가 크기 때문이다. 하지만 솜보다는 새의 깃털이 중량 대비 공기 함유량이 훨씬 많기 때문에 더 나은 선택이다. 다운 재킷의 설계가 까다로운 이유는 공기는 자유롭게 드나들되 깃털은 단 한 올도 외부로 누출되면 안 되기 때문이다. 고도의 공학이 필요한 부분이다. 그러면서도 기계 세탁이라는 혹독한 시련을 수십 차례나 견뎌야 한다. 솜이나 깃털이 한곳에 뭉치면 안 되므로 내부에 격벽도 필요하다. 그렇게 같은 무게의 모피보다 보온력이 두 배나 더 좋은 방한 의류가 탄생했다.

AI가 대체할 수 없는 직업

디자이너는 브랜드에 걸맞는 가격에 맞춰 소재를 선택하고 옷의 형태를 디자인한다. 기능성을 고려하면서도 연속되는 세탁이나 비바람 같은 외부환경에 손상되지 않도록 내구성을 갖추고 착용했을 때 불편하지 않도록 인체공학적으로 설계해야 한다. 땀을 잘 흡수해 쾌적하면서도 착용자가 아름답게 보이도록 제작해야 한다. 디자이너는 고도의 능력을 발휘해야 하는 건축설계사다.

　건축설계사는 예산에 맞는 자재를 선택하고 최소한의 동선이 가능하도록 건축물의 형태와 구조를 설계한다. 추위를 막되 공기가 잘 통하고 채광이 잘되며 내진설계로 붕괴를 막아 수십 년간 내구성을 갖출 수 있도록 한다. 또한 실내 습도가 조절되어 쾌적하면서도 건축주의 품위에 맞는 아름다운 집을 짓는다. 만드는 제품의 규모만 다를 뿐 패션 디자이너와 건축설계사는 똑같은 일을 한다. 패션 디자이너와 건축설계사는 AI가 대체할 수 없는 마지막 직업이 될 것이다.

폴리에스터와 나일론의 차이
폴리에스터 편

　폴리에스터PET와 나일론 중 어떤 것을 써야 할까? 소재기획자나 디자이너가 화섬소재의 양대 축을 놓고 고민하는 순간은 패션업계에서 흔한 장면이다. 문제는 명확한 근거를 토대로 의사결정을 내리는 경우는 드물다는 것이다. 이유는 기획자가 폴리에스터와 나일론의 차이를 정확히 모르기 때문이다. 매우 단순한 문제 같아 보이지만 최종 제품의 가치와 원가절감 그리고 판매에 미치는 영향은 막대하다. 기획자가 소재를 아는 정도가 때로는 브랜드의 운명을 결정한다. 겉으로 보기에 비슷해 보이는 폴리에스터와 나일론이 얼마나 다른지 알게 되면 깜짝 놀랄 것이다.

종류

　우리가 사용하는 폴리에스터는 대부분 PETPolyethylene Terephthalate이다. '폴리에틸렌테레프탈레이트'라는 긴 이름이다. 폴리에스터는 PET, PTT,

PBT 등 여러 종류가 있다. PTT는 메모리memory나 T400 같은 탄성소재로 사용되며 PBT도 탄성소재다. 듀폰DuPont의 PTT는 석유가 아닌 옥수수가 주원료다.

중량

폴리에스터의 비중은 1.39이고 나일론은 1.14로 둘은 비중에서만 무려 20% 차이가 난다. 같은 굵기의 원사로 된 원단에서 중량이 20%나 차이 난다는 뜻이다. 중량은 텐트나 가방 또는 최근 유행한 울트라라이트 재킷ultra-light jacket에서는 결코 무시할 수 없는 요소다.

가격

일반적으로 나일론이 폴리에스터보다 더 비싸다. 중저가 의류브랜드에서는 결코 가볍게 볼 수 없는 가격 차이다. 원사 제조비용이 30%나 더 비싸기 때문이다. 따라서 고가 의류에서는 의도적으로 나일론을 적용하는 경우가 많다.

마이크로파이버

나일론은 마이크로파이버microfiber로 된 소재가 거의 없다. 비록 마이크로파이버를 만들 때 나일론이 필요한 경우도 있지만 나일론 자체로는 마이크로파이버를 만들기 어렵다. 반면 폴리에스터는 다양한 마이크로파이버를 볼 수 있다. 저가 제품이거나 반대로 고가의 마이크로 스웨이드micro suede인 경우는 해도사 마이크로파이버가 사용된다. 가장 많이 사용되는 N/P 마이크로는 각각의 성분이 대개 15%와 85%로 구성된다.

핸드필

소재에 문외한인 사람이 만져봐도 확실히 나일론의 표면 감촉이 폴리에스터보다 더 우수하다. 나일론의 표면은 매끄럽고 드라이하다. 물론 폴리에스터에 다양한 복합사, 이형단면사, 텍스처드사가 존재하지만 일반적인 경우 나일론의 감촉이 더 좋게 느껴진다. 까다로운 디자이너라면 도저히 양보할 수 없는 부분이다. 나일론 ATY로 만든 타슬란Taslan은 면과 비슷하도록 제조된 텍스처드 나일론이지만 면과는 거리가 멀되 드라이하고 약간 까칠하면서도 독특한 감촉으로 나름 선호층을 형성하고 있다. 폴리에스터는 ITY나 DTY로 스펀지spongy한 느낌의 부드러운 감촉이 탁월하다.

형태 안정성

폴리에스터는 결정영역이 많고 견고해서 염색이 까다롭다. 염료를 내부에 침투시키기 위해서는 고온 고압의 영역에서 염색해야 한다. 그 결과 폴리에스터는 레질리언스resilience가 좋다는 특성이 나타난다. 즉, 구김에 강해서 복원력이 좋다. 반대로 이런 특성 때문에 폴리에스터는 구김 가공을 하기가 쉽지 않다. 최근에 감량물을 중심으로 볼 수 있게 되었지만 시중에서 볼 수 있는 구김 가공된 화섬은 대부분 나일론이라고 보면 된다. 나일론은 구김 가공이 쉽고 폴리에스터는 어렵다. 나일론의 구김 가공은 별도 비용이 들지 않지만 폴리에스터는 추가로 가공비가 들어간다.

다양한 텍스처

화섬은 섬유 표면이 매끄럽고 장섬유로 만들어지기 때문에 특유의 광택과 감촉이 있다. 이런 성질은 실크와 비슷하지만 면이나 모 같은 단섬유로 된 천연섬유와는 다르게 느껴진다. 따라서 화섬을 면이나 모와 비숫하게 만들려면 단섬유로 설계하는 것이 가장 좋지만 화섬의 단섬유는 아크릴을 빼고는 거의 생산하지 않는다. 수요가 제한된 탓도 있고 필링 pilling보풀 같은 치명적인 문제 때문일 수도 있다. 한편 필라멘트를 가공해 천연섬유와 비슷하게 만들려는 시도는 다양하게 이루어지고 있다. 모발을 파마하는 것처럼 직모 형태를 곱슬하게 만들어 자연스러운 느낌을 주는 가공이다. 폴리에스터에는 매우 다양한 텍스처 얀texture yarn 가공이 있지만 나일론은 ATY가 유일하다. 그것도 대부분이 165d이다. 최근에는 나일론도 다양한 굵기의 세번수 ATY와 DTY가 판매되고 있으며 독특한 감촉으로 인기를 얻고 있다. ATY가 사용된 원단이 다소 두꺼운 데 비해 나일론 DTY는 경량 원단이 많다.

드레이프성

폴리에스터 감량물은 믿을 수 없을 정도로 드레이프성drape이 탁월하다. 우리나라의 섬유산업이 초기에 폭발적인 성장을 한 배경에는 세계적으로 유명한 80년대 대구의 놀라운 폴리에스터 감량물 품질이 있다. 폴리에스터는 감량 가공을 통해 블라우스나 드레스 같은 의류에 걸맞는 최적의 소재가 될 수 있다. 중량이 나가는 원단은 정장suiting 소재로도 손색이 없다. 전통적인 울 정장보다 더 다양한 감촉과 드레이프성으로 독특한 감성을 창조할 수 있다. 나일론으로는 도저히 넘볼 수 없는 영역이다.

이형단면

최초 화섬의 단면은 원형이다. 화섬은 고분자 반죽이 가느다란 노즐을 빠져나와 만들어지므로 가능한 한 표면적이 작은 구조가 마찰이 적어 생산성이 좋다. 원형 단면은 표면적이 최소화된 형태다. 하지만 기능성이 점점 더 중요해지고 있는 최근 시장은 더 큰 표면적을 가진 섬유를 요구하고 있다. 표면적이 커질 때 기능상 장점도 많아지기 때문이다. 예컨대 듀폰의 쿨맥스Coolmax는 폴리에스터 표면적을 가능한 한 크게 한 구조다. 땅콩 두 개를 이어 붙인 것 같은 모양의 6채널 쿨맥스는 모세관력이 소수성을 극복해 흡수력을 증강하고 넓은 표면적을 통해 빠르게 증발한다. 즉, 영구적인 흡한속건 기능이 가능하다. 소수성은 분자 단위의 화학적 힘이며 모세관력은 물체의 형태와 구조에 작용하는 물리적 힘이다. 나일론은 삼각 단면인 트라이로발Trilobal처럼 광택을 위한 단순한 형태의 이형단면사가 대부분이다.

복합사

폴리에스터는 다른 성분과의 조합으로 방사가 가능하다. 머리는 사람이고 몸은 말인 키메라chimera 같은 구조가 가능하다는 뜻이다. 대표적인 예가 마이크로파이버다. 마이크로파이버는 폴리에스터 내부에 30% 정도의 나일론을 뼈대로 사용한다. 그 외에도 다양한 복합사conjugate yarn가 있다.

방적사

지금은 드물지만 폴리에스터 필라멘트를 잘라 단섬유로 만든 방적사 spun yarn 원단이 80년대에 크게 유행한 적이 있다. 폴리에스터 40수로 만든 이 원단은 마치 바이오 가공한 면직물처럼 매우 독특하고 고급스럽다. 감량까지 하면 믿을 수 없을 정도로 아름다운 원단이 된다. 마치 실크와 고급 면을 합친 것 같은 독특한 감성을 가진다. 제일합섬이 80년대에 대량으로 판매한 원단이다. 이 원단은 필링에 취약하다. 같은 두께의 면직물은 필링이 발생해도 저절로 없어지지만 화섬은 필링이 한번 발생하면 절대로 없어지지 않는다. 따라서 마찰 내구성 면에서 큰 결함이 있다. 함기율이 높아 벌키bulky한 니트에서는 더욱 문제가 된다. 현재 대부분의 단섬유 폴리에스터 솜은 면과의 혼방에 사용된다. 반면 나일론은 방적사가 존재하지 않다가 최근에 출시되었지만 특별한 장점이 없고 가격이 비싸서 수요를 거의 형성하지 못하고 있다. 우리가 시장에서 볼 수 없다는 것이 증거다.

미케니컬 스트레치

강철 스프링처럼 탄성이 전혀 없는 소재의 구조를 변형해 신축성이 나타나도록 한 것이 미케니컬 스트레치mechanical stretch이다. 폴리에스터는 DTY사로 된 직물을 강하게 축소시키거나 고수축사를 사용해 미케니컬 스트레치 원단을 만든 것이 많다. 스판덱스에 비해 탄성은 떨어지지만 가격이 저렴하고 열에 강하며 세탁견뢰도 문제가 없다는 장점이 있다. 스판덱스는 염색되지 않기 때문에 함량이 많거나 색이 진할수록 견뢰도 문제를 일으킬 가능성이 높다. 스판덱스가 들어간 원단보다 리사이클이 쉽다는 장점이 있어 추후 유망하다.

프린트

폴리에스터는 다양한 방법으로 프린트할 수 있다. 롤러, 스크린, 로터리 등의 색호풀을 섞은 염료를 사용한 웨트 프린트wet print는 물론 폴리에스터에만 적용할 수 있는 전사 프린트가 가능하다는 장점이 있다. 승화 전사 프린트는 물을 사용하지 않기 때문에 모세관 현상이 없어 번짐이 제거되므로 높은 해상도를 구현할 수 있다. 표면에 피치peach 가공된 원단은 웨트 프린트로 찍으면 모세관 현상이 더욱 심하게 나타난다. 이런 난감한 상황을 해결할 수 있는 방법이 물을 사용하지 않는 전사 프린트다. 나일론은 프린트가 쉽지 않다.

메모리

PTT Polytrimethylene Terephthalate는 탄성섬유나 메모리 memory 기능 양쪽으로 사용 가능하다. 메모리 기능은 비탄성 물질처럼 한번 구김이 생기면 만지기 전에는 원상회복되지 않고 형태를 그대로 유지하는 성질이다. 면 소재만을 수십 년 사용한 보수적인 영국의 버버리 Burberry도 트렌치코트 소재로 사용할 만큼 메모리는 지속적인 인기를 누리고 있다. 다만 PTT 가격이 상당하므로 경위사 한쪽만 사용하거나 꼬임과 열을 이용해 일반 폴리에스터로 외관만 흉내 낸 페이크 메모리 fake memory도 많다.

컬러

폴리에스터는 밝은 톤의 산성염료를 쓸 수 있는 나일론에 비해 아름답지 못하다. 폴리에스터를 염색하는 분산염료의 채도가 낮고 흡광계수가 낮은 특성이 있기 때문이다. 도저히 극복할 수 없는 폴리에스터의 단점이다. 폴리에스터는 심색을 구현하기 어렵다는 단점도 있다. 다만 감량 가공해 표면적을 크게 하면 어느 정도 심색이 가능하다.

중공사

중량을 가볍게 하거나 북극곰의 털처럼 보온 성능을 확보하고 표면적을 극대화하는 목적으로 섬유 내부 중심을 비우는 중공사 hollow yarn가 가능하다. 3M의 써모라이트 Thermolite가 유명하다. 가볍고 단열 성능이 있으며 표면적이 매우 높다는 특성이 있다.

혼방과 교직

폴리에스터는 단섬유로 만들어 혼방하기 좋다. T/C 혼방은 면의 강력을 개선하기 위한 목적으로, T/R 혼방은 핸드필과 외관이 양복 소재인 소모worsted와 거의 비슷한 푸어 맨스 울poor man's wool을 만들기 위한 목적으로 적합하다. 코트 소재인 방모는 아크릴이나 나일론 등과 혼방하는 데 비해 소모의 혼방 제품은 모두 울/폴리에스터다. 저가의 교직은 대개 나일론보다는 폴리에스터 기반이다.

모노 얀

낚싯줄처럼 단 한 가닥의 필라멘트로 구성된 실을 모노사mono yarn라고 한다. 사람의 모발도 일종의 모노사이며 모노사로 만든 원단을 오간자organza라고 한다. 나일론에도 오간자가 있는데 원래 실크에서 나온 이름이다. 주로 20d가 많이 쓰이는데 10d 나일론 오간자는 핸드필이 매끄러워 매우 독특한 질감을 나타낸다. 모노사는 광택luster이 나고 직모처럼 잘 구부러지지 않는 성질이 있다. 따라서 얇은 원단에 사용하면 자동차의 쇼크업소버처럼 작용해 탱탱한 질감을 만들 수 있다. 한편, 모노사가 피부를 찌른다는 이유로 기피하는 브랜드도 있다.

돕 다이드

폴리에스터는 실로 방사하기 전에 죽 같은 상태에서 착색이 가능하다. 이를 원착사dope dyed라고 하는데 이름과 달리 염색이 아닌 착색이다. 주로 탄소carbon를 사용해 검은색이며 영구적인 세탁·일광견뢰도를 나타낸다. 원착사를 사용한 검은색은 높은 심도를 구현하기 어렵다. 하지만 염색할 필요가 없으므로 지속가능sustainable하다.

카티오닉 다이드

염색하기 까다로워 고온 고압으로 염색해야 하는 분산염료와 별도로 양이온염료로 폴리에스터를 염색하면 저온에서도 염색이 가능하다. 다만 이 염료로 염색 가능한 폴리에스터로 개질해야 하는데 이렇게 개질된 폴리에스터를 CDP_{Cationic Dyeable Polyester}라고 한다. CDP와 일반 폴리에스터를 섞어서 제직·편직하면 피스 다잉_{piece dyeing}으로 패턴 등이 나타나는 선염 효과를 볼 수 있다.

마이그레이션 문제

폴리에스터는 자연 상태에도 염료가 흘러나와 주위 원단을 오염시키는 성질이 있다. 특히 고온 가공 후에 주의가 요구된다. 뒷면에 필름을 바른 라미네이팅_{laminating} 원단은 흰색일 경우 마이그레이션_{migration}으로 인한 번짐_{blurring}이 나타나기 쉽다. 이 문제가 걱정되면 나일론을 사용해야 한다. 코팅을 하는 경우도 고온에 노출되므로 문제가 생길 수 있다. 휘발성 용매와의 접촉도 마이그레이션을 가속시킨다. 연색과 진색으로 구성된 코디네이트 재킷_{coordinate jacket}은 반드시 사전에 브로킹 테스트_{blocking test}를 해야 한다. 분산염료는 나일론도 염착되므로 나일론과 폴리에스터를 섞어서 재킷을 만들어도 이염 문제를 피할 수 없다. 피이염물인 나일론 쪽이 폴리에스터보다 더 진한 컬러로 설계되면 문제를 막을 수 있다.

흡습성

합섬은 모두 물을 밀어내는 소수성이지만 소재마다 흡습률이 크게 다르다. 폴리에스터는 흡습성이 거의 없는 0.2~0.4% 정도다. 나일론은 합섬 치고 흡습률이 꽤 높다. 면의 절반 정도인 4%에 달한다. 흡습률은 고유의 핸드필에도 영향을 미치는데 물이 포함된 상태와 건조된 상태의 표면 핸드필은 차이가 있다.

승화성

폴리에스터를 염색하는 분산염료는 고체가 액체를 거치지 않고 바로 기체로 상전이하는 승화성 sublimation이 있다. 이 때문에 폴리에스터 재질의 포장지에 옷 색깔이 번지는 경우가 발생한다. 따라서 최종 제품이 컨테이너에 실려 적도를 지나는 경우 승화견뢰도를 확인하는 컨테이너 테스트일본의 경우 정글 테스트가 필요하다. 포장지를 아예 종이로 바꾸는 것도 방편이다. 나일론은 그런 문제가 전혀 없다.

실제 굵기

폴리에스터의 기본 사용 번수, 즉 가장 많이 사용되는 굵기는 75d이다. 그에 비해 나일론은 70d이다. 앞서 이야기한 것처럼 폴리에스터는 나일론보다 비중이 20%나 더 나간다. 따라서 같은 번수에서 폴리에스터가 나일론보다 20%나 더 가늘기 때문에 나일론 70d는 폴리에스터 75d보다 오히려 더 굵다. 우리가 사용하는 실의 굵기를 나타내는 번수는 단순히 길이 대 중량 혹은 중량 대 길이로 환산한 모델이다. 절대적인 실제 굵기를 나타낸 것이 아니라 상대적인 굵기 비교 정도다. 이 모델에는 비중이라는 요소가 빠져 있다. 따라서 비중을 감안하면 실제 굵기와 번수는 차이가 날 수밖에 없다. 비중은 소재에 따라 크게는 30% 넘게 차이 나기도 한다.

범용성

폴리에스터는 나일론보다 범용성 versatility이 크다. 블라우스, 드레스, 정장, 아우터웨어는 물론 액티브웨어 active wear, 아웃도어 outdoor 심지어는 아르마니 Armani가 최초로 사용한 남성용 수트까지 속옷을 포함한 거의 모든 의류에 적용 가능하다. 하지만 나일론은 의외로 의류 제품에 많이 사용되지 않는다. 아우터웨어나 액티브웨어 쪽으로 한정되어 있다. 나일론의 최대 수요는 로프나 천막 같은 산업자재다.

UV

폴리에스터는 울과 함께 자외선에 강한 편이다. 반면 나일론은 상당히 약하다. 자외선에 가장 강한 소재는 옥수수로 만든 소재인 PLA이다.

필링 문제

방적사인 경우 니트는 물론 우븐woven이라도 심각한 필링 문제가 있다. 폴리에스터 방적사 원단을 사용하기 전에 반드시 필링 문제를 감안해야 한다.

강연사

화섬은 원래 실의 형태를 유지하기 위한 섬유 간 꼬임이 필요 없으나 까칠한 느낌을 위해 강하게 꼬임을 주어 강연사를 만들기도 한다. 폴리에스터는 강연으로 까슬하고 표면에 크레이프crepe가 있는 조제트geor-gette 원단을 만들 수 있다. 크레이프 원단은 피부와의 점 접촉으로 인해 청량감을 주므로 봄여름에 많이 사용된다.

리사이클

폴리에스터의 가장 큰 수요는 의류가 아닌 일회용 PET병이다. PET병은 소독해 재사용할 수 없으므로 어마어마한 수요를 형성한다. PET병을 수거해 섬유로 재사용할 수 있다. 나일론은 착색되거나 최종 제품에 불순물이 많아서 상대적으로 리사이클recycle하기 힘들고 비용도 세 배 이상 더 나간다.

폴리에스터와 나일론의 차이
나일론 편

핸드필

나일론은 표면감이 매끄럽고 부드러워 여성 속옷에 많이 사용된다. 화섬소재로서 가장 탁월한 감성이다. 빳빳한 페이퍼 터치paper touch를 만들기에도 적합하다. 하지만 밀도가 높거나 수지 처리로 하드하게 만들면 바스락거리는 소음이 나므로 호불호가 있다. 스판덱스가 들어가 스트레치 원단이 되면 폴리에스터와 비교되지 않을 정도로 촉감이 좋다. 대표적인 텍스처드 나일론textured nylon인 타슬란은 드라이하고 독특한 핸드필로 넓은 수요층을 형성하고 있다. 반면 실크 같은 감성은 만들기 어렵다. 드레이프성은 거의 없다.

강도

대체로 폴리에스터보다 두 배 이상 더 질긴 강성strength을 나타낸다. 따라서 비슷한 스펙의 원단에서 경량으로 만들기 적합하다. 마모강도가 좋아서 가방으로도 많이 쓰인다. 코듀라Cordura와 볼리스틱Ballistic은 아예 가방 용도로 만들어진 나일론 원단이다. 실제로 나일론의 최대 수요는 의류가 아닌 텐트, 로프, 어망 같은 산업자재다.

낮은 비중

나일론의 비중은 1.14로 폴리에스터보다 20% 정도 더 가볍다. 텐트나 가방처럼 중량을 까다롭게 따지는 용도에 적합하다. 특히 패딩 재킷은 조그맣게 접히는 패커블 다운packable down이라는 제품이 나오면서 새로운 트렌드를 형성했다. 가장 가성비 높은 경량 다운 재킷은 나일론 20d 직물이다. 가격이 저렴해 중국에서 1불 초반에도 구입할 수 있다. 15d부터는 급격하게 비싸진다.

신축성

나일론은 신축성이 탁월하다. PLA를 제외한 모든 섬유 중에서 신축 회복력이 가장 좋다. 폴리에스터도 신축 회복력이 좋은 편인데 그보다도 30% 가까이 더 좋다. 신축성이 가장 나쁜 섬유는 레이온이다.

쉬운 염색

나일론은 주로 산성염료로 염색하지만 다른 염료에도 대부분 친화성이 있다. 따라서 세탁하면서 빠져나오는 다른 소재의 염료에 쉽게 이염된다. 특히 폴리에스터의 이염 테스트staining에서 나일론이 항상 문제가 된다. 이런 특성을 거꾸로 이용해 나일론이 15% 정도만 들어간 N/P 원단을 염색할 때 나일론 쪽은 별도로 염색하지 않아도 저절로 이염되어 전체 톤을 크게 떨어뜨리지 않는다. N/P/C 같은 세 가지 소재가 복합된 트리블렌드triblend 원단을 염색할 때도 굳이 3스텝으로 염색하지 않아도 된다.

어려운 프린트

나일론 프린트는 컬러가 예쁘지만 국내 기술로는 거의 불가능하다. 불가능하다는 의미는 Gap 같은 메이저 바이어의 표준에 미치지 못한다는 뜻이다. 나일론은 비결정영역이 매우 적다. 즉, 염료가 들어와 염착될 수 있는 공간이 부족하다. 울의 10~20% 정도밖에 되지 않는다. 염색할 때는 큰 문제가 되지 않지만 프린트할 때 풀을 섞어 색호로 만들면 문제가 드러난다. 원하는 컬러로 맞추기 어렵고 재현성도 떨어진다. 따라서 대량 생산 체제에서는 받아들이기 어렵다. 더구나 온도와 pH에 극도로 민감해 균염이 쉽지 않다. 염료를 고착시키는 증열 시간이 길어지므로 가격도 비싸다. 또 번짐이 잘 생겨 샤프sharp한 해상도를 구현하기 어렵다.

비싼 가격

나일론은 폴리에스터보다 비싸다. N66는 N6보다 더 비싸다. 원료 자체의 생산비용이 높기 때문이다. 그 때문에 대량 저가 시장을 담당하는 소재기획자가 가격 저항에 부딪혀 할 수 없이 폴리에스터를 선택하는 경우가 많다.

5데니어 나일론 직물

나일론은 가볍고 상대적으로 질기기 때문에 최근의 경량화 추세에 맞추기 쉽다. 초경량 다운 재킷을 만들기 위해 점점 더 가는 원사로 내려가다 보면 필연적으로 인열강도tearing strength 문제에 부딪힌다. 따라

▲ 패커블 다운 재킷

서 초경량 원단은 중간에 약간 굵은 원사를 투입해 립스톱rip stop으로 제직하는 경우가 많다. 그러나 립스톱은 스포츠나 액티브 등의 이미지 때문에 캐주얼에 적용하는 것을 싫어하는 디자이너가 많다. 재킷이 허용할 수 있는 인열강도 최소치가 1.5파운드라면 나일론 5d로 만든 재킷도 실현 가능하다. 폴리에스터로는 어림없는 수준이다.

ATY

ATYAero Textured Yarn는 나일론에만 있는 원사다. 자세히 보면 루프Loop가 형성되어 있는 것이 특징이다. 주로 위사에만

▲ 나일론 ATY 원사

들어가는데 이렇게 제직된 원단을 타슬란이라고 한다. 타슬란은 위사에 ATY 165d가 사용되어 위사 쪽으로 두둑하게 파일faille처럼 제직된 직물이다. N66가 들어가면 탁텔Tactel이나 서플렉스Supplex 같은 상위 브랜드가 된다. 모두 듀폰의 브랜드다. 원래 면 같은 천연섬유 효과를 내려는 의도로 시작했다. 물론 면처럼 보이지는 않지만 감촉이나 외관에서 독특한 개성이 나타난다. N66는 대개 무광택인 풀덜full dull 원사를 사용해 N6와 차

별화하고 있다. 최근 폴리에스터도 ATY가 시장에 나왔다는 정보가 있지만 별 반응은 없는 듯하다.

낮은 융점

나일론의 유리전이온도는 섭씨 90도로 125도인 폴리에스터보다 30% 이상 낮고 녹는점 역시 215도로 255도인 폴리에스터보다 낮다. 따라서 120도 이상 고온이 동반된 가공에 제한이 걸린다. 고온에 노출되면 경화될 염려도 있다. 쉽게 물러서 씨레cire 같은 가공을 적용할 때는 오히려 장점이 될 때도 있다. 낮은 융점은 N6만의 문제다. N66는 폴리에스터와 비슷한 온도에 녹는다.

N6와 N66

캐러더스가 만든 최초의 나일론은 N66였다. 중합에 필요한 두 원료인 헥사메틸렌디아민과 아디프산의 탄소 수가 각각 여섯 개였기 때문이다. 이후 독일에서 카프로락탐 단일 원료의 중합으로 제조한 것이 N6이다. 이로써 카프로락탐의 탄소 수가 여섯 개라는 사실을 짐작할 수 있다. 우리나라에서 제조되는 코오롱과 효성의 나일론은 N6이고 대만 제조는 대부분 N66이다.

N6와 N66는 외관상 차이가 없다고 생각하지만 N66는 대부분 풀덜로 생산되어 나일론 특유의 번질거리는 광택이 없어 고급스럽게 보인다.

뛰어난 발색성

산성염료는 발색이 매우 좋아 채도가 높다. 따라서 비비드vivid하고 아름답다. 폴리에스터와 비교가 되지 않을 정도다.

폴리아미드

나일론은 듀폰의 브랜드 이름이다. 정식 명칭은 폴리아미드polyamide인데 이 역시도 FTC 제네릭 네임으로 등록되어 있어 라벨에 공식적으로 사용 가능하다. 라벨에 폴리아미드라고 되어 있으면 대부분의 소비자들은 처음 보는 신소재라고 생각한다.

구김

나일론은 저절로 수축되는 성질이 있어서 구김 가공을 하기 쉽다. 폴리에스터를 염색하는 래피드rapid에서 염색하면 크링클crinkle된 염색물을 얻을 수 있다. 크링클 이펙트되어 있는 화섬은 대부분 나일론이라고 보면 된다. 폴리에스터는 상대적으로 구김 가공을 하기 어렵다.

면과 교직한 나일론

교직의 시초는 나일론을 면과 교직한 제품이다. 면 100%나 나일론 100%보다 더 높은 부가가치를 창조해 중국이 섬유산업에 진출한 이후

붕괴되어 가는 우리나라 섬유산업의 명맥을 그나마 유지시켜 주었다. N/C 교직은 면의 단점을 보완해 강력이 증강되면서도 화섬의 광택이 살아나 고급스럽다.

면보다 빨리 마르면서도 흡습은 화섬보다 좋다. 혼방과 달리 교직은 제직이나 염색 가공에서 문제가 많아 후발주자들이 빨리 추격하기 어려워 강력한 경쟁력을 갖게 되었다. 중국은 지금도 교직을 잘하지 못한다. 가격도 한국산과 비슷하다.

레질리언스

나일론은 화섬인데도 면의 절반 정도로 흡습성이 높고 레질리언스 resilience 도 좋지 않아 구김이 잘 생긴다. 나일론을 정장 소재로 적용하는 일은 거의 없으므로 크게 문제되지 않는다. 크러시 crush 가공으로 구김 효과를 극대화한 나일론 원단이 오히려 크게 유행하고 있다.

결점 없는 원단은 없다

봉제회사 K무역에서 일하는 김 과장은 공장에서 원단 5만y를 받았다. 그런데 커팅 작업에서 다수의 결점이 나와 사용 불가능한 원단이 발생했다. 공장에서 발행한 원단 외관검사 4포인트 시스템 결과를 확인해 보니 전체 평균 디펙트 defect 가 15점이었다. 15점이라는 결함을 인정하는 보고서이므로 김 과장은 즉시 디펙트 원단에 해당하는 손실액을 청구했다. 그러나 원단공장의 대답은 부정적이었다. 공장 측 주장은 4포인트 시스템의 패스 조건이 20점인데 15점이라는 결과가 나왔으므로 손실액을 물어줄 이유가 없다는 것이었다. 김 과장은 그 점은 잘 알겠으나 원단 5만y를 발주했는데 15점이라는 원단 디펙트로 인해 사용할 수 없는 원단이 생겨 필요한 5만y를 현장에 투입할 수 없게 되었으므로 부족한 원단을 추가로 공급해 주지 않으면 봉제 오더가 쇼티지 shortage 나게 되며 그로 인한 책임은 원단공장에 있다고 주장했다.

어느 쪽 주장이 옳다고 생각하는가? 원단공장은 합격 규정을 충족하는 원단을 선적했으므로 문제가 없다고 주장했고 봉제공장은 합격 규정을 충족했어도 원단에 결점이 있는 것은 사실이며 실제 사용 가능한 수량이 줄어들어 부족해진 원단은 어떻게 채워야 하느냐고 항변했다.

섬유 → 실 → 제직 → 염색이라는 다단계 공정을 거쳐 만들어지는 원단은 전형적인 아날로그 성격을 띤다. 즉, 한날한시에 동일한 원료와 설계도를 기반으로 만들어진 원단이라도

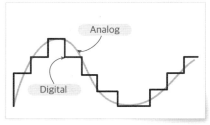

⬥ 아날로그와 디지털

똑같은 것은 하나도 없다. 천연섬유는 물론이고 기계에 찍혀 나오듯이 노즐을 통해 방사되는 합섬 원단조차도 섬유 하나하나가 조금씩 다르다. 제직이나 염색 과정도 동일한 처방과 설계도로 진행되지만 큰 편차를 만들어낸다. 따라서 결점 없는 완벽한 원단은 존재하지 않는다.

모든 원단에는 결점이 있다. 눈에 잘 보이는 것과 보이지 않는 것의 차이일 뿐이다. 물론 사용하는 원료와 공장의 품질관리 수준에 따라 원단의 결점 정도와 가격이 달라진다. 하물며 같은 공장에서 생산된 원단도 품질에 차이가 있으며 공장에서 정한 품질 규격에 따라 정품이 되거나 불량으로 판정되어 버려진다.

원단을 공급하는 측과 구매하려는 측은 아날로그 특성인 원단을 잘 이해하고 계약할 때 결점을 어느 정도 수준으로 수용할 것인지 상호 합의해야 한다. 생산 지역에 따라 천차만별인 원단의 품질을 엄혹한 상업거래에서 쌍방이 동의하는 수준의 객관적인 데이터로 판정하려면 국제적으로 인정하는 표준인 4포인트 시스템을 적용하면 된다.

4포인트 시스템은 원단의 외관 결점을 4단계 사이즈로 확인해 각 1, 2, 3, 4점으로 표기하고 원단 100syd제곱야드 내에 점수별로 몇 개의 결점이 어느 지점에 있는지 보여주는 데이터다. 물론 '눈에 보이는 결점'은 검사자에 따라 어느 정도 주관적이므로 완벽한 객관적 데이터라고 하기

는 어려우나 BV나 인터텍|Intertek 같은 공인된 검사기관의 리포트는 국제적으로 인정된다.

4포인트 시스템으로 대략 전체 평균 10점 미만에서 최대 30점 정도가 상업 거래를 할 수 있는 품질의 원단이 된다. 의류를 제조하는 봉제공장은 납품할 브랜드의 레벨이나 단가에

※ 4포인트 시스템

결함의 크기(인치)	페널티
0-3	1
3-6	2
6-9	3
9 이상	4

맞춰 필요한 품질 수준의 원단을 구매하면 된다. 그에 따라 허용 가능한 합격 점수를 정한 다음 공장에 통보하면 공장은 점수에 따라 단가를 매기게 된다. 예컨대 합격 점수를 5점으로 낮게 책정했다면 생산된 원단에서 상당수가 불량 처리되어 선적할 수 없게 되므로 공장은 이를 반영한 단가를 부르게 될 것이다. 만약 5점 수준을 맞추기 위해 불량 처리되는 원단이 30% 정도라면 원단 오퍼|offer 가격은 원래의 130%가 될 것이다. 합격 점수가 30점으로 너그럽게 정해진다면 불량 처리되는 원단이 거의 없게 되므로 공장은 최저가를 불러도 좋을 것이다. 이렇게 정해진 합격 점수는 쌍방의 최대 이익|mutual benefit에 도달하는 합의점이 된다.

봉제공장은 제조단가를 낮추기 위해 가능한 한 경쟁력 있는 가격으로 원단을 구입해야 생존할 수 있다. 예를 들어 월마트에 납품하는 의류를 제조하기 위해 원단의 합격 점수를 고품질에 해당하는 5점으로 정하면

제품경쟁력을 상실하는 중대한 실책이 될 것이다. 이처럼 품질 변동이 큰 원단을 거래할 때는 반드시 4포인트 시스템에 의한 품질 수준을 미리

정해두어야 이후 품질 문제로 인한 분쟁을 줄일 수 있다. 봉제공장은 구매할 원단의 품질 수준이 결정되면 납품된 원단에서 결점이 있는 원단을 최대한 사용 가능하도록 관리해야 하고 그럼에도 사용이 도저히 불가능한 원단의 양을 예측해 이를 소요량과 구매수량에 미리 반영해야 한다. 그렇지 않으면 선적 수량에서 쇼티지가 나게 될 것이다. 결점으로 인해 사용 불가능한 원단 수량은 합격 점수를 어떻게 정하느냐와 봉제공장의 관리·기술 수준에 따라 달라질 것이다.

똑같은 품질 수준의 원단이 각각 다른 봉제공장에 들어가더라도 입고된 원단을 유효하게 사용하는 수량은 크게 다를 수 있다. 메이저 브랜드들이 구매하는 원단의 합격 점수는 대략 15~20점 정도이며 거의 모든 브랜드의 평균 수준이 된다. 고가의 의류브랜드라면 이보다 더 낮은 점수를 요구해야 할 것이다. 가능한 한 저렴한 가격으로 원단을 구매해야 하는 중저가 브랜드라면 이보다 높은 25점이나 30점 수준의 합격 점수로 계약하면 된다.

원단의 결점을 어느 정도로 수용할 것인지 합의하는 절차를 거쳤다면 봉제회사와 원단공장 간의 오더 계약은 공장에서 작성한 4포인트 시스템 검사 결과와 공인 검사기관에서 작성한 데이터의 차이 정도로만 분쟁이 일어날 것이다. 즉, 원단공장에서 시행한 자체 검사가 공인된 검사기관에서 한 것과 동일한 정도로 성실하게 수행되었는지에 대한 여부만이

분쟁 대상이 된다. 만약 공장의 데이터를 신뢰하기 어렵다면 공인 시험기관lab에 검사를 의뢰하면 된다.

김 과장은 원단을 발주할 때 디펙트 때문에 쓸 수 없는 원단을 예측해 소요량에 반영하지 못한 실책을 범한 것이다. 방법은 있다. '을'인 원단공장에 손실액을 달라고 우기면 된다. 물론 이 방식은 원단공장이 확실하게 '을'인 경우에만 통할 것이다. 그렇더라도 같은 방식이 계속 통하지는 않을 것이다. 원단공장이 바보는 아니기 때문이다.

05
소재와
과학

양날의 검 알루미늄

알루미늄은 보온과 냉감 기능이 모두 가능한 금속이다. 어떻게 그럴수 있을까? 답은 '열의 이동'이라는 물리법칙에 있다. 열은 전도, 대류, 복사라는 세 가지 경로로 이동한다. 이 중 복사는 보온, 전도는 냉감 기능과 관련된다. 알루미늄의 열전도율이 모든 금속 중 네 번째로 높다는 사실은 알루미늄이 냉감소재로 쓰기 적합하다는 것을 말해준다. 반대로 열전도율이 낮으면 보온에 적합하다. 섬유 중에서 열전도율이 가장 낮은

▲ 전도를 이용한 냉감소재

▲ 복사를 이용한 보온소재

폴리프로필렌은 보온소재로 쓰는 것이 타당하다. 그런데 열전도율이 매우 높은 알루미늄이 보온소재로 적용 가능하다는 사실은 우리의 상식을 뒤엎는다. 알루미늄을 보온소재로 적용할 수 있는 이유는 전도뿐만 아니라 복사와도 관련되기 때문이다.

알루미늄은 전성 malleability이 매우 높은 금속이다. 전성은 금속이 2차원 평면으로 얇고 넓게 가공될 수 있는 성질을 말한다. 연성 ductility은 금속을 길게 뽑을 수 있는 성질이다. 세상에서 가장 전성이 높은 금속은 금이다. 금은 단 1g으로 가로세로 1m 넓이인 1m² 크기의 금박을 만들 수 있다. 이때 금의 두께는 불과 5나노미터로 금 원자가 겨우 230개 정도 분포되어 있다. 이 금박은 하도 얇아 속이 비칠 정도다. 일본 정종인 사케에 들어 있는 반짝이는 금 조각이 사실 별것 아니라는 뜻이다.

알루미늄은 금과 은 다음으로 전성과 연성이 높다. 이미 눈치챘겠지만 알루미늄이 보온 기능을 할 수 있는 이유는 전성이 높아 거울로 만들기 쉽기 때문이다. 거울은 유리판 뒷면에 붙어 있는 표면이 매끈하고 얇은 금속박 때문에 이미지를 비출 수 있다. 이 금속박 덕분에 거울은 이미지를 왜곡하지 않고 빛을 반사해 풍경을 비춘다. 그런데 빛은 가시광선뿐만 아니라 자외선과 적외선도 포함하고 있다. 즉, 거울은 열도 빛처럼 반사할 수 있다. 방 안에서 거울은 복사열을 반사해 거의 손실 없이 원하는 방향으로 보낼 수 있다. 가운데 코일이 있는 전기히터에 거울이 달려 있

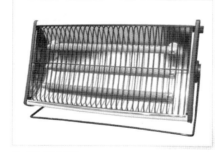

△ 거울 달린 히터

는 이유다. 사실 거울이 없으면 전기히터는 따뜻하지 않다. 서양 건축에서 흔히 볼 수 있는 벽난로fire place는 보기에는 멋지지만 실제로는 별로 따뜻하지 않다. 벽난로 내부에 거울이 없는 탓이다.

전도를 통한 열의 이동은 반드시 접촉으로만 일어난다. 알루미늄이 인체에 접촉하는 순간 전도가 일어나므로 접촉을 차단하고 충실하게 거울 역할만을 수행하도록 하면 매우 우수한 단열재와 보온소재로 기능한다. 실제로 알루미늄은 온실이나 방열복 등 다양한 단열재로 널리 활용되고 있으며 가격이 저렴하기 때문에 가성비가 가장 뛰어난 소재다.

만약 알루미늄 거울의 방향을 반대로 돌려 사용하면 뜨거운 열을 차단하는 방열로도 사용할 수 있다. 용광로에서 일하는 작업자나 소방관의 방열복은 모두 알루미늄 반사판으로 만들어진다. 소방관이 화재 현장에서 입는 복장인 방화복은 아라미드 섬유인 노멕스Nomex

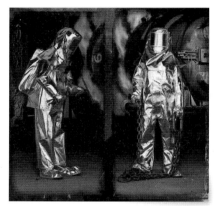
🔵 방열복

를 사용하지만 이름 그대로 불에 타지 않을 뿐 방열, 즉 뜨거운 열을 막아내지는 못한다. 소방관이 구조를 위해 불길에 뛰어들 때는 사진처럼 알루미늄 처리된 방열복을 입어야 한다. 알루미늄 거울의 발명은 사실 단열보다 방열이 먼저였다.

알루미늄을 이용한 보온소재는 인체에서 끊임없이 발생하는 열이 외부로 도망가지 못하도록 인체로 되돌려 주는 반사판 역할을 함으로써 훌륭한 기능을 한다. 알루미늄 거울은 외부에서 들어오는 냉기를 차단하는 역할도 한다. 가장 멋진 예는 보온병이다. 벽 외부는 진공으로 되어 있고 내부에는 거울이 있는 보온병은 뜨거운 커피를 무려 10시간 동안이나 식지 않게 한다. 보온병에 얼음을 넣어두면 얼음이 24시간 동안이나 녹지 않는다. 거울이 열의 이동을 효과적으로 차단한다는 증거다. 실제로 알루미늄을 이용한 히트 리플렉티브heat reflective 원단은 보온 기능이 가장 확실하게 입증된 소재다.

문제는 패션 의류소재가 담요나 소방복 또는 작업복과는 전혀 다르다는 것이다. 의류소재는 부드러워야 하고 드레이프drape성이 필요하며 결정적으로 산업자재나 다른 특수복과

 알루미늄 거울을 이용한 서바이벌 담요

달리 잦은 세탁에도 견디는 내구성이 있어야 한다. 전지적 원단 시점에서 바라보는 세탁은 지속적으로 일어나는 가혹한 파괴 행위와 다름없다. 실제로 코팅을 비롯한 대부분의 후가공은 잦은 세탁을 이겨내지 못한다. 더구나 원단에 접착된 알루미늄 박인 포일foil은 얇기 때문에 약할 수밖에 없다. 아직까지 알루미늄을 이용한 보온소재를 찾아보기 힘든 이유다.

낙하산으로 만든 드레스

　HBO가 만든 미니시리즈 〈밴드 오브 브라더스〉Band of Brothers는 미국 제101공수사단 506공수보병연대 제2대대 이지Easy중대의 병사들을 주인공으로 묘사한 전쟁 드라마다. 이 미니시리즈는 1942년 제101공수사단의 창설 시점에서 시작되는데 미국 조지아주 토코아의 공수부대 훈련소, 1944년 노르망디 상륙작전, 벌지전투 등 유럽의 전장을 누비며 독일은 물론 오스트리아까지 진군해서 종전을 맞은 부대원들의 이야기다. 우리의 관심사는 그들이 노르망디 작전에서 사용했던 낙하산의 소재다.

　물체의 하강속도를 지연시키는 목적으로 제작된 도구를 낙하산parachute이라고 한다. 제동낙하산drogue parachute은 공기저항을 이용해 달리는 물체의 속도를 지연시키는 도구다. 주로 착륙하는 비

행기의 속도를 늦추기 위한 용도로 사용된다. 둘은 방향은 다르지만 원리와 목적이 같다.

낙하산 원단은 목적을 달성하기 위해 가능한 한 얇되 질기며 가볍고 치밀해야 한다. 적어도 방풍 기능을 수행할 정도가 되어야 한다. 현존하는 가장 이상적인 낙하산 소재는 1935년에 발명된 나일론이다. 그렇다면 나일론이 발명되기 이전에 공수부대가 사용했던 낙하산 소재는 어떤 것이었을까?

합성소재가 발명되기 전까지 지구상에는 오로지 천연소재만 존재했다. 천연소재인 면, 모, 마, 견 중에서 방풍 기능이라는 까다로운 조건을 만족시킬 만한 소재는 역시 실크밖에 없었다. 가볍고 치밀한 원단이 되기 위해서는 충분히 질기고 가는 섬유와 원사가 필요하기 때문이다.

이지중대는 2차 세계대전의 게임 체인저game changer가 된 연합군의 노르망디 상륙 직전에 유타해변의 후방에 미리 잠입하는 작전을 수행했다. 이때 사용된 낙하산 소재가 바로 실크다. 기념으로 낙하산을 집에 가져가

🔵 2차대전 당시의 실크 낙하산

려는 병사가 나오는 장면에서 낙하산의 소재가 밝혀진다. 물론 아무리 실크라도 염색되지 않았기 때문에 내의나 잠옷 말고는 크게 쓸모가 없다고 생각되지만 물자가 크게 부족했던 시절 미국인들은 낙하산용 실크의 재활용으로 염색이 필요 없는 웨딩드레스를 생각해 냈다.

🔵 낙하산으로 만든 웨딩드레스

낙하산은 어떻게 하강속도를 늦출까?

공수부대원이 다치지 않을 정도로 하강속도를 늦출 수 있는 이유는 무엇일까? 직관적이고 쉽게 설명할 수 있을 것 같지만 막상 시도해 보면 결코 쉽지 않다는 것을 알게 된다. 사실 이 질문의 답은 대단히 심오한 과학과 관련되어 있다.

종단속도

종단속도terminal velocity는 상승기류가 없는 유체에서 낙하하는 물체가 그 물체에 작용하는 항력과 부력의 합이 중력의 크기와 같을 때 갖는 일정한 낙하속도다. 예를 들어 밀도가 작은 물체, 즉 무게에 비해 부피가 커서 공기저항이 큰 깃털은 종단속도가 느리고, 부피에 비해 무거운 쇠구슬은 종단속도가 빠르다. 쉽게 말하면 어떤 물체의 중력에 의한 최대 낙하속도를 종단속도라고 한다. 물체가 낙하하면 중력가속도에 의해 속도가 점점 빨라진다. 1초에 약 10km/h씩 빨라지는 것이다. 그렇다면 충분히 높은 곳에서 낙하하는 물체는 이론상 음속에 가까운 속도에 도달할 수도 있다. 그러나 실제는 다르다. 바로 종단속도 때문이다. 낙하하는 속도가 빨라질수록 공기저항도 같은 비례로 커진다. 결국 낙하속도가 공기저항과 동일한 상태에 이르면 가속도는 멈추고 이후부터 등속운동을 하게 된다. 이것이 종단속도다. 종단속도는 물체의 공기저항과 관계가 있다. 즉, 공기저항이 클수록 종단속도는 느려지게 된다. 공기저항은 물체의 크기와 형태에 따라 달라지는데 당연히 표면적이 큰 물체의 공기저항이 더 크다. 하지만 표면적이 커도 부피가 큰 물체는 공기저항을 상쇄한다. 따라서 표면적을 부피로 나눈 값이 필요하다. 그것이 비표면적이다.

코끼리가 개미보다 종단속도가 훨씬 빠르지만 그것은 코끼리가 더 무겁거나 체표면적이 크기 때문은 아니다. 코끼리는 체표면적은 크지만 이를 부피로 나눈 비표면적이 개미보다 훨씬 작다. 종단속도를 결정하는 것은 어

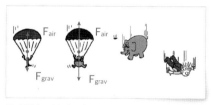

● 종단속도와 비표면적

떤 물체의 비표면적과 상관관계에 놓여 있다. 사람의 종단속도는 시속 200km쯤 된다. 한편, 같은 비표면적이라도 공기의 마찰계수를 크게 하면 공기저항이 커진다. 자세에 따라 공기저항도 달라진다는 것이다.

체표면적과 비표면적

공기저항이 커지는 조건은 물체의 표면적과 상관관계를 이룬다. 체표면적은 3차원 입체인 물체의 표면적인데 총 체표면적이 아무리 커도 덩치가 크면 공기저항이 별로 커지지 못한다. 코끼리 같은 큰 동물이 이에 해당된다. 가장 이상적인 조건은 부피는 작고 체표면적은 큰 경우다. 체표면적을 부피로 나눈 숫자를 비표면적이라고 하므로 비표면적이 클수록 종단속도는 더 느리다.

쥐가 코끼리보다 더 큰 것

도대체 생쥐의 어떤 것이 코끼리보다 크단 말인가? 이제부터 우리의 직관에 반하는 이론이 등장한다. 지금까지 이야기한 내용으로 결론 낼 수 있다. 어떤 물체의 비표면적이 더 클까? 코끼리는 비표면적이 가장 작은 동물 중 하나다. 표면적은 제곱이고 부피는 세제곱이므로 부피가 작아지면 비표면적은 가파르게 증가한다. 따라서 크기가 작은 물체나 동물은 비표면적이 대단히 크다. 반대로 크기가 큰 물체나 동물은 비표면

적이 매우 작다. 즉, 생쥐가 코끼리보다 비표면적이 훨씬 더 크다. 뾰족
뒤쥐는 항온동물 중에서 비표면적이 가장 큰 동물이다. 따라서 뾰족뒤
쥐의 종단속도가 항온동물 중 가장 느리다. 높은 곳에서 떨어져도 충격
이 별로 크지 않다는 뜻이다. 개미가 높은 곳에서 떨어져도 죽지 않는 이
유다.

낙하산의 과학

낙하산은 낙하하는 물체의 부피는 증가시키지 않으면서 표면적만 몇
배로 커지게 하는 도구다. 그 결과 비표면적이 크게 증가하고 종단속도
를 늦추는 결정적인 역할을 한다. 낙하산을 타고 내려오는 병사의 종단
속도는 겨우 시속 18km에 불과하다.

표면적과 흡한속건

섬유와 물

섬유와 물의 관계는 의류의 성능과 기능을 결정하는 가장 중요한 물리적 상호작용이며 핵심 기초다. 섬유는 외부 상황에 따라 물을 밀어내거나 빨아들여야 한다. 즉, 필요에 따라 물을 흡수하거나 발수하는 유동적인 움직임을 필요로 한다. 따라서 물의 물리적인 성질과 화학적 결합은 매우 중요하다. 물은 생활공간에서 기체일 때도 있고 액체일 때도 있다. 기체와 액체는 전혀 다른 물리적·화학적 힘에 의해 이동하고 인체에 미치는 영향도 크게 다르다.

물은 친수성 같은 분자의 결합에너지에 의해 이동하기도 하고 폭포처럼 중력에 따라 이동하기도 하며 증발처럼 열에 의해 움직이기도 한다. 물의 이동은 단순히 움직이는 것만이 아니라 열의 이동과 변화를 동반한다. 이를 적절히 이용하면 냉감 원단을 만들 수도 있고 이론상 발열도 가능하며 물과 불이 만나듯 서로 충돌하는 반대 효과를 동시에 가지는 놀라운 기능을 설계할 수도 있다.

　물을 흡수하는 흡한과 빨리 건조하는 속건은 정면으로 충돌하는 기능이다. 면은 친수성이며 따라서 물을 잡아당긴다. 친수성은 대개 흡습성이라는 장점으로 나타나지만 퀵 드라이quick dry 속건 기능에서는 정반대다. 물을 끌어당기므로 증발을 어렵게 만든다. 면 제품은 물기가 잘 마르지 않는다. 면 티셔츠를 입고 등산을 가보면 뼛속 깊이 느낄 수 있다. 소수성인 합섬은 정반대 현상이 일어난다.

　면소재는 탁월한 흡습성을 가지고 있지만 건조가 어렵다. 화섬 원단은 건조가 빠르지만 흡습성이 좋지 않다. 한쪽을 개조해 장점만을 취한다면 '흡한속건'이라는 하이브리드 기능을 획득할 수 있다. 천연섬유를 개조하기는 어렵지만 화섬은 시도해 볼 만하다.

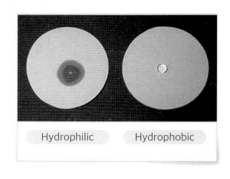

Hydrophilic　　Hydrophobic

　'흡한속건'이라는 두 마리 토끼를 어떻게 잡을 수 있을까? 이 지점에서 물을 끌어당기는 두 가지 다른 힘이 필요하다. 하나는 화학적인 힘, 다른 하나는 물리적인 힘이다. 친수성은 대개 수소결합의 결과다. 그런데 수소결합의 화학적 힘은 그렇게 강하지 않다. 마치 중력이 전자기력보다 훨씬 더 약한 것과 마찬가지다. 착 달라붙어 아래로 떨어지지 않는 종이 클립을 끌어당기는 조그만 자석의 자기력은 지구 전체가 끌어당기는 중력보다 강하다. 면이 물을 잡아당기는 친수성을 띠는 것은 화학적 수소결합의 결과다. 친수성의 힘은 액체 상태인 물뿐만 아니라 기체일 때도 변함없이 작용한다. 소수성의 힘도 마찬가지다. 이는 매우 중요한 사실이다. 인체는 더울 때 액체인 땀을 흘리지만 평상시에도 체온 조절을 위해 기체 땀인 수증기를 내뿜는다.

섬유와 원단 사이에 작용하는 물의 이동과 관련된 물리적 힘에는 모세관력capillary force이 있다. 모세관력은 외부 힘의 도움을 받지 않고 가느다란 틈으로 물과 같은 유체를 이동시키는 힘이다. 페인트 브러시의 모

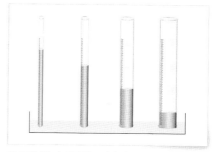
▲ 틈이 가늘수록 강한 모세관력

발, 얇은 튜브, 종이 및 석고와 같은 다공성 재료, 모래 및 액화 탄소섬유 같은 일부 비다공성 재료, 또는 다공질 재료의 액체 생성에서 나타난다. 모세관력은 액체와 주변 고체 표면 사이의 분자 간 힘 때문에 발생한다. 튜브의 직경이 충분히 작으면 액체 내의 응집에 의해 야기되는 표면장력, 액체와 용기 벽 사이의 접착력이 액체를 추진하도록 작용한다. 중력은 물론이고 분자 간 수소결합보다 훨씬 더 큰 힘이다. 원단은 섬유들이 모여 실을 형성하고 실들이 제법 규칙적인 배열orientated을 이루어 만들어진다. 따라서 실에는 섬유와 섬유 사이의 가느다란 틈이 있고 원단의 조직에는 실과 실 사이에 그보다 더 큰 틈gap이 있으므로 모세관력이 작용하는 좋은 조건이다. 틈이 작을수록 그 힘은 더 커진다. 따라서 수없이 많은 틈이 존재하는 원단에 발생하는 모세관력은 어마어마하게 강력하다.

쿨맥스Coolmax나 마이크로타월은 면보다 물을 두 배나 잘 흡수하지만 처음에 물을 떨어뜨리면 소수성을 나타내 즉시 흡수하지 않고 반발하며 발수 처리된 것처럼 물방울을 형성한다. 하지만 물방울에 압력을

▲ 마이크로 타월의 소수성

프랙털 구조

프랙털 fractal은 그림처럼 어떤 형태나 구조가 내부적으로 동일하게 반복되는 것을 말한다. 잎사귀 구조처럼 자연에서도 많이 발견된다. 섬유는 대개 단순한 1차원 형태에 단면은 원형이고 표면이 매끄럽지만 만약 원형 단면을 벗어나 섬유 자체의 표면적을 크게 하면 실에 더 많은 틈이 형성되어 모세관력이 강해진다. 그런 원사로 원단을 만들면 강력한 모세관력이 발생한다. 같은 굵기의 실이라도 더 많은 섬유 가닥으로 형성된 실은 프랙털 구조가 된다. 이 원단에 액체를 투입하면 물이 빠른 속도로 이동하게 된다. 원단에

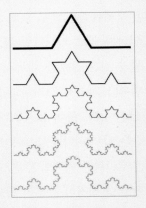

떨어뜨린 물 한 방울은 흡수와 동시에 급속도로 확산되어 넓게 퍼진다. 그런데 '증발'이라는 현상은 오직 표면에서만 일어난다. 따라서 넓은 표면은 빠른 증발을 의미한다. 물론 모세관력은 액체 상태의 물에만 작용한다. 즉, 원단을 물에 적신 상태에서만 작동 가능하다. 수증기 상태의 물과는 아무 상관 없다. 이때는 친수성 또는 소수성이라는 화학 결합에너지만 관여한다.

가해 물이 내부로 일단 흡수되면 그때부터는 모세관력이 작용하기 시작해 마치 친수성 소재인 것처럼 급속도로 물을 빨아들여 수건 전체로 번지기 시작한다. 친수성 소재는 물을 잡아당기므로 물이 멀리 퍼지는 모세관력의 반대로 작용한다. 하지만 소수성 소재의 밀어내는 힘은 모세관력에 추진력을 부여한다. 물이 멀리 퍼지면 이중으로 이득이 된다. 첫째, 젖은 표면이 확대된다. 증발은 표면에서만 일어나므로 물은 되도록 표면으로 나오는 것이 좋다. 둘째, 확대된 표면으로 인해 물의 수심 자체가 낮아지는 효과가 있다. 수심이 2m인 풀pool의 면적을 두 배로 확대하면 수심은 여덟 배로 줄어든다. 얕은 수심은 외부 온습도의 영향을 더 빨리 받는다. 그 결과가 퀵 드라이다.

정리해 보자. 면 원단 위에 물방울을 떨어뜨리면 즉시 흡수가 시작되며 젖은 부분이 커지고 번져나간다. 하지만 친수성 힘 때문에 커지는 속도가 빠르지는 않다. 면은 모세관력으로 인해 바깥으로 퍼지려 하지만 친수성 때문에 멀리 도망가지 못하고 잡아당기는 힘이 작용한다. 그러나 쿨맥스는 소수성 힘 때문에 모세관력에 더해 물을 더 멀리까지 퍼지게 한다. 그 결과 쿨맥스 원단에 떨어뜨린 물방울은 면보다 훨씬 더 빠른 속도로 커진다.

하지만 쿨맥스나 마이크로 타월은 액체 상태의 물, 즉 땀이 있는 상태에서만 유효한 기능을 발휘한다. 쿨맥스나 마이크로는 표면적을 극대화한 폴리에스터다. 마이크로는 섬유를 가늘게 하는 방법으로, 쿨맥스는 단면의 구조를 이용한 방법으로 목적을 달성했다. 쿨맥스의 기능은 케미컬에 의존하지 않고 오로지 섬유의 구조 자체에서 나온다. 이 때문에 한여름에 쿨맥스로 만든 티셔츠를 입고 실내에 앉아 있으면 전혀 시원하지 않다. 몸에서 발생한 수증기를 면처럼 흡수하지 않고 밀어내기 때문이다. 그 결과 피부와 셔츠 사이의 습도가 상승하면 우리는 즉각 불쾌하다고 느낀다.

쿨맥스와 달리 위킹wicking 가공은 소수성 소재의 표면에 약제를 사용해 화학적으로 친수성을 형성한 상태이며 따라서 케미컬이 없어지면 사라지는 일시적인 가공이다. 일반 화섬에 위킹 가공을 하면 친수성이 생기지만 반대로 고유의 퀵 드라이 성능은 줄어든다. 물을 밀어내지 않기 때문이다.

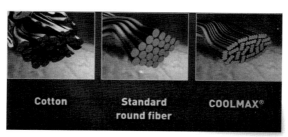

🔵 단면 구조에 따른 소재의 표면적

실의 굵기
데니어 직경 환산

시라쿠사의 히에론 왕은 자신이 주문한 왕관이 순금이 맞는지 의심이 들었다. 그는 아르키메데스에게 왕관에 혹시 은이 섞인 것은 아닌지 알아내도록 했다. 왕관을 망가뜨리지 않고 그것이 순금이라는 것을 어떻게 밝힐 수 있을지 고심하던 아르키메데스는 목욕통에 들어가다가 자신이 물에 잠긴 부피만큼 수위가 높아진다는 점에 착안했고 왕관을 물이 가득 찬 목욕통에 넣어 넘치는 물의 양을 재면 왕관의 밀도를 측정할 수 있다는 사실을 알아냈다. 금은 은보다 밀도가 더 크기 때문에 은을 섞은 왕관과는 부피가 다르다. 놀라운 발견에 흥분한 나머지 아르키메데스는 "유레카!"라고 외치며 알몸으로 달려나갔다.

밀도

이 이야기를 들어보지 못한 사람은 아무도 없을 것이다. 대학생이지만 왕건이 누구인지 모르는 친척 조카도 "유레카"라는 유명한 외침 덕분에

이 놀라운 전설을 알고 있다. 아
르키메데스가 깨달은 것은 무
게가 같아도 물질에 따라 부피
가 다르다는 사실이다. 솜 1kg
과 금 1kg을 생각해 보면 된다.
솜이 금보다 부피가 훨씬 더 큰
이유는 솜을 이루는 구성 분자
들이 금만큼 촘촘하지 않기 때

문이다. 아르키메데스는 '금은 같은 부피일 때 은보다 더 무겁기 때문에
같은 무게라면 은은 금보다 부피가 더 크다. 즉, 순금으로 만든 왕관은
은을 섞어서 만든 합금 왕관보다 넘쳐나오는 물이 더 적다. 은을 많이 섞
을수록 넘쳐나오는 물의 양도 많아진다'라고 생각한 것이다. 어떤 물질의
무게질량를 부피로 나누면 물질의 분자들이 상대적으로 얼마나 촘촘하
게 구성되어 있는지 알 수 있다. 이를 통해 어떤 물질의 부피와 무게 그리
고 밀도의 상관관계가 성립한다는 사실을 알 수 있다. 즉, 밀도는 무게를
부피로 나눈 값이다. 단위는 g/cm³로 하자. 수식으로 표현하면 아래와
같다.

$$\rho = \frac{m}{v}$$

ρ는 밀도, v는 부피, m은 질량이다. 복잡한 개념을 단순하게 표현한
매우 간결하고 아름다운 식이지만 대다수는 싫어한다. 하지만 이런 수식
이 두려우면 패션인이 될 수 없다. 디자이너도 마찬가지다. 질량과 무게
는 다른 행성으로 가면 차이가 나지만 지구에서는 똑같으니 넘어가자. 그
런데 잠깐, 섬유와 관련된 자료나 현장에서 실제로 사용하는 개념은 밀
도가 아닌 비중이다. 밀도와 비중은 다른 것일까? 비중은 물의 밀도를
1로 놓고 다른 물질을 상대적으로 표현한 것이다. 그러니 비중은 '복잡
한 숫자인 밀도를 단순하게 표현한 것'이라는 정도만 알면 된다. 즉, 비중

과 밀도는 같다고 생각해도 된다. 이제 본론으로 넘어가자.

데니어와 직경

모든 섬유나 원사의 굵기는 번수 또는 데니어denier로 표기하는 것이 표준이다. 그런데 어떤 섬유는 직경diameter으로 표기하는 경우가 있다. 가까운 예가 울이다. 면은 섬유장이 중요하고 굵기는 대개 일정하며 별로 중요하지 않다. 하지만 울은 굵기가 품질이나 가격을 결정하는 중요한 요소가 된다. 같은 양모라도 램스울이 더 비싸고 캐시미어가 초고가인 이유다. 예를 들어 미국의 모제품 라벨법Wool Product Labeling Act은 캐시미어의 정의를 "캐시미어 염소의 안쪽 털undercoat에서 채취한 직경 19미크론 이하의 섬유로 구성된 원단이며, 30미크론이 넘는 섬유가 전체의 3%를 초과하면 안 된다"라고 규정하고 있다. 데니어가 아닌 직경으로 정의하고 있음을 알 수 있다.

다른 예는 새의 솜털인 다운down이다. 다운은 소나무처럼 생긴 가지와 잎으로 구성되어 있다. 가지 부분을 바브barb라고 하고 잎 부분을 바불barbule이라고 한다. 바브는 20미크론, 바불은 3미크론 정도 되는 굵기다. 하지만 실크는 같은 동물성 섬유라도 예외 없이 데니어로 표기하고 있다는 사실을 기억하자.

이처럼 굵기를 표기할 때 가끔 데니어가 아닌 미크론, 즉 100만 분의 1m로 되어 있는 섬유가 있어서 섬유의 직경과 데니어의 상관관계를 알아두는 것이 좋다. 실크는 데니어로, 캐시미어와 다운은 미크론으로 되어 있어 각각을 수직 비교하기 어렵다. 실크와 캐시미어, 그리고 다운 중 어느 것이 가장 가는 섬유일까?

이제부터 간단한 산수를 해보자. 섬유를 원통형 물체라고 가정하고 식을 진행해야 한다. 물론 오차는 있다. 우리는 달로 로켓을 쏘아 올리려는 것이 아니다. 중학교 1학년 때 배운 대수에 따라 두 가지를 알면 남은 하나의 미지수를 방정식으로 알아낼 수 있다. 즉, 어떤 원통형 입체의 길이와 중량 그리고 부피를 알면 그 원통형 입체의 직경을 구할 수 있다. 밀도는 중량을 부피로 나눈 값이므로 두 식을 이용한 방정식을 풀면 된다.

원통의 부피는 '원의 넓이 × 길이'인 'πr^2 × 길이'로 나타낼 수 있다. 여기서 미지수는 r, 즉 반지름이다. 그런데 이 식의 답인 부피는 '중량 ÷ 비중'이므로 비중이 얼마인지 알고 있는 섬유의 r을 구할 수 있다. 결과적으로 'πr^2 × 길이 = 중량/비중'이라는 1원 2차방정식을 풀면 된다.

가장 흔한 폴리에스터 1데니어의 직경을 알아보자. '0'이 많이 나오니 정신 똑바로 차려야 한다. 1데니어가 의미하는 것은 이 섬유가 9,000m일 때 1g이라는 뜻이다. 따라서 1m일 때의 중량은 9,000분의 1g이다. 여기서 단위는 'cm'이므로 1cm일 때의 중량은 90만 분의 1g이다. 이 값은 소수로 0.000001111이다. 폴리에스터의 비중은 1.38이므로 '밀도 = 중량/부피'라는 공식에 의해 '1.38 = 0.000001111/부피'이다. 폴리에스터 1cm 원통의 부피는 위에서 나온 것처럼 'πr^2 × 길이'이다. 길이가 1cm이므로 이 원통의 부피는 'πr^2 × 1 = πr^2'이다. 두 식을 정리해 보면 '1.38 = 0.000001111/πr^2'이 된다. 이제 반지름 r 값을 구하기만 하면 된다.

r을 구하기 위해 항을 넘겨보면 'πr^2 = 0.000001111/1.38'이 된다. 파이는 간단하게 '3.14'로 하고 파이까지 넘기면 'r^2 = 0.000001111/1.38 × 3.14'이다. r은 이 결괏값에 제곱근, 즉 루트를 씌우면 된다. 공학용 계산기에 제곱근이 있으니 직접 해봐도 된다. 이 산식의 답은 0.000000256이므로 제곱근은 0.000505964이다. 그런데 우리가 실제로 원하는 것은 반지름이 아니라 직경, 즉 지름이므로 r × 2를 하면 0.001012라는 값이 나온다. 단위는 cm이므로 이를 미크론으로 환산하면 10.11928이다. 소수점 이하를 버리면 10미크론이다. 즉, 폴리에스터 1데니어 = 10미크론이다. 물론 '단면이 원통에 가까운 폴리에스터'라는 조건이 달려 있다.

세상에서 가장 가는 천연섬유는 실크다. 실크의 굵기가 1데니어 정도이므로 19미크론 이하인 캐시미어대략 14~15미크론는 실크보다 1.5배 더 굵다는 사실을 알 수 있다. 다운은 바브인 경우 3미크론이라고 했으므로 이는 0.3데니어로, 1데니어인 실크보다도 약 3배나 더 가늘다. 이로써 다운과 캐시미어, 그리고 실크의 굵기를 비교해 볼 수 있게 되었다. 캐시미어 > 실크 > 다운이 답이다.

색이론 1

색이란 무엇인가

색은 인간의 오감에서 가장 많은 정보를 담당하는 시각에서 비롯되는 감각의 일종이다. 모든 동물이 색깔을 인식하는 것은 아니며 인간처럼 볼 수 있는 것도 아니다. 예컨대 뱀은 적외선을 볼 수 있고 벌은 자외선을 본다. 개는 거의 색맹에 가깝다. 각자가 생존하는 데 꼭 필요한 수준만큼 색을 보기 때문이다. 진화는 결코 낭비를 허용하지 않는다. 불필요한 에너지 소비를 유발하는 기관은 자연이 즉시 제거하기 때문이다.

색色이론은 상당히 어렵고 까다롭지만 패션을 생업으로 하는 사람들은 반드시 알아야 한다. 소비자는 색을 느끼고 인식하는 것만으로 충분하지만 판매자는 배경지식을 알아야 한다. 그렇지 못하면 불필요하게 발생하는 일에 많은 시간을 빼앗기게 될 것이다.

고유 특성이 아닌 감각

색은 어떤 물체가 가지는 고유한 특성이 아니다. 색이 물체의 고유한 특성이라는 생각은 우리가 잘못 알고 있는 상식이다. 특정 색을 가진 어떤 물체는 조건과 상황에 따라 그에 해당하는 색을 보여줄 뿐이며 조건이 달라지면 언제든지 다른 색이 된다. 즉, 색은 단지 감각에 불과하며 전자기파의 진동수를 구분하기 위해 뇌가 그려낸 허상이다. 우리는 가시광선 스펙트럼에 있는 다양한 전자기파를 색깔이라는 감각을 통해 인지하는 것이다.

광원

색을 이해하기 위해 먼저 빛에 대해 자세히 알아볼 필요가 있다. 지구에 존재하는 자연빛은 대부분 태양에서 온다. 방사성 물질은 스스로 빛을 내지만 여기서는 논외로 하자. 방사성 물질을 제외한 나머지는 발광하는 생물이 만든 빛이므로 우리가 다룰 광원은 태양빛과 인공빛이다.

가시광선

태양빛은 복잡한 성분으로 되어 있다. 다음의 그림을 보면 금방 이해할 수 있을 것이다. 다양한 태양빛에서 인간이 시각으로 포착할 수 있는 영역을 가시광선이라고 한다. 인간이 들을 수 있는 영역대를 '가청주파수'라고 하는 것과 마찬가지다. 가시광선은 보다시피 극히 협소한 영역이다. 인간은 대부분의 태양빛을 보지 못한다. 이유를 묻는 사람이 있다면 답은 역시 진화다. 전체 중 얼마만큼 볼 수 있는지 굳이 숫자로 말하자면 전체의 100조 분의 1에 불과하다. 가시광선 영역의 위쪽은 자외선, 아래

쪽은 적외선이 자리하고 있다. 두 명칭은 과학자들이 지었기 때문에 건조하지만 직관적이다. 가시광선 중에서 파장이 가장 짧은 보라색의 위쪽은 울트라바이올렛ultraviolet이며 붉은색의 아래쪽은 인프라레드infrared이다. 보다시피 자외선이나 적외선 영역은 가시광선보다 1,000배 이상 더 넓다. 그 밖의 X선이나 감마선, 마이크로파, 라디오파 등이 태양빛의 다른 성분들이다. 빛은 파동이자 입자이며 파의 길이, 즉 파장에 의해 각각 다른 성격으로 구분된다. 주파수는 빛이 진동하는 수이므로 파장이 길면 주파수는 적어진다. 보폭이 길면 보행 수가 적어지는 것과 마찬가지다. 우사인 볼트가 100m를 뛸 때 보폭은 2.4m이며 보통 사람은 2.2m이다. 따라서 볼트는 다른 사람이 45걸음을 뛸 때 41걸음만 뛰면 결승선에 도달한다. 진동수가 많으면 더 큰 에너지를 가진다. 즉, 파장이 극히 짧은 빛은 에너지가 막대해 사람을 해칠 수도 있다. 감마선이나 X선이 바로 그런 빛이다. 다행히 이런 해로운 광선들은 부딪혀 산란되기 쉬워 공기 분자가 겹겹이 쌓인 지구 대기를 뚫고 들어올 수 없다.

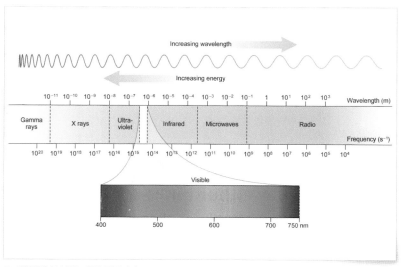

🔺 태양빛을 구성하는 각종 전자기파

우리가 다루고자 하는 부분은 가시광선의 영역, 즉 파장이 400~750나노미터인 협소한 부분이다. 우리 눈에, 정확하게는 망막에 400나노미터 길이의 빛이 도착하면 뇌는 그것을 파란색이라는 감각으로 인식한다. 이것이 바로 우리가 느끼는 색의 정의다. 단순하고 간결하다. 여기서 끝났으면 좋겠지만 실제 업무에 도움이 되려면 조금 더 깊이 들어가야 한다.

시각의 삼요소

빛은 언제나 직진한다. 그리고 어떤 물체에 도달하면 반사되거나 흡수 또는 투과한다. 그중 관심을 가져야 할 부분은 반사다. 우리가 어떤 물체에서 색을 본다면 그것은 광원에서 나온 빛 중에서 가시광선의 특정 영역이 물체에 반사되어 우리 눈에 들어왔기 때문이다. 망막에 도달한 빛은 가시광선 말고도 여러 가지겠지만 볼 수 없는 것들은 무시한다. 가시광선이지만 물체가 반사하지 않고 흡수해 버린 파장의 빛은 당연히 볼 수 없다. 만약 가시광선의 전체 영역이 망막에 도착하면 우리는 그것을 흰색이라고 읽는다. 아무것도 도착하지 않으면 검은색이다. 색을 인식하기 위해서는 '광원', '물체', 그리고 '눈'이 필요하다. 이것이 시각의 삼요소다.

광원

광원은 여러 가지가 있다. 예를 들면 태양빛, 형광등, 전구 불빛 등이 해당한다. 태양빛도 아침, 저녁, 그리고 한낮이 모두 다르다. 색을 확인하는 라이트 박스에 다양한 광원이 준비되어 있는 이유다. 광원이 달라지면 우리가 보는 색도 달라지므로 광원에 대해 정확하게 알아야 한다.

눈

사람의 눈은 극도로 정교한 기관이다. 물론 이 또한 진화의 결과다. 빛은 각막을 거쳐 동공으로 들어와 수정체를 지난 다음 유리체의 끈적이는 바다를 헤엄쳐 망막에 도달한다. 망막은 일종의 스크린이다.

초등학생 때 바늘구멍 사진기를 만들어봤을 것이다. 어떤 물체의 상이 스크린에 맺히려면 작은 구멍을 통과해야 한다. 구멍이 작을수록 더 선명한 상이 맺히고 스크린에는 그 물체의 상이 거꾸로 나타난다. 우리 눈도 마찬가지다. 다만 대뇌가 거꾸로 맺힌 상을 다시 거꾸로 읽어 들이기 때문에 바르게 보이는 것이다. 우리가 물구나무를 서서 세상을 바라보면 모든 것이 거꾸로 보인다. 그런데 물구나무서기로 거꾸로 보는 것을 계속하면 한 달 후에는 모든 것이 바르게 보이기 시작한다. 인체의 놀라운 적응 능력이다.

사람의 눈은 선명한 상이 맺히게 하기 위해 카메라 조리개처럼 빛이 들어오는 구멍을 크거나 작게 만들어 빛의 양을 조절한다. 동공이 수축하거나 확장하는 것이 바로 이 경우다. 망막에는 들어온 빛에 대한 정보

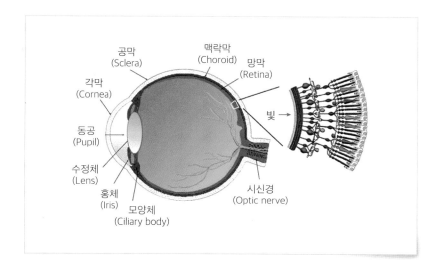

를 처리해 대뇌로 보내는 세 종류의 원뿔처럼 생긴 세포가 있는데 이것이 원추세포cone cell이다. 각각은 RGB Red, Green, Blue를 담당해 인식한다. 망막의 다른 세포인 막대처럼 생긴 간상세포rod cell는 오로지 밝고 어두움, 즉 명암만 인식한다.

물체

색은 물체가 고유하게 지니고 있는 특성이 아니다. 따라서 물체의 색은 조건에 따라 다르게 보인다. 그림처럼 광원, 배경, 빛의 각도나 방향, 크기, 그리고 관찰자에 따라 다르게 보인다.

🔺 광원에 따라 달라 보이는 색

색 인식 이론

인간이 색을 인식하는 이론은 아직 명확하게 밝혀지지 않았다. 현재까지 지배적인 이론은 두 가지인데 삼원색 이론과 대립 이론이 그것이다. 삼원색 이론은 토머스 영Thomas Young과 헤르만 헬름홀츠Hermann Helmholtz가 주장한 것으로 망막의 세 가지 원추세포가 RGB에 대한 흥분도의 차이를 대뇌에 보낸다는 이론이다. 대립 이론은 독일의 에발트 헤링Ewald Hering이 내놓은 가설이며 RGB에 노랑을 추가한 4색을 수용하는 원추세포가 흥분과 억제작용을 하는 대립기제로 되어 있다는 이론이다. 즉, 어느 한쪽이 과하거나 부족하면 균형을 맞추려는 시스템이다. 이에 따라 보색에 해당하는 파랑과 노랑, 빨강과 초록이 서로의 균형을 맞추려고 하며 '보색 잔상'이라는 현상이 이론을 뒷받침한다.

색의 정량화

색은 아날로그 성질이므로 객관적이고 정확한 표현이 불가능해 커뮤니케이션하기가 불편하다. 예컨대 붉은 컬러가 마음에 들지 않아 20%만 더 누렇게 yellowish 해달라고 한다면 명확하게 숫자로 표현했어도 공장에서 정확하게 이해하는 것이 불가능하다. 20%가 얼마큼인지 도저히 알 수 없기 때문이다. 따라서 만약 특정 색을 객관적인 임의의 숫자로 나타낼 수 있다면 패션산업 종사자들에게는 매우 편리한 일일 것이다. 그렇지 않으면 색에 관한 대화는 반드시 실물 컬러가 있어야 가능하게 된다. 디스플레이 장치를 통해 보는 색은 차이가 크기 때문에 컬러 스와치를 우편으로 주고받아야 하는데 이는 막대한 시간 낭비를 초래한다. 시즌을 놓치면 가치를 급격하게 상실하는 패션 상품에는 치명적이다.

스쿨버스의 색을 정량화하기 위해서는 다음과 같은 과정을 거쳐야 한다. 그림 1 왼쪽의 화살표로 입사하는 빛은 모든 가시광선의 색을 가지고 있다. 이 빛은 버스의 표면에 부딪혀 반

△ 그림 1_ 스쿨버스 색의 정량화

사와 흡수가 일어난다. 그림처럼 노란색은 여러 방향으로 난반사산란가 일어나 우리 눈에 입력된다. 파란색이나 초록색 등은 버스의 도료에 포함된 발색단이 흡수한다. 맨 오른쪽의 큰 화살표로 보이는 정반사는 모든 파장의 빛이 흡수 없이 반사되어 나가는 현상이다. 따라서 이 부분은 흰색으로 보인다. 이는 매우 단순화한 설명이다. 실제로 일어나는 일은 이보다 훨씬 더 복잡하다.

버스가 노란색으로 보이는 과정은 우리의 인식 범위를 벗어날 정도로 복잡하다. 버스에서 반사된 노란색은 사실 한 가지 파장의 빛이 아니라 수십만 가지 색이 포함되어 있다. 이를 분광계라는 도구로 분석해 볼 수

있다. 그림 2가 그 결과다. 세로축은 빛의 반사율이다. 더 높은 반사율은 더 많은 빛을 의미한다. 즉, 반사율이 높으면 더 많은 빛이 망막에 도착한다. 가로축은 각각 다른 파장의 빛이다.

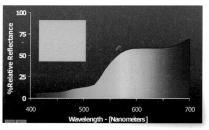

▲ 그림 2_ 분광계에 나타난 노란색

오로지 노란색만 있고 나머지는 반사율이 0이었으면 깔끔하고 좋았을 것이다. 하지만 세상은 그렇게 단순하지 않다. 놀랍게도 분광의 결과는 노랑보다 오히려 빨강이 더 많은 것처럼 보인다. 심지어 파랑이나 초록도 반사율이 적기는 하지만 포함되어 있다. 이것이 실제로 일어나는 일이다. 저 복잡한 스펙트럼을 망막대뇌이 노랑으로 해석한 것이다. 이처럼 각각의 색을 만들어낸 파장을 분리해 분석할 수 있다면 이를 근거로 색을 수량화할 수 있다. 이것을 분광이라고 한다.

색이론 2

다음 자료는 이른바 QTX 파일로 특정 색에 대한 최종 디지털 데이터다. 이 표를 읽고 이것이 어떤 색인지 이해할 수 있어야 한다. 바이어buyer는 이 표를 바탕으로 컬러 수정을 지시한다. 표를 이해하지 못하면 컬러

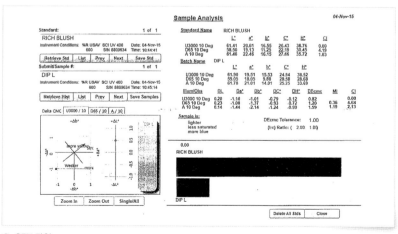

○ QTX 파일

수정도 불가능하고 바이어와의 대화도 불가능하다. 랩딥 lab dip하는 시간이 너무 길어지면 원단의 납기가 줄어들고 그만큼 문제에 대처할 시간이 줄어든다. 단순히 랩딥을 다섯 번 이상 진행한 결과로 원단을 비행기로 보내는 참사가 생기기도 한다. 색이론의 최종 목표는 이 표를 정확하게 이해하는 것이다. 이를 위해 우리는 실로 먼 길을 돌아왔다. 원단회사의 영업사원도 끔찍하게 복잡해 보이는 이 숫자들을 이해할 수 있어야 한다.

색의 수량화

인간이 느끼는 주관적인 감각인 색을 객관적인 숫자로 나타내기는 무리가 있지만 전혀 불가능하지는 않다. 색을 나타내는 다양한 객관적인 정보를 계속 추가해 나가는 식으로 하면 점점 더 분명한 색을 표현할 수 있다. 예를 들면 어떤 남자의 몸매와 체격을 눈으로 보지 않고 오로지 데이터만으로 짐작한다고 해보자. 가장 일반적인 최초의 단서는 키와 몸무게일 것이다. 그러나 단순히 두 정보만으로는 남자의 몸매가 어떤 형태인지 확신할 수 없다. 따라서 키와 몸무게의 비율인 BMI 지수를 추가로 도입해 본다. 이로써 실체에 한 발 더 다가서게 된다. 어깨너비나 이두박근 또는 허벅지 둘레 같은 정보를 추가하면 대략 어떤 체격을 가진 남자인지 상상해 볼 수 있다. 마지막으로 체지방률이라는 정보를 추가하면 숫자만으로 개인의 몸매와 체격을 매우 선명하게 떠올릴 수 있다.

색의 수량화는 이런 식으로 진행된다. 최초의 디지털화는 망막에 있는 색을 인식하는 원추세포로부터 시작한다. 명암을 인식하는 간상세포 외에 색을 인식하는 인간의 원추세포는 RGB 세 종류가 있다. 기계를 이용해 어떤 물체로부터 반사되는 가시광선의 RGB값을 반사율로 읽어 측정하는 것이 최초의 단서가 될 것이다.

다음 표는 우리 눈의 3자극치를 나타낸 것이다. 감각의 역치는 2.0을 최대로 한 수직축으로 나타내고 있다. Z곡선은 파랑에 해당하는 원추세포다. 자극치가 높다는 것은 그만큼 감각에 예민하다는 뜻이다. 가시광선 중 400~500나노미터 영역에서 가

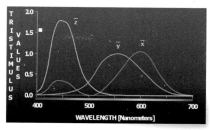

△ 3자극치

장 큰 자극치를 보여준다. 이 구간은 파란색 계통이다. 각 원추세포는 정확하게 영역을 나누고 있는 것이 아니라 가시광선 전체를 대략 커버하면서 서로 교집합을 이루고 있다. 즉, 파란색 원추세포도 빨강을 어느 정도 수용한다는 말이다. 빨강과 초록은 서로 겹치는 구간이 상당하며 특히 빨강은 파란색 파장도 상당 부분 받아들인다. 우리는 똑부러진 디지털을 좋아하지만 세상은 결코 단순하지 않다.

가장 간단하게 색을 읽는 장치는 스펙트로포토미터다. 노랑으로 보이는 시료specimen의 반사율을 망막의 원추세포를 대신하는 RGB 세 가지 다이오드로 측정하고 그 값을 기록한다.

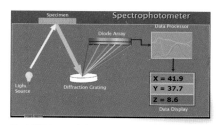

△ 스펙트로포토미터

그대로 기록하는 것이 아니라 망막의 3자극치를 감안해 수정한 데이터를 만들어낸다. 그래야 사람이 보는 것과 차이를 좁힐 수 있다. 결과 데이터를 보면 시료는 노랑인데 빨강과 초록값이 비슷하고 소량의 파랑이 들어 있음을 알 수 있다. 셋을 합친 결과가 노랑인 것이다. 거꾸로 이 데이터를 보고 시료가 노랑이라는 사실을 알 수 있어야 한다.

특정 컬러를 숫자로 완벽하게 디지털화하는 것은 현재로서 불가능하다. 다만 최대한 근접하게 표현하는 것이다. LP판을 CD로 완벽하게 재연하지 못하는 것과 마찬가지다. LP판은 공장에서 똑같이 찍어내지만 사실

완벽하게 같은 것은 하나도 없다. 반면 CD는 모든 제품이 완전히 같다. 우리가 이해하는 수준은 복잡한 LP판을 CD로 간단하게 변환해 수용하는 것이다.

삼색설

영과 헬름홀츠의 삼색설trichromatic theory은 색의 삼요소를 나타낸 것이며 색상hue, 명도brightness, 채도chroma를 말한다. 물론 이것만으로는 색을 정확하게 표현하기 부족하다. 따라서 추가 정보가 필요하다.

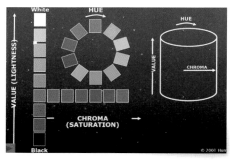
🔺 색의 삼요소

보색설

헤링이 밝혀낸 보색설opponent colors theory을 근거로 컬러에 대한 정보를 추가할 수 있다. 헤링은 망막에 있는 세 종류의 원추세포가 보색 코드를 가지고 있어 어느 한쪽의 자극이 커져 균형을 잃으면 밸런스를 유지하기 위해 다른 한쪽의 보색 코드를 자극해 균형을 되찾는다는 사실을 발견했다. 그는 R세포에 빨강/초록, G세포에 검정/하양, B세포에 파랑/노랑이라는 보색 코드가 있다고 주장했다. 즉, 우리가 붉은색을 계속 보고 있다가 시선을 돌려 하양 스크린을 보면 초록색 잔상이 보인다는 뜻이다.

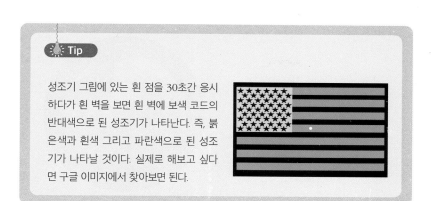

성조기 그림에 있는 흰 점을 30초간 응시하다가 흰 벽을 보면 흰 벽에 보색 코드의 반대색으로 된 성조기가 나타난다. 즉, 붉은색과 흰색 그리고 파란색으로 된 성조기가 나타날 것이다. 실제로 해보고 싶다면 구글 이미지에서 찾아보면 된다.

Hunter Lab 컬러

보색설을 근거로 다른 종류의 색측을 할 수 있다. 이것이 Hunter Lab 컬러다. 그림에서 L, a, b로 나타나는 각 숫자의 의미를 확인해 보자. L은 언제나 명도다. 명도는 0에서 100까지다. 즉, 흰색은 명도가 100이고 검은색은 0이며 보색설에 근

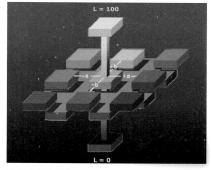

△ Lab 컬러 색측

거한 검정/하양 코드를 나타낸다. a는 빨강/초록값이다. +로 나타난 숫자는 빨강에 가깝고 -로 나타난 숫자는 초록에 가깝다는 뜻이다. 마지막으로 b는 +가 노랑, -가 파랑을 나타낸다.

처음 스쿨버스에 찍힌 X, Y, Z값이 아닌 Hunter Lab값을 스펙트로포토미터로 찍어보면 L = 61.4, a = + 18.1, b = + 32.2가 나온다. 즉, 이 버스는

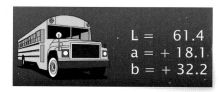

△ 스쿨버스의 Lab 색측 데이터

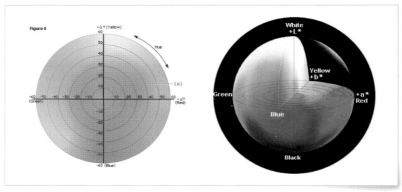

◯ Lab 표색계

명도가 61.4로 밝은 편이고 초록보다는 빨강에 가까우며 파랑보다는 노랑에 가깝다는 사실을 알 수 있다. 여기서 a값과 b값의 최대치는 명도처럼 100이 아니라 60이다. 각 숫자는 3차원 도표로 표현 가능하므로 구형 입체로 나타낼 수 있다. 이것을 표색계라고 한다. Lab값이 나타난 표색계이므로 Lab 표색계라고 부르면 된다.

국제조명위원회

헌터 표색계는 1958년에 만들어졌다. 이후 1976년 국제조명위원회에서 개선된 표준이 설정되어 오늘날까지 쓰이고 있다. 국제조명위원회의 표준은 CIE 표색계라고 한다. 두 값은 적지 않은 차이를 보인다. 예를 들면 똑같은 스쿨버스의 색이지만 각각의 데이터는 다음과 같은 차이가 있다. CIE 값에는 별 표시가 붙어 있다.

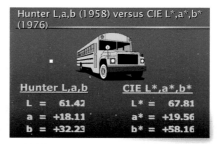

Hunter L,a,b (1958) versus CIE L*,a*,b* (1976)

Hunter L,a,b		CIE L*,a*,b*	
L =	61.42	L* =	67.81
a =	+18.11	a* =	+19.56
b =	+32.23	b* =	+58.16

◯ 헌터와 CIE Lab값 비교

T·E·X·T·I·L·E   S·C·I·E·N·C·E

Lch값

보색설에 근거한 Lab값에 영과 헬름홀츠의 삼색설로 근거한 데이터를 추가한 것이 Lch값이다. L은 마찬가지로 명도에 해당하고 c는 채도값이다. 숫자가 클수록 중심에서 멀어지고 표색계에서 바깥쪽으로 멀어지

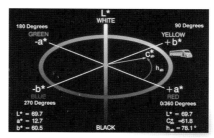

△ Lch 색측 데이터

면 채도가 높다는 뜻이다. h는 색상값인데 360도인 원을 기준으로 한다. 빨강을 출발점으로 해서 노랑이 90도, 초록이 180도, 파랑이 270도 값을 가진다. 이 스쿨버스는 노랑이므로 h값은 90 근처로 나오는 숫자라고 예상할 수 있다. 이처럼 데이터를 추가할수록 점점 더 실제와 가까운 컬러를 숫자로 인식할 수 있게 된다.

이색의 정량화

지금까지 해온 모든 작업의 최종 목적지가 '이색異色의 정량화'이다. 디자이너가 준 오리지널 컬러와 염색공장 실험실에서 만든 랩딥 컬러의 차이를 객관적인 숫자로 나타내는 것이

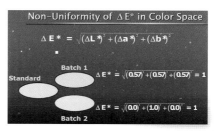

△ 최종 컬러 차이인 델타E값 계산

다. 이 숫자는 랩딥 결과에 대한 최종 판정이라고 할 수 있다. 결과에 따라 합격과 불합격으로 나뉜다. 숫자가 클수록 오리지널에서 멀다는 뜻이다. 만약 값이 0이면 완벽하게 같은 컬러매칭을 했다는 뜻이다. 이 값을 'ΔE'라고 하는데 그림처럼 오리지널과 랩딥 데이터의 차이를 각각 제곱

해 더한 다음 제곱근을 구한 숫자다. 문제는 현재까지의 정보가 이색을 정량화하기에 아직 충분치 않다는 것이다. 이 공식이 평균값이기 때문이다. 그림에서 시료인 민트 컬러를 맨눈으로 보면 오리지널에 비해 Batch 2보다 1이 더 가깝다는 것을 알 수 있다. 하지만 델타E값을 계산해 보면 둘은 1로 동일한 결과가 나온다. 즉, 아직 델타E값만으로 컬러 이색 결과를 정확히 판정하기는 부족하다. 따라서 실제 눈으로 보이는 차이를 감안해 최종 결과를 판정해야 한다.

메타메리즘

광원이 달라짐에 따라 색이 다르게 보이는 것을 메타메리즘metamerism이라고 한다. 예컨대 광원 A, 즉 잉카inca에서는 두 컬러가 일치했는데 다른 조명인 U35에서 보니 상당히 달라 보일 때 메타메리즘이 생겼다고 한다. 그런데 메타메리즘은 동일한 소재에 동일한 브랜드 염료를 사용하지 않는 한 피하기 어렵다. 예를 들어 오리지널 컬러는 면소재인데 폴리에스터 원단에 랩딥을 뜨면 컬러매칭도 힘들지만 요행히 근사하게 맞춘다 해도 메타메리즘을 피할 수 없다. 문제는 폴리에스터는 채도가 낮고 심색이 나오기 어렵기 때문에 기피되고 오리지널 컬러의 대부분이 채도가 높은 면이나 나일론 소재로 제작된다는 점이다. 하지만 아우터웨어에 폴리에스터 소재가 가장 많이 사용되기 때문에 컬러회사에서 폴리에스터를 오리지널로 제작한 버전을 별도로 공급해도 디자이너가 사용을 거부하는 경우가 있다. 하지만 그래 봤자 시간 낭비. 면이나 나일론 컬러가 예뻐서 선택한다 해도 100번을 랩딥해 봤자 폴리에스터에 같은 색을 그대로 표현하는 것은 불가능하다.

표면의 문제

빛이 반사해 망막에 도달할 때 우리가 느끼는 색은 산란된 빛이다. 산란되어 망막에 도달한 빛은 특정 가시광선은 흡수하고 나머지만 반사한 결과다. 그런데 정반사된 빛은 같은 물체지만 흡수되는 가시광선이 전혀 없어 모두 반사되어 버린 결과다. 따라서 정반사된 빛은 흰색이다. 특히 표면이 평활한 경우 정반사가 잘 일어난다. 표면이 매트matt하면 정반사가 일어나기 어렵다. 소위 말하는 무광이다. 광택이 있는 원단은 정반사가 많이 일어나므로 원래보다 더 옅어 보인다. 따라서 색을 판별할 때 정반사 데이터를 뺀 데이터와 포함한 데이터 둘 중 하나를 선택할 수 있다. 같은 컬러지만 표면의 굴곡에 따라 다르게 보일 수도 있다. 즉, 텍스처드textured한 표면과 광택glossy이 돌거나 울퉁불퉁한 표면은 같은 색이라도 더 진하게 또는 더 연하게 보인다.

비치는 원단

시폰 조제트처럼 얇아 속이 비치는 시어 패브릭sheer fabric은 제대로 된 데이터를 갖기 위해 네 겹으로 겹친 다음 색을 판정할 수 있으며 그래도 부족하면 그 이상 겹쳐볼 수도 있다.

이제 처음으로 돌아가 QTX 파일을 읽어보자. 어떤 컬러를 떠올릴 수 있다면 제대로 이해한 것이다.

색이론 3

빛의 삼원색

우리 눈으로 보는 색은 결국 빛의 여러 가지 파장이다. 빛은 파장에 따라 모든 색을 포함하고 있으며 가상색을 포함하면 그 수는 거의 무한대다. 그렇다면 파장을 감지하는 눈의 원추 세포도 무한대의 종류여야 한

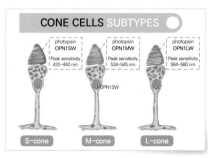

△ 세 종류의 원추세포

다. 그런데 단 세 가지 파장의 색만으로 우리는 그것들을 조합해 다른 모든 파장의 색을 만들 수도 있다. 예를 들면 빨강인 700나노미터의 파장을 초록인 530나노미터의 파장과 섞으면 615나노미터의 파장이 생기는데 이는 노랑에 해당한다. 즉, 가시광선 영역의 처음과 중간 그리고 마지막 부분에 해당하는 파장이 있으면 대부분의 색을 조합할 수 있다. 따라서 세 가지 원추세포로 가상색을 포함한 거의 모든 색을 인식하기에 충분하다.

원추세포는 사이즈별로 S, M, L이 있어서 각각 해당되는 파장의 빛Blue, Green, Red을 받아 대뇌로 전송한다. 대뇌는 그것을 섞어서 하나의 색으로 인식한다. 물론 각각의 원추세포가 특정 한 지점을 인식하는 것이 아니라 다음 그래프처럼 서로 겹치면서 가시광선 대부분의 영역을 커버한다. 원추세포의 민감도는 S에서 440나노미터, M에서 540나노미터, 그리고 L에서 570나노미터가 가장 높게 나타난다. 따라서 우리가 보는 원색조차 사실 대뇌가 조합해 창조한 상상의 것이다. 세 가지 원추세포인 대표색 RGB를 빛의 삼원색이라고 한다. 마찬가지로 컬러 TV는 수십만 컬러를 만들어내지만 색을 만드는 다이오드는 RGB 단 세 개뿐이다. 빛의 삼원색을 합치면 모든 색의 파장이 입력된 것과 같으므로 흰색으로 보인다.

삼색설을 처음 주장한 영과 헬름홀츠의 삼원색은 RGV, 즉 블루가 아닌 바이올렛이었다. 전자기의 선구자이자 아버지인 제임스 맥스웰James Maxwell이 RGV를 RGB로 바꿨다. 요즘 사용하는 일반적인 컴퓨터 화면은 1,670만 컬러다. 인간이 이를 모두 인식할 수 있을까? 인간의 눈으로 구분할 수 있는

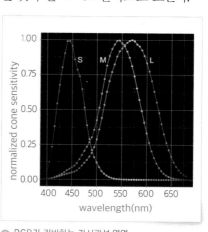

⬣ RGB가 커버하는 가시광선 영역

단색광은 200여 개이지만 혼합된 색과 명도·채도까지 고려하면 실제로는 수백만 컬러를 구분할 수 있다.

색의 삼원색

색의 삼원색은 빨강, 파랑, 노랑이다. 이는 빛의 삼원색에서 말하는 빨

강이나 파랑과는 다르다. 실제로는 마젠타magenta, 시안cyan, 옐로yellow이다. 둘은 무슨 차이가 있을까? 마젠타와 빨강을 같은 이름으로 부르는 것은 큰 오류다. 둘은 전혀 다르기 때문이다. 색의 삼원색은 광원에서 나간 빛이 물체에 반사되어 눈에 입력된 결과다. 염료나 잉크의 발색단 분자가 색을 만들어내는 기능은 특정 광원의 색을 흡수하는 것이다. 그에 따라 흡수되지 않은 나머지 빛이 물체에 반사되어 우리 눈에 입력된다. 예를 들어 마젠타는 그린을 흡수하는 잉크다. 따라서 나머지 레드와 블루가 반사되어 눈에 입력되며 대뇌는 이것을 마젠타로 읽는다. 같은 원리로 시안은 R을 흡수하는 잉크다. 따라서 우리는 G와 B가 합쳐진 컬러를 본다. 그러므로 빛의 삼원색을 각각 조합했을 때 겹치는 부분의 컬러를 보면 R + G는 옐로이고 R + B는 마젠타 그리고 B + G는 시안이 된다.

물체에 반사되어 눈에 입력된 빛은 광원에서 직접 나온 빛이 아니라 염료나 잉크에서 반사되어 나온 빛이다. 즉, 우리가 TV에서 보는 빨강과 인쇄물에서 보는 빨강은 다르다. 이렇게 빛

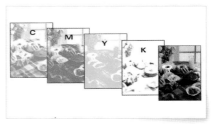

● 망점을 이용한 감색 혼합의 색 재현

의 삼원색이 겹쳐져 만들어진 컬러가 색의 삼원색이다. 따라서 색의 삼원색으로 인쇄물을 출력하면 거의 모든 색을 만들 수 있다. 컬러프린터의 토너가 CYMK로 4색인 이유다. 검은색인 K가 별도로 준비된 이유는 잉크의 두께가 얇아 빛이 투과하므로 삼원색의 합으로는 충분히 검게 인쇄되지 않기 때문이다. 따라서 검은 잉크는 투과성이 낮게 설계되었다.

　색의 삼원색을 겹치면 빛의 삼원색인 RGB가 나타난다. 예를 들면 옐로는 R + G이다. 그리고 마젠타는 R + B이다. 이유가 뭘까? 다시 말하지만 각각의 염료는 특정 색을 반사하는 것이 아니라 흡수하는 기능을 가진다. 옐로는 B를 흡수하는 분자이고 마젠타는 G를 흡수하는 분자다.

옐로와 마젠타를 합치면 결과는 R + G + B가 되지만 각각 G와 B를 흡수해 버리므로 남은 R만 반사해 눈에 입력된다. 따라서 빨강으로 보이게 된다. 색의 삼원색을 모두 합치면 각각의 염료가 RGB를 모두 흡수

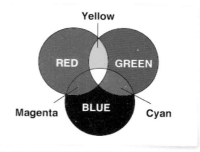

⬤ 색의 삼원색은 빛의 삼원색의 교집합

해 버리므로 검은색으로 보이게 된다.

보색 관계

색의 삼원색을 모두 섞으면 검은색이 되고 빛의 삼원색을 모두 섞으면 흰색이 된다. 그런데 서로 반대되는 두 색을 섞어도 검은색 또는 흰색을 만들 수 있다. 예를 들어 시안과 R을 섞으면 흰색이 된다. 이유는 시안

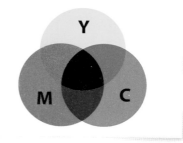

⬤ 빛의 삼원색은 색의 삼원색의 교집합

이 G와 B를 반사하는 색이기 때문이다. 결과는 R + G + B가 된다. 이것이 보색 관계. 색상환의 반대편에 있는 색이 보색이며 두 색을 합치면 검은색이 된다.

다원색

왜 하필 삼원색일까? 사원색이나 오원색을 쓰면 색역gamut이 더 넓고 다양해질 것이다. 사원색으로 된 눈을 가진 동물도 있지만 인간의 원추

세포는 세 가지로 진화했다. 각자 필요에 의해 진화한 것이다. 일본의 샤프는 2010년에 옐로를 추가한 사원색 TV를 개발했다고 하는데 이론적으로 색역은 넓어졌을 것이나 실제로 어느 정도 차이를 느낄 수 있는지는 확인해 봐야 한다. 현재 실물과 가장 가까운 색을 구현하는 디스플레이는 32원색이라고 한다.

스케이트와 슈라이너 가공

직물의 광택은 예로부터 대단히 중요했다. 비싼 직물만 광택이 났기 때문에 '광택 = 비싼 원단'이라는 공식이 성립했다. "기름기가 흐른다"라는 표현은 말 그대로 광택이 난다는 뜻이다. 피마면이나 이집트면 또는 해도면은 섬유장이 길기 때문에 면직물이라고 해도 믿을 수 없을 정도로 좋은 광택이 난다. 부드러운 광택이 흐르는 고운 천연 면은 100수 이상의 면직물에서나 볼 수 있는 귀하고 값진 것이었다. 그런 이유로 머서라이징 mercerizing이라는 광택 가공이 개발되었다. 영국의 존 머서 John Mercer가 발명한 이 가공은 면의 미세구조를 이용한 원리로 만들어졌다. 면의 중심부에 찌그러져 있는 공간인 루멘 lumen을 수산화나트륨을 이용해 팽윤시켜 광택을 부여한 것

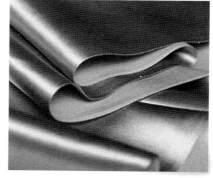

⬥ 새틴 직물

이다. 주름이 펴지면 굴곡이 없어지면서 난반사가 줄고 표면이 평활해지면 정반사가 늘어 광택이 난다. 보톡스를 맞아본 사람은 잘 알 것이다. 1844년에 발명된 이 가공은 지금도 모든 면직물의 염색 과정에 기본으로 행해지고 있다. 의류소재의 광택 트렌드는 형태만 달리할 뿐, 매 시즌 빠지지 않고 등장하는 가장 중요한 감성이다.

의류에 광택을 부여하기 위해 섬유 → 원사 → 원단 등 모든 단계에서 다양한 방법을 적용하고 있다. 섬유는 단면 설계, 원사는 꼬임수 조절이나 실켓silket 가공, 원단은 후가공 등이 있다. 광택이 생기는 이유는 빛의 정반사 때문이다. 원단의 표면에 정반사를 유도하는 가장 쉬운 방법은 자동차에 광택을 내는 방법과 똑같다. 즉, 표면을 플랫flat하게 만드는 것이다. 섬유에서 평활이 의미하는 것은 매끄러운 표면과 삼각형 단면이다.

합섬은 고분자가 노즐을 빠져나오기 때문에 표면이 평활해 저절로 광택이 난다. 삼각형 단면은 정반사가 일어나는 면적을 극대화한 것이다. 방적사는 꼬임수를 적당히 적게 가져가야 광택에 도움이 된다. 원단은 가스불로 표면의 털을 그을려 없애는 모소singeing를 비롯해 열과 압력을 가해 표면을 평활하게 만드는 방법이 있다. 원단에 광택을 부여하는 후가공은 간단하지만 다림질을 한 것 같은 탁월한 효과가 있다. 다림질로 인한 광택은 압력과 열의 합작품이다. 슈라이너schreiner는 원단 가공이다. 원단에 열과 압력을 동시에 가해 광택을 얻는 후가공은 간단하고 비용도 저렴하지만 두 가지 부수 효과까지 따라온다. 첫째는 소프트 핸드필soft hand feel이다. 면직물도 소프트해지지만 화섬은 핸드필이 극적으로 달라진다. 둘째는 다운프루프down-proof이다. 원단이 납작하게 압착되면서 원단의 틈새가 좁아져 적정 고밀도로 설계한 직물은 이 가공으로 다운프루프가 실현된다.

원단의 광택 가공은 소재에 따라 다르게 부른다. 이를테면 화섬 원단의 광택 가공은 씨레cire라고 하고 면 원단은 친츠chintz라고 한다. 캘린더

calender 가공이라고 할 때도 있는데 친츠나 씨레할 때 사용하는 압력 롤러를 캘린더라고 하기 때문이다. 폴리에스터나 나일론은 가소성 소재다. 즉, 열에 의해 형태가 변하므로 성형 가

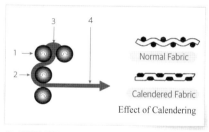

😊 캘린더 가공

능하다. 따라서 열과 압력에 의해 섬유가 반영구적으로 납작해질 수 있고 세탁 후에도 광택을 유지할 수 있다. 하지만 면은 가소성 소재가 아니므로 열이나 압력에 의해 유리전이온도에 달하면 눌리긴 하지만 영구 변형이 일어나지는 않는다. 일시적일 효과일 뿐이며 세탁 후에는 가공 효과가 대부분 사라진다. 따라서 100% 면보다는 T/C 혼방직물에 효과가 좋다. 그렇더라도 순면에 좀 더 나은 친츠 효과를 만들 수는 없는 것일까?

스케이트가 딱딱한 얼음 위를 미끄러지듯 달리는 원리는 무엇일까? 얼음 표면이 매끄러워서일까? 일부는 맞지만 정답은 아니다. 유리는 얼음보다 훨씬 더 매끈하지만 유리 위에서

는 스케이트를 탈 수 없다. 그렇다면 유리에는 없고 얼음에는 있는 특별한 것이 무엇일까? 바로 물이다. 얇은 스케이트 날이 얼음을 눌러 압력이 높아지면 얼음의 녹는점이 내려간다. 온도는 영하이지만 얼음이 녹아 물이 된다는 뜻이다. 물이 얼음과 스케이트 날 사이에 들어가 마찰력을 줄여준 덕분에 스케이트 날은 얼음 위를 매끄럽게 달린다. 엔진오일이 하는 역할과 같다. 스케이트 날은 왜 칼처럼 예리할까? 답은 간단하다. 그래야 더 잘 미끄러지기 때문이다. 스케이트 날이 예리할수록 잘 미끄러지는 이유는 날의 면적이 작을수록 얼음을 누르는 압력이 커지기 때문

이다. 손바닥에 연필을 눌러 압력을 가해보자. 같은 힘으로 압력을 가해도 연필심 쪽이 반대쪽보다 더 아프다. 이유는 작은 면적이 가하는 압력이 더 크기 때문이다.

친츠 가공을 하는 캘린더는 밋밋한 표면을 가진 원통 롤러다. 따라서 동일한 압력이 원단 전체에 골고루 전해진다. 만약 스케이트 날처럼 면적을 작게 만들어 가압하면 훨씬 더 큰 압력을 얻을 수 있을 것이다.

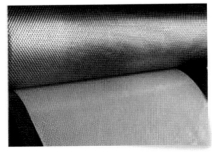

🔵 표면이 엠보싱되어 있는 캘린더

1895년 슈라이너는 스케이트 원리에 착안해 캘린더 표면에 수평 방향으로 양각한 가느다란 줄무늬를 넣었다. 이런 작업을 엠보싱embossing이라고 한다. 양각의 튀어나온 줄무늬는 면적이 극히 작기 때문에 원단에 대단히 큰 압력을 가할 수 있다. 따라서 원단 표면에는 몇 배나 더 반짝이는 줄무늬 광택이 생기게 된다. 만약 줄무늬가 사람이 인식할 수 없을 정도로 가늘다면 줄무늬는 보이지 않고 광택만 나타나게 된다. 이를 위해 슈라이너는 1인치당 무려 600개의 줄무늬를 넣었다. 효과는 극적이었다. 슈라이너 가공된 면직물은 실크 같은 광택과 더불어 면직물인지 의심스러울 정도로 부드러운 감촉을 가진다. 대한방직이 이 작업을 가장 잘하는 공장이었다.

인열강도를 증강하는 방법

강도strength는 물리적인 힘을
견디는 정도를 말한다. 끊어지
는 힘, 찢어지는 힘, 터지는 힘,
마찰하는 힘 등에 저항하는 능
력이다. 인장강도는 길이 방향
으로 잡아당기는 힘을 견디는
정도이며 인열강도는 찢어지는

● 말 두 마리가 바지를 양쪽으로 잡아당기는 리바이스 로고

힘을 견디는 정도다. 따라서 인장은 실, 인열은 원단과 관련이 있다는 것
을 알 수 있다. 둘은 비슷해 보이지만 전혀 다르다.

인장강도

방적사의 인장강도tensile strength는 단순히 섬유 다발의 개수에만 비례
하지 않는다. 그 외에도 여러 가지 요인에 따라 달라지는데 실의 굵기와

섬유장, 마찰계수, 배향성, 꼬임수 등이 그것이다. 실제로 섬유의 올 개수 는 인장강도에 미치는 영향이 전체 요인에서 4분의 1이나 5분의 1밖에 되지 않는다. 방적사는 단섬유들을 꼬아 서로 간의 측면 접촉 마찰을 통 해 길이를 확장한 것이기 때문에 마찰계수가 클수록 유리하다. 꼬임은 압 력을 통해 단섬유들 간의 접촉 면적을 늘려 마찰을 증가시킨다. 철봉에 매달리기 위해서 손에 압력을 줘 철봉을 꽉 잡는 것과 마찬가지다. 이때 섬유장은 큰 영향을 끼친다. 섬유장이 길수록 단위면적당 단섬유 개수가 더 적으므로 마찰력이 커져 잡아당기는 힘인 인장력에 저항하기 쉽다.

반대의 경우를 생각해 보면 쉽다. 섬유장이 너무 짧은 섬유는 접촉면 적이 너무 적어 실로 만드는 것이 불가능하다. 절벽에 매달린 사람을 살 리려면 손가락을 걸어서 올리는 것보다는 손이나 팔을 붙잡아 올리는 것 이 더 좋은 것과 마찬가지다. 화섬의 스테이플 파이버staple fiber인 경우는 섬유장을 얼마든지 조정할 수 있으니 문제없지만 면 같은 천연섬유는 원 산지에 따라 섬유장이 크게 다르기 때문에 섬유장 13~27mm 정도의 저 렴한 미면이나 인도면, 중국면 등의 면사는 당연히 섬유장이 40~50mm 인 해도면sea island이집트면보다 더 고급인 지구 최고의 면화나 30~40mm인 이 집트면보다 인장강도가 많이 떨어진다. 저렴한 원료는 마찰 증진을 위해 꼬임수를 증가해 보완해야 한다. 하지만 꼬임수의 증가는 핸드필이 나빠 지고 원사가 공기를 품는 양, 즉 함기율이 저하되는 결과로 나타난다. 이 차이는 극명하게 나타나는데 꼬임수가 적은 피마pima면으로 된 티셔츠는 믿을 수 없을 정도로 소프트하다.

피마면은 고급 면이다. 미면이라고 모두 싸구려는 아니다. 피마면은 이 집트면을 미국의 피마 지방에서 미면과 잡종 교배해 재배한 것이다. 섬유 장이 40mm까지다.

배향도orientation는 섬유들이 한 방향을 가리키는 정도다. 고르게 배열 되어 있으면 마찰력이 최대가 되므로 배향도 또한 인장강도에 영향을 미친다. 따라서 CD사카드사보다 CM사코마사 강력이 더 좋다. 꼬임수의 증가는 폭발적인 강력의 향상을 가져오겠지만 한계를 넘으면 오히려 강력이 저하하고 핸드필도 나빠진다. 마찰계수가 클수록 미끄러운 원료보다 서로 붙들고 있는 힘이 커져 강도를 좋게 한다. 제직할 때 경사에 풀을 먹이는 이유가 바로 이것 때문이다. 호부sizing를 하면 마찰계수가 증가하고 각 섬유 간의 접착력이 좋아지고 강도가 좋아져서 제직 시 경사가 끊어지지 않게 된다. 마찰력 증진을 위해 섬유 올 개수를 늘리는 것도 방법이다. 이 때문에 섬유장이 짧은 면은 굵은 태번수 실을 주로 방적한다.

면 같은 식물섬유는 습윤 시, 즉 젖어 있을 경우 약 10% 정도 강도가 높게 나타난다. 비스코스 레이온viscose rayon은 그 반대 현상을 보인다. 비스코스는 습윤 시 강도가 크게 낮아지며 이 점이 비스코스 레이온의 아킬레스건이기도 하다. 케미컬chemical도 강도에 영향을 미치는 인자다. 면은 산에 상당히 약하다. 묽은 무기산으로도 면은 충분히 취화약화할 수 있다. 반대로 동물성 섬유인 양모나 실크는 알칼리에 약하다. 머서라이징은 대표적인 알칼리 처리법이다. 면직물에 기본적으로 행하는 머서라이징은 강력에 영향을 준다. 물론 좋아지는 쪽이다. 머서라이징을 하지 않으면 당연히 강력이 약해진다고 볼 수 있다. 동물성 섬유에는 금물이다. 자외선도 영향을 준다. 실크나 나일론은 자외선에 가장 약하다. 반면 내후성이 좋은 아크릴은 자외선에 가장 강하다. 풀덜은 세미덜보다, 세미덜은 브라이트보다 강력이 약하다. 섬유 내부에 들어 있는 무기질인 소광제 때문이다. 염소 표백제도 영향을 주는데 특히 나일론이나 폴리우레탄은 염소계 표백제를 쓰지 않는 것이 좋다.

인열강도

인열강도는 인장강도와 전혀 다르다. 인열강도는 원사가 아닌 원단에 작용하는 힘이다. 둘은 비슷해 보이지만 실제로는 크게 다르다. 원단도 인장강도를 나타낼 수 있지만 너무 큰 수치가 나와 무의미하다. 원단의 인장강도는 실에 비해 너무 강하기 때문이다. 원단을 단순히 양쪽으로 잡아당겨 절단하려면 어마어마한 힘이 필요하다. 하지만 원단을 비틀어 찢는 힘은 다르다. 인장강도는 원단을 구성하는 모든 실이 힘에 저항하지만 인열은 찢어지는 부위의 단 한 가닥 실만 관계된다. 찢어지는 작용은 마치 도미노처럼 단 한 가닥의 실이 끊어지는 과정이다. 결국 인열에 저항하는 실은 한 가닥에 불과하다. 그것이 비록 수천 개 연속으로 놓여 있더라도 찢어지는 순간에는 한 가닥의 실만 저항할 수 있다. 따라서 인열은 실의 굵기만 관계 있고 밀도는 별로 상관이 없다. 인장강도가 높은 원사로 만든 직물은 대체로 인열강도도 높게 나타나겠지만 원단에는 원사와는 전혀 다른 변수가 존재한다. 바로 원단의 핸드필이다. 핸드필이 딱딱하면 같은 원단이라도 인열강도가 나빠진다. 반대로 소프트하면 인열강도가 좋아진다. 실제로 아주 소프트한 원단은 인열강도가 무한대로 나오기도 한다. 즉, 아예 찢어지지 않는다. 따라서 원단에 방수를 위해 코팅가공을 하면 인장강도는 좋아지지만큼 의미는 없다 인열강도가 나빠지는 경우가 발생한다. 유연제 softener가 도움이 되는 것은 이 때문이다.

이처럼 핸드필이 인열강도와 큰 상관관계에 놓여 있는 이유는 충격을 받는 시간 때문이다. 계란을 시멘트 위에 떨어뜨리는 것과 방석 위에 떨어뜨리는 것의 차이로 설명 가능하다. 부드러운 물체는 힘을 받았을 때 바로 저항하지 않고 약간 뒤로 물러선다. 즉, 시간 차가 발생한다. 이 시간 지연이 충격을 줄여준다. 유도의 낙법과 마찬가지다.

자동차 사고가 날 때 빠른 속도로 달리다 충돌하면 피해가 훨씬 더 크다. 그래프를 보면 충격량 S_1과 S_2가 같을 때 충격력, 즉 물체에 작용하는 힘은 S_1이 훨씬 더 크다. 시간이 짧기 때문이다.

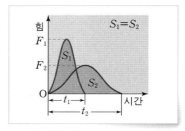

▲ 힘과 시간의 관계

파일pile 직물의 경우는 경파일인 벨벳velvet 보다는 위파일 직물인 벨베틴velveteen이나 코듀로이corduroy에서 가끔 문제가 발생한다. 위사의 대부분이 그라운드ground를 구성하는 부분을 빼고는 약 70% 가까이 절단되어 버리기 때문에 두꺼워 보여도 실제로는 약하다. 이 경우도 마찬가지로 소프트한 것이 유리하다. 대부분 문제를 일으키는 것은 21웨일wale이나 16웨일 코듀로이인데 워싱washing을 하고 나면 확실히 좋아지며 유연제를 바르면 더 좋아진다.

40수로 위사밀도가 180 정도인 것을 쓰면 32수로 150 정도를 쓰는 것보다 인열강도가 훨씬 더 높게 나오는데 이것도 핸드필 때문이다. 즉, 굵은 실로 밀도를 낮게 하는 것보다 가는 실로 밀도를 높게 하는 것이 같은 중량이라도 상대적으로 더 좋은 강도를 나타낸다는 말이다. 그러나 정비례하지는 않는다. 실제로 같은 웨일의 코듀로이라도 원사의 굵기나 밀도가 다른 종류가 여럿 있다.

인열강도는 조직의 영향을 크게 받는다. 인장강도는 실이 절단될 때 실의 대부분이 거의 동시에 절단되지만 인열강도는 실 가닥이 하나씩 단계적으로 절단되기 때문에 훨씬 약하  다. 따라서 조직의 영향을 많이 받게 되는데 조직점, 즉 경사와 위사가 만나는 점이 많을수록 인열강도가 약하다. 따라서 평직의 인열강도가 가장 약하다. 트윌twill인 경우는 당연히 더 낮고 새틴satin이 가장 좋다. 2 × 2 바스켓 조직은 평직에 비해 3.6배의 인열강도를 보인다. 3 × 3이 되면 무려 5배가 된다.

젖으면 강해지는 섬유와 약해지는 섬유

　뉴욕에 출장 간 박 과장이 묵고 있던 호텔에 불이 났다. 다행히 룸이 4층이어서 커튼을 잘 연결해 밧줄을 만들면 안전하게 빠져나갈 수 있을 것 같았다. 그런데 아쉽게도 면소재인 커튼 원단이 충분히 두껍지 않아서 타고 내려가는 도중에 끊어져 버릴 것 같았다. 커튼을 더 질기게 해서 무사히 탈출하려면 박 과장은 어떻게 해야 할까?

　면이 젖었을 때 강도는 크게 증가한다. 반대로 비스코스는 극적으로 약해진다. 전문용어로 습윤강도가 약하다. 둘 다 방적사인 경우다. 둘은 같은 셀룰로오스 섬유인데 왜 정반대의 현상이 일어날까? 둘의 물성은 매우 비슷하다. 예컨대 비중, 강한 친수성, 낮은 레질리언스resilience나 불에 타는 성질 등이다. 그런데 유독 물에 젖었을 때 물성이 크게 달라지는 이유가 궁금하다.

　면의 습윤강도가 높은 이유는 친수성인 면 섬유가 물을 끌어당기는 물 분자와 결합하기 때문이다. 물수건을 유리창에 던지면 달라붙는 이유다. 물을 좋아하는 유리가 물기를 끌어당기면 물수건은 중력을 이기고

△ 면직물

△ 비스코스 직물

한동안 유리창에 붙어 있을 수 있다. 물은 면 섬유 사이에 끼어 서로 잡아당기는 힘을 증가시킨다. 이는 같은 셀룰로오스인 마 섬유도 마찬가지다. 전단응력이 증가하는 것도 같은 이유다. 섬유들이 뭉쳐 있을 때는 응력이 약해지지만 각각 풀려 자유로워지면 응력이 강해진다.

또 다른 이유는 마찰이다. 방적사의 인장강도는 마찰계수가 매우 중요한데 마찰계수가 커야 당기는 힘에 저항하기 좋기 때문이다. 방적이라는 과정 자체가 섬유들을 고르게 배열한 다음 단섬유들끼리 마찰이 최대로 일어나게 하는 과정이다. 체조선수가 손에 파우더를 바르는 것도 마찰계수를 높여 철봉을 놓치지 않고 잘 버티기 위해서다. 방적사는 섬유 다발이 미끄러지지 않도록 해서 원하는 강력을 얻기 위해 꼬임을 준다. 꼬임을 많이 줄수록 섬유들은 접촉 표면이 늘어나 마찰계수가 커지며 미끄러지지 않는다. 레이스에 참가하는 F1 자동차의 타이어 표면이 아무런 패턴 없이 평평한 이유도 같은 원리로 땅과 타이어의 접촉을 최대화해 마찰계수를 크게 한 것이다. 꼬임수의 증가는 압력이 원사 내부 중심으로 커지게 만들어 섬유들 간의 인력을 증가시킨다. 이 효과는 인장강도 증가와 비례한다.

면이 어느 정도 젖으면 단섬유들 간의 마찰계수가 커져서 인장강도를 증진시킨다. 하지만 너무 많이 젖으면 오히려 마찰계수가 낮아진다. 이때는 물이 윤활유 역할을 하기 때문이다. 나무로 만든 복도에 물을 조금 뿌

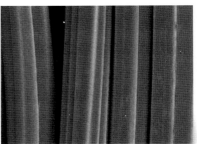

🔵 면과 비스코스 레이온 섬유의 표면

리면 그 위를 걷는 사람이 절대 미끄러지지 않는다. 하지만 물이 흐를 정도로 많이 뿌리면 마치 기름을 바른 것처럼 잘 미끄러진다. 비 오는 날 자동차에 수막현상이 일어나 미끄러지기 쉬운 것도 마찬가지다. 이때는 땅과 타이어의 접촉이 아니라 물과 물의 접촉이 일어나 서로 미끄러진다. 염색견뢰도에서 습마찰wet rubbing 결과가 나빠지는 이유도 이 때문이다. 친수성이 아닌 소수성 소재인 경우에는 젖었을 때도 강도에서 차이가 나타나지 않는다.

비스코스는 면과 달리 표면이 매끄럽기 때문에 마찰계수가 높아지는 구간이 매우 협소하다. 따라서 적은 양의 물에서도 슬립이 급속하게 일어나며 결과는 인장강도의 저하로 나타난다. 또 다른 이유는 비스코스의 결정화도가 낮기 때문이다. 즉, 비스코스의 결정영역이 면의 100분의 1밖에 되지 않아 물이 비결정 사이에 쉽게 끼어들어 분자 간 결합력을 방해한다. 따라서 결정화도를 높이면 습윤강도가 높아질 것이다. 모달Modal이 바로 그렇게 설계된 원사이며 습윤강도가 별로 약해지지 않는다.

면의 경우 태사보다 세번수 원사의 습윤강도가 더 커질 것이다. 이미 강도가 높은 실에서는 상대적으로 물로 인한 영향력이 세번수만큼 크지 않기 때문이다. 따라서 10수와 40수의 습윤강도 차이는 두 배 이상이다. 화섬의 경우는 강도의 차이가 거의 없지만 방적사라면 약간 더 늘어난다. 폴리에스터보다는 나일론의 증가폭이 더 크다. 나일론의 흡습성이 더 높기 때문이다. 식물성 섬유를 제외한 다른 섬유는 모두 습윤강도가 약하다.

카키와 올리브그린의
컬러매칭이 어려운 이유

원단을 구매하는 벤더vendor나 판매하는 공장mill 직원에게 가장 성가신 컬러를 들라고 하면 세 종류를 꼽는다. 첫째는 아름다운 파란빛이 도는 터쿼이즈turquoise이고 둘째는 초록색인 제이드jade 컬러 계열이다. 셋째는 카키와 소위 국방색이라 불리는 올리브그린이다. 터쿼이즈는 제이드와 더불어 균염이 어려워 균일한 착염이 힘들다. 즉, 색이 희끗희끗하게 나오는 단점이 있다.

카키와 올리브그린은 레디시reddish하거나 또는 반대로 그리니시green-ish하게 돌아서 자주 문제가 된다. 뿔빨 때문에 랩딥을 다시 하라고 하면 이번에는 틀림없이 초록빨이 돌아서 온다. 초록빨 때문에 퇴짜를 놓으면 이번에는 뿔빨로 되돌아온다. 미칠 지경이다. 전혀 달라 보이는 컬러인 카키와

올리브그린은 대체 왜 이런 일이 생기는 것이며 둘은 어떤 공통점이 있을까? 묘하게도 지금의 이야기와 전혀 상관없는 공통점이 하나 있는데 바로 둘 다 '군복색'이라는 것이다. 두 컬러가 군복이 된 이유는 자연과 관계 있다. 군복은 눈에 잘 띄지 말아야 한다는 목적이 있다. 즉, 주위 배경에 묻히는 것이 좋으므로 가장 흔한 사물과 비슷한 색상을 띠는 것이 유리하다. 지구상에서 가장 흔한 사물은 바다를 빼면 숲과 땅이다. 숲은 초록이며 땅이나 모래는 카키다. 그런 이유로 군복의 색이 결정된 것이다.

염색공장에서 바이어가 원하는 특정 컬러를 만들기 위해 염료를 배합하는 것을 '조색'color matching이라고 한다. 즉, 조색은 요리로 말하자면 레시피와 마찬가지다. 조색은 빨강, 파랑, 노랑인 삼원색 염료로 이루어진다. 성분의 양에 변동만 있을 뿐 재료가 단순하고 무척 간단한 요리와 마찬가지다. 예를 들어 초록색을 내기 위해서는 빨강과 노랑이 필요하다. 물론 실제 조색은 그렇게 단순하지 않다. 우리가 보는 거의 모든 색깔은 삼원색 모두를 필요로 한다. 삼원색은 다른 색과의 조합 없이 단독으로 만들어내는 색이라는 정의가 있다. 하지만 그것은 빛의 삼원색인 경우다. 즉, 광원의 색이다. 광원에 의해 반사되는 이른바 '색의 삼원색'이란 있을 수 없다. 삼원색과 가장 유사한 것으로 빨강은 마젠타, 파랑은 시안, 노랑은 옐로로 표현한다. 즉, 마젠타라도 빨간색 한 가지로 조색하지 못한다는 말이다. 실제로 색의 삼원색을 포함해 염색하거나 출력하는 모든 색은 CYM으로 조색한다. 삼원색의 염료를 얼마만큼 투입하느냐에 따라 색이 달라지는 알고리즘으로 되어 있다.

레시피에서 각 염료의 퍼센티지를 보면 알겠지만 소수점 네 자리까지 따질 정도로 염료의 양은 매우 정밀하게 취급한다. 하지만 아무리 미세하게 정량해도 염색 과정은 염료가 분자 단위로 움직이는 전형적인 아날로그 공정이다. 더구나 최종 컬러는 염료의 양뿐만 아니라 염욕의 온도, pH, 건조 시간, 심지어 용수의 종류 같은 사소한 팩터도 개입한다. 따

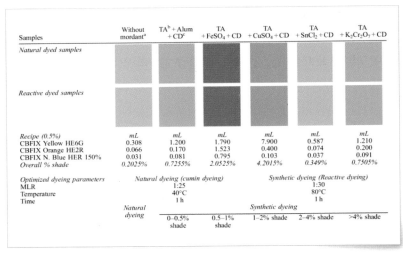

Samples	Without mordant[a]	TA[b] + Alum + CD[c]	TA + FeSO$_4$ + CD	TA + CuSO$_4$ + CD	TA + SnCl$_2$ + CD	TA + K$_2$Cr$_2$O$_7$ + CD
Natural dyed samples						
Reactive dyed samples						
Recipe (0.5%)	*mL*	*mL*	*mL*	*mL*	*mL*	*mL*
CBFIX Yellow HE6G	0.308	1.200	1.790	7.900	0.587	1.210
CBFIX Orange HE2R	0.066	0.170	1.523	0.400	0.074	0.200
CBFIX N. Blue HER 150%	0.031	0.081	0.795	0.103	0.037	0.091
Overall % shade	*0.2025%*	*0.7255%*	*2.0525%*	*4.2015%*	*0.349%*	*0.7505%*

Optimized dyeing parameters	*Natural dyeing (cumin dyeing)*		*Synthetic dyeing (Reactive dyeing)*			
MLR	1:25		1:30			
Temperature	40°C		80°C			
Time	1 h		1 h			

Natural dyeing	*Synthetic dyeing*				
	0–0.5% shade	0.5–1% shade	1–2% shade	2–4% shade	>4% shade

○ 컬러 레시피

라서 똑같은 브랜드의 염료와 레시피로 만든 컬러라도 최종적으로는 탕 batch마다 색이 조금씩 다르게 나온다. 로트lot 차이가 발생하는 이유다. 물론 같은 로트에서도 리스팅listing이라든지 테일링tailing 같은 이색 문제가 빈번하게 일어난다.

　조색의 관점에서 보면 카키와 올리브그린은 빨간색의 양이 매우 적고 노란색 염료 투입량이 다른 두 염료에 비해 3~4배 이상 많은 레시피다. 즉, 각 컬러의 밸런스가 매우 기울어진 레시피다. 따라서 전체적으로 똑같은 오차가 발생하더라도 아주 적게 들어간 염료는 큰 영향을 받게 된다. 예컨대 0.1g의 오차는 노란색에서는 별것 아니지만

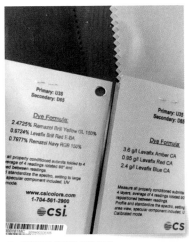

○ 오리지널 컬러인 CSI 컬러

빨간색에서는 매우 큰 오차가 된다. 빨간색이 이처럼 예민하므로 조금만 부족해도 초록빨이 돌고 조금만 초과해도 뿔빨이 도는 것이다. 즉, 염료 정량의 정밀도 면에서 불리하다. 이 오차는 이후 염색 과정에서 염욕의 온도, pH, 건조 시간 등에 따라 더욱 크게 벌어지게 된다.

카키와 올리브그린이 자주 문제가 되는 또 다른 이유는 빨간색의 불안정성이다. 빨간색 염료는 파란색 빛을 흡수하는 염료다. 에너지가 가장 큰 빛을 언제나 흡수하고 있으므로 가장 먼저 파괴된다. 불변 염색이라도 햇빛을 받는 모든 염료는 결국 자외선에 의해 파괴되는데 파괴되는 시간은 색에 따라 다르다. 빨간색이 가장 먼저 퇴색한다는 사실은 일상에서 모두가 경험하고 있을 것이다.

06

지속가능성
Sustainability

지속가능성이란

　지속가능성sustainability의 개념은 광범위하다. 지속가능성은 자연 생태계를 해치지 않고 인간이 다른 동물처럼 환경 친화적으로 살아가는 것에서 출발한다. 가깝게는 호모사피엔스 후손들을 위해, 거시적으로는 지구상에 우리와 함께 존재하며 생태계를 이루고 있는 5,000만 종 생물의 생존을 위해 필요하다. 지구를 구하기 위해서가 아니라 인간을 해치거나 지구상의 다른 동물과 식물의 생존까지 위태롭게 만들지 않기 위해서다. 만시지탄의 감이 있지만 그래도 아주 늦지는 않았다. '나도 먹고살기 어려운데 타인과 다른 생물 종까지 배려하는 오지랖을 부려야 하나?'라는 의문을 갖는 사람들을 위해 독특한 발상의 재미있는 이론을 하나 소개하겠다.

가이아 이론

　가이아 이론gaia theory은 1978년 영국의 과학자 제임스 러브록James

Lovelock이 『지구상의 생명을 보는 새로운 관점』이라는 저서를 통해 주창했다. 가이아란 그리스신화에 나오는 '대지의 여신'에서 착안한 존재로서 지구에 살고 있는 생물, 대기권, 대양, 토양을 포함하는 범지구적 실체다. 즉, 지구는 생물과 무생물이 서로 영향을 미치며 조절되는 유기체다. 만약 우리가 살고 있는 행성이 러브록의 주장처럼 살아 있는 하나의 개체이며 생존을 위해 노력하는 존재라면 스스로 잘 돌아가고 있는 순환시스템을 막아 생태계를 해치는 인간은 일종의 버그나 병균 또는 감염에 해당한다. 따라서 소탕해야 하는 존재가 된다. 만약 누군가 최근의 과학 이론으로 지구라는 시뮬레이션 가상세계를 설계한다면 설계자가 일일이 조정하거나 간섭해야 돌아가는 시스템이 아니라 스스로 구동되는 시스템이어야 할 것이다. 이처럼 자동으로 굴러가는 시스템을 만들기 위해 설계자가 설정하는 중요한 알고리즘이 순환계다.

지구의 식물은 태양에너지로 산소와 영양분포도당을 만든다. 동물은 식물이 만든 산소로 호흡하고 영양분을 대사해 에너지를 얻으며 부산물로 식물이 필요로 하는 이산화탄소를 배출한다. 모든 생물은 수명이 다하면 소멸해 원래의 분자나 원자로 돌아간다. 이것이 순환시스템이다. 이처럼 순조롭게 돌아가던 순환계를 인류가 저해한다면 인간이 질병에 걸리지 않도록 면역계가 보호하는 것처럼 지구 생태계의 면역계가 작동해 버그를 소탕할지도 모른다. 가이아든 시뮬레이션이든 아이디어는 다르지만 결과는 마찬가지다. 순환생태계를 지켜야 한다는 것이다.

지속가능성은 단순히 친환경이라는 주제를 넘어 경제적·사회적 관점까지 범지구적 개념을 포괄하고 있다. 즉, 노동자의 인권문제나 아동노동 같은 주제도 이 범주에 들어간다는 말이다. 그에 따라 농업, 대기, 기후변화는 물론 에너지, 건강, 빈곤, 유해 화학물질, 유해 폐기물 문제와 수자원 보호, 절약 등이 광범위하게 포함된다. UN은 문제를 극복하기 위해 전 지구적으로 노력해야 할 과제들을 지속가능성 개발sustainability develop-

● UN이 목표로 삼은 17가지 주제

ment이라는 주제로 상정했다. 2017년 UN이 발표한 지속가능성 개발 분야는 모두 17개다.

　여기에 포함되는 모든 항목은 지속가능성의 범주에 들어간다. 패션산업에서도 이를 염두에 두고 의무적으로 반영하지 않으면 재앙에 직면하게 될 것이다. 이 주제는 앞으로 영원히 바뀌지 않을 메가 트렌드다. 패션산업에서 당장 관심을 가져야 할 세 가지 주제는 친환경, 건강, 그리고 자원절약이다. 모든 소재 개발이나 공장 설비, 의류 설계에 한 가지나 두 가지 또는 셋 모두를 반영해야 하며 실패하면 시장에서 사라지게 될 것이다.

왜 지속가능성일까?

1492년 콜럼버스가 아메리카 대륙에 당도하기 전까지만 해도 북미대륙의 초원에는 아메리칸 들소, 즉 버팔로가 무려 6,000만 마리나 살고 있었다. 토착민인 인디언들은 들소를

사냥하기는 했지만 항상 일정한 개체 수를 유지하며 결코 남획하지 않았다. 현명한 그들은 자연 친화적이며 생태계를 교란하지 않는 지속가능한 삶을 기본으로 했다. 그러나 생태계의 법칙을 이해하지 못한 무지한 자들이 이 땅에 들어온 후, 단지 철도 건설에 방해가 된다는 이유로 또는 순전히 재미로 버팔로를 사냥해 결국 멸종에 이르렀다.

K는 2002년 한국에서 미국으로 이민해 시애틀에 정착했는데 우리나라에서 잡기 힘든 비싼 꽃게를 낚시로 쉽게 잡을 수 있다는 사실을 알고 놀랐다. 신이 난 K는 3시간 동안 큰 바구니 한가득 꽃게를 잡았는데 도저

히 식구들끼리 먹기가 어려워 이웃을 초대했다. 그런데 저녁식사에 초대된 이웃은 K가 잡아온 게를 보고 경악했다. 미국에서는 달러 지폐 크기 이하의 게를 잡는 것이 금지되어 있는데 만약 적발되면 상상을 초월하는 어마어마한 벌금을 부과한다. 당시 K가 잡은 게는 수백만 달러의 벌금을 물어도 부족할 만한 양이었다. 동물을 남획하지 않은 인디언의 깊은 뜻을 깨닫게 된 것이다.

천 년 동안 지속된 로마제국이 멸망한 원인으로 꼽히는 흥미로운 관점이 있다. 로마의 상류층은 '사파'sapa라는 포도 음료를 마셨는데 설탕이 없었던 당시, 사파를 더욱 달게 하기 위해 납으로 된 솥으로 포도를 끓이는 요리법이 유행했다. 납은 희한하게 단맛이 나는 금속인데 이를 납 설탕, 즉 '연당'sugar of lead이라고 한다. 로마 귀족은 달콤한 사파를 하루에 2리터 이상 마셨다고 한다. 끔찍하게도 매일 납을 들이켠 셈이다. 중금속인 납은 일단 체내에 들어오면 배출되지 않고 쌓인다. 시간이 지나면 축적된 납은 대개 대뇌로 가서 자리 잡는다. 이는 시흥에 취해 로마를 불태운 네로 황제처럼 조현병이나 조울증 같은 뇌 질환을 일으키는 원인이 되었을지도 모른다. 혹자가 이를 로마 멸망의 원인으로 지목한 이유다. 사실 납은 얼마 전까지도 그 폐해를 잘 알지 못했던 금속이다.

용융점이 낮아 손쉽게 가공되는 금속인 납은 오랫동안 인간 생활사의 모든 곳에 존재했다. 페인트나 납땜은 물론 치약 튜브, 심지어 아이들 분

🔵 연당

유 깡통에 이르기까지 광범위하게 사용되었다. 하지만 가장 무서운 예는 휘발유다. 1921년 미국 공학자인 토머스 미즐리Thomas Midgley는 골머리를 앓았던 자동차 내연기관의 노킹knocking을 줄이기 위해 휘발유에 첨가하는 촉매로 '4에틸납'을 개발했는데 효과가 탁월해 순식간에 전 세계에서 사용되었다. 그 결과 1995년 테트라에틸납이 전면 사용 금지될 때까지 75년간 전 세계 대기 농도에 포함된 납은 무려 이전의 60배에 달했고 즉각 사람의 혈중 납 농도로 반영되었다. 뒤늦게 무연 휘발유가 도입된 1991~2003년까지 서울의 대기 중 납 농도는 이전보다 6배 줄어들었다. 그동안 우리가 마신 납이 얼마나 무시무시했는지 알 만한 수치다. 하지만 대기가 1921년 이전으로 돌아가려면 앞으로도 수십 년 이상 기다려야 한다. 무연휘발유의 무연無鉛은 납이 없다는 뜻이다.

19세기 전기가 발명되기 전, 세계 최고의 문명 도시인 런던의 밤거리를 밝힌 조명은 가스등이었다. 가스등의 원료는 석탄가스다. 부산물은 말할 것도 없이 석탄재다. 그들은 석탄가스를 생산하고 나면 어마어마하게 쏟아지는 석탄재를 어떻게 처리했을까? 바로 템즈강에 버렸다. 강물은 석탄재를 모두 삼켜버렸다.

1988년 인도네시아 자카르타로 출장을 갔던 나는 중간에 낀 일요일을 보내기 위해 근처 섬에서 낚시를 하기로 하고 배를 타러 항구로 갔다. 그런데 항구에는 도저히 믿을 수 없는 광경이 펼쳐져 있었다. 배들은 있는데 푸르게 넘실대는 바닷물이 도무지 보이지 않는 것이다. 바다에 부유쓰레기가 빈틈없이 채워져 있어서 배들은 바다가 아니라 땅 위에 놓인 것처럼 정박되어 있었다. 바다는 시민들이 무분별하게 버린 쓰레기로 심각하게 오염되어 있었다. 배가 출발하고

🔺 쓰레기 바다

바닷물이 나타날 때까지 무려 40분을 가야 했다. 배는 40분 동안이나 쓰레기를 헤치며 나아갔다. 참혹한 광경이었다. 지속가능성은 이런 배경 위에 건설되었다. 순환 생태계라는 알고리즘을 이해하지 못하는 무지한 인류를 위해.

지속가능한 의류소재

얼마 전 Gap에서 CO_2 염색이 가능한 공장이 있는지 확인하는 메일이 왔다. 이산화탄소 염색이라니. 대부분은 그게 무엇인지조차 몰랐을 것이다. 하지만 정말 놀라운 것은 그들이 아직 교토의정서에도 사인하지 않았으며 파리협정까지 탈퇴하면서 지속가능성이라는 주제에 극히 이기적이고 무책임한 태도로 일관하고 있는 유일한 선진국인 미국의 대기업이라는 사실이다. Gap이 지속가능성에 관심을 갖는다는 것은 미국이라는 거대한 우산 아래 숨어 있는 동안 계속해서 자신의 신경을 건드리던, 목에 걸린 가시 같았던 주제가 미국산업의 보호나 정치적인 이익이라는 명목 아래 더는 숨을 수 없도록 글로벌 브랜드인 자신의 위상을 시시각각 위협하고 있음을 피부로 깨달은 것이다. 미국의 또 다른 글로벌 대기업인 나이키가 본격적으로 이 문제에 뛰어들었으므로 어두운 곳에 꽁꽁 숨겨왔던 예민한 문제가 이제 대명천지 햇볕으로 나와야 할 시간이 되었다.

🔺 물 없는 염색

최근 브랜드들이 관심 있는 두 축이 바로 기능성과 지속가능성이라는 주제다. 그동안 강 건너 불구경처럼 외면해 왔던, 사실상 손대기 까다로운 어려운 주제다. 일단 소비자의 구매 심리를 촉발할 만한 포인트가 약했다. 기능성은 크게 유행하는 주제이지만 아웃도어나 스포츠 브랜드에 한정된다. 캐주얼이나 정장에 기능성을 추가하려는 어떤 시도도 대부분 시장의 외면으로 인해 실패로 돌아갔다.

그런데 어느 날부터 갑자기 많은 메이저 브랜드가 혁신innovation과 기능성 그리고 지속가능성을 한목소리로 외치고 있다. 기능성은 흐릿하지만 최소한 어떤 것을 의미한다는 개념이라도 있다. 하지만 지속가능성은 도대체 어디서부터 손대야 할지, 어떤 것을 정확하게 지속가능성이라고 해야 할지 감조차 잡기 어렵다. 지속가능성이라는 주제가 최근에 밀어닥친 독극물이나 특정 화학제품에 대한 금지와 관계가 있는 것일까? 즉, 친환경과 구분되는 건강에 대한 주제가 지속가능성이라는 범주에 들어가는 것인지 아는 사람은 극히 드물 것이다. 사실 건강과 친환경은 서로 관계가 없어 보인다. 건강은 자신과 직접 관련되는 1인칭 현재시제이며 생존 본능과도 일치한다. 하지만 친환경은 자신과 다른 모든 이들을 포함하는 3인칭 미래시제다. 이타적이며 현재의 이익에 즉각 반영되는 주제도 아니다.

Gap은 세계 최초의 원조 글로벌 SPA 기업이며 Zara와 H&M에 자리를 뺏기기 전까지 무려 15년간 전 세계 1위를 차지한 세계 최대의 패션

어패럴apparel 기업이다. 그런데 불과 작년까지 전혀 관심 없었던 그들이 움직이기 시작했다는 것은 이제 모두가 맹렬하게 관심을 가져야 할 때가 되었다는 뜻이다. 즉, 임계점에 도달한 것이다. 물론 임계점은 최저치와 시작점을 의미하므로 앞으로 이 주제는 혁신과 뗄 수 없는 관계로 패션 '특이점'을 향해 급속도로 확산될 것이다. 그 전에 우리는 지속가능성을 완벽히 이해하고 있어야 한다. 그렇지 않으면 시장에서 도태되어 노키아Nokia나 코닥처럼 역사 속 이야기로 남게 될 것이다.

지속가능성과 관련된 기관

지속가능성에 대한 규제와 표준은 국가별 또는 브랜드별로 나눌 수 있다. 국가별 규제는 미국과 유럽이 놀라울 정도로 다르다. 규제는 지속가능성보다는 건강 문제로 인한 독극물에서 촉발했다. 둘은 비슷한 것 같아도 성격이 매우 다르다. 독극물은 지극히 이기적인 관심이며 지속가능성은 범세계적인 이타주의의 발로이기 때문이다. 독극물 규제는 폐해가 가장 심각한 납에서 시작해 니켈이나 크롬 등 중금속을 거쳐 프탈레이트, 아조azo염료, 포르말린, 불소화합물로 이어지다가 최근에는 듣기에도 생소한 유기금속 화합물 등 무려 58가지 독소 케미컬toxic chemical이 금지품목 RSL Restricted Substance List에 올라와 있으며 품목은 계속 늘어나고 있다.

브랜드별 표준은 H&M이나 파타고니아Patagonia가 돋보인다. 지속가능성을 마케팅으로 전면에 내세우면서 이를 만족시키려는 각종 인증기관이 생겼다. 금지하고자 하는 독소 케미컬의 종류가 워낙 방대하고 건강에 해를 끼치는 임계점을 객관적인 수치로 규정하기 어려워 하나하나 색출하기 힘든 상황을 반영해 자신의 이름을 걸고 이를 인증하려는 기관들이 생겨나게 된 것이다.

시초가 된 Oeko-Tex

Oeko-Tex Standard 100은 1992년에 시작한 이래로 과학적 근거에 따라 모든 생산 단계 섬유, 원사, 직물, 부속품을 포함한 최종 제품의 섬유 제품을 테스트하는 독립적인 인증 시스템이다. 수

백 가지 물질을 규제하는 포괄적이고 엄격한 조치 목록의 기반이다.

조치 목록
- 포름알데히드, 펜타클로로페놀, 카드뮴, 니켈 등 법적으로 금지된 아조착색제
- 법적으로 규제하지 않는 수많은 유해 화학물질
- 직물, 섬유, 의복, 부속품과 관련된 Oeko-Tex 협회의 전문가 그룹이 평가하는 유럽 화학물질규제 REACH 및 ECHA SVHC 후보 목록의 부속서 17 및 XIV의 요구사항
- Oeko-Tex 요구사항에 따라 Standard 100을 업데이트함으로써 관련성이 있다고 여겨지는 논의 및 개발 고려사항
- 납에 관한 미국 소비자제품안전개선법CPSIA의 요구사항
- 수많은 환경 관련 물질 등급

실험실 테스트 및 제품 등급

유해물질에 대한 Oeko-Tex 시험은 근본적으로 섬유 및 재료의 목적에 기초한다. 제품의 피부 접촉이 강하고 피부가 민감할수록 준수해야 할 인간 생태학적 요구사항이 엄격해진다. 제품 등급은 다음 네 가지가 있다.

- 제품 등급 I

  3세 이하 유아 및 유아용 용품속옷, 의류, 침구류, 테리 제품 등
- 제품 등급 II

  피부와 가까이 착용하는 제품속옷, 침구, 티셔츠, 양말 등
- 제품 등급 III

  피부와 멀리 착용하는 제품재킷, 코트 등
- 제품 등급 IV

  장식 · 가구 재료커튼, 테이블 보, 실내장식 커버 등

인증

- Oeko-Tex 100 for products
- Oeko-Tex 1000 for production sites/factories

Oeko-Tex Standard 100에 따른 제품 인증의 전제 조건은 제품의 모든 부분이 바느질 실, 인서트, 인쇄물 등과 같이 외부 원단에 추가로 요구되는 기준을 충족하는 것이다. 단추, 지퍼, 리벳 등의 비섬유 액세서리 추가 전제 조건은 운영 품질 보증 수단의 존재 및 적용뿐 아니라 신청자가 법적으로 구속력 있는 서명 및 적합성을 선언하는 것이다. Oeko-Tex® 홈페이지 참고.

Bluesign

Bluesign은 직물 제조의 환경 보건 및 안전에 대한 새로운 표준이다. 스위스에 본사를 두고 2000년에 설립된 블루사인 테크놀로지스 Bluesign Technologies AG로 알려진 조직은 원료 및 에너지 투입물에서 수질 및 대기 배출물 생산에 이르기까지 제조공정을 조사해 섬유공장에 대한 독

립적인 감사를 제공한다. 각 구성 요소는 생태 독성 영향을 토대로 평가된다. Bluesign은 감사 결과를 우려 순위에 따라 지정하고 유해한 화학물질이나 공정에 대안을 추진하면서 소비를 줄이는 방법을 제안한다. Bluesign의 권장사항을 입증할 수 있도록 채택한 섬유공장은 인증된 '시스템 파트너'가 되어 전 세계의 다양한 브랜드 및 소매업체로부터 지속가능한 공급업체로 인정된다.

환경의식이 있는 소비자는 Bluesign 레이블을 사용해 가장 지속가능 sustainable하고 사회적으로 의식이 높은 제품이라고 확신하는 재킷, 셔츠, 스웨터, 바지, 모자 또는 장갑을 구매할 수 있다. 지속가능한 모든 종류의 제품에 대한 요구를 감안할 때, Bluesign은 지난 몇 년 동안 옥외 의류 및 기어 사업의 주요 브랜드에서 중대한 견인차가 되었다.

파타고니아는 Bluesign의 최초 브랜드 회원이었으며 2000년에 설립한 이래 프로그램을 계속 지지해 왔다. 2012년 라인 제품 중에서 16%만이  Bluesign에서 승인한 원단을 포함했지만 공급 업체와 함께 목표를 재설정했다. 파타고니아 직물은 2015년까지 표준을 준수했다.

노스페이스North Face는 Bluesign의 헌신적인 파트너다. 회사는 2010년 이래로 표준의 모범이 되어왔으며 적어도 90%의 Bluesign 승인 직물로 만든 의류 품목을 제공한다. 2년 동안 공급망을 Bluesign 공인 공급업체로 전환한 노스페이스는 85개의 올림픽 수영장, 38개의 유조선 트럭만큼 화학물질 배출량을 절감했으며 탄소 배출량도 도로에서 차량 1,100대를 줄이는 것과 유사하게 절감했다.

Bluesign을 수용해 지속가능성을 선도하는 또 다른 아웃도어 의류 제조업체는 노르웨이의 헬리한센Helly Hansen이다. 2012년 라인에는 100개

이상의 헬리한센 500 제품이 Bluesign 표준을 충족하는 원단을 포함하고 있다. 그 수는 2013년에 50% 증가했다. 헬리한센은 난연성을 필요로 하는 일부 특수 제품이 표준을 충족하지 않는다는 점을 제외하고는 전부 Bluesign을 사용한다. 회사 측에서는 섬유 제조업체가 이 문제를 해결할 수 있다고 낙관하고 있으며, 100% Bluesign 승인 제품 라인을 제공할 수 있다고 한다. Bluesign과 제휴한 다른 대형 아웃도어 브랜드로는 REI와 캐나다의 MEC Mountain Equipment Co-op가 있다. Bluesign® 홈페이지 참고.

Bluesign은 현존하는 지속가능성 제품 인증에서 등급이 가장 높다. 국내에서는 코오롱이나 신한산업이 취득한 적 있으나 갱신을 위해 매년 적지 않은 수수료를 지불해야 하므로 지속적으로 인증을 보유하기는 힘들 것으로 보인다.

GRS

GRS Global Recycle Standard는 오가닉 코튼을 인증하는 것으로 유명한 컨트롤유니온 Control Union이 만든 리사이클 폴리에스터의 제삼자 인증제도다. 원료부터 가공까지 전 과정을 추적해 입증하는 제

도인데 금지 화학물질이나 용수 처리, 심지어 노동자의 인권까지 챙기는 세밀한 단계를 가지고 있다. 오가닉 코튼 추적 시스템과 비슷하지만 절차가 복잡하고 인증에 시간이 많이 걸린다는 단점이 있다. 최근에는 미국의 유니파이 Unifi처럼 원료에 관리자들만 확인 가능한 DNA 같은 표식을 심어 나중에 최종 제품만을 확인하는 시스템이 확실하고도 신속해 급속도로 인기를 얻고 있다. 즉, 자체 표식을 통해 추적 가능하다. 반대로 자

체 표식이 없어서 트레이서블traceable하지 않은 원료는 GRS 인증을 거쳐야 한다.

ZDHC

ZDHC Zero Discharge Hazardous Chemicals는 더욱더 심각하고 집요해지는 유럽의 지속가능성 정책 뒤로 자국의 산업을 보호하기 위해 이를 외면해 왔던 미국을 움직이게 한 상업동맹이다. 지속가능성 정책을 제품에 적극 반영하겠

다는 맹약을 한 브랜드 모임이다. 나이키, H&M, 아디다스 등 전 세계 글로벌 브랜드가 참여하면서 다른 나라에 스토어를 둔 글로벌 미국 브랜드도 더는 국가정책 뒤에 숨어 외면할 수 없는 상황이 된 것이다. 대표적인 브랜드가 Gap이다. 금지 화학물질MRSL을 규정하고 이를 지키고자 하는 글로벌 동맹으로 국가정책과 상관없이 동맹에 끼지 못하는 브랜드는 의식이 부족한 하류회사로 소비자에게 낙인 찍힐 수도 있어 점차 글로벌 스탠다드가 되어가는 중이다. Gap이 동맹에 가입하고 맨 처음 한 일은 발수제 사용에 PFOA 검출 허용 금지를 선언한 것이다. 이는 보통 일이 아니다. 추가되는 기능이나 판매에 도움되는 어떠한 혜택도 없이 원단에 막대한 추가비용을 지불해야 하기 때문이다. 나아가 Gap은 H&M처럼 화섬 원단의 사용을 전량 리사이클로 전환하려는 로드맵을 가지고 있으며 이는 여타 브랜드에 급속히 파급되어 미국 패션산업뿐만 아니라 범세계적으로 영향을 끼칠 예정이다. 하지만 이 계획은 원료인 PET병 사용을 어렵게 하는 폐쇄시스템closed loop system으로 인해 벽에 부딪힐 공산이 크다.

어떤 것이 지속가능한 소재일까?

천연소재

옥수수 섬유는 친환경 소재일까? 갸우뚱거릴 만하다. 조금 더 쉬운 문제로 가보자. 면은 친환경 소재일까? 나무가 원료인 레이온은? 모두 친환경이라고 생각했다면 당신의 판단은 틀렸다. 답은 '셋 모두 아니다'이다. 어떤 소재가 지속가능한지 아닌지 쉽게 판단이 될 것 같지만 실제로는 그렇지 않다. 옥수수는 폴리에스터의 일종인 PTT나 생분해 소재인 PLA의 원료. PLA는 탄수화물을 발효해 젖산을 얻어 중합한 소재다. 옥수수는 천연재료이고 석유 대신 사용하는 대체 원료이므로 친환경이라고 해야 하지 않을까? 그동안 의견이 분분했지만 H&M이 최종적으로 친환경 소재가 아니라고 단정 지었고 다른 브랜드도 인정하고 있다. 그들의 주장은 이렇다. 옥수수밭을 만들려면 숲을 없애야 하는데 숲을 없애는 것은 반反환경이다. 더구나 옥수수는 식량이다. 지구에는 아직도 굶주리는 사람이 10억 명은 된다. 면은 잘 알다시피 농약 살포의 주범이다. 천연소재이지만 대표적인 반환경 소재라고 할 수 있다. 레이온은 비록 나무가 원료지만 제조 과정에서 화학공정이 필요하고 특히 맹독성 이황화탄소를 배출하는텐셀은 제외 대표적인 반환경 섬유다. 천연원료는 친환경과 밀접한 관계를 형성할 것 같다는 본능적인 휴리스틱이 발동하기 쉽다. 하지만 그렇다고 해서 '천연소재 = 지속가능한 소재'라는 등식을 세우는 것은 분명 곤란해 보인다. 사실 담배도 헤로인도 모두 천연원료다.

합섬은 모두 유죄일까?

반대로 잘 썩지 않아 생분해성이 떨어지는 화섬은 모두 반환경 섬유일까? 듀폰의 아펙사 Apexa 같은 생분해성 폴리에스터는 예외지만 아쉽게도 야드당 단가가 10불대가 넘는 고가

라서 대중적인 브랜드가 쓰기는 어렵다. 반가운 소식은 화섬 중에도 지속가능하다고 할 만한 소재가 한 가지 있다는 사실이다. 바로 PP와 PE, 즉 '폴리프로필렌'과 '폴리에틸렌'이다. '올레핀'olefin이라고도 하는 PP와 PE는 융점이 낮아 재생이 쉽고 연소할 때 다이옥신 같은 독극물이 나오지 않으며

모든 화섬 중에서 이산화탄소 배출량이 가장 적다. 더구나 몸에 삽입해도 인체에 전혀 해롭지 않아 의료 재료로 사용된다는 점에서 지속가능하다고 분류할 수 있다. 염색이 되지 않아 아직 패션소재로 잘 쓰이지 않지만 조만간 지속가능하다는 장점에 힘입어 폭발적인 수요를 형성할지도

모른다. 타이벡Tyvek은 이미 사용되고 있는 올레핀 소재 원단이다.

원료만 천연이면 무죄일까?

나무를 원료로 만든 레이온은 많은 사람이 지속가능하다고 착각하는 대표적인 사례다. 결론부터 말하면 레이온은 결코 지속가능한 소재가 아니다. 비록 천연원료에서 출발했지만 다양한 케미컬을 사용하는 공정과 인체에 치명적인 독극물인 이황화탄소를 사용하는 생산 과정 때문이다. 레이온이 최악의 반환경이자 반건강 소재라는 사실이 70년대에 이미 밝혀졌고 지금도 고통받는 사람들이 살아 존재하는데도 대부분은 이를 깨끗이 망각하고 있는 것 같다. 물론 레이온이라고 다 같지는 않다. 오스트리아 렌징Lenzing의 모달Modal은 이황화탄소를 사용하지만 자신들만의 폐쇄시스템을 사용해 대기 중에 방출하지 않는다고 주장한다. 확인한 적은 없지만 오스트리아 대기업이기에 신빙성은 있다. 더 나아가 텐셀Tencel과 리오셀Lyocell은 생산 과정에 이황화탄소를 아예 사용하지 않는 레이온이다. 둘은 셀룰로오스를 녹이기 위해 NMMO라는 무독성 용제를 사용한다. 하지만 반환경으로 분류되지 않고 일반 비스코스 레이온에 비해 낫다고 할 뿐, 엄밀하게 지속가능한 소재라고 부르기에는 여전히 망설여진다.

사람들을 바보로 만든 대나무 섬유

2000년 초반 즈음에 신분증처럼 사용자의 사진을 넣을 수 있도록 한 신용카드가 잠깐 유행한 적이 있다. 매장에서 카드의 주인과 사용자가 일치하는지 확인하기 어려운 사회적 분위기 때문에 신용카드의 도용이 심했기 때문이다. 그런데 사진을 넣은 신용카드는 예상 외로 위력이 강했다. 일단 남성의 것을 여성이 사용하거나 그 반대가 불가능한 데다 얼굴이 나와 있다는 심리적 압박 때문에 부부가 서로의 것을 사용하거나 아이들이 부모의 신용카드를 사용하는 것조차 꺼리게 되었다. 결과는 대성공이었다. 은행과 카드사는 좋아했을까? 그 반대였다. 그들은 사진이 들어간 신용카드 제도를 즉시 폐지했다. 카드 매출이 감소했기 때문일 것이다. 기업은 매출 감소를 그 어떤 것보다 무서워한다. 사진이 들어간 신용카드는 이후 다시는 볼 수 없었다.

대나무 섬유는 어떨까? 대부분의 소비자가 착각하고 있지만 대나무는 "대나무질하다"bamboozled가 "사기 치다"라는 신조어로 캠브리지사전에 등재되었을 정도로 많은 사람을 속여먹은 가짜 친환경 소재다. 대나무는 레이온의 원료로 사용할 수 있는 수백만 종의 나무 중 하나일 뿐이다. 사실을 말하자면 수지樹脂인 리그닌은 모든 나무를 통틀어 대나무에 가장 많이 포함되어 있다. 나무에서 수지를 제외하고 셀룰로오스만 뽑아내야 하는 레이온의 생산 측면에서 대나무는 불순물이 가장 많은 최악의 수종樹種이며 원가가 불필요하게 높아 모든 나무 중 최후에 선택되어야 할 수종이다. 레이온은 나무에서 셀룰로오스만을 추출해 만든다. 어떤 나무에서 유래했든 레이온 공장에서 사용하는 원료는 100% 셀룰로오스인 펄프다. 소금은 카리브해산이든 지중해산이든 염화나트륨 98%라는 성분은 똑같다. 마찬가지로 대나무로 만들어진 레이온이라도 오스트리아산 너도밤나무로 만든 레이온과 완전히 똑같다. 그럼에도 굳이 대나무를 원료로 사용하는 이유는 푸른 대나무라는 이미지가 소비자의 관심을 끌기 충분하고 지속가능하다고 속이기도 쉬워 마케팅에 잘 먹히기 때문이다.

리사이클 텐셀

리피브라Refibra는 렌징에서 나온 리사이클 텐셀의 브랜드명이다. 리사이클 섬유가 크게 유행하다 보니 이제는 레이온의 리사이클 버전까지 나왔다. 재생 텐셀의 원료는 봉제 작업에서 떨어지는 면 원단 자투리와 부스러기scraps라고 한다. 하지만 화섬의 리사이클과는 차원이 다르다는 사실을 알아야 한다. 화섬을 리사이클하는 것은 자원절약이나 쓰레기를 업사이클upcycle한다는 목적 말고도 플라스틱이 자연에서 썩는 데 백 년 넘게 걸리기 때문이라는 이유가 가장 클 것이다. 하지만 면과 같은 셀룰로오스는 자연에서 생분해되는 데 몇십 년이면 충분하다. 알아서 자연으로 돌아가는 쓰레기를 굳이 또 다른 화학약품을 사용해 레이온으로 만들 필요는 없어 보인다. 만약 원료인 나무의 벌채를 줄이기 위해서라고 하면 레이온산업이 자연과 숲을 해치는 산업이라는 것을 자인하는 모양새가 되므로 그런 이유를 대기도 민망하다.

BCI 코튼

오가닉 코튼은 지독한 고가여서 대중적인 브랜드가 접근하기 어렵다. 오죽하면 월마트에서 5% 오가닉 코튼이 나왔을까? 물론 5%라도 전혀 없는 것보다는 훨씬 낫다. 하지만 소비자의 관심을 끄는 데는 실패한 모양이다. 소비자가 오가닉 코튼의 목적을 유기농 채소처럼 건강 쪽으로 잘못 인식하고 있기 때문이다. 이에 따라 최근에는 대중 브랜드에서 BCI Better Cotton Initiative 코튼이 떠오르고 있다. BCI 코튼은 이름은 멋지지만 지속가능성 면이라고 하기에는 크게 부족하다. 단지 농약을 무차별 살포하지 않았다는 느낌을 줄 뿐, 실제로 농약 사용량을 줄이거나 금지하는 규제는 없다. 가격도 일반 면과 차이가 거의 없거나 같다.

리사이클 울

울 같은 고가 소재에는 늘 리사이클이 있었다. 원료 자체가 비싸기 때문이다. 겨울 코트용 방모 원단이 70% 미만 울이라면 틀림없이 재생 울이 포함되어 있다. 그 때문에 재생의 반대라는 의미인 버진virgin 울이라는 개념이 존재하는 것이다. 따라서 리사이클 울은 리사이클 폴리에스터와 동일한 이름을 달고 있지만 차이가 크다. 재생하는 취지 자체가 다르기 때문이다. 울은 자원절약이 목적이고 합섬은 썩지 않는 플라스틱 쓰레기의 감소가 목적이므로 서로 전혀 다른 목적을 가지고 있다. 리사이클 울은 다 차린 밥상에 숟가락만 얹은 얄팍한 저의가 보이기는 하지만 그래도 할 수 없다. 어쨌거나 자원절약에 기여하고 있으므로 지속가능한 소재라고 할 수밖에.

리사이클 나일론

재생 나일론은 폴리에스터와 마찬가지라고 생각하겠지만 천만의 말씀이다. 폴리에스터는 PET병을 재활용하기 때문에 포스트컨슈머 프로덕트 post-consumer product로 분류된다. 진정한 재활용이다. 하지

만 나일론은 극히 일부를 제외하고 아직 대부분이 프리컨슈머 프로덕트 pre-consumer product이다. 공장의 낙물wastage에서 나온 원료로 만들기 때문이다. 공장의 낙물은 이전부터 재생되어 왔기 때문에 굳이 지속가능성 때문에 재생한다는 명분을 달지 않아도 되지만 나일론은 PET병처럼 쉽게 재생할 만한 원료가 없다. 버려진 의류나 밧줄, 어망 등을 원료로 하는 재생 나일론은 매우 비싸다. PET병과 달리 염색 또는 가공이 되어 있기 때문이다.

리사이클 코튼

리사이클 코튼은 니트 의류를 만들면서 공장에서 나온 일종의 낙물, 즉 부스러기인데 큰 공장에서는 양이 상당하다. 세아상역은 이것을 모아 다시 방적해 데님 원단을 만드는 원료로 사용하는 계획을 가지고 있다. 그들은 면방적 공장도 가지고 있는데 이 역시 프리컨슈머 프로덕트에 해당하지만 지금까지 쓰레기로 버려진 것을 재활용한다는 측면에서는 방적공장의 낙물에 비해 훨씬 더 지속가능하다고 할 수 있다.

염색

염색으로 넘어가 보자. 얼마 전 네덜란드 다이쿠Dyecoo에서 나온 초임계유체를 사용한 물 없는 염색이 대표적인 지속가능성 염색이라고 할 수 있다. 물을 사용하지 않는 것이 왜 지속가능성일까? 자원절약이 핵심인 지속가능성에서 수자원은 가장 중요한 보호 자원이기 때문이다. 염색공정은 필연적으로 대량의 오폐수를 방출하게 된다. 따라서 염색할 때 물을 덜 쓰거나 아예 사용하지 않는 작업은 대단히 환경 친화적이라고 할 수 있다. CPBCold Pad Batch 염색은 고온이 아닌 상온에서 염색하고 숙성과정을 거치기 때문에 작업 속도가 느리지만 에너지 절약에 기여하므로 친환경으로 분류된다. 양이온 염료cationic로 링 다잉ring dyeing하면 염료가 원사 내부로 침투하지 않고 표면만 염색되므로 과잉 투여된 염료로 인해 발생하는 오폐수와 염료를 동시에 줄일 수 있으므로 친환경이다. 나아가 원단의 한쪽 면만 염색하는 것도 방법이다. 여름 옷과 속옷 등을 제외하고 원단의 양쪽 면을 쓰는 의류는 거의 없다. 따라서 굳이 원단의 양쪽 면을 다 염색할 필요는 없다. 한쪽만 염색하면 염료를 50% 이상 절약하는 것은 물론 에너지와 수자원도 절약하면서 동시에 오폐수의 발생도 줄

일 수 있으므로 일거삼득이다. 문제는 원단의 한쪽 면만 염색하는 것이 쉽지 않다는 점이다. 또한 심색을 구현하는 것도 어렵다. 하지만 지속가능성이 완전히 정착하면 상황은 달라진다. 기능은 패션을 이길 수 없지만 지속가능성은 패션 위에 군림한다. 그 결과 패션 패러다임이 크게 달라질 것이다. 이제 염료를 대량으로 투여해야 하는 검은색과 진한 색 계열은 기피 대상이 되고 리스팅listing이나 테일링tailing을 보는 검사원의 까다로운 눈도 관대해질 것이다. 맛있고 칼로리도 높은 쌀밥이나 흰 빵이 비건강식으로 기피되고 귀리의 거친 맛이나 소화가 잘되지 않는 결점이 오늘날 건강식의 대명사가 된 것처럼 원단의 염색 불량에 해당하는 리스팅이나 테일링이 친환경 염색의 근거가 될 수도 있다.

가공

가공에서 나타나는 대표적인 변화는 발수제 사용이다. 세상에서 표면장력이 가장 작은 불소화합물은 발견된 이래 최적의 발수제로 사용되어 왔으나 PFOS, PFOA 등의 검출로 잇따라 발암성 문제가 제기되었다. 유럽은 아예 불소화합물에서 유래하는 발수제를 금지하는 PFCs 프리가 진행되고 있으며 미국도 곧 뒤따를 예정이다. 다만 기능이 떨어지는 왁스나 실리콘 등 대체 발수 약제로 불소화합물과 동일한 발수 성능을 나타내기 위해서는 훨씬 더 많은 양을 투입해야 하고 기름 종류의 얼룩을 밀

어내는 발유 성능은 아예 불가
능하다. 세탁 내구성도 급격히
떨어져 아우터웨어의 수명을
단축하는 부작용을 초래한다

면 오히려 반환경 요소가 되지 않을지 걱정하는 목소리도 있다.

수십 회의 세탁 후에도 성능이 살아 있는 발수인 DWR은 의류의 오염
을 방지해 세탁 횟수를 줄일 수 있다는 점에서 물 절약에 기여할 수 있으
며 이는 결코 무시할 수 없는 요소다. 잦은 세탁은 의류의 수명을 단축하
고 오폐수를 조성하며 수자원 절약에 정면으로 배치되는 반환경 요소다.
따라서 미래의 세탁은 쓰레기 배출 제한과 같은 차원으로 발전할 확률
이 높다. 코팅에 많이 사용되는 PU폴리우레탄를 재생하기도 한다. 운동화
재료로 PU가 많이 사용되기 때문이다.

가공에는 간접적인 지속가능 효과가 있는데 바로 보온과 냉감 기능이
다. 보온은 겨울에 실내 온도를 하향 조절할 수 있다는 점에서 에너지 절
감 효과가 있으며 냉감 기능은 여름에 에어컨 사용 절감에 기여한다는
점에서 역시 자원절약으로 지속가능성 범주에 포함될 수 있다. 이 외에
도 다양한 종류의 친환경 원단이 있지만 몇 가지 원단에 필자의 밥줄이
달려 있으므로 모두 소개할 수 없음을 유감으로 생각한다.

리사이클 폴리에스터의 진실

리사이클 울

리사이클 폴리에스터는 사실 비논리적인 물건이다. 리사이클 울은 들어봤지만 리사이클 폴리에스터는 생소할 수밖에 없다. 뭔가를 재생한다고 했을 때는 이미 사용된 것을 재사용할 만큼 고가이고 원료가 희귀

🔵 리사이클 울

하거나 공급이 제한적이라는 뜻일 것이다. 따라서 울이나 실크는 재생해 쓰는 것이 지극히 당연하다. 물론 울이나 실크의 재생은 단어의 의미대로 한번 사용했던 것을 재사용하는 것만이 아니라 섬유장이 짧아서 실의 일부로 사용되지 못하고 방적기 아래로 떨어진 낙물noil을 수거해 사용하는 과정도 포함된다. 따라서 엄밀히 말해서 재생이라는 표현은 정확하지 않다.

그런데 '재생'이라는 단어가 함축하고 있는 또 다른 의미는 최근에 불고 있는 지속가능성이라는 바람과 무관하지 않은 듯 보인다. 하나밖에 없는 우리의 따스한 대지를 위한 환경 개선 운동이 서구 선진국을 중심

으로 전개되고 있고 규모가 크고 인지도가 있는 회사, 예컨대 글로벌 회사로 분류되는 대기업일수록 그 운동에 동참해야 하는 의무감을 가진다. 18세기 런던의 밤거리를 휘황하게 밝혔던 가스등은 보기에는 아름답고 낭만적이었지만 그로 인한 부산물이 인간의 환경에 심각한 해악을 끼친다는 사실을 깨닫기에는 당시 사람들의 지적 수준이 너무 열악했다. 템즈강에 버려진 석탄가스 폐기물이 아직도 강의 밑바닥에 잠자고 있는 한, 늦게나마 무지를 깨달은 선진국들이 과오를 되풀이하지 않기 위해 노력하는 것은 당연한 수순이다.

환경을 해치는 많은 물질 중에서 오존층을 파괴하는 불소화합물인 프레온 가스는 이제 사용이 금지되었다. 뒤늦게나마 오존층이 원래의 모습을 찾아가고 있으므로 다행이라 할 것이다. 토머스 미즐리가 발명한 4에틸납으로 인해 대기 중에 축적된 납은 사용이 금지된 지 25년이 지난 이래 지속적으로 줄어들고 있기는 하지만 오염된 대기는 순결했던 백 년 전보다 아직도 납 농도가 무려 여섯 배나 높다. 스위스의 뮐러는 DDT를 발견한 공로로 노벨상까지 받았지만 오늘날 사람의 몸속까지 DDT가 발견되고 있다. 이 놀라운 발명품이 지금은 인류의 건강에 심각한 위협이 되고 있다는 사실을 알았다면 그가 무덤을 차고 나왔을 것이다.

전 세계 살충제의 4분의 1이 면화밭을 경작하는 데 사용되고 있으며 2021년 한 해 동안 미국의 면화밭에 뿌려진 농약은 무려 2,500만 킬로

그램이나 된다. 오가닉 코튼은 바로 그런 이유로 나타난 상품이다. 비록 오가닉 코튼 자체가 일반 유기농 식품처럼 인체의 건강에 직접적인 영향을 미치지는 못한다 하더라도 오염되어 가는 지구를 위해, 사실은 지구가 아니라 인간을 위해 반드시 필요한 농법이라고 할 수 있다.

합성 고분자로 인해 더럽혀지는 지구 환경을 위해 인류가 할 수 있는 일은 대체로 두 가지다. 첫 번째는 박테리아가 먹을 수 없어 분해되는 데 수백 년이 걸리는 합성 폴리머polymer를 수년 내에 썩도록 하는 것이고 두 번째는 합성 폴리머를 되도록 쓰지 않는 것이다. 그에 따라 플라스틱에 녹말을 삽입해 박테리아가 분해할 수 있도록 유도하는 생붕괴성 플라스틱이 나오게 되었다.

재생 폴리에스터는 두 번째의 일환으로 개발된 기술이다. 이미 개발된 합성섬유의 사용 제한이 어렵다면 폐기물이라도 줄이자는 취지다. 3대 합성섬유 중 하나인 폴리에스터는 수많은 용도로 사용되고 있지만 가장 많은 수요는 PET병이다. 따라서 PET병을 재생해 다시 폴리에스터 원사로 되돌리는 것이 대부분의 재생 폴리에스터다. 사실 PET병은 오래전부터 재생되어 잘 활용되고 있지만 그것을 폴리에스터 원사로 재생하는 것은 새로운 시도다. PET병과 이미 옷으로 사용된 폴리에스터를 재생하는 방법은 두 가지다. 첫 번째는 물리적, 두 번째는 화학적 방법이다. 짐작하다시피 화학적 재생은 폐기물이 중합되기 전의 원료인 EG와 TPA로 되돌리는 것이다. 이렇게 만든 재생 폴리에스터는 원래의 폴리에스터와 구분할 수 없다. 완벽한 재생이 되는 것이다. 우리가 점심으로 불고기를 맛있게 먹으면 고기를 이루는 주성분인 단백질은 단백질인 상태로 인

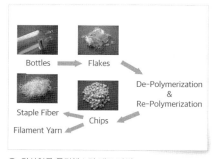

리사이클 폴리에스터 제조 과정

체에 흡수되는 것이 아니라 단백질의 원래 재료였던 20여 가지 아미노산으로 분해된 다음 흡수된다. 그래야 다른 단백질로 합성되어 다양한 용도로 재사용이 가능하다. 예컨대 지난주에 술안주로 먹은 삼겹살은 오늘 내 혈관 속에 표표히 흐르고 있는 단백질인 알부민의 일부를 이루고 있을지도 모른다.

폴리에스터의 화학적 재생은 아직은 우리나라에서 개발되지 못했고 일본의 테이진Teijin이나 아사히 카세이Asahi Kasei에서만 기술을 보유하고 있다. 이 방법의 문제점은 아이러니하게도 원래의 폴리에스터와 구분할 수 없기 때문에 생긴다. 일반 면과 실험실에서조차 구분이 불가능한 오가닉 코튼처럼 원천적으로 구분이 불가능하다. 최근에 새롭게 돋아난 내 피부가 한 달 전에 먹은 삼겹살에서 비롯된 것이라도 그것은 돼지의 피부가 아닌 나의 소중한 피부다. 따라서 별도의 인증서 같은 것이 없는 한, 리사이클 폴리에스터로 인정되기가 어렵다는 문제가 있다. 실제로 재생되어 나온 칩chip에 오리지널 칩을 섞어서 쓴다는 이야기도 있을 정도다. 그래도 아무도 알 수 없다. 왜 그런 짓을 하냐고? 물론 재생 칩이 오리지널보다 세 배 이상 비싸기 때문이다. 사실 터무니가 없다.

물리적인 재생은 녹이고 정제하는 단순한 과정이다. 따라서 완벽한 정제가 따르지 않는 한, 원래보다 순도나 투명도가 떨어질 것이다. 그 결과 용도의 제한도 생긴다. 예컨대 이렇게 만든 재생 폴리에스터로는 50데니어 원사까지만 뽑을 수 있다. 그보다 더 가는 실은 뽑기 어렵다. 또 컬러가 알아볼 수 없을 정도지만 약간 탁하기 때문에 컬러 매칭의 결과물이 그다지 좋지 않을 것이다. 이 경우는 케미컬 베이스chemical base

△ 리사이클 폴리에스터로 만든 나이키 제품

와는 달리 이론적으로 오리지널 폴리에스터와 구분이 가능하지만 확인 비용이 얼마나 될지는 알아봐야 한다. 그래서 GRS 같은 기관에서 인증서를 주고 있다. 문제는 그나마 그렇게 만들어진 원사의 가격도 원래보다 비싸다는 것이다. 사실 이것은 경제 원칙에 위배된다. 재생이라는 말이 들어가면 그 물건은 더 싸야 하는 것이 당연하다. 만약 더 비싸다면 환경 부담금이라는 일종의 세금이 되는 것이다. 누가 그 세금을 기꺼이 지불하려고 할까? 가격 저항이 나타나는 것은 당연한 일이다. 그러다 보니 100%가 아닌 30%나 50%짜리 리사이클 폴리가 나왔다. 이 경우는 경사와 위사를 각각 리사이클과 일반사로 사용해 교직하는 방법을 쓰고 있다.

최근의 가격 오퍼는 일반 폴리에스터보다 10~30% 정도 더 비싼 제품으로 나오고 있는 것 같다. 대개는 물리재생 베이스physical base 원사를 사용하고 원단의 일부에만 채택하기 때문이다. 월마트는 리사이클 폴리에스터로 만든 티셔츠를 대량으로 매입해 판매하고 있다. 그에 따라 다른 대기업들도 신경 쓸 수밖에 없게 되었다.

월마트에서는 니트 셔츠에 대량으로 재생 폴리에스터를 도입하고 있고 H&M에서는 우븐woven에도 대대적인 적용을 실행 중이다. 폴리에스터를 별로 사용하지 않는 리바이스Levi's에서도 쓰레기로 만든 청바지라는 광고를 내보내고 여덟 개의 PET병으로 만들었다는 청바지를 팔고 있다.

🔺 리바이스의 리사이클 폴리에스터 청바지

미국은 UNIFI에서 리프리브_{Repreve}라는 브랜드로 재생 폴리에스터를 생산하고 있고 그 외에 에코폴리_{Ecopoly}라는 브랜드도 자주 눈에 띈다. 우리나라는 효성과 휴비스에서 물리적인 방법으로 생산을 시작했다.

클린 블랙

섬유 원단의 염색은 가죽과 더불어 대표적인 공해산업이다. 과다한 염료 사용과 원단 중량의 100배에 달하는 수자원 낭비, 그보다 100배는 더 되는 하천과 바다의 오염, 염색공정 시 투여되는 수십 종류에 달하는 화학첨가제와 중금속, 그리고 독성물질. 특히 검은색은 그중 최악이다. 일반 컬러의 2~3배에 달하는 염료를 투여하므로 대량의 물을 사용하고 막대한 공해를 배출한다. 그러면서도 세탁견뢰도는 가장 나쁘다. 특히 폴리에스터는 이염migration 문제 때문에 팔은 흰색이고 몸통은 붉은색인 코

디 재킷 같은 것을 만들려면 적지 않은 리스크를 감수해야 한다.

지속가능성이라는 쓰나미가 시시각각 다가오면서 염색산업은 절대절명의 위기에 처해 있다. 패션브랜드는 공해

산업의 주범이라는 낙인이 찍히게 될지도 모른다. 원단을 착색하기 위해 170년간 지속되어 왔던 염색산업과 그에 수반된 화학공업을 일시에 전환할 수 있을까? 일시적인 대책으로 최소한의 물을 사용하거나 아예 물을 사용하지 않는 염색, 원단의 한쪽 면만 착색하거나 염료를 사용하지 않고 착색하는 기술이 개발되고 있다. 하지만 그럼에도 블랙은 구제불능으로 보인다.

문제는 블랙이 빠진 패션은 있을 수 없다는 사실이다. 특히 F/W 시즌에는 컬러 어소트 color assort 의 최소 30% 정도는 블랙이 차지한다. 블랙은 무겁고 따뜻하며 진중하고 카리스마 있다. 신비한 아우라를 만들며 검소하고 청빈한 느낌은 물론 종교적으로 신성한 이미지를 부여하는 색깔이 바로 블랙이다. 이 때문에 아예 무채색인 블랙만으로 의류를 설계하는 브랜드도 있다. 하지만 블랙은 환경에 최악의 해를 끼치는 주범이다. 이런 블랙을 순결한 블랙으로 다시 태어나게 할 수 있는 방법은 없을까? 사실 획기적이고 의문의 여지가 없으며 즉시 적용 가능한 방법이 한 가지 있기는 하다. 바로 청정 블랙이다. 클린 블랙 clean black 의 이점은 다음과 같다.

- 염료를 사용하지 않는다.
- 물을 한 방울도 사용하지 않는다.
- 화학첨가제를 사용하지 않는다.
- 수질 오염이나 공해를 일으키지 않는다.
- 이염이나 번짐이 없다.
- 세탁이나 햇빛에 의한 퇴색이 발생하지 않는다.
- 세탁할 때 다른 세탁물을 오염시키지 않는다.

- 모든 견뢰도에서 최고 등급이다.
- 비용이 절약된다.

블랙 외에 청정 그레이도 가능하다. 청정 블랙 원사를 경위사 한쪽만 사용하면 되기 때문이다. 따라서 자주 사용하는 몇 가지 컬러로 한두 달 전에 기획 생산하면 된다. 심지어 다른 컬러는 일반 염색으로 하고 블랙만 청정 블랙으로 해도 문제없다. 어떤 컬러는 지속가능하고 어떤 컬러는 그렇지 않아도 문제없다. 애초에 환경에 영향을 미치는 파괴력은 컬러별로 다르다. 지속가능성이 지배하는 새로운 패러다임에서 기존의 질서와 프로토콜은 모두 바뀔 것이다. 어떤 변칙을 사용하든 어떤 기능을 상실하든 결과가 지속가능성에 가깝다면 그것이 최선의 선택이 될 것이다. 5% 오가닉 코튼도 의미 있는 것과 마찬가지다.

물론 단점은 있다. 청정 블랙의 착색은 원단이나 원사가 아닌 섬유 이전의 고분자 상태에서 이루어진다. 즉, 화섬만 가능하다. 블랙뿐만 아니라 모든 컬러가 가능하지만 소재의 초기 단계에 적용되기 때문에 블랙 외에는 납기가 한두 달 정도 더 소요된다. 더불어 최소생산 수량minimum 이 클 수밖에 없다.

그린워싱

일회용 기저귀야말로 친환경 반대편에 가장 멀리 서 있는 제품일 것이다. 동물의 배설물은 자연에서 식물의 양분이 되거나 저절로 신속하게 분해되어 생태계의 구성원으로 돌아간다. 인간의 그것도 예외는 아니다. 그런데 일회용 기저귀는 막대한 양의 합성고분자인 PE, PP, 펄프, 강력 흡수제 등으로 아기의 배설물을 흡수해 썩기 어렵게 만들고 그 자체로 잘 썩지 않는 거대한 크기의 쓰레기를 만든다. 사용하고 난 자원이 처음으로 돌아가 순환되는 생태계의 질서를 막는 전형적인 반환경 제품이다. 그에 비하면 플라스틱 병이나 빨대는 애교로 보일 정도다. 그런데도 기저귀 포장지를 보면 마치 자연 친화적인 양 초록색으로 도배되어 있고 네추럴nature이라는 단어가 크게 각인되어 있으며 얼마큼 사용되었는지 모르지만 오가닉 코튼이 부각되어 있다.

지속가능성은 인류 역사상 처음으로 모든 산업에 걸쳐 전개되는 전 지구적인 캠페인이다. 친환경뿐만 아니라 자원절약, 건강, 노동 환경 등 광범위한 개념을 포함하고 있어서 소비자가 전체적인 개념과 마케팅으로 위장한 진실 여부를 파악하기 어렵다. 판매자도 크게 다르지 않다. 그린워싱greenwashing은 스캔들을 은폐하거나 형식적인 조사 또는 편향된 데이터를 제시해 악덕 범죄를 무죄가 되게  하는 화이트워시whitewash에서 유래한 합성어다. 그린 신green sheen이라고도 하며 대중에게 자사의 제품이 친환경이라고 주장하며 녹색 PR과 녹색 마케팅을 기만적으로 사용하는 것을 말한다. 알면서도 속이는 그린워싱이 있는가 하면 무지해서 하는 경우도 있다. 천연과 자연이라는 단어가 들어가면 소비자가 맹목적으로 지속가능성과 관련된다고 생각하는 경향도 있다. 소비자와 판매자 간의 비대칭 정보로 인해 그린워싱이 난무하고 있는 실정이다.

이제는 모든 섬유 제품과 의류에 지속가능성이라는 요소가 빠져 있으면 마케팅이 되지 않는 것처럼 보인다. 사례를 들어보자. 대만의 어느 브랜드는 처음에는 아연이 많이 함유되어

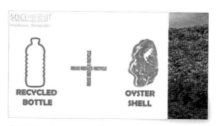
🔵 굴 껍질을 사용했다는 어느 회사의 제품

있는 굴oyster을 사용해서 남성에게 좋은 원단인 것처럼 광고하다가 최근에 갑자기 지속가능성을 강조하는 중이다. 탄산칼슘이 주성분인 굴 껍질은 쓰레기가 아니며 교실로 가서 분필이나 석고상으로 사용되거나 저절로 해변의 모래사장 일부로 돌아간다. 이 원사는 재생 폴리에스터에 굴 껍질 분말을 조금 섞어 다양한 기능과 친환경을 강조하며 마케팅하고 있지만 이 원사 브랜드의 모태인 굴이나 굴 껍질은 친환경과 아무 상관이 없다. 다만 재생 폴리에스터가 주성분일 뿐이다. 이런 마케팅은 소비자를 현혹하기 딱 좋다.

울은 예전부터 실크와 함께 고급 소재로 다뤄졌으며 수명을 다한 울 스웨터는 수거만 된다면 100% 재사용하고 있다. 수거된 울은 다시 스웨터가 되거나 코트용 원단의 재료로 사용된다. 모 혼용률이 80% 미만

● 100% 리사이클 울 제품

인 방모 원단은 대부분 리사이클 울이 포함되어 있으며 그렇지 않은 경우는 버진 울이라고 표기한다. 그런 표기가 존재한다는 사실 자체가 리사이클 울의 상용을 입증하는 것이다. 예전에는 재생모를 썼다고 광고하지 않았다. 장점이 전혀 없고 저렴한 이미지만 주었기 때문이다. 하지만 지금은 재생모를 사용했으므로 지속가능하다고 당당히 마케팅한다.

2018년 스타벅스는 플라스틱 빨대 금지와 같은 트렌드에 뛰어들고 싶어 빨대 없는 뚜껑을 출시했다. 하지만 저 뚜껑에는 기존 뚜껑 + 빨대 콤보보다 더 많은 플라스틱이 들어 있다.

● 빨대를 사용하지 않도록 설계된 컵

패스트 패션 fast fashion 브랜드는 의류산업에서 막대한 양의 섬유 폐기물을 발생시킬 뿐만 아니라 의류의 과잉 생산에도 어느 정도 책임이 있다고 알려져 있다. 패션 비영리단체인 리메이크 Remake에 따르면 전 세계적으로 버려진 직물의 80%가 소각되거나 매립되며 20%만이 재사용 또는 재활용된다. 물론 근거 있는 주장은 아닌 것 같다. 그들은 실제로는 극히 일부분의 제품에만 지속가능 요소가 반영되는데도 불구하고 패션브랜드가 대대적으로 친환경 이니셔티브를 널리 광고하는 것처럼 보인다고 주장한다. 사실 "지속가능한", "녹색" 또는 "환경 친화적"과 같은 마케팅 단어

에 대한 단일 법적 정의는 없다. 예를 들어, 2019년 H&M은 컨셔스_{Con-}
_{scious}라는 이름의 자체 녹색 의류 라인을 출시했다. H&M은 이 라인에
유기농 면과 재활용 폴리에스터를 적극적으로 사용했지만 컨셔스 컬렉
션 마케팅에 대해 노르웨이 소비자위원회 Norwegian Consumer Council의 비판
을 받은 적이 있다. 물론 패션브랜드에 대한 환경단체의 이 같은 주장은
근거 박약한 억측일 가능성이 높다. 패션브랜드는 다른 산업에 비해 이
러한 표적이 될 가능성이 높아 억울하다.

오가닉 코튼에 대한 오해

월마트에는 오가닉 코튼 5%라는 태그tag가 붙은 티셔츠가 있다. 수업을 듣던 학생이 이에 대해 질문한 적이 있다. "유기농 면 5%라는 것은… 그냥 마케팅을 위한 장난 아닙니까? 어떻게 세계에서 가장 큰 리테일스토어인 대기업이 그토록 유치한 영업 전략을 구사할 수 있습니까?" 여기서 문제는 정작 월마트가 아니라 대부분의 학생이 그의 생각을 지지한다는 사실이다.

건강과 환경은 다른 것일까?

많은 사람이 무지와 잘못된 인식으로 지속가능성이라는 개념을 바라보고 있다. 그들은 건강과 환경이 같은 범주인지 궁금해한다. 대부분은 둘을 같은 개념으로 인식하지만 건강과 환경은 '이기심'과 '이타심'이라는 단어의 차이만큼 크게 다르다. 둘은 시제도 다르다. 건강은 '나'를 위한 것이며 현재시제다. 하지만 환경은 불특정 '타인'을 위한 것이며 다가올 재앙을 막기 위한 미래시제다. 따라서 건강과 환경은 지속가능성이라는 범주에 속해 있으면서도 서로 만날 수 없는 깊고 푸른 강 건너편에 존재한다.

오해의 시작, 유기농 채소

채소는 영양소 파괴를 우려해 다른 음식 재료와 달리 끓이거나 가공하지 않고 가능한 한 채취된 상태에서 간단히 물로 세척해 섭취하는 음식이다. 일반 채소는 농약을 사용해 재배되지만 가정에서 하는 물세척으로 농약을 100% 제거한다는 보장이 없다. 즉, 우리는 채소 때문에 농약을 먹게 될 가능성에 크게 노출되어 있다. 그에 반해 유기농 채소는 살충제가 전혀 살포되지 않은 무농약 음식이어서 인체에 해를 끼칠 가능성이 제로다. 그것은 유기농이 아닌 채소와 즉각 구분되며 건강에 직접 반영될 것이다. 유기농 채소 가격이 몇 배나 더 비싼 합리적인 이유다. 따라서 '90% 유기농 채소'라고 하더라도 그것은 원래 가진 의미와 개념을 크게 희석시킨다.

성급한 일반화의 오류

사람들에게 주입된 '유기농'이라는 인식은 대체로 이런 개념을 토대로 세워져 있다. 같은 논리에 기반한 이유로 유기농 면으로 만들어진 의류 제품 가격은 소비자를 절망하게 할 만큼 혹독하지만 소비자의 합의를 충분히 끌어내고 있다. 유기농 면은 채소처럼 밭에서 키우는 일종의 작물이다. 둘은 '유기농'이라는 전제가 붙어 있으므로 '건강'이라는 동일한 목적을 가진 특수 작물로 오해되기 쉽다. 하지만 놀랍게도 둘의 목적은 전혀 다르다.

유기농 면

유기농 면은 최소 3년 동안 농약을 주지 않은 밭에서 채취된 면화를 말한다. '유기농'이라는 타이틀을 붙이기 위해 생산자가 시장에 약속한 전제는 유기농 채소와 똑같다. 하지만 유기농 면의 목적은 '농약이 묻어 있지 않은 면화의 생산'이 결코 아니다. 유기농 면의 목적은 제품 그 자체가 아닌 '환경', 즉 살충제 살포를 줄이기 위한 친환경의 일환이다. 전 세계 살충제의 25% 이상이 단 한 종류의 비식용 작물인 목화밭에 뿌려진다. 레이첼 카슨의 『침묵의 봄』을 굳이 읽지 않았더라도 전 지구적으로 농약 살포를 줄여야 한다는 사실을 부정하는 현대인은 아무도 없다.

제품의 차이

그렇다면 유기농 면으로 만든 의류 제품은 유기농 채소처럼 결과물에서 극명한 차이가 있을까? 결코 그렇지 않다. 유기농 면으로 만든 의류에도 농약이 존재한다는 뜻이 아니라 유기농 면이 아닌 일반 면conventional cotton으로 만든 의류 제품에서도 농약을 발견할 수 없다는 뜻이다. 둘은 농약 잔류량이 제로라는 점에서 똑같다. 우리는 농약이 묻은 면 제품을 입고 있지 않다. 농약으로 칠갑된 면 제품을 아기의 속옷이나 배냇저고리에 사용하지 않는다는 말이다.

인증이 필요한 이유

오가닉 코튼 제품을 입증하려면 인증이 필요하다. 반면 유기농 채소는 인증이 전혀 필요하지 않다. 채소에서 농약이 검출되는지 그 자리에서 실시간으로 확인 가능하기 때문이다. 유기농 면을 입증하기 위한 독립된 외부기관이 필요하다는 것은 제품 자체로는 확인이 불가능하다는 뜻이며 유기농 면이 일반 면 제품과 전혀 차이가 없다는 방증이다. 시험기관lab 에서도 둘의 차이를 발견할 수 없다. 원면에 농약이 잔류하더라도 방적, 제직, 염색, 가공을 거치면서 100% 제거된다. 빗질하고 비틀고 물과 함께 삶는 온갖 물리화학 공정을 거치기 때문이다. 그런 이유로 두 제품의 차이를 만들기 위해 염색, 가공 등을 지속가능하게 진행해 만든 티어tier 2 오가닉 코튼이 있기는 하다. 이 제품은 환경과 건강 모두를 커버했지만 가격은 절망에 좌절을 보태야 할 것이다.

미성숙한 소비자를 위해

그렇다면 백화점 판매사원은 왜 오가닉 코튼으로 만든 제품은 아토피가 생기지 않고 건강에 좋다고 거짓말할까? 그것은 소비자가 현재도 아닌 미래에 자신이 아닌 불특정 타인을 위한 전 지구적 거사에 추가로 개인 재정을 축낼 만큼 충분히 성숙되지 않았다는 뜻이다.

질문에 대한 답은 이미 나왔지만 긴 글을 끝까지 읽지 않고 마지막 구절에서 결론만 찾는 독자를 위해 군이 답하자면 단 1%의 유기농 면도 인류의 미래에 도움이 되고 의미가 있으며 200만 종업원을 거느린 세계 최대의 소매점은 경박하지 않다는 것이다.

리사이클 다잉

섬유 염색의 미래는 섬유와 원단을 염색하지 않는 것이다. 필름 카메라가 디지털 카메라로 업그레이드된 것과 마찬가지다. 요즘 현상된 인화지로 사진을 보는 사람은 거의 없다. 인화된 사진을 보관하려면 창고가 필요하고 사진은 갈수록 색이 바래며 카메라는 발사 후 탄창을 갈아 끼워야 하는 권총이나 소총처럼 끝없이 새로운 필름을 장전하지 않으면 쓸모없는 고철 덩어리나 다름없다. 반면 디지털 카메라는 전기만 공급되면 무한정 발사되는 레이저 총과 같다.

최근 패션브랜드의 가장 큰 관심사는 재생 합섬recycled synthetic인 것 같다. 지속가능성을 쫓아가기는 해야겠는데 개념에 어두워 마땅한 아이디어가 없을 때 가장 손쉽게 얻을 수 있는 아이템이기 때문이다. 하지만 조금만 더 가까이 들여다보면 플라스틱 공해보다는 우리가 매일 마시는 소중한 자원인 물을 낭비하고 오염시키는 폐해가 그보다 100배는 더 심각하다는 것을 알게 된다. 한반도 8배 크기인 플라스틱으로 이루어진 태평양의 쓰레기섬은 보는 즉시 우리를 놀라게 하지만 더럽혀진 물은 규모를 짐작하기 어려워 간과하기 쉽다.

1856년에 발명된 합성염료는 인류와 패션에 안겨준 축복이었다. 하지만 현대 섬유 염색기술은 원시적이다 못해 참혹하다. 물이 피염물의 100배나 필요한 극단적인 저효율로 소중한 수자원의 낭비와 공해가 심각하다. 원단에 화학적으로 착색하는 기술은 이제 특이점을 만났다. 합성염료와 화학반응을 통한 염색이라는 아날로그 기술은 디지털 착색으로 바뀌게 될 것이며 그 특이점이 열리는 사건의 지평선에 도달하기 전에 염색하지 않고 착색 원단을 만드는 기술이 다양하게 개발될 것이다. 돕 다이드 dope dyed도 그런 기술의 일환이며 소량을 처리하는 기술이 나오면 모든 브랜드의 선택을 받게 될 것이다. 재생 염색도 무염색 착색 원단을 위한 흥미로운 아이디어다.

재생 염색이라니? 염색된 원단을 탈색해 빠져나온 염료를 재사용한다는 뜻일까? 아직 그 정도의 기술은 없으며 별로 쓸모도 없다. 염료를 재생하는 것은 기존의 염색 방식을 고수하겠다는 의미가 된다. 재생 염색은 한번 염색된 원단이나 의류를 이용해 염색공정을 통하지 않고 필요한 색상으로 원단에 착색하는 기술이다.

만테코Manteco의 레시피Recype®는 삼원색 염료로 레시피를 만들어 원하는 컬러를 조색color matching하는 것처럼 컬러별로 분류된 재생모를 염

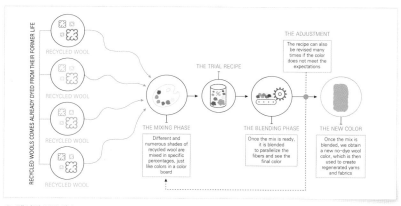

🔺 레시피 프로세스

료 대신 믹스해 필요한 색상을 만드는 놀라운 아이디어를 보여주었다. 물론 삼원색 재생모라는 것은 존재하지 않고 입자를 균일하게 믹스할 수 있는 물이라는 용질이 없어 단지 염료 가루를 섞어 컬러를 조색하는 것과 마찬가지다. 만들 수 있는 컬러에 제약이 있고 멜란지 melange 효과가 날 수도 있으나 염색 없이 원하는 컬러와 비슷한 색을 만든다는 발상이 탁월하다. 원료 장인들은 레시피 프로세스를 통해 다양한 섬유와 색상을 혼합해 새로운 양모 컬러를 매칭하고 재생산되는 무염색 컬러의 실제 레시피를 개발한다. 만테코는 이 기술을 통해 울 재활용 분야에서 80년 동안 1,000가지 이상의 재생 컬러를 개발했다고 주장한다.

사실 재생모를 컬러별로 분류해 염색 없이 리사이클 울을 제조하는 기술은 오래전부터 존재했다. 지속가능성을 지향하기 위해서가 아니라 울이라는 소재가 비싸기 때문이다. 그러나 기존 기술은 블랙이나 네이비 같은 특정 컬러로 한정되어 있으며 조색하는 것이 아니라 단순히 동종의 컬러를 분류해 사용한다는 면에서 차원이 다르다. 자원을 재활용하고 염색 없이 원단을 만든다는 점에서 지속가능성이 매우 높다고 할 수 있다. 다만 지속가능성에 미치는 영향력이 너무 미미하다는 점이 아쉽다.

발수제의 발암성 논란

실외에서 착용하는 의류인 아우터웨어는 표면 발수 가공이 기본이다. 야외에서 언제 비를 만나게 될지 모르기 때문이다. 방수 가공이 적용되지 않은 재킷이라도 발수는 반드시 필요하다. 원단의 발수를 위해서는 발수제가 동원되어야 한다. 그것도 최고의 성능을 가진 발수제여야 한다.

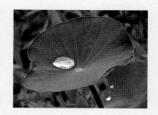

☀ Tip

수련도 젖을 때가 있다

7월에 만개한 수련 잎에 물이 떨어지면 극적인 발수 lotus effect 현장을 목격할 수 있다. 그런데 물 대신 알코올을 떨어뜨리면 전혀 방울지지 않고 수련 잎을 그냥 적셔버린다. 물이 거의 구형에 가까운 방울을 형성하는 것도 신기한데 알코올은 전혀 다른 결과를 보여준다는 사실이 놀랍다. 이것이 과학이다. 수련 잎의 표면에너지보다 표면장력이 더 작은 액체를 만났기 때문에 일어난 현상이다.

발수제는 이름 그대로 물을 밀어내는 작용을 한다. 하지만 발유, 즉 기름 종류에는 속수무책이다. 따라서 매일 유류에 노출되는 작업자들은 발수가 아닌 발유 처리된 작업복이 간절했다. 기름 종류는 표면장력이 작기 때문에 그보다 표면 임계에너지가 더 작은 물질을 찾아 원단 표면에 처리해야 하지만 이는 매우 힘든 작업이다.

발수·발유 기능의 극대화는 표면장력의 과학으로 실현할 수 있다. 표면장력이 가장 작은 물질로 표면 처리된 옷을 만들면 물뿐만 아니라 기름이나 알코올 등 어떤 것도 밀어내는 기능을 할 수 있어서 전천후로 작동한다. 그렇게 등장한 불소화합물은 실로 놀라운 발명이었다.

수은이 어떤 물질 위에서도 방울을 형성하는 이유는 세상에서 표면장력이 가장 큰 물질이기 때문이다. 반대로 세상에서 표면장력이 가장 작은 불소화합물은 발수뿐 아니라 발유 능력도 탁월해서 주방에서 사용하는 프라이팬 표면을 코팅하는 재료로 사용되었다. 의류는 최초로 3M에서 나온 '스카치가드'Scotch Gard라는 발수제가 적용되었다. 경이로운 발수·발유 효과로 인해 한동안 전 세계에서 각광을 받았다. 그러다 PFOS 문제가 터져나왔다. 스카치가드가 발암물질이라는 소비자

🔺 스카치가드 발수제

💡 **Tip**

EPA가 분류한 응급 오염물질

미국환경보호국EPA의 우려에 2002년 PFOS의 1차 제조업체인 3M은 단계적으로 생산을 중단했다. 듀폰과의 집단 소송으로 PFOA에 높은 수준으로 노출된 주민들을 연구한 세 명의 전염병 학자는 PFOA 노출이 신장 건강, 고환암, 궤양성 대장염, 갑상선 질환, 고콜레스테롤혈증 및 임신성 고혈압과 연관성이 있다고 결론지었다. EPA는 2014년까지 PFOA와 PFOS를 응급 오염물질로 분류했다.

단체의 주장 때문에 진실 판명 여부가 확인되기도 전에 시장에서 외면받았다. 제품이 논란을 빚으면, 특히 건강 문제에 휘말리면 소비자들은 진실 규명보다는 차라리 그 제품을 사용하지 않는 쪽으로 결론 내린다. 자신의 안전을 지키는 가장 쉬운 선택이기 때문이다. 결국 3M은 이 상품의 판매를 중지할 수밖에 없었다.

$C_{10} \rightarrow C_8 \rightarrow C_6 \rightarrow C_0$

스카치가드는 탄소 10개에 불소가 가지로 달려 있는 불소화합물이다. 즉 C_{10}이다. 발암성 논란에 보완책으로 출시된 새로운 발수제는 탄소 여덟 개를 기반으로 PFOS가 검출되지 않는 길이가 더 짧은 분자로 만들어졌다. 그것이 테플론Teflon이다. 하지만 테플론은 PFOA라는 복병을 만나 또다시 논란에 휩싸이게 된다. 현재 Gap이나 미국의 메이저 브랜드가 허용하는 발수제는 C_8보다 가지가 짧고 탄소가 여섯 개 달린 C_6 불소화합물이다. 이것이 PFOA free이다. 유럽에서는 한 걸음 더 나아가 아예 불소화합물 자체를 사용하지 않도록 규제하기 시작했다. 이른바 비불소화합물PFCs free이다. 가지가 아무리 짧아도 결국 불소를 기반으로 하는 화합물은 문제가 된다는 주장에 따른 것이다. C 다음에 탄소 수를 표시한 그간의 별칭을 따라 비불소화합물을 C_0라고 부르게 되었지만 사실 C_0라는 표현은 옳지 않다. PFCs free는 불소가 없는 화합물이지 탄소가 없는 화합물은 아니기 때문이다. 일종의 개념적인 이름인 것이다.

그동안 지구 최강이었던 불소화합물을 사용하지 않고 발수제를 만들면 어떻게 될까? 이전에 사용하던 실리콘이나 왁스 등 그나마 표면장력이 작은 편에 속하는 발수제를 다시 꺼내 써야 할 것이다. 하지만 이들은 불소화합물보다 표면장력이 훨씬 더 크기 때문에 상대적으로 더 많은 양을 사용해야 하고 세탁 내구성도 떨어진다는 문제가 있다. 그럼에도 독일의 루돌프Rudolph나 스위스의 헌츠만Huntsman 등에서 출시한 비불소발수제가 시장에 나와 있다. 비불소발수제는 불소발수제보다 내구성이 약하고 성능은 떨어지면서 가격은 오히려 더 비싸다. 생활 마찰에 의해 초크마크가 생기는 등 전에 없던 부작용도 있다. 가장 큰 문제는 방오가공이 아예 불가능하다는 것이다. 방오는 발유가 기본인데 대개의 유류성분보다 표면장력이 더 작은 성분이 불소화합물 말고는 아직 존재하지 않기 때문이다.

지속가능성 의류의 선두주자인 파타고니아는 이런 논평을 내놓았다. 불소화합물을 쓰지 않아서 아우터웨어의 내구성이 저하된다면 비용의 낭비와 함께 합섬 원단의 사용 증가를 초래하게 된다. 득실을 따진다면 어느 쪽이 옳을까? 우리는 옳은 방향으로 가고 있는 것일까?

불소화합물을 대체할 만큼 작은 표면장력을 가진 신물질이 나오기 전에는 불소화합물에 대한 논란이 쉽게 끝나지 않을 것 같다. 사실 의류는 억울하다. 식품에 준하는 까다로운 제재를 받고 있기 때문이다. 아우터웨어에서 PFOA가 나온다 하더라도 그것이 피부에 접촉하지 않는데도 불구하고 인체에 실제로 흡수되는지, 흡수된다면 얼마나 흡수되는지에 대한 어떠한 증거도 없으며 어느 정도 흡수해야 건강에 나쁜지에 대한 임상자료는 더더욱 존재하지 않는다. 사실 이보다 훨씬 더 심각해 보이는 휴대전화는 전자파 뇌종양 발병 가능성 논란에도 전혀 규제되지 않는 것을 보면 의류는 더욱더 억울하다.

방오 가공은 지속가능성 측면에서 전망이 매우 밝은 분야다. 수자원 절약 정책이 범국가적으로 강화되면 종량제가 된 쓰레기 처리처럼 물을 대량으로 사용하는 세탁도 결국 종량제로 진행될 수 있으므로 세탁을 자주 해야 하는 의류는 지속가능성에 반하는 공적이 된다. 바지나 셔츠 등 피부에 근접한 의류는 기본적으로 발수를 하지 않는다. 피부와 옷 사이의 습도를 증가시켜 불쾌감을 조성하기 때문이다. 따라서 이런 옷은 자주 빨아야 한다. 만약 밖으로는 발수가 되고 안쪽으로는 흡습성이 유지되어 수증기를 빨아들일 수 있다면 세탁 횟수를 최소화할 수 있게 된다. 원단의 한쪽 면만 발수 처리하는 가공은 스위스의 쉘러Schoeller가 이미 개발해 3XDRY라는 브랜드로 나와 있다. 결국 강력한 발유제는 꼭 필요하며 아직까지는 불소화합물이 최적의 해답이다.

생분해성 합성섬유의 비밀

　일 년에 1,000억 벌의 옷이 만들어지고 그중 300억 벌은 새 옷인 채로 쓰레기장에 폐기된다고 한다. 버려진 합성소재 의류를 재생하는 기술이 존재하지만 PET병이 원료일 때보다 비용이 세 배 이상 들어가기 때문에 의류 재생은 아직 갈 길이 멀다. 썩는 플라스틱으로 만든 의류는 괜찮은 대안의 일환이다. 썩는 폴리에스터는 듀폰이 오래전부터 아펙사 Apexa라는 이름으로 판매해 왔다. 하지만 야드당 가격이 수십 불이다. 단지 환경에 좋다는 이유로 이 가격을 수용할 만한 브랜드는 전 세계에 몇 없다. 소비자들이 그런 섬유가 있다는 사실조차 모르는 이유다. 세계 최대 의류브랜드로 손꼽히는 Gap도 열광적으로 생분해성 합성소재를 찾고 있지만 천인공노할 가격에 좌절할 뿐이다. 이런 상황에서 Ciclo는

◎ 의류쓰레기

눈이 번쩍 뜨일 만한 소재다. 적어도 중저가 브랜드가 수용 가능한 가격이기 때문이다. 이 제품은 과연 아펙사를 대신할 구원투수relief일까?

썩는 봉투

쓰레기 종량제 봉투는 썩는 비닐로 알려져 있다. 썩는 플라스틱은 보통 생분해성이라고 생각하기 쉽지만 전부 그런 것은 아니다. 종량제 봉투는 재질과 성분에 따라 크게 PEHDPE, LLDPE 봉투합성수지를 주원료로 제조한 쓰레기 분리수거용 봉투, 생붕괴성 봉투PE에 전분을 30%가량 혼합한 봉투, 탄산칼슘 봉투PE에 탄산칼슘을 첨가해 제조한 봉투, 생분해성 봉투생분해성 합성수지를 주원료로 가공한 봉투가 있으며 환경부에서 제작에 대한 단체표준을 정하고 있다. 생소하지만 '생분해성'뿐만 아니라 '생붕괴성'이라는 것도 있다. 또 탄산칼슘 봉투처럼 '생'이 빠져 있는 '분해성'이라는 것도 있다. 이들은 어떤 차이가 있을까? 이를 나누는 정확한 구분이 Ciclo의 정체를 알려줄 수 있을 것이다.

생분해성

생분해성biodegradable은 이른바 '썩는다'는 개념이다. 어떤 것이든 썩으면 분해되어 사라진다. 즉, 미생물의 대사에 사용되었다는 생물학적 개념이다. 자연에서 끊임없이 일어나고 있는 일이며 생태계가 작동하는 방식이다. 이 행성의 모든 살아 있는 생물은 죽으면 분해되어 원래의 분자나 원자 상태로 돌아간다. 그래야 재사용이 가능하기 때문이다. 만약 분해되지 않으면 재사용이 불가능해지고 생태계의 순환은 끊기게 된다. 즉, 지속가능하지 않다. 썩지 않는다는 것은 미생물이 분해하기 어렵다는 뜻이다. 생분해성 물질은 컴포스터블compostable이라고도 한다. 퇴비라는 뜻이다. PLA 같은 경우는 고분자 합성 플라스틱이지만 천연원료를 사용했고 컴포스터블이다.

분해성

분해성degradable은 분해는 일어나지만 미생물이 개입하는 것이 아니라 물리적인 마찰이나 충격으로 잘게 부서지는 것을 말한다. 바위나 돌이 부서져 모래가 되는 것과 마찬가지다. 분해성 비닐의 경우는 탄산칼슘 같은 무기물이나 중금속 같은 입자를 섞어 만든다. 따라서 햇빛이나 열 또는 물리적 마찰에 의해 잘게 부서져 적어도 눈에 보이는 쓰레기 형태로 남지는 않는다. 이것들이 작아지면 표면적이 커져 분해 기간이 단축된다.

생붕괴성

생붕괴성bio collapse은 국어사전에 생분해성과 동일하다고 되어 있지만 틀렸다. 생붕괴성은 전분 같은 생분해성 소재를 일반 플라스틱에 첨가해 만든 것이다. 생붕괴성 플라스틱은 자연에 방치되면 전분이 분해되면서 잘게 나누어진다. 포함된 전분 30%는 생분해와 같고 나머지는 분해성에 해당한다. 즉, 물리적 마찰 없이도 분해된다는 점에서 분해성과 다르다.

Ciclo는 폴리에스터 및 기타 합성소재가 천연소재처럼 생분해되도록 하기 위한 업스트림 솔루션이다. 실을 방사하기 전에 폴리머 내부에 생분해성 첨가제를 혼합해 폐기된 합성섬유를 더 작은 입자분말로 분할할 수 있도록 만든다. 이 섬유기술은 폴리에스터 및 기타 합성 재료가 폐수 처리장 슬러지, 해수 및 매립 조건에서 천연재료처럼 생분해되도록 한다. 폐기된 직물로 인한 매립지의 플라스틱 축적을 최소화하기 위해 제조 단계에서 쉽게 구현할 수 있는 최초의 섬유기술이다.

Ciclo는 이른바 생붕괴성 또는 분해성 플라스틱으로 보인다. 따라서 생분해성이라는 마케팅은 할 수 없다. 미국 FTC도 생분해성이라는 분류에 해당하지 않는다고 통보했다. 사실 생붕괴성이라고 해도 썩지 않는 일반 플라스틱보다는 낫다. 문제는 분해되면서 생겨나는 작은 플라스틱을 해양생물이 섭취한다는 것이다. 하지만 플라스틱도 영원하지는 않다. 시간의 문제일 뿐 언젠가는 분해될 것이고 크기가 작다면 분해되는 시간이 더 빨라질 것이다. PET

☀ 해양쓰레기가 생분해되는 시간

해양쓰레기	생분해되는 시간
종이타월	2-4주
신문	6주
사과 심지	2개월
골판지 상자	2개월
우유 상자	3개월
면 장갑	1-5개월
울 장갑	1년
합판	1-3년
페인트 발린 나무막대기	13년
비닐봉투	10-20년
깡통	50년
일회용 기저귀	50-100년
플라스틱병	100년
알류미늄캔	200년
유리병	불분명

병은 생분해되는 데 백 년이 걸린다. 해양에 떠 있는 각종 쓰레기가 생분해되기까지 필요한 시간을 참고하자.

Ciclo가 상용화 내지 대중화될지는 미지수다. 하지만 비용 문제로 오가닉 코튼과 비슷하지도 않은 농약 친 BCI 코튼이 대세인 것을 보면 성장 가능성도 엿보인다. 무엇보다 PET병을 원료로 한 재생 합섬 이후, 새로운 지속가능성 의류소재를 찾기가 점점 어려워지고 있는 실정이다. 패션브랜드라면 동태를 주시할 필요가 있다.

바이오 나일론

"석탄, 공기 및 물에서 추출할 수 있고 극도의 내구성과 강도를 특징으로 하는 새로운 화학섬유를 발표합니다."

- 듀폰 부사장 찰스 스타인, 1938

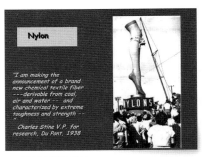

▲ 듀폰의 나일론 광고

바이오

바이오 시리즈가 유행이다. 바이오 디젤, 바이오 플라스틱, 바이오 에너지, 바이오 연료 등은 지속가능성이 인류 문명과 생활 전반에 영향을 끼치면서 나타나는 현상이다. 바이오는 생生, 즉 살아 있는 어떤 것을 말한다. 생명체 같은 의미지만 지속가능성과 맞물려 천연이나 친환경이라는 속성을 강하게 내포하게 되었다. 현재 지탄의 대상이 되고 있는 주요 에너지원인 화석연료와 반대편에 서 있다는 의미로 해석하면 정확하다.

T·E·X·T·I·L·E S·C·I·E·N·C·E

어떤 물건에 바이오가 들어가면 천연원료를 사용해서 만들어진 것이라고 생각하면 무난하다. 여기서 천연원료는 대체로 식물이다. 바이오 나일론은 석유로 제조된 나프타naphtha를 원료로 생산했던 기존의 나일론을 천연원료를 사용해 만들었다는 의미가 된다. 어떻게 그럴 수 있을까?

나일론66

나일론의 화학명은 '폴리아미드'polyamide 또는 '폴리아마이드'로 아미드amide 결합인 '-CONH-'로 연결된 모든 중합체의 총칭이다. 즉, 나일론은 수십 가지 종류가 있다. 캐러더스가 만든 최초의 나일론인 나일론66은 '아디프산'과 '헥사메틸렌디아민'으로 연결된 중합체다. 아디프산의 CO와 디아민의 NH가 연결되었으므로 나일론의 정의에 부합한다.

△ 나일론66

중합

중합polymerization이란 단분자가 계속 연결되어 고분자를 만드는 화학 반응이다. 자연에는 중합체인 고분자가 많다. 면을 이루는 셀룰로오스가 가장 흔한 고분자 중합체다. 즉, 천연 고분자다. 나일론은 인간이 만든 최초의 인공 중합체 고분자다. 석유의 정제 사용이 가능해지기 직전인

1935년에 발명되었으므로 당시의 중합 원료는 석탄가스였다. 현재는 석탄 대신 석유가 원료다.

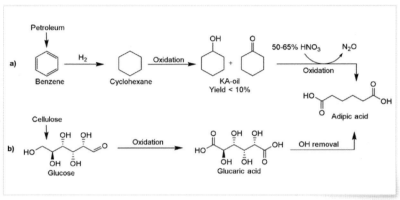

a: 석유로 만든 아디프산
b: 셀룰로오스를 포도당으로 당화해 만든 아디프산

바이오 나일론과 바이오 폴리에스터

만약 아디프산 같은 디카르복실산dicarboxylic과 헥사메틸렌디아민인 디아민diamine을 석탄도 석유도 아닌 살아 있는 식물에서 추출해 중합하면 결과물은 동일하지만 바이오매스 기반인 바이오 나일론66으로 분류된다. 식물 자원에서 가장 흔한 셀룰로오스를 기반으로 한 아디프산은 이미 여러 곳에서 개발되었으며 디아민은 카다베린cadaverine 같은 동물성 단백질에서 유래한 프토마인ptomaine을 사용해 다수 개발되었다. 같은 방법으로 바이오 폴리에스터도 제조 가능하며 이미 출시된 제품도 있다. 카다베린은 육류나 기타 단백질의 부패 작용에 의해 생기는 프토마인 성분이다. 불쾌한 냄새가 나지만 유독하지는 않다. 끓는점은 섭씨 178~179도이며 물에 녹고, 프토마인 단백질의 부패로 푸트레신putrescine과 함께 생긴다. 필수아미노산인 리신lysin의 분해물이다.

셀룰로오스

바이오매스biomass로 대부분 식물 자원이 사용되는 이유는 식물의 주 성분이 셀룰로오스이며 포도당의 중합으로 만들어진 고분자이기 때문 이다. 포도당은 석탄이나 석유 같은 에너지원이며 살아 있는 모든 동물 의 연료다. 즉, 내연기관을 구동하는 연료가 석유라면 살아 있는 생물을 구동하는 연료는 포도당인 셈이다. 셀룰로오스 고분자를 토막 내서 원 래의 단분자인 포도당으로 만들 수 있는데 이를 당화糖化라고 한다. 당화 를 이용해 셀룰로오스나 녹말 같은 탄수화물에서 포도당을 얻은 다음 발효를 통해 젖산을 만들고 이를 중합해 만든 최초의 섬유가 PLA이다. 즉, 최초의 바이오매스 섬유가 PLA이다. 현재 출시된 PLA의 원료는 옥 수수다. 바이오매스를 목질, 곡물, 해조류로 분류하기도 한다.

화석연료와 바이오매스

사실 석탄이나 석유도 식물이나 동물과 같은 유기체에서 유래했고 현 재의 동식물과 세월의 차이가 있을 뿐이어서 엄밀하게는 바이오매스라 고 할 수도 있으나 현재는 바이오매스라는 분류로 인정하지 않는다. 화석 연료를 태우면서 발생하는 이산화탄소가 지구온난화의 원인이라고 지적 하지만 인간을 포함한 동물이 탄수화물로 에너지를 얻을 때도 이산화탄 소를 방출한다. 이를 대사代謝라고 한다. 즉, 자동차 엔진을 구동하는 것과 소 가 풀을 뜯어 먹고 대사하는 것은 과정과 배출량의 차이가 있을 뿐 이산 화탄소를 배출한다는 점만 놓고 보면 마찬가지다. 대사 과정에서 이산화 탄소가 발생하는 것은 자원과 에너지 순환에서 중요한 부분이다. 포도당 을 만드는 식물의 광합성은 이산화탄소가 없으면 불가능하기 때문이다.

섬유에 새긴 문신

문신이 대유행하고 있다. 폭력조직을 동
경하거나 평범한 직업에 종사하지 않는 사
람들의 전유물 같았던 문신을 일반인들까
지 하고 있다. 문신은 지워지지 않는 잉크,
염료 또는 안료를 피부의 진피층에 삽입해
디자인하는 신체 변형의 형태다. 문신의 목
적은 결코 지워지지 않는 그림이나 기호를
신체에 각인하는 것이다. 사람의 피부는 표
피와 진피 그리고 피하지방이라는 3층으로

이루어져 있다. 표피는 모든 물리적 충격과 생활 마찰을 견디는 동시에
외래 물질과 세균의 침입에 저항하는 인체의 최외곽 방어선이다. 따라서
표피는 죽은 세포들로 이루어져 있고 마찰에 의해 끊임없이 떨어져 나간
다. 우리 몸의 표피 세포는 3개월이면 완전히 새로운 세포로 교체된다.
표피 아래에 있는 진피야말로 진짜 피부이며 진피에 상처를 입으면 없어지지 않는다. 따라서 진피에 잉크나 안료로 착색을 하면 아무리 씻어도 절대 지워지지 않는 그림이나 기호를 새겨넣을 수 있다.

원단의 염색은 섬유와 염료의 화학결합을 통해 이루어진다. 세탁으로 쉽게 퇴색되지 않으므로 불변 염색이라고는 하지만 모든 염료는 결국 마찰이나 세탁에 의해 탈락하거나 자외선에 의해 기능을 상실하게 된다. 그 결과가 탈색이다.

만약 문신과 동일한 방법으로 원단을 착색할 수 있다면 결코 퇴색이 일어나지 않는 원단이 될 것이다. 돕 다이드는 화섬이 실로 방사되기 전인 반죽 상태에 안료를 투입한다. 즉, 안료는 섬유의 외부가 아닌 내부에 침입해 자리를 잡게 된다. 따라서 문신과 마찬가지로 마찰이나 세탁에 의한 퇴색이 일어날 수 없다. 대부분의 돕 다이드 원사는 블랙인데 이때 사용하는 안료는 카본, 즉 탄소다. 탄소는 자외선에 영향받지 않기 때문에 아무리 오랫동안 햇볕에 있어도 색이 변하지 않는다. 이쯤 되면 천하무적이라고 할 수 있다.

돕 다이드가 전 지구적으로 일어나고 있는 지속가능성이라는 메가 트렌드에 의해 새롭게 조명되고 있다. 원래 돕 다이드는 염색 비용이 높은 스트라이프, 체크 같은 패턴물이나 2톤tone 효과를 값싼 후염으로 달성하고자 하는 방책이었다. 돕 다이드 컬러는 이후 염색에 의해서도 변색이나 퇴색이 일어나지 않으므로 안정적으로 패턴물을 만들 수 있다. 강한 햇볕이나 바다의 소금기, 계속되는 가혹한 마찰에도 결코 퇴색되거나 변색되지 않는 완벽한 견뢰도를 요구하는 경우에도 돕 다이드 원사는 매우 효과적으로 임무를 수행한다.

일반적인 염색으로 제조된 원단은 세탁이나 일광, 마찰 등 다양한 염색견뢰도에서 최고 등급인 5급이 나올 수 없다. 시험기관은 결과가 아무리 좋아도 5급이라는 성적을 발행하지 않는다. 일반적인 염색의 경우 그들에게 가장 높은 등급은 4급이다. 완전무결한 염색이란 존재하지 않기 때문이다.

제직과 편직의 지속가능성

제직과 편직 두 공정 자체를 지속가능성 측면으로 보면 둘은 차이가 없다. 모든 원단에서 제조 방식이 가장 지속가능한 원단은 부직포다. 니트가 직물에 비해 공정이 더 간단하지

🔺 제조공정의 차이

만 부직포는 섬유를 실로 만드는 공정조차 생략된다. 제직과 편직은 첫 단계로 섬유를 실로 만드는 작업부터 선행해야 한다. 섬유의 굵기에 비해 원단은 상당한 두께와 중량을 필요로 하므로 크고 투박한 기계에 연결하기 위해서는 볼륨과 길이가 충분해야 하기 때문이다. 반면 부직포는 섬유를 층층이 겹쳐 필요한 두께를 형성하므로 실로 만드는 과정이 필요 없다.

제직과 편직의 제조 방법이 아니라 결과물인 직물과 편물 중에서 어느 쪽이 더 지속가능한지 알아보려면 여러 가지 요소를 반영해 봐야 한다.

지속가능성을 위한 패션의 3대 규범criteria은 친환경, 건강, 자원절약이다. 세 가지 요소 중에서 한 가지 혹은 두 가지 이상 해당된다면 지속가능하다고 인정된다.

둘은 원사부터 다르다. 니트는 꼬임이 적고 마찰을 줄이기 위해 왁스 처리되어 있다. 직물은 경사가 끊어지는 것을 방지하기 위한 인장강도를 확보하기 위해 더 많은 꼬임이 들어가 있다. 먼저 제직은 방대한 인프라가 필요하다. 제직 준비를 위해 수백 개의 콘에서 수만 가닥의 경사를 끌어내 빔에 감는 정경 작업을 준비해야 하기 때문이다. 따라서 우븐이 니트보다 많은 에너지를 사용해야 하므로 비용도 더 많이 들어간다. 니트 의류가 대부분 우븐보다 더 저렴한 이유다. 하지만 니트나 우븐 모두 원단 제조 과정에서 환경을 오염시키는 작업은 없다. 우븐의 호부와 니트 원사의 왁싱waxing 말고는 화학적인 공정이 수반되지 않기 때문이다. 사실 풀이나 왁스도 물리적인 용도에 사용된다.

설비

제직은 경사 준비 때문에 대규모 설비facility가 필요하다. 반면 니트는 바늘만 있으면 집에서도 할 수 있다.

사이징

니트는 경사에 풀을 먹이는 호부공정과 나중에 먹인 풀을 빼는 발호 공정이 필요 없다.

왁싱

니트 원사는 니들을 지나가는 마찰에 견딜 수 있도록 순조로운 윤활을 위해 왁싱되어 있다.

트위스트

편직을 위한 원사의 꼬임twist은 직물보다 더 적다. 직물은 제직 도중 경사가 끊어지지 않도록 충분한 인장강도가 필요하므로 같은 굵기라도 더 많은 꼬임이 필요하다. 꼬임이 더 많은 실은 강하지만 부드럽지 않다. 성능은 좋지만 감성은 떨어진다.

내구성

니트는 원사의 인장강도가 약하고 직물에 비해 조직도 튼튼하지 못하다. 니트 의류의 수명은 우븐에 비해 치명적으로 짧다. 평균 한두 시즌 정도다. 청바지 정도 두께라면 내구성durability이 평생 간다고 해도 된다.

후가공

니트에는 후가공이 들어가는 경우가 별로 없다. 후가공 자체가 쉽지 않고 피부와 접촉하는 의류가 많기 때문이다. 반면 우븐에는 재생이 불가능한 각종 후가공이 추가되는 경우가 많다.

재생 비용

의류의 재생 측면에는 니트가 단연 유리하다. 만약 면이라면 자연 상태에서 훨씬 더 빨리 생분해가 일어날 것이다. 원사 강도가 약하고 조직이 느슨하

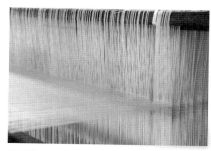
🔺 제직

며 표면적이 크기 때문이다. 원단을 분해해 섬유 상태로 되돌릴 때는 단지 원단을 긁기만 하면 되고 대부분 가공도 되어 있지 않아 탈색만 하면 된다.

사용 기한

버려지는 의류쓰레기를 생각해 보면 우븐보다 니트 쪽이 훨씬 더 많다. 상대적으로 값싸고 내구성이 짧기 때문이다. 우븐 의류는 내구성이 다해 버려지기보다는 싫증 나거나 유행이 지나서 버리는 경우가 대부분이다. 니트는 보풀이 생겨서, 늘어져서, 덴싱이 나서 혹은 구멍이 나서 버리는 경우가 많다. 유행이 지나 버려진 우븐 의류는 누군가에 의해 재사용이 가능하지만 버려진 니트 의류는 폐기하거나 재생하는 과정만 남아 있다.

지속가능성 측면

친환경, 건강, 자원절약의 세 가지 측면을 비교해 보면 많이 버려지는 니트는 쓰레기를 많이 만들기 때문에 환경 쪽으로 감점이고 재생이 상대적으로 어려운 직물은 자원절약에서 불리하다. 그렇다면 둘의 싸움은 무승부일까?

최후의 승자

결국 '재생의 편이'와 '내구연한'의 싸움이 되었지만 의류의 재생은 아직 요원하다. 지금은 PET병 정도의 재생이 현실화되었을 뿐이다. PET

병이 원료인 플라스틱의 재생은 브랜드가 수용할 수 있을 정도로 저렴한 비용만 추가되기 때문이다. 의류의 재생은 이보다 훨씬 더 막대한 시간과 비용을 필요로 한다. 값싼 물리적 재생을 할 재료가 바닥나거나, 저렴한 화학적 재생이 가능한 기술 혁신이 일어나거나, 소비자가 지속가능성을 위해 적지 않은 비용을 기꺼이 지불할 정도로 의식이 깨어나기 전에는 현실화되기 어렵다. 따라서 현재의 승자는 제직이다. 하지만 최후의 승자는 누가 될지 예측하기 어렵다. 쉽게 버리고 쉽게 재생되는 쪽과 처음부터 버리지 않고 오래 사용하는 쪽의 경쟁이기 때문이다.

07
섬유의 **미래**

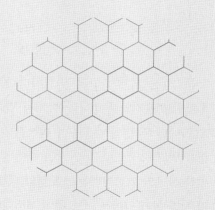

면의 미래 1

문익점은 14세기 고려 말 학자다. 공무로 원나라에 갔을 때 붓두껍에 목화씨를 숨겨와 우리나라에 처음 면화를 들여온 인물이라고 배웠지만, AD552년 두 명의 수도승이 비잔틴동로마제국 유스티니아누스 황제의 명령을 받고 중국으로 가 지팡이 속에 숨겨 들어온 몇 개의 누에고치가 유럽산 실크의 조상이라는 스토리와 너무 흡사하다. 두 사건은 거의 800년의 시간 차가 있어서 어느 쪽이 패러디인지 분명해 보인다.

까다로운 의류소재

지구상에 존재하는 5천만 종의 동물과 식물 중 의류에 사용 가능한 천연소재는 단 네 가지에 불과하다. 의류소재가 요구하는 성능과 조건이 그만큼 까다로운 탓이다. 면은 그중에서도 가장 늦게 사용된 소재다. 이유는 단순한데 바로 섬유장 때문이다. 면 섬유의 길이는 손가락 한두 마디에 불과하다. 이토록 짧은 섬유를 수백 미터 길이의 실로 만들기 위해서는 상당한 기술이 필요하다. 물레가 발명되자 면으로 만든 원단은 전 세계적으로 폭발적인 수요를 형성했다. 프랑스에서는 거의 모든 여자들의 드레스가 일시에 면직물로 바뀌는 소동이 있었다. 결국 자국의 섬유산업을 보호하기 위해 프랑스 정부가 면직물 드레스 착용을 금지하기까지 했을 정도다. 그래도 여성들은 몰래 입었다.

인류 최초의 소재

면이 나타나기 전에 사용되었던 식물섬유는 마이다. 마는 뻣뻣하고 열전도율이 높아서 차갑고 레질리언스resilience가 나빠 쉽게 구겨지며 균제도evenness가 좋지 않아 원단 표면이 고르지 않고 불균일한 슬럽slub이 형성되어 있다. 지금은 이런 단점을 슬러비slubby라는 트렌드로 승화시켜 그런지 룩grunge look을 강조하거나 합섬을 천연

🔺 그런지 룩 마직물 의류

섬유처럼 보이게 하는 재료로 사용하기도 하지만 그건 곱고 균일한 원사로 만들어진 매끄러운 원단이 흔할 때의 이야기다. 마직물로 만든 옷은 품위가 떨어졌다. 여름용 소재라 통기성이 중요하므로 저밀도가 대부분이기도 했지만 기본적으로 섬유가 굵어 면 같은 세번수 원사를 만들 수 없어 고밀도 원단을 만들려고 해도 어렵다. 결정적으로 겨울에는 대책 없이 춥다. 열전도율이 높아 뼈저리게 차갑기까지 하다.

슈퍼스타 면화

면은 의류소재가 빈약해 궁핍했던 세상
에 등장한 슈퍼스타다. 백옥처럼 하얀 데다
마보다 훨씬 더 부드럽고 섬유가 가늘어서
200수 이상의 세번수 원사를 뽑을 수 있
다. 이런 원사로 제작된 원단은 품위 있고
고급스러운 느낌을 준다. 순도 98%의 셀
룰로오스로 이루어진 면은 마에 비해 균제
도가 탁월해 합성섬유로 만든 원단과 차이
가 없을 정도로 정교하고 매끄러운 원단을
만들 수 있다. 마는 딱딱해 피부가 쓸리고

🔵 프랑스 면직물 드레스

양모는 피부를 찔러 가렵게 하지만 면은 매끄럽고 부드럽게 감기며 피부
에 어떤 자극도 주지 않는다. 무균 상태로 태어나는 아기들의 피부가 세
상에 나와 처음으로 받아들이는 외래물질이 바로 면이다. 액체든 기체든
습기를 탁월하게 흡수해 언제나 쾌적한 습도를 유지할 수 있다. 레질리
언스가 울만큼 좋지는 않지만 마처럼 극악하게 나쁘지는 않다. 그러면서
도 마 못지않게 질기고 흡습도 탁월하다. 자외선은 물론 상당히 높은 열
에도 견딘다. 세탁하기도 쉽다. 가격도 모든 천연소재 중에서 가장 저렴
하다.

이 같은 다양한 장점에 힘입어 면은 세상에서 가장 범용성이 뛰어난
의류소재가 되었다. 면은 모든 복종에 사용된다. 셔츠, 바지, 블라우스,
드레스는 물론 아우터웨어, 액티브웨어active wear 심지어 수트도 만들 수
있다. 속옷은 두말할 필요도 없다. 다운 재킷down jacket도 코팅 없이 만들
수 있을 정도다. 영국 파일럿이 2차 세계대전 당시 입었던 천연 방수 기
능이 있는 벤타일Ventile도 면직물이다. 군인들의 배낭과 군용 텐트도 처
음에는 모두 면직물이었다.

면의 미래

그러나 면의 미래는 어둡다. 인류 역사상 누구도 경험하지 못한 거역할 수 없는 지속가능성sustainability이라는 '패션 헌법'이 해일처럼 밀려오고 있기 때문이다. 이제부터 7,000년 패션 역사를 전혀 다르게 써나가야 할 정도다.

△ 농약 살포

많은 사람이 '천연'과 '지속가능성'을 동일시하는 우를 범한다. 태양빛으로 빚은 눈부시게 희고 순결한 목화야말로 친환경 섬유의 아이콘이라고 믿어 의심치 않는다. 그러나 면은 대표적인 반환경 섬유다. 1년생 관목인 면은 기후에 예민하고 경작하기 까다로운 식물이다. 사람만이 아니라 곤충도 면을 좋아해 어마어마한 농약을 퍼부어야 한다. 전 세계에서 쓰이는 살충제의 25%가 목화밭에 뿌려지는 이유다. 해결책으로 보이는 오가닉 코튼은 구세주가 될 수 없다. 유기농 식품과 마찬가지로 너무 비싸기 때문이다. 면은 다양한 장점을 가진 사랑스러운 소재이며 인체와 조화로운 의류소재이지만 환경에 막대한 폐해를 초래한다. 따라서 이대로는 결국 퇴출되어야 하는 운명이다. 친환경과 관련된 간단한 조치를 더해도 소비자가 수용 가능한 가격대를 훌쩍 넘어서 버린다. 면은 저렴한 소재이기 때문이다. 유전자 조작으로 병충해에 강한 GMO 면이 나오기 전에는 퇴출 대상 1호다. 그러나 자연에서 곤충이나 미생물을 퇴치하는 강력한 생물은 수백 종의 박테리아와 공생하는 인간에게도 좋을 리 없다는 점에서 GMO가 완전한 대책은 아니다. 생분해성 PLA나 리오셀Lyocell 같은 재생섬유가 대책이 될 수도 있다. 폴리에스터나 나일론 같은 합섬이 강력한 친수성을 갖춰 면을 대체할 수도 있다. 앞으로 지속가능성의 기준이 높아지면 면의 미래가 어떻게 될지는 아무도 모른다. 다만 이 대로는 사용 불가능하다는 사실만이 분명하다.

면의 미래 2

그렇다면 우리는 면의 사망을 지켜보고 있어야만 할까? 방법이 아주 없는 것은 아니다. 시간과 비용이 들고 면의 수요가 줄어들지언정 면이 사라지지는 않을 것이다. 사실상 대체 가능한 소재가 별로 없기 때문이다. 궁극의 대안이 나오기 전 단기간에 생각해 볼 수 있는 실현 가능한 방법은 재사용이다.

리사이클 코튼

원래 재생이라는 개념은 울이나 실크 같은 고급 소재에 해당했다. 하지만 현대에서 재생은 지속가능성을 목적으로 재인식되고 있다. 패러다임은 이

런 식으로 바뀐다. 리사이클 울을 지속가능성 때문에 구입하려고 한다면 난센스가 된다. 재생모는 예전부터 있었고 저렴한 가격 때문에 존재하기 때문이다.

전문 식당의 꽁보리밥은 백미보다 품질이 더 낮고 맛도 없고 소화도 잘 안되지만 건강에 좋다는 이유로 오히려 더 비싸다. 저렴한 소재인 면을 재사용할 이유가 없지만 어마어마한 의류쓰레기를 줄이기 위해 의류 소재의 절반이 넘는 면을 재생해 재사용한다면 큰 도움이 될 것이다. 면화의 경작이 줄면 농약 사용도 그만큼 감소한다.

면은 울과 달리 워낙 단섬유이기 때문에 사실 재생이 쉽지는 않다. 재생 작업을 거치고 나면 안 그래도 짧은 섬유장이 더욱 줄어든다. 따라서 재생된 면은 20수 미만인 태번수 실만 방적할 수 있다.

데님이나 캔버스 같은 원단에는 당장 적용 가능하므로 수요는 얼마든지 있다. 투박하고 누런 재생 종이가 인기리에 사용되는 것처럼 원단이 굵고 거칠더라도 환경에 관심을 보이는 의식 있는 소비자의 새로운 수요가 나타날 것이다. 재생 면 원단은 염색도 지속가능성을 고려해야 한다. 아예 염색을 하지 않고 자연 상태에 가까운 색회색이나 누런색으로 두거나 최소한의 염료나 화학물질을 투여하는 것이 좋다. 면을 재활용하기 위한 자원은 쓰레기도 있지만 방적공장에서 실을 방적하면서 생기는 부산물

🔵 재생 면

인 낙물waste도 상당하다. 공장의 낙물은 오염되지 않은 청정한 아이템으로 이미 한번 사용된 원단과는 차별화될 것이다.

한 번도 사용되지 않은 제품의 재생을 '프리컨슈머 프로덕트'pre-consumer product라고 한다. 반대로 이미 사용된 제품의 재활용은 '포스트컨슈머 프로덕트' post-consumer product이다. 데님이나 대부분의 아우터웨어로 사용되는 면직물은 포스트컨슈머 재생 면에서 비롯될 것이다. 얇고 부드러운 고급 면 제품은 주로 오가닉으로 생산되어 고가 제품군이 될 것이다.

면의 염색

물에 쉽게 가수분해되어 수자원 오염을 일으켰던 반응성 염료는 사용이 제한될 것이며 원단이나 원사의 표면만 염색하는 링 다잉ring dyeing이 일반화될 것이다. 링 다잉의 염료에는 캐치오닉cationic이 사용된다. 물론 기본적으로 원단의 한쪽 면만 염색하는 초박막 염색 기법도 곧 등장할 것이다. 하지만 롤러를 이용하는 박막 염색은 리스팅listing이나 엔딩ending 문제를 먼저 해결해야 한다.

천연염색은 의외로 대중화되기 어렵다. 일단 염료의 조달이 문제고 가격이 너무 높다는 점도 그렇다. 어차피 채도가 낮은 컬러만 있어서 견뢰도가 나쁜 것은 큰 문제가 되지 않을 것이다. 구하기 쉬워 가격이 저렴한 천연염료가 등장한다면 새로운 카테고리를 형성할 수도 있다.

채도

채도가 높은 색일수록 더 많은 양의 염료가 요구된다. 따라서 전체적으로 면직물 색상의 채도가 낮아지는 경향은 피할 수 없을 것으로 보인다. 1856년 이전만 해도 지구상에서 가장 문명화된 런던 시민들조차 대

부분 우중충한 검은색이
나 회색 또는 갈색 옷을
입었다. 최초의 합성염료
인 윌리엄 퍼킨William Perkin
의 '모브'mauve가 고채도
의 진정한 패션세계를 창

조한 것이다. 퍼킨은 화학으로 세상을 바꾼 위대한 인물이지만 유효 적
절한 방법을 찾지 못한다면 우리는 1850년대 이전으로 돌아가야 할지도
모른다. 프린트는 염색보다 물과 염료를 확실히 적게 사용하므로 상대적
으로 지속가능sustainable해 수요가 증가하게 될 것이다. 원단 중량의 100
배나 되는 물을 사용하는 염색에 비해 프린트는 개념 자체가 링 다잉이
며 단면염색one side dyeing이다. 프린트 기법으로 만드는 가상 단색virtual solid
이 유행하게 될 것이다.

흰색의 퇴조

지금까지 사용된 순백색의 아름다
운 면직물은 이제 살아남기 어렵다. 면
직물을 하얗게 만들수록 더 많은 표백
제와 형광증백제가 필요하다. 형광증백
제는 백도를 높이기 위해 종이에도 많
이 사용되는데 누런 재생 종이가 인기
를 끌고 갈색 흑설탕이 선호되는 것처
럼 누런 면 원단이 눈부신 흰색 원단을
추방하게 될 것이다.

검은색과 지속가능성

염료를 가장 많이 사용하는 검은색은 지속가능성 패션에서 기피된다. 하지만 검은색은 패션에서 도저히 제외할 수 없는 컬러다. 화섬은 염료를 사용하지 않고 검은색을 구현할 수 있지만 면은 같은 방법을 쓸 수 없다. 안료를 사용하는 방법이 있지만 핸드필hand feel 때문에 어렵다. 이런 경우 입자가 매우 작은 탄소를 이용하는 것이 최선이다. 탄소는 먹을 수도 있는 만큼 세탁으로 빠져나와도 물을 오염시키지 않는다. 탄소 입자가 작을수록 더 좋은 견뢰도가 실현된다. 탄소나노튜브CNT·Carbon Nanotube는 좋은 선택이 되겠지만 비용이 만만치 않다. 진한 색을 만들기도 쉽지 않다.

폴리에스터의 미래

'거대 태평양 쓰레기 조각'이라고 불리는 '그레이트 퍼시픽 가비지패치'Great Pacific Garbage Patch는 태평양을 떠다니는 쓰레기섬이다. 주로 아시아 국가에서 온 플라스틱  쓰레기 및 부유 쓰레기는 하와이와 캘리포니아 사이에 걸쳐 있다. 플라스틱은 넓은 지역에 분산되어 있기 때문에 하늘에서도 쉽게 볼 수 있을 정도다. 패치를 구성하는 플라스틱 농도는 중앙에서 $1km^2$당 최대 100kg으로 추정되며, 패치의 바깥 부분에서는 $1km^2$당 10kg으로 내려간다. 약 8만 톤의 플라스틱이 패치를 구성하며, 대략 2조 개의 조각이 있다. 패치 질량의 90% 이상은 0.5cm보다 큰 물체에서 기인한다. 조사 결과 패치는 빠르게 성장하고 있다고 알려졌다.

폴리에스터는 1935년 캐러더스가 발명하고 영국에서 상용화된 이래 아직 패션보다 산업자재로 더 많이 쓰이기는 하지만 3대 합성섬유로서 면에 이어 두 번째로 많이 사용되는 의류소재다. 폴리에스터는 다양한 복종에 적용이 가능한 천의 얼굴을 가졌고 특별한 감성이나 기능을 탑재한 수많은 종류가 있다는 장점이 있다. 다른 소재와의 혼방이나 교직 심지어 한 올의 섬유 내부에 다른 섬유가 혼재하는 콘주게이트conjugate 까지 가능한 만능 합성 고분자다.

범용성

소재가 가지는 성능의 한계로 인해 의류소재는 여러 복종을 넘나들며 활용하기가 어렵다. 예를 들면 나일론은 아우터웨어로 사용하기에는 매우 우수한 소재이지만 블라우스, 드레스, 정장suiting 으로는 도저히 사용 불가능하다. 반면 폴리에스터는 아우터웨어나 아웃도어는 물론 드레이프drape 성이 있는 여성용 블라우스, 드레스, 양복 심지어 잠옷이나 란제리까지 활용 가능해 최적의 소재로 군림하고 있다. 액티브웨어나 요가복으로도 최적이며 현재까지 대체 불가한 유일한 패딩 재킷 충전용 솜으로도 사용된다. 나아가 가방, 작업복, 수영복까지 광범위한 용도를 자랑한다. 그러면서도 폴리에스터의 최대 용도는 PET병이다.

융합

폴리에스터는 다른 섬유와 혼방하기 쉽다. T/C는 말할 것도 없고 저렴한 양복 소재로 유명한 비스코스viscose와 혼방한 T/R이 있으며 모직 양복도 아크릴보다는 폴리에스터와 혼방한 섬유가 많이 사용된다. 필라멘트뿐만 아니라 단섬유staple도 생산되어 혼방은 물론 폴리에스터 방적사 spun poly 그 자체로 고가의 면직물처럼 보이는 원단을 제조할 수 있다. 이 원단은 한때 대유행했으나 보풀pilling 문제로 퇴조했다. 면이나 나일론과의 교직은 물론 극세사microfiber도 가능하다.

자유자재로 변신 가능한 것이 폴리에스터의 장점이므로 지속가능성에 의한 급격한 변화에 적응하기도 쉽다. 리사이클 폴리에스터는 최초로 등장한 지속가능성 합섬 아이템이다. PET병이 구하기 쉽고 재활용하기도 쉬워서다. 나일론은 현재 비용 때문에 대중적인 리사이클 제품이 나오기 어렵다.

지속가능한 염색

분산염료를 사용하는 폴리에스터 염색은 작업이 고온고압이라는 점에서 다른 소재에 비해 불리하다. 하지만 거꾸로 분산염료의 특성을 이용해 다른 소재는 불가능한 경지인 물을 사용하지 않는 염색이나 프린트도 가능하다. 네덜란드 다이쿠Dyecoo의 드라이다이Drydye와 전사프린트가 바로 그것이다. 저온에서도 염색이 가능한 CDPCationic Dyeable Polyester도 개발되어 있으며 섬유의 안쪽core은 일반 폴리에스터이고 바깥sheath은 CDP로 된 폴리에스터 섬유가 나오게 될 것이다. 원단의 한쪽 면만 염색하는 방법도 이미 개발되어 상용화되고 있다. 나아가 현재의 기술로 염료를 전혀 사용하지 않는 블랙 원단을 만들 수도 있다.

메케니컬 스트레치

강철 스프링 소재 자체는 전혀 탄성이 없지만 특유의 나선 구조로 인해 강한 탄성을 가진다. 마찬가지로 폴리에스터도 좋은 탄성을 가진 다양한 메케니컬 스트레치mechanical stretch 소재가 있다. 지속가능성으로 인해 재생이 어려운 혼방이 점차 줄어드는 추세가 될 것으로 보이는데 그 최전선에 스판덱스spandex가 있다. 단지 몇 퍼센트에 불과한 스판덱스 때문에 리사이클이 어려워 기피하게 될 가능성이 있다. 이때 스판덱스를 대체할 수 있는 유일한 소재가 폴리에스터다. 폴리에스터는 PTT나 PBT, T400등 다양한 메케니컬 스트레치 소재가 이미 존재하므로 이들의 부족한 탄성을 개발·보완하는 쪽으로 제조업체들의 관심이 쏠릴 것이다.

생분해

폴리에스터가 극복하기 어려운 한계는 자연에서 생분해되는 데 오래 걸린다는 점이다. 썩는 폴리에스터는 듀폰이 개발한 아펙사Apexa가 있지만 가격이 너무 높아 널리 쓰이게 될지는 회의적이다. 썩는 화섬인 PLA와의 경쟁에서 어느 쪽이 유리할지는 아직 모른다. PLA는 리사이클을 넘어 옥수숫대나 짚처럼 버려지는 쓰레기를 활용할 수 있는 업사이클upcycle이 가능한 소재라는 면에서 추후 강력하게 부각될 수 있다. 열에 약하다는 단점만 개선되면 폴리에스터와 경쟁하는 소재로 등장할 수도 있다.

미래를 위한 폴리에스터가 당면해야 할 최대 과제는 생분해성의 확보다. 공해를 유발하는 염색은 해결 가능한 기술이 상당수 확보되어 있다. 플라스틱을 분해하는 미생물이 일부 발견되었으므로 생분해성에 대한 기술 문제는 머지않은 미래에 해결될 것으로 보인다. 이후 폴리에스터는 최강의 전천후 소재로 군림하게 될 것이다.

원단의 미래

섬유를 실로 만들어 원단으로 조립하는 방법은 세 가지가 있다. 제직, 편직, 그리고 부직포다. 여기에 한 가지를 추가하자면 필름이다. 필름은 섬유를 적층해 만들 수도 있고 가소성 플라스틱을 녹여 성형할 수도 있다. 인류는 수천 년 동안 제직을 통해 원단을 만들었고 이후 니트라는 보다 고차원적인 기술을 개발해 다양하게 사용하고 있다. 원단의 미래는 어떻게 될까? 지속가능성이 세상을 바꾸는 세계 질서의 대변환이 시작되었다. 이를 반영한 원단 제조의 미래는 어떤 모습일까?

제직의 문제와 장점

준비 작업에 들어가는 막대한 초기 비용과 시설 인프라를 감당하기 위해 제직은 적지 않은 규모의 공장과 대량생산이 요구된다. 큰 덩어리로 움직이다 보니 다양성은 떨어지고 납기가 길어질 뿐만 아니라 패션 특성상 매 시즌 필요한 신제품 개발도 극심한 저항에 부딪힌다. 이런 열악한 환경에서 한 시즌에 대여섯 개의 신제품을 내면 많은 것이다.

그런 결과로 50년 전에 설계된 70년대 원단들을 지금도 사용하고 있을 정도로 직물은 단순하고 고루하며 보수적이다. 그런 와중에 신제품이 개발되어 이후 염색까지 무사히 통과해 쓸 만한 제품이 나오더라도 실제 오더로 연결되는 제품은 드물다. 왜냐하면 바이어특히 미국는 사용 경험이 없는 새로운 제품이 초래할지도 모르는 미래의 돌발 문제를 감당할 열정이 박약함은 물론, 그에 대한 대비책도 전혀 준비되어 있지 않기 때문에 기대 이익이 막대하지 않다면 결코 모험을 하지 않는다.

이런 취약한 환경이 공장의 신제품 개발 의지를 꺾으면서 창의성이 매몰되고 동종의 다른 공장이 어렵게 개발한 신제품을 카피하는 못된 풍조가 만연하다. 제직은 극히 단순한 알고리즘을 가진 디지털 설계다. 따라서 모방이 쉽고 빨라 경쟁자의 신제품을 따라 하는 공장은 개발비가 절약되어 거꾸로 경쟁력이 생기는 모순이 발생한다. 결국 신제품을 만들려는 의지가 있는 공장은 이런 취약한 구조부터 먼저 해결해야 한다. 그렇지 않으면 시장에서 도태될 수밖에 없다. 우븐woven이 니트와의 경쟁에서 뒤지게 된 이유다.

우븐의 유일한 장점은 옷의 수명과 직결되는 생활 마찰에 견디는 내마찰성 그리고 다양한 기후에 견디는 내후성으로 보장되는 의류의 내구성이다. 사실상 아우터웨어용 우븐 원단직물으로 죽을 때까지 입을 수 있는 평생 보증life time guarantee인 옷을 얼마든지 제작할 수 있다. 이런 장점은 60~70년대 낡은 옷을 뒤집어 봉제해 재사용하는 '우라까이'가 유행할 정도로 옷이 주요 재산 목록이었던 시절에는 막강한 이점으로 작용했다.

니트는 수천 년이 지난 후 인류 역사에 등장했다. 실을 엮어 매듭으로 만드는 과정을 반복해 원단을 만드는 기술은 우븐보다 훨씬 더 복잡한 알고리즘이 필요하다. 오로지 인간만이 가능한 고도의 작업인 것이다. 게다가 크고 작은 기계 설비와 공간이 필요한 우븐에 비해 니트는 원

재료인 실만 있으면 내 집 안방에서도 바늘 하나만 가지고 만들 수 있다. 따라서 협소한 공간에서 소량 다품종 작업이 가능했다. 심지어 재단을 거치지도 않고 실로 바로 옷을 만드는 고난이도 기술도 가능한 혁신과 진보를 단기간에 구축했으므로 즉시 광범위한 성장을 기록했다. 또 '신축성'이라는, 우븐으로서는 도저히 넘볼 수 없는 기능을 보유함으로써 니트의 장점은 더욱 부각되었다.

니트의 문제와 장점

니트의 유일한 단점은 약한 내구성이다. 신축성이 있는 옷은 그렇지 않은 옷에 비해 훨씬 더 자주, 외부 환경으로 인한 마찰과 장력 그리고 저항에 노출된다. 또 표면이 매끄러운 직물에 비해 텍스처드textured한 매듭의 특성상 마찰계수가 높아 빨리 노후화된다. 매듭은 끊어지기도 쉽고 올이 하나만 튀어도 원단 전체가 크게 손상받을 수 있다. 우리나라만이 아니라 전 세계적으로 옷이 귀하던 당시에 단지 한철만 입을 수 있는 아우터웨어를 구매할 사람은 아무도 없었으므로 니트는 집에서만 입거나 외투의 안쪽에만 적용할 수 있는 저가 옷이라는 한계에 머물렀다. 니트를 외출복으로 입으려면 직물보다 더 굵고 단단한 실로 투박하게 만들어야 했다.

옷이 재산 목록이고 일 년에 단 두 번만 구매했던 시절을 지나 사흘에 한 번꼴로 망설이지 않고 구매할 수 있는 정도의 가격대가 되면서 그동안 '취약한 내구성'이라는 치명적인 단점으로 정체되었던 니트 수요가 폭발적으로 성장했다. 한번 구매하면 내구재로 평생 입거나 낡을 때까지 사용하는 것이 아니라 유행이 바뀌면 유효기간이 끝나는 소비재가 되면서 의류 제품에 대한 소비자의 기대수명도 극도로 짧아지게 되었다. 이제는 바지나 아우터웨어조차도 한두 시즌만 사용하면 기대수명을 충족하는 신인류 소비자로 인해 150년간 사용된 질긴 우븐 원단의 상징인 청바지를 니트로 만들어 팔아도 되는 너그러운 시장이 형성되었다.

올 하나만 튀어도 가치가 완전히 상실되는 연약한 니트 원단을 아무런 보강 대책도 없이 무수한 생활 마찰과 순탄치 않은 기후, 예기치 않은 돌발 장력에 맞서야 하는 아우터웨어 소재로 과감하게 기획하는 신세계가 도래해 니트산업의 성장을 주도했다. 한편, 우븐은 스판덱스의 발명으로 신축성이라는 강력한 무기가 생겼으므로 보다 확대된 용도와 시장을 만나 나이키 같은 액티브웨어는 물론 니트만의 전유물이었던 타이트한 레깅스 같은 수요도 넘보고 있다.

그동안 높은 장벽으로 서로 넘나들 수 없는 경계를 나눠온 두 원단은 우븐이 니트의 고유 영역을 잠식하고 니트가 우븐의 영역을 침범하면서 보이지 않는 경쟁을 하는 중이다. 일부러 제품의 내구연한을 낮춰 제조하는 '계획된 진부화'planned obsolescence라는 풍조가 만연하면서 우븐 제품은 소비가 둔화되고 상대적으로 빨리 망가져 소비를 촉진하는 니트 제품이 시장을 빠르게 장악했다. 규모가 10억 불이 넘는 우리나라의 3대 벤더big three vendor는 모두 니트회사라는 사실이 이를 입증한다.

미래에는 어떻게 될까? 가격 저하로 인한 기대수명의 축소는 계획된 진부화라는 과도 성장경제 기조와 부응해 과잉소비를 조장해 왔지만 패션산업은 누구도 예상치 못한 지속가능성이라는 강력한 적을 마주하게 되었다. '한철만 입고 버리는 옷'은 자원절약, 환경 친화를 추구하는 지속가능한 패션의 3대 지표에 정면으로 충돌한다. 가격에 상관없이 일회성 또는 한철만 사용하고 쓰레기로 폐기하는 제품은 더는 용납되지 않는다.

이제는 오래 입고 자주 빨지 않아도 되는 의류가 착한 제품이다. 패러다임의 변화는 니트를 원래의 영역이었던 외투 안쪽에 입는 옷 또는 집에서 입는 편한 옷으로 돌려보낼 수도 있다. 우븐의 단점은 대량생산과 니트에 비해 매우 긴 생산 납기다. 니트처럼 소량생산이 가능하고 초단기 납기가 가능하며 실에서 원단을 거치지 않고 바로 옷이 되는 공정의 축소는 지속가능한 시대의 강력한 무기다.

아직도 대량생산이라는 고정된 플랫폼에서 벗어나지 못하고 있는 우븐은 다양성의 한계와 신제품 개발의 제약으로 도태될 위기에 처해 있다. 우븐은 다양성, 니트는 내구성을 개선해 미래의 패션산업을 지배할 왕좌를 차지할 것이다. 누가 승리할지는 아직 모른다.

미래 원단

전장에 새롭게 나타난 강력한 경쟁자는 부직포다. 부직포는 이름 그대로 섬유에서 실이 되는 과정과 원단이 만들어지는 제직이나 니트라는 제조 과정을 거치지 않고 바로 원단이 되는, 자연과 진화가 선택한 간단하고 쉬운 원단의 제조법이다.

자연은 동일한 작업을 위해 '소재 → 섬유 → 실 → 원단'이라는 복잡하고 비효율적인 과정 없이 소재에서 바로 2차원 원단을 만들어내는 고도의 기술이 축적되어 있다. 단백질 섬유로 만들어진 인간의 피부가 바로 그것이다. 거미는 접착제를 이용해 소재를 섬유로 뽑는 즉시 재빠르게 원단으로 만들 수 있다. 심지어 누에는 2차원도 아닌 3차원 형태의 주거공간을 자신의 단백질에서 뽑아낸 한 가닥 섬유만으로 완벽하게 만

⬆ 제직

⬆ 편직

⬆ 부직포

들어낸다. 즉, '소재 → 섬유 → 실 → 원단 → 봉제 → 옷'이라는 복잡한 과정을 거치지 않는다. 누에의 생화학적 첨단기술이 모든 원단의 궁극적인 미래가 될지도 모른다. 대부분의 부직포는 강력이 약하고 염색이 되지 않아 지금까지 부자재로만 사용되고 있지만 이미 오래전부터 아우터웨어로 사용 가능한 부직포가 있다. 듀폰의 고밀도 폴리에틸렌HDPE 부직포인 타이벡Tyvek은 주로 건축자재로 사용되었으나 '무방적', '무제직', '무염색'이라는 3無의 지속가능한 특성을 앞세워 패션시장에 재진입했고 브랜드들의 관심과 조명을 받고 있다. 3D프린터의 발전과 함께 앞으로 부직포 분야의 연구가 활발해질 것이다.

섬유 염색의 미래

섬유와 의류의 역사는 7,000년이 넘었지만 진정한 패션의류의 시작은 1856년부터다. 영국의 윌리엄 퍼킨은 합성염료 모브Mauve를 발명해 수천 년간 부자와 귀족의 극소수 전유물이었던 '패션'을 전 인류에게 선사했다. 패션은 인간을 다른 동물과 확실하게 구분 지으며 인간을 가장 인간답게 만드는 독보적인 문명이다.

합성염료가 만든 신세계

1856년 이전, 보통 사람들의 복색은 대개 무채색이었다. 선명한 색상의 옷은 부와 권력을 상징했고 일반인의 옷은 아예 색깔이 존재하지 않았다. 천연염료가 귀금속처럼 희귀하고 비쌌기 때문이다. 가장 선명한 색상을 내는 고채도 염료는 성 한 채에 버금가는 값을 지불해야 할 정도였다. 요즘으로 비유하자면 선명한 보라색 옷 한 벌을 입기 위해 수천 개의 샤넬 백이나 수십 대의 페라리 값을 지불했다는 말이다.

자연에서 선명하고 화려한 색상인 동물은 흔하다. 하지만 동물들이 지닌 다양한 컬러는 수천만 년의 시간이 필요한 진화의 결과물이다. 퍼킨은 수천만 년을 단숨에 뛰어넘는 위대한 발명을 한 것이다.

모브는 로마 황제나 입을 수 있었던 색상의 옷을 오늘날 몇만 원만 있으면 누구나 걸칠 수 있도록 한 놀라운 선물이자 축복이다. 합성염료는 저렴한 가격, 선명한 색상, 대량생산, 다양한 색상, 뛰어난 견뢰도 등 많은 장점을 가지고 있다. 그러나 합성염료의 유일한 단점이자 천연염료의 유일한 장점으로 인해 위기에 처해 있다.

△ 인류 최초의 합성염료 모브

문명의 대가

무연휘발유가 의미하는 것이 무엇인지 아는가? 무연의 연鉛은 납이다. 즉, 납이 들어 있지 않다는 뜻이다. 무연휘발유를 사용하기 전에는 납이 들어 있는 휘발유를 사용했다. 토머스 미즐리의 '테트라에틸납'이라

△ 유연휘발유

는 발명품 때문에 전 세계 인류는 현재까지도 납이 포함된 끔찍한 공기를 마시고 있다. 앞으로 200년은 지나야 납이 포함된 대기가 납을 사용하기 이전으로 돌아가게 될 것이다. 인간생활을 편하게 만들어준 물건이지만 생존을 위협한다면 축출해야만 한다.

한여름에 차를 몰고 LA에서 라스베이거스로 간 적이 있는데 사막이 얼마나 뜨거웠던지 문득 가는 도중에 차가 고장 나면 그대로 죽겠다는 생각이 들었다. 사람들은 어떻게 열사의 사막에 그토록 거대한 건물과 시설을 세울 생각을 했는지 놀라움을 금하지 못했다. 그런 일이 가능하도록 만들어준 것이 바로 냉장고와 에어컨의 발명이다. 그러나 문명의 이기들이 작동할 수 있도록 만들어준 냉매인 프레온 가스는 오존층을 파괴하는 결과를 초래해 더는 사용할 수 없게 되었다.

아름다움의 대가

방글라데시나 인도 같은 개발도상국가의 강물 색깔이 그해의 트렌드 컬러trend color와 같다는 이야기는 이제 놀라운 이슈도 아니다. 현대 인류의 축복이었던 합성염료는 피염물의 100배나 되는 물을 사용하는 지극히 낮은 효율의 염색기술로 인해 소중한 자원인 물을 낭비하고 오염시키는 재앙이 되었다. 이것은 결코 남의 나라 일이 아니다. 물은 지구 전체를 순환하고 있기 때문에 결국 시간 문제일 뿐, 언젠가는 우리의 건강을 위협하는 형태로 다가오게 될 것이다. 그동안 기술이 개선되어 공해를 적게 일으키거나 독극물을 최소화하는 염료를 사용하는 방향으로 가고는 있지만 문제는 새로운 기술이나 최소한의 독극물 사용은 소극적인 대책에 머물 수밖에 없다는 것이다. 완전한 해결책은 1856년 이전의 천연염료 시대로 돌아가는 길밖에 없어 보인다.

염색과 착색의 현재

하지만 이미 눈부신 컬러를 경험한 인류는 무채색 세상으로 돌아갈 수 없다. '의식주'라는 단어에도 나타나듯이 패션은 건강보다 더 우선시

되었을 만큼 인간사에서 중요한 부분이 되었다. 따라서 인류가 다시 예전의 회색빛 세계로 돌아가는 일은 결코 없을 것이다.

지속가능성이라는 거대한 이슈 때문에 우리는 리사이클 폴리에스터라는 터무니없는 물건이 인기리에 팔리는 세상으로 진입하고 있다. 하지만 플라스틱보다 더 나쁜 것이 합성염료다. 플라스틱은 다가오는 미래의 폐해지만 물의 오염은 당장 우리를 위협한다. 염색에 대한 지속가능성 요구가 합섬의 재생보다 더 시급하고 가치 있다는 뜻이다. 그런 이유로 물 없이 염색한다는 드라이다이라는 터무니없는 염색법이 사람들의 관심을 끌고 있는 것이다. 문제는 너무 고가인 데다 실용 범위도 제한적이다. 가격 대비 실효성이 풀장 물에 탄 한 숟갈 설탕처럼 미미하다.

염색의 가까운 미래

앞으로의 염색산업은 당분간 합성염료와 케미컬 사용의 최소화 그리고 수자원 오염을 규제하는 방향으로 가게 될 것이다. 독극물은 이미 사용을 제한하거나 폐기하는 정책이 전 지구적으로 시행되고 있다. 염료의 사용을 최소화하는 움직임이 시작되면 당장 문제되는 것이 블랙이다. 겨울 패션 컬러의 절반을 차지하는 블랙은 전체 염료 사용량의 절반 이상을 차지한다. 다른 컬러보다 훨씬 더 많은 염료를 퍼부어야 하기 때문이다. 블랙을 포함해 겨울의 대표적인 진한 색상들은 가장 먼저 타깃이 될 것이다. 이들 몇 가지 컬러의 문제는 내가 이미 해결책을 제시

🔵 물 없는 염색

한 바 있다. 다른 컬러들은 박막 염색이나 원단의 한쪽 면 또는 표면만을 염색하는 방법 등으로 염료와 물의 사용을 최소화하게 될 것이다. 그러나 결국 단기간 거쳐가는 중간 과정이지 영구적인 해결책은 될 수 없다.

염색의 미래

궁극적으로 지속가능한 염색산업의 미래는 어떤 것일까? 원단의 착색이 목적인 염색이라는 작업은 원시적인 기술이다. 100가지 컬러를 만들려면 100가지 조색recipe이 필요하다. 하지만 컬러 프린터를 보자. 조색이라는 과정은 아예 없다. 단지 4색상의 토너만으로 수십만 컬러를 표현하고 우리는 그 출력물을 본다. 그러나 이 조차도 단순하기는 하지만 잉크라는 실물의 화학착색제를 사용하고 있다. 그에 비해 TV 같은 광학기계는 단지 세 개의 다이오드만 가지고 물은 물론이고 염료나 잉크 같은 그 어떤 물리적인 실체도 사용하지 않고 진짜와 구분하기 어려운 수십만 컬러를 화려하게 채색해 낸다. 게다가 빠른 속도로 변화하는 화면에 따라 한 치의 실수나 오차도 없이 원하는 컬러를 즉석에서 만들어내는 알고리

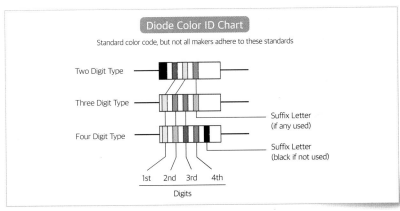

🔺 TV의 RGB 다이오드

즘을 갖고 있다. 우리는 화면을 보며 그것이 실제와 다른 색상이라는 생각을 전혀 하지 않는다. 어차피 인간이 보는 모든 색은 실제가 아닌 대뇌 피질이 만들어낸 허상이다.

인간의 눈은 잉크로 착색된 실물과 다이오드로 만들어 망막에 투사된 색상의 물건을 잘 구별하지 못한다. 그러니 굳이 손에 질척하게 묻어나는 잉크와 끈적이는 염료를 동원해 물과 함께 돌리고 굽고 빨아서 의류를 착색해야 할까? GTA 게임을 해본 사람들은 짐작할 수 있겠지만 인류는 머지않아 실제와 시뮬레이션을 구별할 수 없는 세상을 만나게 될 것이다. 염색도 마찬가지다. 우리의 소중한 수자원과 이름조차 생소한 수십 가지 독한 화학약품과 석유로 만든 합성염료를 버무려 증기를 뿜어내는 무시무시한 기계 속에서 100도가 넘는 뜨거운 열로 구워 착색하는 원시적인 방법에서 벗어나 단지 시뮬레이션으로 투사된 숨 막히도록 아름다운 색상을 보게 될 것이다. 그것도 언제나 같은 색이 아닌 환경이나 온도에 따라 수십만 컬러로 변화하는, 그러나 아무리 빨아도 변치 않는 그런 색이다.

시뮬레이션으로 투사된 원단의 착색을 실현하는 방법은 소프트 디스플레이soft display 기술의 발전일 수도 있고 원단 표면에 형성된 텍스처 구조에 따라 컬러가 구현되는 '구조색'structural color일 수도 있다. 현재의 기

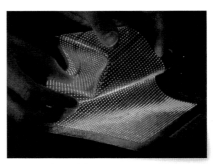
🔵 소프트 디스플레이

술만으로 팔뚝에 모니터링 화면을 띄우고 지도를 투영하기도 한다. 가까운 미래의 인류는 그들의 할아버지가 단지 옷을 착색하기 위해 어마어마한 유독 색소를 퍼부어 강물의 색조차 변하게 만들 정도로 무지하고 야만적인 기술을 자행한 미개인이라는 사실을 받아들이기 힘들 것이다.

재생 화섬의 미래

현재

누구는 아직 시작도 못했는데 미래라니? 너무 성급하다고 생각할 수도 있다. 하지만 지속가능성 이슈는 지금 특이점 singularity에 서 있다. 인류의 생활을 완전히 바꿀 새로운 패러다임은 천천히 점진적으로 다가오는 것이 아니라 광속으로 우리 생활 전반에 영향을 미치고 있다. 현재 재생 화섬의 주종을 이루고 있는 것은 폴리에스터에 국한되고 있다. 염색이나 가공 처리가 되지 않은 거의 순수한 상태의 폴리에스터인 PET병이 원료이기 때문이다. 한번 사용한 플라스틱을 재생해 섬유로 바꾸는 과정은 두 가지인데 첫째는 물리적 재생, 둘째는 화학적 재생이다. 물리재생은 단순한

◐ 재생 화섬의 두 가지 개념

처리분쇄 → 용융를 통해 칩chip 상태로 되돌리는 과정이고 화학재생은 고분자를 중합하기 전 상태인 EG와 TPA 원료로 되돌리는 복잡한 화학적 과정이 동반된다. 당연히 화학재생 비용이 세 배나 높다. 문제는 이미 염색되었거나 가공 처리된 화섬 원단·의류는 물리적 재생이 불가능하다는 것이다.

나일론은 PET병처럼 재생하기 쉬운 원료가 없어서 밧줄이나 폐어망 같은 산업자재를 화학재생해야 하므로 수거와 재생에 막대한 비용이 들어간다. 따라서 대부분은 프리컨슈머 프로덕트, 즉 공장에서 생산하는 과정에 발생하는 낙물이나 잉여분을 물리재생하는 쪽으로 하고 있다. 그 때문에 대부분의 재생 나일론은 포스트컨슈머 프로덕트, 즉 이미 '소비자가 한번 사용한 제품의 재생'이라는 진정한 의미의 플라스틱 재활용에 해당되지 않는다.

가까운 미래

지금은 글로벌 스토어를 가지고 있는 메이저 브랜드만 재생 화섬 소재로 된 의류를 출시하고 있지만 곧 전 세계 모든 브랜드가 이를 의무적으로 시행해야 할 때가 올 것이다. 코로나19는 그렇지 않아도 빠르게 다가오는 이 시기를 더욱 앞당기고 있다. 그날이 오면 재생 화섬의 주원료가 되는 PET병은 품귀가 될 것이다. 문제는 수요가 증가한다고 해서 PET병의 공급을 늘릴 수 없다는 사실이다. 오히려 PET병의 생산은 지속적으로 감산 압박을 받고 있다. 더 나쁜 것은 이런 때를 노리는 매점매석이다. 예전의 면 파동처럼 PET병 쓰레기를 매점매석하려는 투기 세력이 등장할지도 모른다. 이른바 PET병 파동이 올 수도 있다.

그렇다면 다음 선택지는 무엇일까? 바로 오션 플라스틱ocean plastic이다. 그레이트 퍼시픽 가비지패치는 한반도 크기의 8배나 되는 해양 쓰

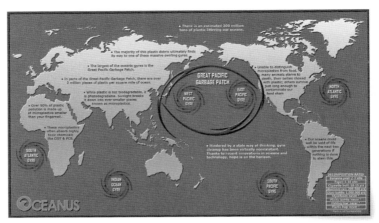

△ 그레이트 퍼시픽 가비지패치

레기섬으로 현재 태평양을 떠돌고 있다. 쓰레기섬의 절반을 이루고 있는 PET병을 수거해 재생 화섬 원료로 사용할 수 있다면 막강한 일석이조가 될 것이다. 물론 이를 수거하고 처리하는 비용을 따져봐야 한다. 만약 화학재생 비용보다 높다면 그런 시도를 하려는 업자는 별로 없을 것이다. 오션 플라스틱의 비용은 물리재생과 화학재생의 중간 정도에 위치하리라 예상한다. 미국의 유니파이Unifi는 이미 이 제품을 출시하고 있다. 2022년 현재 PET병을 섬유 원료로 사용하지 못하게 하는 폐쇄시스템 closed-loop system이 논의 중이다. 이후 PET병은 PET병으로만 재생이 허용될 것이다.

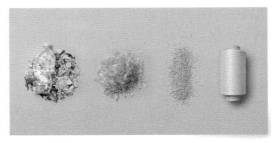

△ 오션 플라스틱

먼 미래

모든 선택지와 편법을 쥐어 짠 후 도착한 종착역은 결국 버려지는 화섬 의류의 재생이다. 그런데 화섬 의류를 재생하는 문제는 생각보다 훨씬 더 어렵고 복잡하다. 버려진 화섬 의류는 다양한 염색과 가공과 본딩으로 '떡칠'되어 있다. 그보다

🔵 단일소재 MM

더욱 어려운 문제는 여러 소재가 섞인 혼방이나 교직 원단으로 된 의류다. 결국 쓰레기를 분류하는 시점부터 난관에 부딪힐 것이다. 폴리에스터와 나일론 그리고 면이 섞인 원단을 한 솥에서 재생할 수는 없기 때문이다. 이렇게 다양한 소재가 혼방된 원단으로 제작된 의류들은 선별 과정에서 가장 먼저 제외될 수밖에 없다. 결과적으로 혼방이나 교직 소재를 기피하는 또 다른 압력이 생기게 된다. 이것이 단일소재를 뜻하는 MM Mono Material이다.

특히 스판덱스가 포함된 원단은 코로나19 이후 수요가 폭발적으로 증가하는 추세이므로 스판덱스 없이 스트레치 성능을 나타내는 메케니컬 스트레치 원단의 강세 또는 신제품 개발이 러시를 이룰 수도 있다. 다음은 썩는 플라스틱이다. 듀폰은 벌써 오래전에 썩는 폴리에스터를 개발해 아펙사라는 이름으로 출시했다. 하지만 가격이 워낙 비싸서 대부분의 브랜드는 엄두도 내지 못하고 있다. 이에 따라 생분해성 화섬biodegradable plastic이 다양하게 개발될 것이다.

보온 원단의 미래

저체온증은 임상적으로 중심체온심부체온이 35도 이하로 떨어진 상태를 말한다. 인체의 열 생산이 감소하거나 열 소실이 증가할 때, 또는 두 가지가 복합적으로 발생할 때 초래되며 갑자기 생기거나 점진적으로 발생할 수 있다. 체온이 정상보다 낮아지면 혈액순환과 호흡, 신경계의 기능이 느려진다.

항온동물은 말 그대로 체온을 항상 일정한 수준으로 유지해야 한다. 정상체온에서 불과 몇 도만 내려가도 저체온증으로 수분 내 사망한다. 오르는 것도 마찬가지다. 열이 39도만 되어도 상당히 위험하다. 따라서 보온 소재와 의류는 인간의 생존과 연관된 기능을 제공하는 만큼 중대한 책임이 따른다. 즉, 소비자를 눈속임하는 가짜 기능은 매우 위험하다. 그러므로 보온 소재와 기능을 따질 때 용어의 정확한 개념과 차이를 반드시 숙지해야 한다. 보온 성능에 대한 객관적인 수치는 Clo값이 가장 정확하다. 수치를 호도하는 시뻘건 적외선 사진이나 표면온도의 상승 등으로 효과를 광고하는 것들은 실제 보온 효과가 미미하거나 전혀 없을 수도 있다. 풀장에 소금 한 숟갈 넣고 물이 짜다고 주장하는 것과 마찬가지다. 만약 실제로 효과 있는 보온 의류라면 Clo값을 제시함으로써 명백하게 성능을 입증할 수 있는데 왜 안 그러겠는가? 체중이 85kg이라고 하면 입증 가능한 가장 객관적인 자료인데, 그것을 굳이 중간 크기의 5세 수컷 셰퍼드 두 마리와 비슷한 수준이라고 하는 것과 똑같다.

보온

의류에서 보온thermal은 가장 폭넓은 개념이며 모든 하위 기능을 포함하는 용어다. 그 아래로 발열, 단열, 축열 등의 세부 기능이 있다. 발열은 적극적으로 열을 만들어내는 기능이고 단열은 기존에 발생된 열의 손실을 막는 기능이다. 발열이 아무리 뛰어나도 단열이 백업back-up되지 않으면 결과가 좋을 수 없다. 단열의 중요성은 사실상 발열보

⬆ 배터리를 사용한 원시적인 발열 의류

다 더 크다. 인체는 발열체이므로 단열만 제대로 되면 추가 발열이 필요 없기 때문이다. 하지만 의류소재에서 단열은 고도로 어려운 기술이다. 보온병은 간단한 장치만으로도 10시간 넘게 커피를 뜨겁게 유지한다. 진공을 만들 수 있고 핸드필에 신경 쓰지 않아도 되며 무엇보다 세탁기에 넣지 않아도 된다. 의류소재가 산업자재보다 더 어려운 이유는 바로 세탁 때문이다. 심지어 의류소재가 되려면 소리가 나는 것도 허용되지 않는다. 의류에서 나는 바스락거리는 소음은 비단 군복이 아니어도 대부분의 소비자가 좋아하지 않는다. 의복의 소음 제거를 전문으로 하는 연구진연세

대학교 조길수 교수이 있을 정도다. 그런 이유로 패션 의류소재는 상용화하는 데 애로가 많다. 특히 기능이 들어가면 더욱 힘들다.

단열

열은 전도, 대류, 복사라는 세 가지 형태로 이동한다. 평형을 향해 끊임없이 높은 곳에서 낮은 곳으로 움직이는 열의 이동을 차단하는 것이 단열이다. 의류소재의 단열은 매우 어려운 기술이다. 의류가 아닌 생활·산업소재의 단열은 비교적 쉽다. 두꺼운 솜을 이용하거나 금속 반사체, 즉 거울을 사용하면 된다. 거울은 우리 생각과 달리 이미지만 반사하는 것이 아니라 적외선열도 그대로 반사한다. 거울 단열은 돗자리, 과자

▲ 건축 단열재

봉지, 라면 봉지 심지어 아이스크림 포장재까지 생활공간에서 매우 흔하게 발견된다. 이 원리는 NASA에 의해 70년대에 개발되었다. 원래의 용도는 보온을 위한 단열의 반대인 뜨거운 열을 막기 위한 방열이었다. 방열은 주체를 반대로 뒤집으면 보온 단열이 된다. 이를 이용해 체온이 밖으로 빠져나가는 것을 막으면 보온병처럼 극적인 효과를 얻을 수도 있다.

하지만 단열기술을 의류에 적용하려면 여러 단계의 난관을 극복해야 한다. 이를 응용한 의류소재가 40년 동안이나 나오지 못한 이유다. 콜롬

비아 스포츠웨어의 옴니히트Omni-Heat는 전화기의 발명처럼 알렉산더 벨 이전에 다른 사람이 있는지도 모르지만 금속 반사체를 이용해 의류에 단열 기능을 시도한 세계 최초의 의류다. 그들은 여러 가지로 고심해 이를 재킷의 안감으로 적용했지만 사실 기능은 미미하다. 왜냐하면 단열기술은 겉감에 적용되어야 제대로 효과가 나기 때문이다. 물론 그들도 이 사실을 알고 있을 것이다. 금속 반사체를 돗자리나 포장재처럼 100% 커버리지coverage로 하지 않고 사이사이 비어 있는 도트dot 형태로 한 것도 이유가 있다. 띄엄띄엄한 도트 패턴으로 반사체를 만들면 전면 반사체보다 효과가 떨어진다. 하지만 그들은 기능을 포기하고 마케팅을 선택했다. 아무리 기능이 훌륭해도 팔리지 않으면 아무 소용 없기 때문이다.

도트 패턴은 솔리드solid보다 예쁘고 세탁 후 변형 시험appearance test에 강하다. 반사체인 거울 면을 겉감에 적용하면 재킷 안쪽에 감춰지므로 마케팅 효과가 떨어진다. 그들의 고뇌를 이해한다. 스토리야 어떻게 되었든 체열 반사body heat reflective는 현존하는 가장 가성비 높은 보온기술이다. 단순히 원단에 금속 반사체를 적용하는 것만으로 무려 1clo가 올라간다. 물론 상품화하기 위해서는 아직도 해결해야 할 과제가 몇 가지 있다. 그러나 결국 이 소재는 대세가 될 것이다. 이를 대체할 만한 파격적인 소재가 나오기 전까지는.

축열

축열은 가장 소극적인 보온 방법이다. 열을 붙잡아서 빠져나가는 속도를 늦추는 것이다. 뚝배기는 대표적인 축열기술이자 그 자체로 축열 소재다. 지르코늄이나 도자기 원료인 무기물 세라믹ceramic 소재는 대부분 축열 특성을 가지므로 이런 소재를 원사에 이식하면 된다. 하지만 무기물을 원사에 삽입하면 원사의 강도를 저하시키고 핸드필을 나쁘게 하므로 적용에 한계가 있다. 아무리 많이 넣고 싶어도 5%가 한계다. 따라서 보온 능력이 충분하지 않을 수도 있다. 효과를 확인하려면 표면온도를 재거나 적외선 사진을 사용하면 된다. 하지만 단순히 원단의 표면온도를 높이는 정도로는 Clo값을 상승시키기 어

🔺 축열 소재

렵다. 마케팅하기는 좋지만 실제로 Clo값의 유의미한 향상으로 이어지지 않는다. 원사에 축열 소재를 넣는 대신 후가공으로 세라믹을 코팅하는 방법도 있다. 역시 핸드필과 인열강도tearing strength에 유의해야 한다. 축열 소재는 대개 고가라는 단점도 있다. 가장 가성비 높은 축열 소재는 탄소지만 타이어가 모두 검은색이듯이 원단도 코팅 면이 검게 된다는 단점이 있으므로 패션소재로는 적용이 어려울 수도 있다.

발열

발열은 가장 적극적인 보온 방법이며 전자·전기기술이 필요한 영역이다. 가장 쉽게 연상되는 것이 전기장판이다. 이를 그대로 의류소재에 적용하면 구리선을 깔고 배터리를 연결한 원단이 된다. 가장 초보적인 기술이지만 이 역시 세탁 조건을 만족하려면 구리선에 물이 닿지 않도록 조치해야 한다는 점에서 까다로운 기술이 필요하다. 구리선은 물에 닿자마자 녹이 슨다. 물론 원단이 완성된 후에 구리선을 삽입하는 것이 아니라 자카드jacquard나 자수처럼 아예 제직되어 나올 수 있다. 구글의 자카드 프로젝트는 회로를 제직해 원단을 제조하는 기법을 처음 선보였다. 궁극적으로 세탁이 가능한 발열 소재를 만들려면 녹이 스는 금속은 피해야 한다. 그런 이유 때문에 가장 적합한 소재가 비금속인 탄소다.

무겁고 흉측하며 번거롭게 충전해야 하는 배터리도 가능한 한 제거해야한다. 그러려면 전기를 자가 발전하는 시설이 필요하다. 이때 필요한 기술이 압전piezoelectric이다. 압전은 압력을 전기에너지로 바꿔주는 기술이다. 가스 레인지를 켜기 위해 스위치를 눌러 압

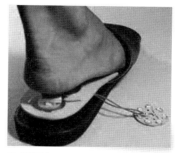

△ 압전기술

력을 가하면 전기 스파크가 나오면서 렌지에 불이 붙는다. 이때 발생하는 스파크가 압전이다. 신발에는 수시로 압력이 작용한다. 즉, 걸으면서 스스로 전기를 생산할 수 있다. 문제는 발에서 만든 전기를 재킷으로 끌어올리는 기술이다. 압전기술은 나온 지 오래되었지만 이 문제로 인해 의류에 적용할 수 없었다. 그러나 무선 충전 같은 송전 블루투스가 발전해 무선으로 몇 미터 수준까지 전기를 보낼 수 있게 되면 이 또한 무난히 해결된다. 시간 문제일 뿐이다. 믿기 어렵지만 히트텍heattech도 이론상 발열 원단이다. 인체가 내뿜는 수증기를 섬유가 붙들어 액체로 응결시키며 발생하는 흡착열을 이용한다. 문제는 응결된 액체가 다시 기체로 바뀌면 기화열로 열이 방출된다는 것이다. 결국 플러스 마이너스 제로인 것 같지만 실제로 실험실에서 테스트해 본 결과 마이너스로 나올 때도 있었다.

충전재

미국에서 푸파puffa라고 불리며 솜이나 오리털 같은 충전재가 들어 있는 패딩 재킷은 최근 수요가 급상승해 겨울 아우터웨어의 전통적인 경쟁자인 가죽이나 울을 멀리 따돌리고 있다. 그동안 가죽이나 울에 비해 못생긴 외모 덕분에 패션의류로서의 장점을 살리지 못했던 결함을 몽클레르Moncler 같은 혁신적인 브랜드가 디자인력으로 해결했기 때문이다. 그

● 최초의 다운 재킷

결과 가볍고 저렴하며 보온이 가장 뛰어나다는 막강한 장점이 부각되어 10년째 열광적인 인기를 누리고 있다.

스타일은 혁신을 이루었지만 푸파에 기능을 부여하는 충전재는 발전이 매우 더디다. 물론 가장 인기 있는 충전재는 오리털이나 거위털이다. 비싸지만 부드럽고 가벼우며 보온 성능도 화섬보다 뛰어나다. 문제는 '동물 보호'라는 이슈다. 아직은 금지되고 있지 않지만 전망이 그리 밝지 못하다. 결국은 사용 금지가 되리라 생각한다. 따라서 오리털만큼 가볍고 보온력도 이에 필적하는 충전재가 연구되고 있다. 현재까지 개발된 '프리마로프트'Primaloft나 '신슐레이트'Thinsulate 같은 다운과 촉감이 유사하게 만든 다운 라이크down like가 대세다. 기능을 위해 개발된 유일한 솜이 중공사를 이용한 '써모라이트'Thermolite이다. 하지만 현재의 패러다임은 보온력보다 핸드필이 더 중요하기에 아직 기능만을 추구하는 신소재는 나오지 않았다. 폴리에스터 솜은 무겁고 경량화에 한계가 있기 때문에 혁신이 필요하다. 지속가능성이라는 새로운 패러다임과 3D프린터의 발달에 힘입어 탁월한 소재가 나오게 될 것이다. 보온 기능을 개선하려면 최소한의 부피나 중량으로 표면적을 최대한 늘려 가능한 한 많은 공기를 담으면 된다. 반드시 구름 형태일 필요도 없다. 그에 해당하는 소재가 에어로겔aerogel 같은 신소재지만 아직은 비싸다.

08
신소재 **신가공**

슈퍼 화이트

역사상 가장 '완벽한' 흰색이 등장했다. 일명 '슈퍼 화이트' super white 로 불리는 이것은 표면에 도착한 빛을 거의 흡수하지 않고 무려 95.5% 반사해 같은 양의 태양빛을 받아도 주변부보다 낮은 온도를 유지할 수 있다. 이러한 효과는 더운 지방에서 건물 내부 또는 외부의 온도를 더욱 효율적으로 제어하는 데 도움을 줄 수 있을 것으로 보인다. 미국 퍼듀대학교 연구진은 태양 스펙트럼의 모든 파장을 효율적으로 산란시킬 수 있는

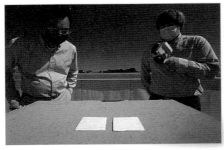

🔺 백색의 표면온도 시험

🔺 슈퍼 화이트

다양한 크기의 탄산칼슘 입자를 이용해 지금까지 만든 백색 중 가장 완벽한 백색인 슈퍼 화이트를 개발해 냈다. 실험 결과 슈퍼 화이트로 만든 페인트를 건물 외벽에 칠할 경우 주변에 비해 온도를 최소 섭씨 1.7도에서 최대 10도까지 낮출 수 있는 것으로 확인됐다.

연구진은 "지금까지 활용된 열 차단페인트는 태양빛을 80~90%만 반사했기 때문에 좋은 효과를 얻기 어려웠다. 하지만 이번에 개발된 슈퍼 화이트는 빛 반사 효과를 최대 95.5%까지 높여 '복사냉각'과 관련된 기술을 개발하는 데 효과적일 것"이라고 설명했다. 영국 데일리메일, 2021.10.24.

흰색은 어떻게 염색할까?

흰색 원단을 만들 때 필요한 염료는 무엇일까? 그런데 흰색 염료라는 것이 있을까? 원단의 착색은 염료나 안료pigment에 의해 만들어진다. 염료나 안료는 가시광선 스펙트럼 중 특정 주파수 영역에 해당하는 일부분의 빛만을 흡수하는 기능을 가진 '발색단' 또는 '조색단'이라는 분자다. 흡수되지 못한 스펙트럼의 다른 영역에 해당하는 가시광선이 반사되어 망막에 들어오면 우리가 보는 원단의 색이 된다. 만약 염료가 모든 가시광선을 남김없이 흡수해 버리면 망막에 아무 빛도 들어오지 않으며 이것을 우리는 블랙으로 인식한다. 반대로 어떤 영역대의 가시광선도 흡수하지 못하고 모두 반사하면 흰색이 된다. 즉, 흰색은 발색단의 기능과 전혀 상관없는 결과인 것이다. 따라서 흰색은 발색단을 투여하는 염색 과정이 아예 없으며 표백을 포함한 전처리 과정을 거친 후 형광증백제를 이용해 백도를 증가시키는 것이 전부다.

흰색의 종류

검은색이 그렇듯이 흰색이라고 다 같은 것이 아니다. 흰색에는 어두운

오프 화이트off white 계
열, 눈부시게 새하얀 스
노, 옵티컬snow, optical 화
이트 계열 같은 다양한
종류가 있다. 가장 어두
운 검은색이 그렇듯 가
장 밝은 흰색의 가치가

○ 내부가 뜨거워지는 것을 막기 위해 외벽을 흰색으로 칠한 마을

높다. 흰색은 염료를 혼합하는 조색과 레시피를 통해 발색되는 다른 컬
러와는 달리 원단 표면에서 얼마큼의 빛이 반사되는지에 따라 정해진다.
이 결과치가 백도whiteness이다. 백도는 빛의 반사율이다. 즉, 원단 표면에
서 더 많은 빛을 반사할수록 백도가 높다. 모든 가시광선을 남김없이 반
사한 값이 최대이며 백도는 이론상 100이 최대다. '설맹'이라는 현상이
나타날 정도로 자연에서 볼 수 있는 가장 눈부신 하얀색은 방금 내린 눈
인데 그런 순결한 흰색조차도 단지 75%의 빛만을 반사한 결과다. 백도
100%를 자연에서 구하는 것은 불가능하다는 뜻이다. 흰색은 때 묻지 않
은 순결함을 나타내는 이미지로 인식되는 경우가 많으므로 디자이너는
최대한 높은 백도의 흰색을 추구하려는 욕심이 있다. 그렇다면 원단의
백도를 높일 수 있는 방법은 무엇일까?

흰색을 만드는 공정

염색공장에서 흰색 원단을 만들 때는 두 가지 공정이 기다리고 있다.
첫째는 다른 모든 컬러와 마찬가지로 표백bleaching이다. 이후 다른 컬러들
이 염료와 케미컬을 투여하는 복잡한 염색공정을 통과하는 동안 흰색은
단지 '형광증백제' 처리만 하면 끝이다. 표백은 원단 생지의 표면이나 내
부에 존재하는 다양한 불순물과 잡물이 빛을 흡수하는 능력을 소멸시키

는 공정이다. 만약 표백이 완벽하게 이루어진다면 그 자체로 자연 상태에서 가장 하얀 색이지만 표백제만으로는 흰 눈처럼 높은 백도를 만들 수 없다. 따라서 불가피하게 형광증백제를 추가로 투여하는 것이다. 사실 형광증백제는 일종의 반칙이다. 증백제는 가시광선의 반사를 증가시켜 백도를 높이는 물질이 아니기 때문이다.

형광증백제는 반칙이다

증백제는 형광염료의 일종이다. 형광염료는 우리 눈에 보이지 않는 자외선을 가시광선으로 바꾸는 기능을 한다. 즉, 가시광선 스펙트럼의 영역을 증가시킨다. 원래 100인 가시광선의 스펙트럼을 200이나 300으로

△ 블랙 라이트

늘리는 것이다. 가시광선의 총량이 증가하니 같은 반사율에서 원래보다 더 많은 빛이 반사되어 더욱 희게 보일 수밖에 없다. 형광등은 수은 증기를 이용해 자외선을 방사하고 그것을 형광물질을 통해 눈에 보이도록 한 것이다. 만약 형광등에서 형광물질을 걷어내면 아무 빛가시광선도 나오지 않는다. 사실 아무것도 나오지 않는 것은 아니다. 자외선이 나오고 있지만 우리는 당연히 볼 수 없다. 이런 전구를 클럽에 가면 볼 수 있는 '블랙 라이트'라고 한다. 자외선은 어디서나 형광물질을 만나면 가시광선으로 바뀌어 눈에 보이게 된다. 종이를 만드는 셀룰로오스 성분인 펄프는 그다지 하얗지 않다. 따라서 대부분의 흰 종이는 형광물질 처리되어 있어 주변에서 쉽게 확인해 볼 수 있다. 증백제를 이용한 방식으로 100이 최대인 백도를 200이나 300까지도 올릴 수 있다. 형광색은 자외선 세계에서 가시광선 세계에 투입된 구원군인 셈이다.

흰색의 매칭

CSI나 아크로마Archroma 같은 컬러 제조업체에서 만든 컬러를 '마스터 컬러 스탠다드' master color standard라고 한다. 그런데 바이어가 이들 중 특정 흰색을 맞추라고 했을 때 불가능한 경우가 있다. 매칭하려는 원단의 소재나 두께가 오리지널과 다르면 빛의 반사율과 투과율 자체가 다르기 때문에 같은 종류의 표백제와 형광증백제를 정확하게 같은 양으로 사용해도 똑같은 반사율을 만들 수 없다. 더구나 얇은 원단은 빛이 투과하는 양이 많기 때문에 그만큼 반사량이 적어 백도를 높이는 데 한계가 있다. 그러니 아무리 애를 써도 더 이상 하얗게 만들기 어려운 것이다. 만약 경위사 양쪽이나 어느 한쪽이 풀덜full dull 원사라면 맞추기 더욱 어렵다.

그런데 컬러를 읽는 스펙트로포토미터spectrophotometer로 흰색을 찍어서 색차인 ΔE델타E값을 산출할 수 있을까? 원래는 불가능하다. 왜냐하면 흰색은 무채색이기 때문에 색상hue값이나 L, a, b 데이터를 위한 옐로블루yellow-blue 방향값 a, 레드그린red-green 방향값 b를 나타낼 수 없다. 그러니 두 시료값의 차이를 산출하는 것은 있을 수 없다. 그런데 스펙트로포토미터를 찍으면 ΔE값이 나오기는 한다. 하지만 이 데이터는 의미 없는 숫자다. 사람 눈에는 보이지 않는 희미한 가시광선이 기계에 감지된 결과이며 디자이너가 누렇거나 퍼런 특정 색상이 보이는 흰색을 희망하

는 경우는 없다. 문제는 브랜드가 이것을 참고로 ΔE값을 맞추라고 강요한다는 것이다. 우리가 99% 순금을 주문할 때는 되도록 100%에 가까운 금을 원하는 것이지 99%의 금과 나머지 1%의 불순물까지 똑같은 성분으로 만들어달라는 것은 아니다. 우리가 1%의 불순물에 관심 없듯이

디자이너도 보이지 않는 찌꺼기 컬러에는 관심이 없다.

슈퍼 화이트를 만드는 방법

원단을 하얗게 만드는 방법은 세 가지다. 첫째는 표백, 둘째는 형광증백, 마지막으로 지금까지 언급하지 않은 소광消光이다. 소광제는 빛의 산란을 유도하는 안료를 원사에 삽입해 광택을 줄이는 데 원래 목적이 있다. 따라서 더 많은 빛의 반사가 일어나고 투과는 감소해 원단을 더 하얗게 만들 수 있다. 처음에 인용한 데일리메일의 기사 내용은 지금까지 사용되어 온 대표적인 소광제인 이산화티탄보다 더 많은 빛을 반사산란할 수 있는 무기 안료를 개발했다는 뜻이다. 소재는 놀랍게도 탄산칼슘이다. 주위에 흔한 석고나 분필이 바로 그것이다.

실 없는 원단

종이로 만든 점퍼

1970년대에 '종이로 만든 점퍼'로 잠깐 유행했던 타이벡Tyvek이 다시 등장했다. 타이벡은 폴리에틸렌으로 만든 솜사탕이다. 솜사탕을 납작하게 눌러 종이처럼 만들면 설탕 원단을 만들 수도 있다. 짐 화이트라는 듀폰DuPont의 연구원은 1955년 실험실 파이프에서 나오는 백색 보풀fluff을 발견했다. 그 보풀은 발견된 지 1년 만에 듀폰이 특허를 요청한 폴리에틸렌으로 알려진 제품이 되었다. 1959년 듀폰은 보풀이 고속으로 회전할 때 칼날로만 절단할 수 있는 내구성 강한 천이 된다는 사실을 발견했다. 타이벡 제품은 1959년부터 사용되었지만 1965년까지 실제 브랜드에

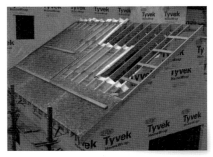

🔵 타이벡

상표를 두지 않았으므로 1967년 4월부터 상업 목적으로 사용할 수 있었다.

타이벡은 고밀도 폴리에틸렌HDPE 부직포non-woven이다. 순간방사flash spun라는 사출성형 방식으로 제조된다. 대부분 빌딩 건설 시 미준공 건물을 보호하기 위한 덮개house wrap로 사용되고 있다. 우리나라에서도 서양식 조립 목조건물을 건축할 때 쉽게 찾아볼 수 있다.

타이벡은 물성이 매우 강하고 손으로 찢어지지 않지만 가위나 칼로는 쉽게 자를 수 있다는 특징이 있다. 수증기는 통과하고 액체인 물은 통과하지 않는 투습 방수 기능을 지닌다. 가는 섬유가 층층이 쌓여 필름을 형성하는 나노 멤브레인nano membrane과 같은 타입이라고 볼 수 있다. 물론 나노 멤브레인은 필름이고 다른 원단에 붙여야 사용 가능하지만 타이벡은 그 자체로 사용이 가능한 투습 방수 원단이다.

스펀 본드spun bond는 열이나 케미컬 또는 용매에 의해 사출된 화섬 장섬유를 서로 부착시켜 종이 같은 2차원 형태web로 만든 원단을 말한다. 부직포가 바로 그런 개념의 원단이다.

타이벡은 휘발성 용매에 녹인 고밀도 PE 혼합액을 노즐을 통해 높은 압력으로 뿜어내 용매가 증발하면서 PE만 섬유 형태로 남아 서로 엉켜 부착되면서 원단을 형성한다. 접착제는 전혀 사용되지 않는다. 이런 방식

 타이벡 현미경 사진

의 방사공법을 순간방사라고 한다. 이때 방사되는 섬유의 굵기는 0.5~10 마이크로미터 정도다. 보통 75um인 인간의 모발보다 무려 50배나 가늘다. 1967년에 처음 소개된 오래된 소재다.

물성과 성능

타이벡이 1970년대 패션에 처음 적용되었을 때 종이와 똑같이 생겨 사람들은 종이로 만든 일회용 점퍼라고 생각했다. 하지만 타이벡은 물에 젖지 않는다. 지금은 미국과 룩셈부르크에 생산공장이 있다. PE는 PP와 함께 올레핀olefin으로 구분되는 섬유다. 열가소성 고분자로 PP와 매우 비슷한 물성을 띤다. 물에 뜰 정도로 가볍고 불에 잘 타지 않으며flammability class 1불에 접촉했을 때 불꽃을 일으키지 않는다는 의미다. 미국 수출 기준으로 적합하다. 다만 아이들 잠옷용으로는 쓸 수 없다 pH가 언제나 7로 중성을 나타내고 화학물질에 저항성이 클 뿐만 아니라 마찰이나 노성에도 강하며 수축되지 않고 인열강도tearing strength가 좋다는 특징이 있다. 물론 PP이므로 열에 약하다는 단점이 있다. 녹는점이 135도 정도에 불과하고 113도에서 열수축이 나타나므로 가공할 때 섭씨 79도를 넘지 않도록 해야 한다. 타이벡은 원래 염색이 되지 않아 흰색이지만 다른 필름과 본딩해 다양하고 컬러풀한 소재를 만들 수 있다. 프린트는 안료로만 가능하지만 마치 종이에 인쇄하듯 매우 정교한 모티프의 구현이 가능하다. 즉, 옵셋 인쇄가 가능하다.

최근 아디다스를 비롯한 몇 브랜드가 이 소재를 채택한 윈드브레이커wind breaker를 선보이

● 아디다스의 타이벡 소재

고 있다. 타이벡은 일반 세탁 온도에 서는 물에 들어가도 물성이 변하지 않으며 수축되지도 않는다. 섬유 자체가 물을 전혀 흡수하지 않기 때문이다. 타이벡은 물살이 세지 않은 찬물에서 순한 비누로 손세탁해야 하며 드라이클리닝하거나 건조기, 다리미를 사용하면 안 된다. 타이벡은

앞뒤가 약간 다르다. 차이는 큰 의미 없지만 한쪽이 약간 더 매끄럽다. 프린트할 때는 대개 매끄러운 쪽에 하게 된다. PE와 PP는 염색되지 않으므로 프린트는 당연히 안료를 사용해야 한다. 종이에 인쇄하듯 잉크를 사용하면 된다. 타이벡은 라미네이팅이나 코팅도 가능하다. 하지만 열에 약하므로 반드시 가공 온도를 지켜야 한다.

종이 타입과 원단 타입

타이벡은 스타일 10과 스타일 14, 16이 있다. 10은 종이 타입으로 하드hard한 설계로 제작되고 원단 타입인 14와 16은 소프트soft한 설계다. 종이 타입은 페덱스Fedex 같은 택배회사 봉투로 많이 보았을 것이다. 원단 타입은 표면에 엠보싱되어 있으며 원단처럼 탄성이 있어 잘 찢어지지 않도록 만들었다. 별도의 워싱washing을 통해 믿기지 않을 정도로 부드럽게 할 수도 있다. 타이벡은 물에 영향받지 않는다. 젖지 않기 때문이다. 다만 근처에 열이 있거나 불꽃이 있는 경우는 피해야 한다. 바느질이 쉽지 않으므로 봉제할 때는 일반 화섬 원단과는 다른 노하우가 필요하다.

3D프린터로 만든 컬러

색은 어떤 물질이 가진 고유한 성질이 아니다. 다양한 환경과 주위 조건에 따라 얼마든지 변할 수 있기 때문이다. 염료나 잉크가 만들어내는 색의 세계는 발색단 분자이후 발색단의 마법이다. 특정 발색단이 하는 일

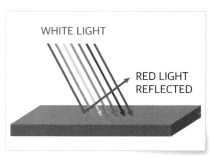

△ 색을 보는 원리

은 가시광선 중에서 특정 파장 영역대의 빛을 흡수하는 것이다. 그 결과 우리는 흡수되지 못해 반사된 파장의 빛을 보고 색으로 인식한다. 세탁이나 마찰 또는 일광에 의해 의류에 변색이 일어나는 현상은 일부 발색단이 파괴되어 제 기능을 하지 못해 발생한다. 염색은 발색단이 섬유에 고르게 침투해 결합하고 이후 외부의 물리적 환경에 의해 파괴되지 않도록 잘 보전하는 작업이다. 문제는 발색단 대부분이 화학물질이며 이들을 섬유에 침투시키기 위해 대량의 물을 사용한다는 점이다. 따라서 염색산

업은 최근에 일어나고 있는 지속가능성sustainability 이슈의 주요 표적이 되고 있다.

구조색

동물의 색은 홍학처럼 대개 안료에서 비롯된 발색단 때문에 나타난다. 반면 예외도 있다. 중남미에 주로 서식하는 모르포나비는 선명하고 광택 있는 푸른색 날개를 가지고 있다. 그런데 모르포나비의 아름다운 색깔은 발색단에 기인한 것이 아니다. 나비의 날개를 으깨어 갈아봐도 푸른색 안료 같은 것은 없다. 비밀은 날개 표면의 구조다. 모르포나비 날개의 표면에는 비늘 모양의 조직이 규칙적으로 배열되어 있다. 각각의 비늘에는 무수한 줄기가 있

⬆ 구조에 따라 다른 색이 나타나는 나비의 비늘

고 도서관의 책꽂이처럼 생긴 줄기는 가시광선의 파장인 400~700나노미터보다 더 미세하다. 이 책꽂이 각 단에서 반사된 빛 중에서 파장이 짧은 파란색이 강해져 날개가 파랗게 보이는 것이다. 독특한 광택도 복잡한 구조 때문이다. 발색단에 의한 색이 아니기 때문에 보는 각도에 따라 전혀 다른 색으로 보인다. 비늘은 두 층으로 나뉘어 있으며 빛이 반사되면 아래층 책꽂이에 의해 파란색 성분이 강해진다.

염색산업에서 구조색은 궁극의 해결책이다. 이제부터 염색 업계는 화학공장에서 물리 쪽으로 전공을 바꿔야 할지도 모른다. 그렇다면 빛의 파장보다

△ 구조색 원단

더 작은 미세구조는 어떻게 만들어야 할까? 3D프린터가 해답이다. 필름 위에 미세구조를 접합시키거나 아예 필름 자체를 3D프린터로 제작해 생지 원단에 라미네이팅하면 끝이다. 발색단이 아예 없으므로 세탁이나 일광에 의한 염색견뢰도 문제도 없다. 염색에 물을 사용하지 않으니 수자원 절약과 하천 오염을 막는 친환경을 동시에 이룰 수 있다.

구조색은 실생활에서 광범위하게 발견할 수 있다. 오팔의 아름다운 푸른빛은 염색된 것이 아니다. 오팔 특유의 결정으로 인해 빛이 굴절 반사된 결과다. 우리가 사용하는 안료는 대부분 이같은 결정을 가지는 유리 또는 무기물 입자다. 내부에 질서 있는 결정을 가지

△ 호주산 오팔

는 물질은 금속이 많다. 천연에서 볼 수 있는 구조색은 푸른색이 가장 흔하다. 왜냐하면 파장이 짧은 파란색이 산란되기 쉽기 때문이다. 반대로 빨간색이나 주황색, 노란색 종류는 잘 산란되지 않아 자연에서 흔치 않다. 보석 중에서 붉은빛이 나는 루비가 다이아몬드에 이어 두 번째로 비싼 이유다. 따라서 이런 컬러를 내기 위해 할 수 없이 수은이나 카드뮴 또는 납을 사용하는 것이다. 구조색은 건강에 해롭지 않은 무기물이나 유기물을 단지 나노 사이즈로 만들어 인위적으로 색을 만든다는 점에서 지속가능sustainable하다.

안료는 특정 파장의 가시광선을 선택적으로 흡수해 착색을 완성한다.

백색광은 약 375~400나노미터 내지 약 760나노미터 또는 780나노미터 범위의 파장을 갖는 가시광선 전체 스펙트럼과 대략 동일한 혼합물이다. 이 빛이 안료를 만났을 때 스펙트럼의 일부는 안료에 흡수된다. 안료 같은 무기물 결정은 대개 보는 각도에 따라 색이 변한다. 이리데슨트 iridescent 결정이 잘 배열되어 있기 때문이다. 어떤 각도로 보더라도 같은 색을 유지하기 위해서는 결정이 잘 배열되지 않아야 한다. 이런 식으로 마이크로 캡슐을 만들면 각도에 따라 변하지 않는 색을 만들 수 있다. 마이크로 입자들은 온도에 따라 색이 바뀌는 열변안료 thermochromic 를 만들 수도 있다.

전자 염색

인간의 눈은 잉크로 착색된 실물과 다이오드로 망막에 투사된 허상을 구별하지 못한다. 그러니 굳이 손에 질척하게 묻어나는 잉크와 끈적이는 염료를 동원해 물과 함께 삶아 빨아서 의류를 착색해야 할까? 인류는 머지않아 실제와 시뮬레이션을 구별할 수 없는 세상을 만나게 될 것이다. 염색의 미래도 마찬가지다. 우리의 소중한 수자원과 이름조차 생소한 수십 종류의 유독 화학약품과 석유로 만든 합성염료를 버무려 증기를 뿜어내는 무시무시한 기계 속에서 100도가 넘는 뜨거운 열로 구워 착색하는 원시적인 방법에서 벗어나 단지 시뮬레이션으로 투사된 숨 막히도록 아름다운 색상을 보게 될 것이다. 그것도 한번 채색되면 영원히 바꿀 수 없는 색이 아니라 환경이나 온도에 따라 수십만 컬러로 변화하는, 그러나 아무리 세탁해도 변치 않는 그런 색이다.

이를 실현하는 방법은 소프트 디스플레이soft display 기술의 발전일 수도 있고 원단 표면에 형성된 텍스처 구조에 따라 컬러가 구현되는 '구조색'structural color일 수도 있다. 현재의 기술만으로 팔뚝에 모니터링 화면을 띄우고 지도를 투영하기도 한다. 7장 「섬유 염색의 미래」를 참고하기 바란다.

예측했던 미래기술의 등장

형형색색 빚어내는 다양한 컬러는 패션 제품의 핵심이다. 모든 패션의 류는 착색이 필요하다. 따라서 착색이 어렵거나 불가능한 소재는 패션에 사용할 수 없었다. 인류는 지난 170년간 의류를 착색하기 위해 화학공업을 발전시켰다. 진정한 화학은 섬유와 원단 염색에서 출발했다. 1856년 윌리엄 퍼킨William Perkin이 발명한 합성염료 '모브'mauve는 인류 문명을 완전히 바꾼 게임 체인저game changer가 되었다.

천연염료는 형편없는 견뢰도와 낮은 채도의 희미한 발색이라는 치명적인 단점에도 불구하고 원료를 구하기 어려워 비싼 가격에 팔렸다. 그에 따라 의류는 공급이 극히 제한적인 물품이었다. 모브는 천연염료의 모든 단점을 한꺼번에 해결한 위대한 발명이었다. 그러나 토머스 미즐리Thomas Midgley의 프레온 가스 발명과 마찬가지로 화학기술을 이용한 염색의 폐해는 참혹하다.

통신, 센서 및 전기 공급이 가능한 전자 섬유는 이전에 보고되었지만 의류소재로 사용 가능할 정도로 충분한 면적의 디스플레이를 갖춘 섬유는

◆ 전자 염색된 원단

아직까지 나오지 않았다. 내구성이 높고 광범위하게 조립하기 쉬운 작은 조명 장치를 얻기가 어렵기 때문이다.

아무리 아름답고 부드러운 원단이라도 의류소재가 되기 위해 반드시 통과해야 하는 기본 성능이 있다. 바로 빨래에 견디는 세탁 내구성이다.

원단의 입장에서 세탁은 수만 회의 마찰은 물론 세상의 어떤 것도 녹일 수 있는 강력한 용제인 물과 장시간 물리적으로 교반되는 가혹한 폭력이다. 하지만 이를 견디지 못하면 의류소재로서 자격 미달이다. 세상에 존재하는 5천만 종의 생물 중에서 의류소재로 사용 가능한 것이 단 네 가지뿐인 이유다. 특히 전기, 전자 또는 금속 같은 전도성 소재가 동반될 수밖에 없는 스마트 섬유는 물과 만나야 하는 세탁 내구성이 극복하기 가장 어려운 난제다.

전자 섬유를 사용한 직물

기존의 고체 디스플레이 재료는 의류를 착용하고 세탁할 때 발생하는 가혹한 마찰과 변형을 견디기 어려워 직물과 호환될 수 없었다. 새로운 발명품은 전도성 및 발광 섬유를 직물로 제직해 이러한 한계를 극복하는 것으로 나타났다. 이 원단은 전기가 통하는 전도성 위사와 빛이 나오는 발광 경사로 제직되었는데 경사와 위사의 접점에서 마이크로미터 규모의 전계발광 단위를 형성한다. 전계발광 장치 사이의 밝기 차이는 8% 미만으로 직물이 구부러지거나 늘어나거나 압력을 받아도 안정적이다.

전계발광EL·Electroluminescence이란 반도체 따위의 물질에 전기장을 가하면 빛이 나오는 현상이다. 발광 섬유의 직경을 0.2mm에서 0.5mm 사이에서 정밀하게 조절할 수 있기 때문에 발광 섬유로 제직된 원단은 질이 매우 좋고 유연하다. 이 직물은 3D인 인체의 불규칙한 윤곽에 자연스럽게 밀착되며 일반 직물처럼 가볍고 통기성도 있다. 1,000회의 굽힘, 스트레칭 및 압착 후에도 전계발광 장치의 성능은 대부분 안정적으로 유지되었다. 또한 의류 원단에 가장 치명적인 세탁 내구성 시험에서 전계발광 장치는 100회에 달하는 세척 및 건조 후에도 밝기를 유지하는 내구성을 보여주었다.

연구원들은 상호작용과 전원 공급 장치를 추가하기 위해 터치 감지형 16버튼 패브릭 키보드, 태양에너지 저장용 원사 및 배터리 섬유를 섬유에 통합했다. 그들은 블루투스 연결을 통해 스마트폰에 무선으로 연결하는 전자 장치를 추가해 사용자가 소매에서 메시지를 보내고 받을 수 있을 뿐만 아니라 지도에서 실시간 위치를 볼 수 있도록 했다.

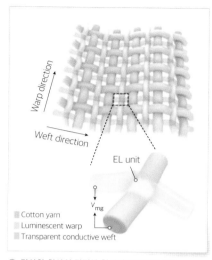

⬤ 경사와 위사의 접점에 형성된 전계발광 단위

연구를 이끌고 있는 펭 교수는 "더 많은 기능이 통합됨에 따라 우리는 스마트 직물이 차세대 전자 통신 도구를 형성할 것이라 기대한다"라고 말했다. 디스플레이, 키보드 및 전원 공급 장치로 구성된 통합 섬유 시스템은 스마트 직물이 의료를 포함한 다양한 영역에서 사물인터넷 시스템

⬤ 발광 경위사 설계로 만들어진 다양한 전자 샘브레이

의 잠재력을 보여주는 커뮤니케이션 도구 역할을 할 수 있음을 보여주었다. 그들은 전자 장치의 제작과 기능을 직물과 통합시켰다.

연구진은 온라인 네추럴 저널에서 연구 결과를 자세히 설명했다. 의류와 패션소재를 모르는 연구진은 이 연구를 단순히 디스플레이와 직물을 통합한 성과라고 과소평가하고 있다. 그들은 짐작도 할 수 없겠지만 이 발명은 패션 역사를 완전히 바꿀 수 있는 게임 체인저가 될 수도 있다. 이 발명은 의류를 착색하기 위한 화학염색을 완전히 대체할 수 있다. 7,000년 패션 역사에 지금까지 나타난 혁명은 첫째가 1856년의 합성염료, 둘째가 1935년의 합성섬유다. 이 발명은 세 번째 혁명으로 부족함이 없다. 우리는 미래 염색기술의 원시 버전을 보고 있는지도 모른다.

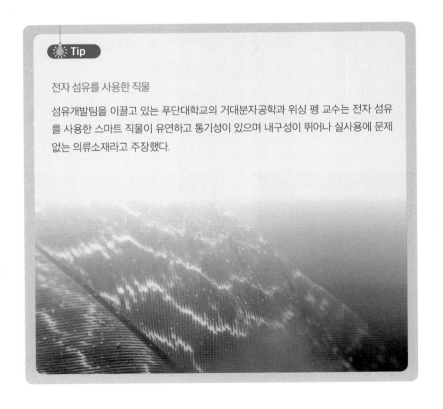

Tip

전자 섬유를 사용한 직물
섬유개발팀을 이끌고 있는 푸단대학교의 거대분자공학과 위싱 펭 교수는 전자 섬유를 사용한 스마트 직물이 유연하고 통기성이 있으며 내구성이 뛰어나 실사용에 문제 없는 의류소재라고 주장했다.

바이오 셀룰로오스

한밤중에 남편을 기겁하게 만드는 여성들의 애용품이 있다. 얼굴에 가면처럼 하얗게 쓰도록 만든 보습팩이다. 근래 막대한 수요를 발생시키고 있는 화장품 업계의 효자 상품이다. 마치 얇게 만든 투명한 젤리 물통처럼 대량의 수분이 들어 있는 이 하얀 마스크팩은 무엇으로 만들어져 있을까? 답은 멀리 있지 않다.

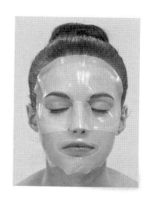

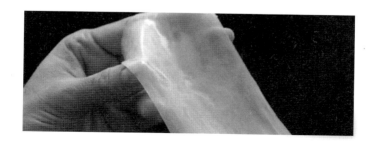

셀룰로오스

매초 5억 9,700만 톤의 수소가 5억 9,400만 톤의 헬륨으로 바뀌면서 발생하는 태양의 핵융합 에너지는 1억 5천만 킬로미터의 진공을 통과해 지구에 아낌없이 베풀어지고 있다. 174페타와트petawatt100만 와트의 1억 배에 달하는 막대한 에너지를 일부라도 비축하기 위해 인간의 원시적인 기술로 태양전지를 개발했지만 효율은 형편없이 낮은 수준이다. 그런데 우리 주변에는 태양전지보다 수십 배 더 높은 효율로 끊임없이 태양에너지를 비축·변환하는 화학공장이 널려 있다. 식물은 680칼로리의 태양에너지를 1몰의 포도당으로 변환하는 정교한 화학공장이다. 이렇게 만들어진 포도당은 모든 동물의 에너지원으로 사용된다. 포도당은 장기간 비축하기에는 너무 약하고 물에도 쉽게 녹으며 달콤해서 약탈당하기도 쉽다. 식물은 다시 포도당을 가공해 물에 녹지도 않고 달지도 않으며 동물의 위에서 소화되지도 않아서 장기간 비축이 가능한 질긴 고분자로 합성 중합하는데 이를 셀룰로오스라고 한다. 면은 순도 높은 셀룰로오스 덩어리다.

원시 셀룰로오스

셀룰로오스는 분자량이 수만에서 수천만에 달하는 천연 고분자로서 식물만 만드는 것으로 알려져 있지만 식물이 생기기 전, 지구 대기에 산소가 거의 없을 때부터 셀룰로오스를 만들어온 생물이 있다. 바로 박테리아다. 아세토박테리아 자일리너스acetobacteria xilinus는 포도당 대신 설탕을 중합해 셀룰로오스를 만들어낸다. 설탕은 포도당과 과당 두 분자가 결합된 자당이다. 포도당과 자당의 공통점은 에너지라는 것이다. 1838년 셀룰로오스 고분자를 처음 발견한 사람은 앙셀름 파옌Anselme Payen이다.

지구 대기에 산소가 희박할 때는 생물들이 발효를 통해 대사했다. 이후 지구에 일종의 독극물인 산소가 풍부해지기 시작하자 산소를 이용해 발효보다 10배나 더 효율이 높은 대사 방법을 진화시켰는데 그것이 바로 호흡이다. 물론 호흡하는 생물은 막대한 효율의 혜택을 누리는 대신 활성산소라는 치명적인 대가를 지불하고 노화되어 일찍 죽는다.

박테리아

냉장고가 발명되기 전에 식품을 장기간 보존하는 방법은 건조시키거나 훈제 또는 발효시키는 것이었다. 모두 부패를 진행시키는 박테리아를 제거하기 위한 방법이다. 발효를 통해 포도당을 중합하는 박테리아는 여러 종류가 있으나 그중 아세토박테리아가 우리에게 의미 있는 정도의 생산을 하는 것으로 알려져 있다. 대표적인 아세토박테리아가 콤부차kombucha라고 하는 홍차에서 서식한다. 설탕을 넣은 콤부차를 적당하게 데워 따뜻하게 유지한 상태로 두면 천연 셀룰로오스 부직포를 만들 수 있다. 포도당과 과당으로 이루어진 설탕을 중합해 셀룰로오스를 만드는 것이다.

바이오 셀룰로오스

울은 동물 종에 따라 굵기가 크게 다르지만 면은 어떤 종류든 길이가 다를 뿐이지 굵기는 비슷하다. 식물이 광합성으로 만든 셀룰로오스 분자 크기가 비슷하기 때문이다. 그런데 박테리아가 만든 셀룰로오스는 면보다 섬도가 훨씬 가늘어 '초극세사 면'이라고 할 만하다. 그것은 면보다 무려 100배나 가늘다. 나무는 셀룰로오스 외에 헤미셀룰로오스나 수지인 리그닌이 포함되어 있다. 면에는 그런 불순물이 거의 없고 셀룰로오스로만 되어 있기 때문에 부드럽다. 바이오 셀룰로오스이후 바이오셀도 마찬가

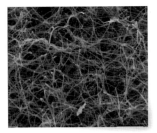 

지다. 바이오셀은 면보다 섬유장이 더 길 뿐만 아니라 인장강도도 더 높다. 바이오셀은 초미세 네트워크로 저절로 부직포를 형성하면서 성장한다. 면은 섬유 형태로 성장하지만 바이오셀은 아예 처음부터 원단으로 자란다. 따라서 실로 만들 필요도 제직이나 편직할 필요도 없다. 면보다 마이크로 피브릴micro fibril이 훨씬 더 작고 다공성이므로 한층 더 뛰어난 흡습력이 있다. 결정영역은 면보다 더 많다. 식물 셀룰로오스이후 식셀의 수분 유지율은 최대 60%이지만 바이오셀은 무려 100%로 마치 물 위에 떠 있는 듯한 느낌을 줄 수 있다. 믿을 수 없을 정도로 높은 수분율은 마이크로 피브릴로 인해 만들어진 어마어마하게 큰 표면적과 초미세 네트워크의 가느다란 틈이 만든 강력한 모세관력 때문이다. 미스터리는 '왜 박테리아가 셀룰로오스를 만드느냐'이다. 어떤 이점이 있어서 박테리아가 자신들의 먹이인 포도당을 중합할까? 자외선을 피하기 위한 목적이라는 것이 가설 중 하나다. 누에도 자신의 단백질을 이용해 원단을 만든다. 그것이 바로 누에고치다.

용도

지금까지 인공혈관으로 쓰이거나 연조직을 대체하는 등 의료용으로 사용되어 온 바이오 셀룰로오스는 고도의 수분 유지와 위킹wicking성, 수

증기 투과성 때문에 화상 환자나 상처 난 곳에 붙이는 드레싱으로 중요
한 역할을 했다.

새로운 용도 개척

제조 가격이 일반 셀룰로오스의 50배로 비싸고 대량생산이 어려우며
수율이 낮기 때문에 의류에 사
용할 수 있을지는 아직 미지수
다. 절대 찢어지지 않는 초강력
종이로도 사용할 수 있으며 높
은 음속과 낮은 동적 손실 특성
으로 인해 소니는 이를 하이엔

◆ 이어폰의 진동막

드 이어폰의 진동막으로 사용하기도 했다. 최근에 발견한 가장 멋진 용
도가 미용으로 얼굴에 붙이는 마스크팩이다. 실제 효과는 미지수이나 막
대한 수분을 담을 수 있다는 점과 돈을 버는 수단으로는 탁월하다. 고유
의 기계적 특성으로 생명공학이나 미생물학 또는 재료과학의 응용 용도
로 주목받고 있다.

바이오셀의 대량생산이 가능해지면 패션의류를 포함한 다양한 용도
를 기대할 수 있으며 막강한 위킹성과 극미세 섬유라는 점을 이용해 기
능과 감성을 동시에 얻어낼 수 있다.
이를 통해 패션에서는 지금까지 볼
수 없었던 놀라운 기능성 감성 의류
를 설계할 수 있을 것이다. 급성장하
고 있는 바이오 공학이 머지않은 미
래에 대량생산이 가능해지도록 할
것이다.

◆ 바이오셀로 만든 재킷

습도에 따라 자동 개폐되는 원단

물바가지와 뜰채

뜰채는 물체의 크기에 따라 두 가지를 분리한다. 입자가 작은 물은 통과시키고 덩치가 큰 물고기는 통과시키지 않는다. 간단한 원리지만 섬유에서도 같은 방식을 사용하는 가공이 있다. '투습 방수'는 의류가 방수 성능을 가졌더라도 통기성을 잃지 않으려는 희망에서 비롯되었다. 방수 가공은 크기가 매우 작은 물 분자가 원단 틈 사이로 새어나가지 않도록 완벽하게 밀폐하는 작업이므로 그 여파로 몸에서 배출되는 수증기까지 나갈 수 없도록 만든다. 이 문제 해결을 위해 물은 새지 않고 수증기는 통하게 하는 뜰채 같은 기능을 하는 가공이 바로 투습 방수다. 원리는 뜰채와 똑같다. 액체인 물은 막되 그보다 분자 크기가 작은 수증기는 통과할 수 있도록 필름에 수증기보다는 크고 물 분자보다는 작은 구멍이 분포하도록 설계한 것이다. 하지만 구멍이 워낙 작기 때문에 성능 좋은 마스크를 쓰면 숨도 쉬기 어려운 것처럼 아무리 성능이 뛰어난 투습 방수 원단이라도 의류 내부의 습도를 쾌적한 정도까지 유지하는 것은 불가능하다. 만약 언제나 같은 형태로 고정되어 있는 것이 아니라 습할 때는 닫히고 건조할 때는 활짝 열려 바람이 잘 통하는 원단을 만들 수 있다면 어떨까?

바이메탈

아이가 목욕탕에서 오래 놀다 보면 손바닥이 쭈글쭈글해진 것을 볼 수 있다. 그것은 이제 물 밖으로 나와야 한다는 신호가 아니라 피부의 바깥쪽인 표피와 안쪽인 진피의 수축 차이 때문에 생기는 일이다. 표피는 물리적인 환경 변화에 따라 수축이 거의 일어나지 않지만 부드러운 속살인 진피는 수축이 잘된다. 손을 오랫동안 물에 담그면 진피는 수축이 일어나는데 바깥쪽 표피는 그대로다. 붙어 있는 두 장의 서로 다른 판이 한쪽만 수축되거나 팽창하면 휘어지거나 쭈글쭈글해질 것이다. 중학생 때

☀ Tip

솔방울

비가 오거나 습한 날, 숲속을 산책하면서 솔방울을 한번 자세히 보기 바란다. 솔방울이 입을 꼭 다문 조개처럼 모든 비늘을 닫고 있을 것이다. 해가 쨍쨍한 맑은 날, 다시 가서 솔방울을 보면 닫혔던 비늘이 활짝 열려 있는 놀라운 광경을 볼 수 있다. 솔방울은 주위 습도에 따라 갑옷처럼 생긴 비늘을 열거나 닫을 수 있다. 솔방울은 마치 인공지능으로 작동하는 고도의 첨단 기계가 내장된 것처럼 보인다.

🔵 습도에 따라 비늘이 개폐되는 솔방울

가장 간단하게 작동하는 스위치 개폐장치인 바이메탈을 만들어본 기억이 날 것이다. 바로 이 원리를 이용한 것이다. 바이메탈은 온도에 따른 팽창계수가 크게 다른 두 장의 금속판을 겹쳐 만든다. 어느 한쪽의 금속이 팽창하면 한쪽으로 휘어지며 스위치를 온오프할 수 있게 된다.

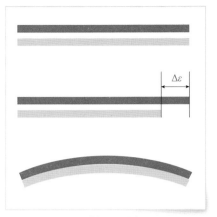

▲ 팽창계수 차이를 이용한 바이메탈

솔방울의 비늘은 각각 밀도가 다른 두 개의 판으로 되어 있어 습도가 높은 날에는 밀도가 높은 바깥쪽 판이 물을 흡수해 더 많이 팽윤하고 안쪽으로 휘면서 닫히게 된다. 팽창계수가 다른 두 개의 판으로 구성

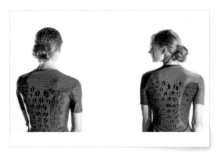

▲ 솔방울 원리를 이용했다는 의류

된 바이메탈 원리와 똑같다. 만약 원단에 이런 설계를 할 수 있다면 꿈의 소재가 될 것이다. 이 원리를 이용해 출시된 몇몇 사례가 있지만 아직은 유치한 수준에 머물러 있다.

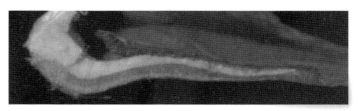

▲ 두 겹의 밀도를 가진 솔방울 비늘

C-체인지

스위스의 쉘러는 자신들이 개발한 C-체인지_{C-change}는 솔방울의 원리를 그대로 가져와 3레이어_{layer} 원단 사이에 낀 중간의 필름 분자구조가 비 오는 날에는 팽윤하면서 닫히고 맑은 날에는 느슨해지면서 열린다고 마케팅하고 있다. 원리는 간단하지만 이런 개폐구조를 미세한 크기로 필름에 구현한다는 것은 쉬운 일이 아니다. 또한 평소에 공기가 잘 통할 정도로 열렸다가 닫혔을 때 방수가 가능할 정도로 밀폐되는 극적인 형태 변화는 고도의 기술이 필요하다. 이 원단이 의류 내부의 습도를 쾌적한 수준으로 제어 가능한지는 테스트해 봐야 한다.

초소수성 원단

    지속가능성이 섬유와 패션산업에서 중대한 이슈로 부상하고 있다. 150년 근대 섬유의 패션 역사상 한 번도 나타나지 않은 생소한 패러다임이지만 브랜드의 선택이나 트렌드가 아닌 숭고한 의무로서 결코 무시하거나 거부할 수 없는 강력한 규범이 되고 있다. 원래 패션산업에서 가장 중요한 관심사는 '美'라고 표현할 수 있는 '패션' 그 자체다. '아름다움'이라는 절대 명제는 그 외의 다른 요소들을 모두 압도했다. 비용, 편의성, 기능, 심지어 건강을 위협하는 치명적 디자인이라도 패션에 부합하면 용납되는 패러다임을 따르고 있었다. 그러나 패션산업은 앞으로 전혀 다른 도그마가 지배하게 될 것이다. 즉, 아무리 패셔너블fashionable해도 지속가능하지 않으면 사용할 수 없는 세상으로 바뀌고 있다. 패션이라는 절대 강자 위에 군림하는 초절정 강자가 나타난 것이다.

    시작은 유럽이었다. '친환경'을 주제로 파생된 이 거대한 물결은 독성 물질을 배제하는 '건강'이라는 콘셉트로 성장해 '자원절약'에서 노동 환경, 나아가 빈곤 퇴치에 이르기까지 환경뿐 아니라 사회 · 경제 전반으로 확대되고 있는 21세기 시대정신이 되었다. 정치·경제적인 이유로 교토의정서에 가입하지 않은 미국도 글로벌한 격변을 외면할 수 없게 되었다. 미국에서 Gap이 시작하면 다른 미국 브랜드도 모두 따라 하게 된다. 미국이 시작하면 전 세계가 따라야 한다. 미국을 움직이기 시작한 혁명의 방아쇠를 당긴 것은 ZDHC라는 협약이다. 이 협약에 나이키, H&M, Zara 등 글로벌 메이저 의류apparel 기업들이 가입하면서 단기간에 전 세계 대부분의 메이저 브랜드들이 연쇄적으로 가입하는 결과로 이어졌다. 결국 이 협약에 동반하지 못한 미가입 브랜드는 저절로 반환경 후진 브랜드로 낙인 찍히게 되면서 미국 브랜드도 더는 이 흐름에 저항할 수 없게 되었다.

원조 글로벌 SPA 기업인 Gap의 움직임이 시작되었다. Gap은 2015년 춘하spring summer 시즌부터 화섬 원단 일부를 리사이클 폴리에스터로 전환하기 시작하면서 2024년에는 모든 화섬소재에 적용하겠다는 계획을 전격 발표했다. 이와 동시에 Gap이 아우터웨어 소재에 적용한 테플론Teflon 종류의 불소화합물 발수제의 사용을 롱 체인long chain에서 쇼트 체인short chain으로, 즉 C8에서 C6로 전환하는 정책을 시행했다. 2022년 현재 C0로 전환 중이다. 이처럼 파격적이고 돌발적인 행보는 브랜드가 기능이나 감성적인 추가 혜택이 전혀 없는 원자재의 구매가격 인상을 인정하는 역사상 최초의 결정이었을 것이다.

이토록 거대한 메가 트렌드는 점진적인 변화가 아닌 단속적이고도 즉각적인 혁신을 요구하고 있다. 향후 5년 이내로 전 세계 모든 의류브랜드는 지속가능성이 원하고 가리키는 방향에 따라 일사불란하게 움직여야 하며 이에 저항하는 브랜드나 관련 산업들은 소멸해야 하는 운명이다. 즉, 환경을 해치거나 건강을 위협하거나 자원을 낭비하는 요소는 패션산업에서 모두 척결된다. 이에 따라 디자이너들이 소재를 선택하는 기준이 대폭 바뀔 예정이다. 예컨대 PP는 염색이 불가능해 흰색밖에 공급되지 않아 그동안 외면받아 왔지만 지속가능하다는 장점이 있어 유망한 아이템으로 주목받게 되었다.

전지전능한 옴니포빅

지속가능성 개발sustainability development은 UN에서 정한 17가지 영역이 있지만 패션산업에서는 건강, 환경, 그리고 자원절약이라는 세 가지 규범criteria이 가장 시급한 당면 과제라고 할 수 있다. 이에 따라 수자원의 절약은 에너지 절약보다 더욱 중요한 과제로 떠오르고 있다. 수자원을 심각하게 오염시키는 염색산업의 타격이 예상됨은 물론이고 전통적인 미덕이었던 의류의 세탁마저도 자유로울 수 없는 세상이 올 것이다. 따라서 의류의 세탁 횟수를 최소화할 수 있는 기능이 강한 잠재 가능성을 가질 것으로 예견된다. 결과적으로 오염을 방지하는 방오 가공은 미래의 중요한 퍼포먼스 가공이 될 것이 확실하며 물을 밀어내는 하이드로포빅hydrophobic에서 기름을 밀어내는 올레오포빅oleophobic 기능을 넘어 존재하는 모든 액체류를 밀어내는 전능한 옴니포빅omniphobic까지 기능이 확대될 것으로 기대된다. 이에 따라 방오의 첫 단계인 발수도 중요한 기본 가공으로 부상하게 될 것이다. 하지만 발수 가공은 세탁에 의해 쉽게 탈락되고 현재도 성능이 충분하지 못하다. 게다가 표면장력이 가장 낮아 최적의 발수제로 사용된 불소화합물은 발암성 논란으로 인해 사용이 금지되는 추세여서 그보다 표면장력이 더 큰 왁스나 실리콘 같은 예전의 발수제 시대로 회귀할 수도 있다. 즉, 현재의 발수 성능보다 오히려 더 낮아질 수도 있다. 따라서 기존의 발수 가공보다 성능이 더 좋고 내구력도 보강된 새로운 가공 방법의 출현이 강력히 요구되고 있다. 이런 상황에서 단지 화학적으로 발수력을 증가시키는 방법 대신 원단의 표면 처리를 통해 물리적으로 발수력을 증강시킬 수 있다면 스위스의 헌츠만Huntsman이나 독일의 루돌프Rudolph 등의 화학회사에서 새롭게 개발되고 있는 비불소발수제와 더불어 의미 있는 발수제 출현을 기대할 수도 있을 것이다.

소수성 표면

액체가 고체 표면을 적시는 이유는 고체의 표면 임계에너지critical surface energy가 액체의 표면장력보다 더 크기 때문이다. 예를 들어 왁스 성분은 물의 표면장력보다 더 낮은 표면 임계에너지를 가지므로 물은 왁스 표면을 적시지 못한다. 하지만 알코올은 왁스보다 더 낮은 표면장력을 가지므로 왁스 처리된 표면을 적신다. 따라서 고체의 표면 임계에너지가 모든 액체의 표면장력보다 작도록 설계하면 모든 액체를 밀어내는 옴니포빅 표면이 된다. 발수 성능은 액체의 표면장력이 크고 접촉면의 임계에너지가 작을수록 좋다.

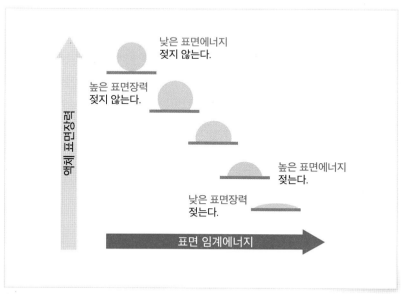

🔺 표면장력과 표면 임계에너지에 따른 발수성능

초소수성 표면

소수성 표면이라고 해서 다 같은 레벨인 것은 아니다. 어떤 경우는 극단적으로 높은 소수성을 보이고 어떤 경우는 낮은 소수성을 보인다. 사진처럼 물방울이 공 모양에 가까울수록 소수성이 더 높은 표면이다. 그

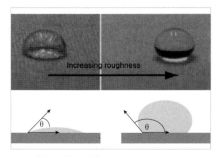

△ 표면과 물방울의 접촉각

정도를 다음 그림처럼 접촉각으로 나타낼 수 있다. 즉, 접촉각이 180도인 경우가 최고 단계의 소수성 표면이라고 할 수 있다.

체표면적과 프랙털

소금쟁이가 물 위를 성큼성큼 걸을 수 있는 이유는 가벼운 소금쟁이의 발이 물의 단단한 표면장력을 깨뜨릴 수 없기 때문만은 아니다. 소금쟁이는 단위밀도당 털이 가장 많은 다리를 갖고 있는 곤충이다. 소금쟁이의 발은 극히 빽빽한 털로 뒤덮여 있는데 이는 인간 모발의 100만 배 정도로, 1mm^{2}당 무려 1만 개의 털이 나 있는 초고밀도다. 또 각각의 털들

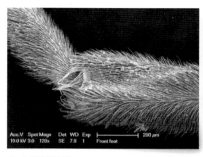

△ 소금쟁이의 발

은 매끈하지 않고 추로스 과자처럼 길이 방향으로 홈이 패어 있다. 이런 구조는 프랙털의 유형이 될 수 있다. 소금쟁이 다리의 표면적은 극단적으로 크고 다리 털의 표면은 왁스를 바른 것처럼 소수성이어서 물은 소금쟁이의 발을 적실 수조차 없다. 소금쟁이의 발이 높은 표면장력 때문에 제법 단단한 물의 표면을 깨고 들어가더라도 발에 난 털에 공기층이 형성되어 마치 공기를 가득 채운 튜브처럼 작용한다. 같은 원리로 소금쟁이보다 100만 배나 더 무거운 인간이 물 위를 걸으려면 길이가 10km 정도 되는 털이 수북한 다리를 가지면 된다.

프랙털

프랙털fractal은 부분과 전체가 똑같은 모양을 하고 있는 자기유사성 개념을 기하학적으로 푼 구조를 말한다. 단순한 구조가 끊임없이 반복되면서 복잡하고 묘한 전체 구조를 만드는 것으로, '자기유사성'self-similarity과 '순환성'recursiveness이라는 특징을 가지고 있다. 자연계의 리아스식 해안선, 동물 혈관 분포 형태, 나뭇가지 모양, 창문에 성에가 자라는 모습, 산맥의 모습도 모두 프랙털이며 우주의 모든 것이 결국은 프랙털 구조로 되어 있다.

흥미로운 특성은 이런 예처럼 프랙털 구조를 이용해 표면적을 거의 무한대에 가깝게 증가시킬 수 있다는 것이다. 멩거스펀지menger sponge가 대표적인 예이다. 멩거스펀지는 프랙털 구조를 적용해 육면체를 내부에서 깎아내 부피는 0으로, 체표면적은 무한대로 수렴하는 가상 입체다. 이런 입체는 점차 가벼워지고 표면적이 커지면서 공기와 비슷한 무게에 도달하면 믿을 수 없는 새로운 기능을 만들 수 있다.

에어로겔aerogel이 그런 종류라고 할 수 있다. 에어로겔은 성분이 실리콘이어서 친수성이지만 소수성으로 표면 처리하면 표면적이 극대화되어

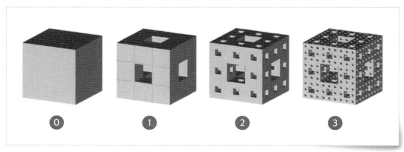

▲ 멩거스펀지

강력한 발수력을 보일 수 있다. 에어로겔 파우더를 몸에 바르고 물속에 들어가면 전혀 젖지 않는다. 물론 지속력은 별개의 이야기다.

이름에도 불구하고 에어로겔은 겔과 유사하지 않은 단단하고 건조한 물질이다. 그 이름은 겔로 만들어졌다는 사실에서 비롯된 것이다. 에어로겔을 부드럽게 누르면 일반적으로 작은 자국도 남지 않는다. 더 단단히 누르면 영구적인 자국이 생긴다. 산산이 부서지기 쉽지만 구조적으로 강하다. 내력은 인상적이게도 평균 크기 2~5나노미터의 구형 입자들이 클러스터로 함께 융합된 수지상 미세구조에 기인한다. 클러스터는 거의 100나노미터 미만의 기공을 갖는 프랙털 체인에 가까운 3차원 고다공성 구조를 형성한다. 세공의 평균 크기 및 밀도는 제조공정 동안 제어될 수 있다. 에어로겔은 무려 99.8%가 공기인 물질이다.

▲ 초소수성을 나타내는 에어로겔

자연에서 발견하는 프랙털 구조

연잎의 표면도 비슷하다. 연잎 표면을 자세히 보면 매끈하지 않고 미세한 나노 크기 돌기로 형성되어 있으며 소수성 왁스로 코팅되어 있다. 미세한 돌기 때문에 연잎의 표면은 표면적이 매우 큰 상태다. 돌기는 크기가 작고 길이가 길수록 표면적을 증가시키며 사진 b처럼 돌

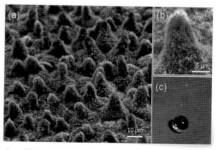

△ 프랙털 구조인 연잎의 표면 돌기

기의 표면이 또다시 미세한 돌기로 구성된 프랙털 구조로 되어 있으므로 천문학적으로 표면적이 늘어난다. 그러므로 빗방울은 연잎을 전혀 적실 수 없다. 더 넓은 표면적은 더 많은 왁스를 의미하기 때문이다. 동시에 표면의 뾰족한 돌기는 물방울과의 접촉 면적을 줄인다. 돌기가 더 뾰족할수록 접촉 면적은 더 줄어들 것이다. 실제로 물방울과 접촉하는 연잎 표면의 면적은 3%도 채 되지 않는다. 물방울의 97%는 공중에 떠 있다는 말이다. 이렇게 만들어진 연잎lotus 효과는 잎의 표면에 떨어진 물방울이 산들바람 같은 작은 충격에도 쉽게 구를 수 있게 해준다. 연잎이 자정self-cleaning 작용을 할 수 있는 이유다.

> ### ☀ Tip
>
> 인간의 소장은 가깝고도 멋진 예다. 소장은 컨베이어벨트 위에 놓인 작업대처럼 표면을 지나가는 음식의 영양성분을 제한된 시간 내에 가급적 많이 흡수해야 하므로 표면적이 클수록 좋다. 소장의 표면은 표면적을 극대화하기 위해 융털villi과 융털을 구성하는 더 미세한 융털microvilli이라는 프랙털 패턴의
>
>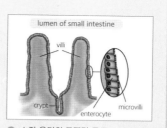
>
> △ 소장 융털의 프랙털 구조
>
> 돌기로 뒤덮여 있다. 이런 융털의 구조는 소장의 표면이 돌기 없이 매끈할 때보다 무려 1만 배나 더 많은 영양분을 흡수할 수 있을 정도로 막강하다.

연잎 표면의 돌기는 소장만큼 길지는 않지만 프랙털 구조로 얼마 동안 계속되는 비에도 물에 젖지 않을 정도는 된다. 따라서 물방울이 떨어진 연잎은 소금쟁이의 발처럼 젖지 않는다. 이는 의류에서 측정하는 발수도로 따지면 5급 또는 100에 해당한다.

이러한 이론을 확장해 만약 원단의 표면적을 증가시켜 그 위에 발수 가공 처리하면 발수 능력을 극적으로 높일 수 있다. 표면적이 커질수록 발수제는 더 많이 적용되고 표면은 더 많은 발수제로 덮이게 되어 높은 발수도를 보이는 것은 물론 세탁 내구성도 좋아질 것이다. 세탁 시 물과의 마찰이 더 커지므로 반대가 될 수도 있다.

원단의 표면적을 증가시키기 위해서는 되도록 가는 섬유로 된 원사를 사용해 섬유 개수multi filament와 원단 밀도를 증대시키고 표면에 털을 형성해 나노 구조를 만드는 것이 유효하다. 여기서 기모 효과는 연잎과 마찬가지로 표면적의 증대와 더불어 물방울과의 접촉 면적을 줄이는 이중 작용을 한다. 섬도는 가늘수록 표면적을 증가시키므로 마이크로파이버microfiber 원사를 사용하면 더욱 효과적이다.

원단의 기모 가공

원단 기모의 처음 목적은 보온이었다. 따라서 폴라플리스polar fleece를 대표로 하는 수북한 긴 털이 기모 가공의 전부였다. 1980년대 중반 실크 샌드워시silk sand wash라는 혁명적인 천연소재가 나타났다. 원래 실크는 물에 빨 수 없는 소재다. 하지만 페이드 아웃fade out된 극적인 빈티지 효과로 프린트된 10~11m/m의 셔츠용 실크 원단은 표면이 복숭아털처럼 짧게 형성되어 실크와 다른 독특한 촉감을 제공해 소비자의 깊은 감명과 관심을 받았다. 실크 샌드워시 소재는 전 세계적으로 확산된 일종의 단기 유행fad이었다. 하지만 실크 샌드워시의 표면 질감은 특별한 감성을 나타내는 인류 최초의 가공이었으며 단순하지만 혁신적인 가공으로 지금까지 다른 소재의 가공으로 남아 있다. 이는 꽃잎 표면의 나노 돌기에서 비롯해 손끝으로 밀가루를 만지는 듯한 느낌인 '파우더리'powdery라는 새로운 감성을 창조했다. 실크 샌드워시 소재 자체는 단기간의 유행으로 사라졌지만 표면의 파우더리라는 감성 트렌드는 피치peach 가공으로 살아남아 짧은 털을 일으키는 새로운 기모 가공buffing의 발전으로 이어졌다. 보다 더 극적인 파우더리를 만들기 위한 열망은 실크 굵기인 1데니어보다 더 가는 섬유를 만들려는 시도로 이어져 마이크로파이버의 탄생을 가져오는 계기가 되었다. 피치 가공은 화섬뿐만 아니라 면소재로까지 확대되어 발전을 거듭하게 된다. 감성 효과를 넘어 피부와의 형접촉을 통해 보온에도 기여하는 양면성으로 단순히 트렌드에 그치지 않고 겨울 소재의 기본 가공이 되었다. 현재 피치 가공은 30% 이상의 아우터웨어 소재에 적용되는 필수 가공이 되었고 심지어 여름 소재로까지 범위를 확대하고 있다. 오늘날 대부분의 남성 트렁크 수영복은 표면을 피치 가공해 제조되고 있다.

은이온과 음이온

은 원자는 박테리아를 죽이는 살균작용을 한다. 지상에 존재하는 거의 모든 단세포 생물은 은에 죽는다. 예로부터 귀족이나 부자들이 은으로 식기를 만들어 썼던 이유는 균이나 독을 감지할 수 있는 은의 놀라운 기능 때문이다. 만약 음식에 독성이 들어 있으면 은의 색깔이 변한다. 여기서 독성이란 인체에 해가 되는 물질로 정의하자면 박테리아도 되고 독극물도 해당될 것이다. 하지만 은이 변색되는 이유는 은이 황과 결합해 황화은Ag_2S으로 변하기 때문이다. 주변에서 흔히 볼 수 있는 대표적인 오염물질인 이산화황을 만나면 은이 검게 변하기 때문에 이런 속설이 생긴 것이다. 연탄을 때던 시절, 우리가 연탄가스로 알고 있던 익숙한 냄새도 황에서 비롯된 것이다. 따라서 난방으로 전 국민이 연탄을 때던 시절, 부잣집 은수저는 자주 까맣게 변했을 것이다.

성층권에서 자외선을 막아주는 고마운 오존도 지상에 가까이 있을 때는 독이다. 익숙한 오존 냄새를 기억하기 바란다. 도시는 여름에 대기 중의 오존 농도를 측정해서 오존이 너무 많아지면 경보를 발령하고 있다.

이런 오존도 마찬가지로 은과 화합하면 과산화은Ag_2O_2이 되면서 은을 검게 만든다. 물론 느리지만 산소와도 반응한다. 따라서 은은 아무리 잘 보관해도 결국 검게 변한다. 고가의 은제sterling silver 몽블랑 볼펜은 명성에 어울리지 않게 가만히 두어도 녹슨 것처럼 저절로 거무스름하게 변하는 화학반응이 일어난다. 제아무리 몽블랑이라도 어쩔 수 없는 반응이다. 은이 천천히 검게 변하는 것은 자연스러운 현상이다. 만약 빨리 변하면 독극물이 근처에 있는 것이다. 강한 독극물인 질산염도 은과 반응하고 역사적으로 유명한 독약인 비소도 은과 반응하면 검게 변한다. 이처럼 은은 대표적인 독극물과 잘 반응해 검게 변한다.

은은 단 100만 분의 1g만 있어도 물을 1리터나 소독할 수 있다. 아무리 독한 균이라도 은에 6분 이상 노출되면 죽는다. 마케도니아의 알렉산더 대왕

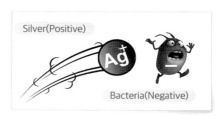

이 원정을 갈 때 장교에게 은으로 된 스푼을 지급해 물을 마셔보기 전에 반드시 확인하도록 해 병사들이 건강을 유지했다는 유명한 일화가 있다. 오늘날 은과 관련된 기능성 제품의 광고가 넘쳐나는 이유다. 그중 은나노 제품이 특히 관심을 끈다. 나노 사이즈는 무려 10억 분의 1m라는 작은 크기다. 원자보다 10배 정도 크다는 뜻이다. 가시광선의 파장보다 작아서 광학 현미경으로는 볼 수도 없는, 바이러스보다도 20배나 더 작은 크기다. 따라서 어떤 물질을 이 정도로 작게 만들었을 때는 어떤 곳이라도 침투할 수 있다는 말이 된다. 물론 은나노라고 불리는 물질이 실제로 나노미터 크기는 아닐 것이다. 다만 입자가 그만큼 작다고 강조한 것일 수도 있다. 입자는 작을수록 표면에 잘 침투할 뿐만 아니라 오랫동안 흡착할 수 있기 때문에 그보다 훨씬 더 큰 입자인 물에 씻겨 내려가지 않고 오랫동안 기능을 유지할 수 있다. 물론 그 효용성은 은의 입자 크기에 달렸다.

숯은 물을 어떤 방식으로 정수할까? 숯은 탄소와 수소 그리고 산소로 되어 있는 나무의 셀룰로오스 성분이 '연소'라는 빠른 산화반응을 일으켜 대부분의 수소와 산소를 날려보내고 거의 탄소만 남은 물질이다. 따라서 숯이 까만 것은 당연한 일이다. 숯이 되면서 산소와 수소가 날아간 빈 자리가 남게 되는데 이 작은 구멍들은 수백만 분의 1m 크기가 되므로 숯은 어마어마하게 넓은 표면적을 자랑하게 된다. 실제로 숯 1g 안에 들어 있는 공간이 100평이나 된다. 따라서 숯으로 물이 흘러 들어가면 대부분의 불순물이 작은 구멍에 걸려 빠져나오지 못하게 되고 물이 정화되는 것이다. 붉은 잉크를 숯에 거르면 놀라운 광경을 볼 수 있다. 핏빛의 붉은 잉크가 거의 투명한 색으로 빠져나온다.

음식을 먹기 전에 간단하게 소독하고 싶다면 식초를 약간 뿌리면 된다. 세상의 많은 박테리아는 산에 약하다. 자장면의 양파나 단무지에 식초를 뿌리는 이유다. 인체는 평균 pH7.3 정도의 중성을 유지하고 있지만 피부는 5.5의 약산성을 띠고 있다. 인체의 최외곽 경계선인 피부를 박테리아로부터 보호하기 위한 최소한의 방책이다. 인체가 외부와 직접 통하는 입속이나 위장도 산성이다. 안동진, 『과학에 미치다』, 한올, 2009.

이온은 어떤 원자가 전자를 버리거나 받아들여 플러스나 마이너스 전기를 띤 상태를 말한다. 은 원자는 원래 전자가 47개인데 46개일 때 안정된다. 따라서 은은 전자 하나를 버리고 쉽게 양이온이 되어 박테리아를 무력화시킨다. 음이온이란 은과 반대로 어디선가 전자를 받아온 원자다. 공기 중에는 21%의 산소와 78%를 이루는 질소 외에도 눈에 잘 보이지 않는 많은 입자들이 떠 있는데 이 중에는 음이온도 있고 양이온도 있다. 대기인 산소와 질소보다 더 가벼운 원소의 입자들은 부력에 의해 공기 중에 떠다닐 수 있다.

그런데 누군가 음이온이 몸에 좋은 작용을 한다는 학설을 내놓은 모양이다. 어떤 이는 음이온 자체가 몸에 좋은 작용을 하는 것이 아니라 불

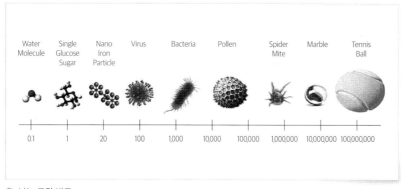

△ 나노 크기 비교

순물이 주로 양이온이어서 음이온과 불순물이 결합해 침전되므로 정화 작용을 한다고 주장한다. 공기 좋은 산속이나 폭포 주변은 음이온이 많고 먼지 많은 도심 근처는 양이온이 많다는 것을 증거로 들고 있는데, 심지어는 나무가 음이온을 생성하기 때문에 그렇다는 이야기를 하기도 한다. 폭포 근처에서는 폭포가 일으키는 위치에너지가 산소 분자에 전자를 하나 더 주게 되어서 산소 분자가 음이온으로 변하게 된다는 주장도 있다. 아무리 많은 예를 동원하더라도 음이온이 건강에 좋다는 직접적인 임상이나 의학적 증거는 존재하지 않는다. 일단 우격다짐으로 몸에 좋다고 전제하고 다음은 음이온이 얼마큼 있다는 식으로 광고한다.

2018년 환경보건시민센터에 따르면 지난 2011년 XX침대와 YY침대에서 라돈이 검출되었다. 제조사는 침대를 교체해 주었으나 마찬가지로 고농도의 라돈이 검출됐다. 교체된 제품에 라돈 검사를 실시한 결과 932Bq베크렐로 측정됐다. 이는 라돈의 실내 권고기준 농도인 148Bq의 여섯 배에 달하는 수치다.

음이온을 방출한다는 의류와 전자제품이 홍수를 이루고 있지만, 나는 이것을 믿을 수가 없다. 어떤 물질이 음이온을 발생하는지, 얼마나 많은 음이온이 있어야 인체에 좋은지에 대한 객관적 근거도 전혀 없다. 표처럼

☀ 대기 중에 포함된 음이온의 양

장소		음이온 양(입자 수/cm²)	비교
도시	실내	30~70	도시
	실외	80~140	도시의 실내보다 1.1~1.5배
교외	일반	200~300	도시의 실내보다 2.8~10배
	산과 들이 있는 교외	700~800	도시의 실내보다 10~26.7배
	숲	1,000~2,200	도시의 실내보다 14.3~73.3배
인체가 필요로 하는 양		700	

'인체가 필요로 하는 양'이라는 기준은 터무니가 없다. 지구상에는 100
가지가 넘는 원소가 있는데 그중 어느 원자의 음이온이 좋다는 것인지,
라돈의 경우가 말해주듯이 아무 원소나 음이온이기만 하면 무조건 좋다
는 것인지 도저히 알 수가 없기 때문이다. 이온은 안정한 물질이 아니므
로 계속해서 다른 양이온이나 음이온과 반응해 소멸된다. 그래서 양이온
과 음이온은 늘 비슷한 양을 유지하며 평형을 이루고 있다. 그것이 자연
인 것이다.

음이온이 나오는 섬유나 의료기구 같은 것은 유럽이나 미국에서는 아
무런 관심도 받지 못한다. 그들은 증거가 수반되지 않은 것은 믿지 않기
때문이다. 최근에 화제가 된 방사선이 나오는 침대 매트리스는 특별히 음
이온을 많이 발생하는 원소를 투입했기 때문이라고 하는데 그 원소가 실
제로 음이온을 많이 방출하는지에 대한 근거도 박약하지만 한 가지 확
실한 것은 그것이 방사능 원소인 라돈이라는 사실이다. 음이온이 건강에
좋다는 사실은 밝혀지지 않았지만 방사선이 암을 일으키는 것은 명백하
다. 납과 카드뮴 그리고 수은으로 만든 냄비에 보약을 달인 꼴이다.

금속 항균소재

　헬스클럽의 파우더룸이나 목욕탕에서 종종 머리에 헤어스프레이를 뿌리는 사람들을 본다. 스프레이 액은 강력해서 머리 위뿐만 아니라 주위 반경 3~4m까지 퍼져나간다. 나는 물론 기겁을 하고 피하지만 대개는 무관심하다. 내가 기겁하는 이유는 머리카락을 고정하는 헤어스프레이 성분이 원단의 생활방수에 쓰이는 아크릴인 PA와 같기 때문이다. 생활방수를 위해 쓰이는 PA는 대부분 아우터웨어 원단의 뒷면에 가공되어 있는 생활 밀착 물질이고 피부와 접촉하지 않는 고체 상태이기 때문에 평상시에는 별문제가 되지 않지만 미세한 입자를 바인더 성분과 함께 폐로 흡입한다는 것은 완전히 다른 이야기다. 파우더룸에 안개처럼 뿌려지는 아크릴과 바인더 입자는 호흡하는 사람들의 허파로 직접 들어간다. 그러니 폐 건강에 좋을 리 없다. 제조업체에서 헤어스프레이 성분을 조제할 때 사람이 먹거나 폐에 들어가도 괜찮도록 설계했을 리가 없고 그랬다고 해도 믿기 어렵다. 폐를 통해 뭔가를 흡입하는 것은 구강을 통해 먹는 것보다 훨씬 더 조심해야 한다. 위장은 이물질이 들어가도 위산 등 여러 가지 방어기전이 있지만 폐는 재채기나 기침처럼 토출하는 방어기전밖에 없어 일단 흡입하면 즉시 혈류에 침투해 속수무책이다.

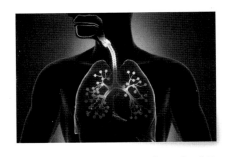

인간은 체내에 균이 전혀 없는 상태로 태어나지만 멸균된 환경에서 살아갈 수는 없다. 면역계를 형성한 인간에게 해를 끼치지 않거나 이로운 균 수백 종이 정착해 몸속에 공생하고 있으며 이들을 죽이면 다른 종류의 박테리아가 그 자리를 차지한다. '다른 종류'에는 감당하지 못하는 치명적인 병균이 포함될 수도 있다. 문제는 해로운 박테리아를 막아주는 보호장벽이 피부, 입, 그리고 위장 계통으로만 설계되었다는 것이다. pH5.5로 산성인 피부가 막지 못하는 균은 입속에서, 그것도 안 되면 염산이 분비하는 위장에서 대부분의 균을 사멸시킨다. 하지만 균이나 독 성분이 허파를 통해 흡입되면 별 장벽 없이 즉시 혈관으로 침투할 수도 있다. 살균제는 해로운 균을 죽이기 위한 것이지만 항생제가 그렇듯이 아군과 적군을 구분하지 못한다.

한때 항균방취라는 이름의 가공이 크게 유행한 적 있었지만 지금은 신중해야 한다. 유럽은 이미 화학적으로 약물을 사용해 항균 가공된 원단을 금지하고 있을 정도다. 항균과 살균이라는 단어는 의학적으로 기피되는 항생제와 함께 건강을 위협하는 위험한 이미지가 되었다. 다양한 병균과 끊임없이 접촉하고 있는 의사나 간호사의 가운도 항균 처리하지 않는다. 따라서 화학약품이나 살균제 등을 사용하지 않고 금속을 이용한 항균 가공이 인기를 얻게 되었다. 금속 입자나 금속이온 등이 항균 작용을 한다면 인체에 별로 해를 끼치지 않고 영구적인 효과를 기대할 수도 있다. 사진은 최근 전국적으로 유행하고 있는 구리를 이용한 항균 필름이다. 대부분의 아파트 엘리베이터에서 볼 수 있다. 제조사도 분명치 않은 이 필름이 균이나 바이러스를 막을 수 있을까?

　은의 항균 작용은 오래전부터 알려져 왔고 실제로 효과가 있다고 생각되지만 이에 대한 임상실험이 존재하지 않아 정확한 내용은 알 길이 없다. 하지만 체내에 은이 과다하게 축적되면 은중독이라는 질병이 생기기 때문에 1999년 미국 FDA는 은 콜로이드가 포함된 의약품을 금지한다고 발표했다. 은과 함께 구리도 항균 작용을 하는 것으로 알려져 두 금속은

- Acinetobacter baumannii: 다제내성균
- Adenovirus: 불현성 바이러스
- Aspergillus niger: 흑색구균
- Candida albicans: 곰팡이균
- Campylobacter jejuni: 식중독균
- Clostridium difficile: 상재균
- Poliovirus: 소아마비 병원체
- Pseudomonas aeruginosa: 녹농균 그람음성간균
- Salmonella enteriditis: 살모넬라균 식중독성균
- Staphylococcus aureus: 포도상구균 식중독성균
- Tubercle bacillus: 결핵균
- Vancomycin-resistant enterococcus: 장알균 그람양성
- Enterobacter aerogenes: 장내균
- Listeria monocytogenes: 그람염색양성 미호기성
- MRSA(including E-MRSA): 슈퍼 병원균
- Escherichia coli O157H7: 출혈성 대장염
- Helicobacter pylori: 미호기성 세균
- Influenza A(H1N1): 호흡기 질환(돼지)
- Legionella pneumophilia: 그람음성막대균

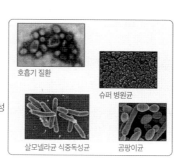

호흡기 질환　슈퍼 병원균

살모넬라균 식중독성균　곰팡이균

🔵 구리에 의해 사멸되는 미생물 병원체 리스트

대표적인 항균 가공의 주역이 되었다. 은과 구리는 가장 좋은 전도체이기도 하므로 정전기를 방지하거나 수준이 높으면 전자파를 차단하는 기능도 만들 수 있다.

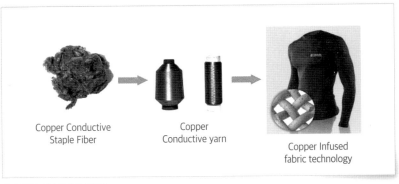

Copper Conductive
Staple Fiber

Copper
Conductive yarn

Copper Infused
fabric technology

🔺 구리로 된 섬유(동도전사)

가장 큰 이슈는 항균 작용을 입증하는 것이다. 예컨대 구리는 다양한 박테리아와 곰팡이, 심지어 바이러스 등을 비활성화하거나 살균하는 효과가 있다고 보고되고 있지만 어느 정도 양을 어떤 방법으로 원단에 처리해야 하는지가 관건이다. 은 같은 경우는 삼성이 은나노 실버 세탁기를 개발해 출시한 적 있는데 결국 미국시장에서 실제 항균 효과를 인정받는 데는 실패했다. 다양한 논란에도 불구하고 금속이나 금속이온을 이용한 항균 가공은 인체에 해를 끼치지 않는 차원에서 적절한 양을 사용해 필요한 수준의 항균 작용을 입증할 수 있다면 위드 코로나with corona 세상에서 매우 유망한 가공이 될 것이다. 연구가 절실하게 필요한 가공이다.

카멜레온 변색 원단

1970년대 후반, 실내에서는 투명한 안경이 밖으로 나가면 선글라스로 변하는 놀라운 제품이 처음 나왔다. 이른바 '코닝Corning 선글라스'이다. 코닝은 미국의 광학 및 디스플레이 제조회사인데 1961년 이래로 NASA의 유인 우주선에 들어가는 광학제품을 공급해 왔다. 이 신기한  선글라스는 70년대 개발도상국에 살던 지금의 베이비부머에게는 그야말로 마법과 구별하기 어려운 과학기술이 주는 충격이었다.

광변색 렌즈 '트랜지션'Transition이라는 상표명으로 사용되는 렌즈는 충분히 높은 주파수의 전자기파대개는 자외선에 노출되면 어두워지는 광학렌즈다. 활성화할 때 충분한 빛이 없으면 렌즈는 원래의 투명한 상태로 돌아간다. 광변색 렌즈는 유리나 폴리카보네이트 같은 플라스틱으로 만들며 투명도와 색감을 다양하게 설계할 수 있다. 밝은 빛에 노출되면 약 1분 안에 상당히 어두워지고 다시 투명해지기까지 다소 시간이 걸린다.

지금의 원시적인 염색 기술은 마치 핵발전소나 요리와 비슷하다. 핵발전 소는 당장은 막대한 전기 를 생산하지만 그 대가로

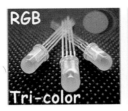
🔺 TV의 삼색 다이오드

후유증을 남긴다. 처리하는 데 막대한 비용이 들고 폐기 장소도 확보하 기 어려운 핵폐기물 쓰레기를 대량으로 만들기 때문이다. 핵폐기물 쓰레 기를 처리하기 위해서는 핵발전소 건설의 몇 배가 넘는 비용이 필요한데 그조차도 완벽하게 안전한 것은 아니다. 선진국들이 핵발전소를 더는 건 설하지 못하는 이유다. 당장은 괜찮지만 결국 그것을 건설한 국가원수가 역사를 통해 후손들에게 지독하게 욕먹을 것이 뻔하기 때문이다. 요리도 규모는 작지만 핵발전소와 똑같다. 식탁에 올라가는 한 접시의 맛있는 요리를 만들기 위해 남겨지는 어마어마한 음식 쓰레기와 대량의 설거지 를 보면 꼭 핵발전소가 생각난다. 나는 지독하게 비효율적인 지금의 요리 방법은 미래에 사라진다고 확신한다. 취미나 예술로 승화된다면 몰라도. 염색도 마찬가지다. 한번 착색하면 더는 다른 컬러로 바꾸지 못하는 원 시적인 화학염색은 어마어마한 수자원의 낭비와 수질 공해를 일으킨다. RGB 단 세 개의 다이오드로 수십만 컬러를 빚어내는 디스플레이 광학 기술과 비교하면 이 분야는 아직도 19세기에 머물러 있는 살아 있는 화 석 물고기 실러캔스coelacanths이다.

코닝 선글라스처럼 이미 염색된 원단이 조건에 따라 다른 컬러로 바 뀔 수 있다면 어떨까? 이미 그런 원단이 나오고 있고 개발되고 있다. 물 론 다양한 색상으로 변화하는 것은 아니다. 아직은 한 컬러가 다른 컬러 로 바뀌는 정도다. 마음에 드는 네이밍은 아니지만 이런 원단을 속칭 카 멜레온 원단이라고 부른다. '변색 원단'이라고 부르고 싶지만 변색에는

불량 원단 같은 부정적인 이미지가 담겨 있다. 그렇다고 '다변색'이라고 하자니 어색하고 유치하다. 좋은 이름이 생각날 때까지는 임시로 카멜레온이라고 부르기로 하자. 카멜레온 원단은 세 종류로 광변색photochromic, 수변색hydrochromic, 열변색thermochromic이 있다. 사실 셋 중에서 기술이 들어간 진짜 변색 원단은 광변 하나다. 나머지는 모두 치졸한 트릭이다. 심지어 수변에는 트릭을 모방한 트릭도 있다.

광변색

광변기술은 코닝 안경과 같다. 이를 설명하기 위해 염료의 고유 기능을 상기해 볼 필요가 있다. 염료는 우리가 빛이라고 부르는 다양한 전자기파에서 400~700나노미터의 스펙트럼에 해당하는 전자기파 가운데 특정 주파수대 영역을 흡수하는 기능을 가진 원자단이다.

△ 광변색 염료

이것을 우리는 발색단이라고 부른다. 우리가 보는 색상은 물론 발색단이 흡수하는 반대쪽, 즉 보색이다. 그런데 일부 발색단은 조건에 따라 흡수하는 특정 파장 영역대가 주변이 아닌 먼 영역대로 나타난다. 사진처럼 비슷한 색이 아닌 전혀 다른 색으로 나타난다. 여기서 조건이란 물론 높은 에너지를 가진 빛, 즉 자외선이다. 이 반응은 가역적이므로 변화했다가 되돌아올 수 있다. 실내에서 보는 색상과 외부로 나가 햇빛을 받았을 때의 색상이 급격하게 달라지고 실내로 돌아오면 원래의 색상으로 회복한다. 실내에서도 조도를 올리면 같은 효과를 볼 수 있다.

이 염료 또는 안료의 단점은 일광견뢰도가 낮다는 것이다. 즉, 자외선에 의해 기능을 상실하기 쉽다. 여기서 기능의 상실이란 다름 아닌 퇴색이다. 염료는 특정 주파수대를 흡수하는 기능을 하므로 기능을 상실하면 더는 흡수가 일어나지 않아 반사한다. 기능을 모두 잃고 흰색이 되는 것이다. 광변색 기능을 가진 안료도 물론 존재한다.

수변색으로 넘어가기 전에 얇고 흰 옷이 젖으면 투명해지는 이유를 알아보자. 투명하다는 것은 빛이 해당 물체에 흡수나 반사되지 않고 그대로 투과해 버리는 것을 말한다. 흰색으

◯ 흰옷이 젖으면 투명해지는 이유

로 보이는 것들은 원래 투명한 경우가 많다. 흰 머리카락은 투명하지만 빛이 반사되어 하얗게 보이는 경우다. 빛이 투과하려면 표면이 매끄럽고 내부 구조도 균일해야 한다. 유리가 바로 그런 물체다. 내부가 균일해도 표면이 매끄럽지 않으면 투명하지 않게 된다. 울퉁불퉁한 표면이 난반사를 일으키기 때문이다. 간유리가 바로 그런 것으로 유리의 표면을 가공해 텍스처하게 만든 것이다. 흰 머리카락도 표면에 스케일이 없고 매끄럽다면 투명하게 보일 것이다.

투명한 섬유라도 꼬여서 실이 되고 원단이 되면서 표면이 텍스처해진다. 난반사가 일어나는 것이다. 이런 원단이 물에 젖으면 섬유 사이로 투명한 물이 침투해 울퉁불퉁한 표면을 거울면처럼 매끄럽게 코팅한다. 빛은 물을 이용해 반사되지 않고 물체를 투과할 수 있다. 튀김

◯ 폴리에스터 칩

을 담은 흰 포장지가 기름에 젖으면 투명해지는 것도 마찬가지다. 단, 풀 덜 원사로 제직된 하얀 원단은 젖어도 투명해지지 않는다. 소광제가 섬유 내부에 들어 있어서 물의 영향을 받지 않기 때문이다. 만약 소광제가 섬유 바깥에 처리되어 있으면 물에 의해 투명해질 것이다. 섬유가 아니라 흰색 분말이 굳은 고체라면 이 현상이 더욱 쉽게 일어난다.

멀티컬러

물에 의해 색상이 변하는 원단은 과학이나 기술이 아닌 저급한 조작 또는 트릭이다. 하지만 너무 극적이어서 소비자를 현혹하기 쉽다. 수변색 은 위에서 이야기한 물리현상을 이용한다. 예를 들어 붉은색 원단에 바 닥 컬러가 보이지 않을 만큼 하얀 안료를 수성 코팅한다. 붉은 원단이 안 료로 덮여 하얗게 될 것이다. 붉은색이 비치지 않으려면 제법 두껍게 발 라야 한다. 그다음 이 원단을 물에 적시면 흰 안료가 투명하게 변하면서 아래의 붉은 색상이 나타나게 된다. 이 효과를 드라마틱하게 하려면 단 색이 아닌 프린트 원단을 이용하면 된다. 프린트된 원단에는 다양한 색 상이 있으므로 흰 안료 아래에 있는 모티프 컬러에 따라 각각 다른 색으 로 나타나게 될 것이다. 결과적으로 수변 원단은 특정 조건하에 기능을

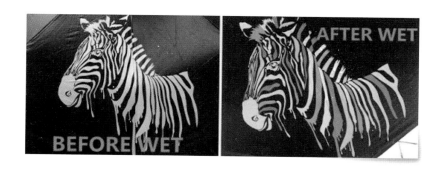

상실하는 안료를 사용해 이미 염색되었거나 프린트된 원단 위에 도포해 그 조건이 되면 아래에 깔린 색상이 나타나게 하는 잔꾀다. 이 방법은 매우 다양한 색상을 변하게 하는 장점이 있다. 특정 조건에서 발색단의 기능을 상실하는 염료는 있지만 단지 젖었다고 해서 기능을 상실하는 염료나 안료는 없다. 다만, 투명한 소재가 흰색으로 보이는 물리적 현상과 물을 이용해 투명으로 되돌리는 간단한 트릭인 것이다.

모노톤

하얀 안료를 수성 코팅하는 것보다 더 간단한 트릭을 소개한다. 어떤 색이든지 원단은 물에 젖으면 진해진다. 이 현상을 이용해 매우 간단한 조작을 할 수 있다. 우븐woven 원단에 발수 처리하면 물에 젖는 시간을 연장할 수 있다. 발수 가공은

🔵 부분 발수를 이용한 수변색 원단

원단을 발수제에 푹 담그는 디핑dipping이므로 원단 전면에 효과가 나타난다. 그런데 만약 발수를 프린트하듯이 일부만 찍는다면 어떻게 될까? 발수제가 찍힌 부분은 한동안 물에 젖지 않고 남아 있으므로 젖은 부분이 즉시 진해질 때 원래 색상을 그대로 유지하면서 톤 차이가 나타나게 된다. 즉, 음영 처리된 것 같은 모노톤monotone 패턴이 나타난다. 이것이 발수를 이용한 수변색이다. 단, 이 방식은 다양한 컬러로 나타나지 않고 같은 톤의 진하고 연한 정도만 구현 가능하다. 물론 발수 가공은 내구력이 약하므로 잦은 세탁에 의해 기능이 쉽게 소실될 수 있다는 점도 감안해야 한다.

열변색

열에 의해 색상이 달라지는 열변색 염료는 류코leuco 염료가 대표적이다. 사실 거의 모든 물질은 열에 의해 색상이 변한다. 보통은 류코 염료와 다른 염료를 섞어서 열변 원단을 만든다. 이 염료 또는 안료는 특정 온도에서 투명해진다. 그런데 이 염료는 다른 염료처럼 분말로 원단과 직접 화학반응을 일으키는 것이 아니라 마이크로 캡슐에 봉입해 원단에 코팅하는 방식으로만 작동된다. 너무 예민하기 때문이다. 따라서 염색이 아닌 피그먼트 코팅pigment coating이 되므로 핸드필이나 내구성 문제가 있다. 이 방식은 의류소재보다는 산업자재나 주방용 기구 등에 적용하는 경우가 더 좋을 것이다. 온도에 따라 색이 바뀌는 체온 스티커나 맥주가 차가우면 색이 나타나는 컵에 쓰이는 도료가 그 예이다.

의류에 사용되는 열변색 원단은 이와는 조금 다르다. 특정 조건에서 기능을 상실하고 투명해지는 발색단이 있다. 그 조건이 만약 열이라면 열변색 원단을 만들 수 있다. 재차 언급하지만 염료가 기능을 상실하면 특정 파장대의 주파수를 흡수하지 않게 된다. 즉, 본래 컬러를 더는 볼 수 없다는 뜻이다. 만약 일반 컬러로 먼저 염색한 원단에 열에 의해 기능을 상실하는 안료로 코팅해서 염색된 컬러를 덮으면 열을 받았을 때 코팅된 안료가 하얗거나 투명해지면서 그 아래에 염색된 컬러가 나타나게 된다. 수변 원단과 같은 원리다.

탄소 삼형제

탄소는 우주에서 세 번째로 흔한 원소다. 식물과 동물은 물론 지구라는 행성에 존재하는 모든 유기체는 탄소를 기반으로 한다. 지구에 사는 생물은 자신을 구성하는 기본 원자를 탄소로 결정했다. 다른 행성에서는 컴퓨터의 기반인 규소일지도 모른다.

석탄은 물론 석유도 탄소를 기반으로 하는 탄화수소 화합물이다. 탄소는 대기 중에도 있고 물속에도 있으며 이산화탄소 형태로 존재한다. 우리는 숨을 쉴 때 대기인 78%의 질소와 21%의 산소 그리고 1% 정도의 혼합 기체를 마신 뒤 다시 78%의 질소와 15%의 산소 그리고 5% 정도의 이산화탄소를 내뱉는다. 그러나 77억의 인구와 호흡하는 모든 동물이 대기 중의 산소를 끊임없이 이산화탄소로 바꿔도 대기 중에는 이산화탄소가 겨우 0.03%밖에 없다.

🔺 탄소 원자

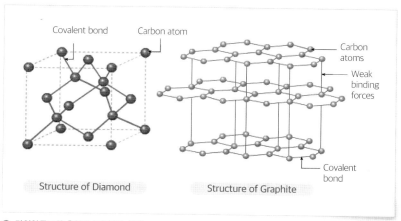

◯ 다이아몬드와 흑연의 분자구조 차이

이산화탄소가 많은 곳은 단연코 바닷속이다. 이산화탄소는 물에 질소의 50배, 산소의 25배나 잘 녹기 때문이다. 바닷속에 녹아 있는 이산화탄소의 양은 대기 중의 약 50배 정도인 38조 톤이다. 이산화탄소가 물에 잘 녹는 성질을 이용해 만든 제품이 탄산음료다.

자연에서 순수한 탄소로만 이루어진 고체 물질은 베이비부머가 교육받은 수준으로는 다이아몬드와 흑연이 고작이다. 후진국 세대가 이 정도만 아는 것은 당연하다. 학교에서 그것밖에 배우지 못했기 때문이다. 두 탄소 분자의 차이는 사방으로 단단하게 구성된 격자구조와 전체적으로 약하고 층층으로 이루어져 미끄러지기 쉬운 판형구조라는 것뿐이다.

풀러렌

1985년 영국 과학자들이 풀러렌fullerene이라는 새로운 탄소 분자를 발견했다. 발명이 아닌 발견이었다. 풀러렌은 흑연의 또 다른 동소체로 희한하게도 탄소 원자 60개가 모여 축구공 형태를 띤 물질이다. 이른바 C_{60}

473

이다. 즉, 60개의 탄소 원자가 모여
서 '풀러렌'이라는 하나의 분자가
되었다. 풀러렌은 굴뚝의 그을음에
서 최초로 발견된 천연분자다.

△ 풀러렌

초저온이 아닌 상태에서도 전기
저항이 전혀 없는 초전도성을 보이
는 풀러렌은 앞으로 다양한 용도로
개발 가능한 첨단소재로 연구되고 있다. 풀러렌을 발견한 3인은 모두 노
벨 화학상을 받았다. 풀러렌의 발견 이후로 많은 과학자가 탄소의 다른
동소체를 연구하게 되었다.

탄소나노튜브

1991년 일본 과학자가 또 다
른 탄소의 동소체인 탄소나노튜브
CNT·Carbon Nanotube를 발견했다. 탄소
나노튜브는 이름 그대로 직경이 1
나노미터 정도인 튜브 모양을 한 물
질이다. 탄소 원자 하나가 다른 탄
소 원자 세 개와 결합한 형태가 모

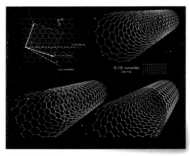

△ 탄소나노튜브

여 육각형 벌집을 이루고 그것들이 원통형으로 말린 모양이다. 탄소나노
튜브는 전도성이 구리보다 100배나 좋고 강철보다 100배나 강하며 믿을
수 없을 정도로 초경량인 동시에 머리카락 굵기의 1억 분의 1 정도로 가
는 섬유다.

흰 종이에 육각형 벌집을 가득 그린 다음 둘둘 말면 탄소나노튜브 모
습이 된다. 대롱처럼 가늘고 긴 모습은 분자의 미세구조이고 실제로 우

리가 볼 수 있는 모양은 다르다. 혹시 추운 겨울날 산에서 서리가 내려 땅바닥에 바늘처럼 촘촘하게 박힌 얼음을 본 적이 있는가? 그것이 바로 우리가 볼 수 있는 탄소나노튜브의 형상이다.

탄소나노튜브는 쓰임새가 다양해 첨단소재로 활발하게 연구되고 있다. 아라미드 섬유의 일종인 듀폰의 케블라Kevlar나 테크노라Technora 같은 섬유는 강철보다 인장강도가 더 높은 섬유로 알려져 있지만 탄소나노튜브로 만든 소재는 강철의 100배나 되는 강도로 극히 질긴 섬유를 만들 수 있다.

탄소나노튜브는 육각형 구조로 인해 네 개의 탄소 원자 중 세 개만 사용되는데 나머지 한 개로 다른 원소와 강력한 공유결합을 하면 믿을 수 없을 정도로 강한 물질을 만들 수 있다. 탄소는 전기가 잘 통하는 전도체다. 마찬가지로 탄소나노튜브도 가장 우수한 도체인 구리나 은보다 전기가 더 잘 통하기 때문에 전도체나 반도체로도 쓸 수 있다.

자동차 연료통은 무게를 가능한 한 가볍게 하기 위해 플라스틱으로 제조하는데 이때 부도체인 플라스틱에 정전기가 일어나기 쉽다는 치명적인 문제점이 발생한다. 플라스틱에 전기가 통하게 하려면 탄소를 이식하는 방법이 가장 쉽고 좋다. 문제는 유효한 전도체가 되기 위해 30% 정도의 탄소를 이식하면 연료통이 자동차 타이어처럼 검은색이 된다는 점이다. 반면 탄소나노튜브를 사용하면 3%만으로 비슷한 수준의 전기가 통한다. 연료통이 검은색이 될 필요가 없다는 뜻이다.

섬유의 응용과 축열

탄소나노튜브를 섬유에 응용하는 기술은 아직 상업적으로 개발되지 않았다. 먼저 가격이 문제다. 탄소나노튜브는 멀티월MWCNT·Multi-wall과 싱글월SWCNT·Single-wall이 있다. SWCNT가 전기적 물성이 좋아 가격이 비싼 반면 MWCNT는 가격이 저렴해 섬유에 응용해 볼 만하다. 일본에서 첫 번째로 시도한 것은 축열 효과를 노린 코팅이었다. 일반 탄소보다 축열 효과가 훨씬 높았으므로 적은 양으로 높은 축열 효과를 노릴 만했다. 문제는 이를 코팅액으로 만드

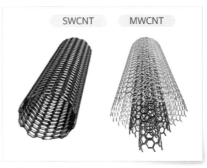

🔺 탄소나노튜브의 멀티월과 싱글월

는 방법이었는데 가장 어려운 과제가 바로 효과적인 분산이었다. 미숫가루를 물에 갤 때를 생각해 보면 이해하기 쉽다. 미숫가루 입자가 가늘수록 물에 골고루 분산되지 않고 덩어리져서 곤란했던 경험이 있을 것이다. 탄소나노튜브는 그보다 100배는 더 고운 입자다. 국내 업체가 분산공정에 성공해 이를 원단의 뒷면에 발라 코팅한 다음 표면온도를 측정한 결과 믿을 수 없는 결과를 얻었다. 원단 종류마다 다른 결과가 나왔지만 가장 좋은 데이터는 표면온도가 무려 10도 가까이 상승했다. 물론 지속시간도 중요하다. 문제는 코팅면이 검은색이어서 얇은 원단과 연한 색에는 적용하기 어렵다는 점이다. 이는 도저히 피할 수 없는 문제여서 결국 반대쪽으로 비치지 않는 두꺼운 원단이나 색이 진한 원단에만 적용이 가능하다는 단점이 있다.

그래핀

2004년 2차원 평면 형태의 새로운 탄소 나노 물질인 그래핀이 발견되었다. 그래핀은 원자 두 개 정도의 초박형 두께로 이루어진 유연하고 투명한 막이지만 전기 전도성은 무려 실리콘의 100배에 달한다. 열전도율이 최고로 높다는 다이아몬드의 두 배나 되고 탄성도 뛰어나다. 그래핀

은 탄소나노튜브를 능가하는 꿈의 나노 소재라고 평가받지만 최초로 그래핀을 분리해 낸 기술은 다소 코믹해 보이기까지 한다. 러시아 물리학자인 안드레 가임 Andre Geim 과 콘스탄틴 노보셀로프 Konstantin Novoselov 는 연필심에 스카치테이프를 여러

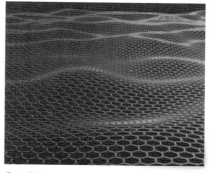
⬤ 그래핀

차례 붙였다 떼어내는 방식으로 흑연에서 그래핀을 분리해 내는 데 성공해 노벨 물리학상을 수상했다. 그래핀은 현재 내구성이 가장 강한 탄소 섬유를 만들어 응용하고 있으며 안정적인 생산이 이루어지면 전기, 전자나 디스플레이 분야로 응용될 예정이다. 풀러렌, 탄소나노튜브, 그래핀은 무한한 개발과 응용 가능성을 가진 놀라운 탄소 삼형제다.

그을음으로 만든 초강력 섬유

탄소섬유의 밀도는 철보다 훨씬 낮기 때문에 경량화가 필수인 제품에 사용하기 적합하다. 탄소섬유는 높은 인장강도, 가벼운 무게, 낮은 열팽창률 등의 특성으로 항공우주산업, 토

🔺 탄소섬유

목건축, 군사, 자동차 및 각종 스포츠 분야의 소재로 널리 쓰인다. 유사한 유리섬유나 플라스틱보다 가격이 상대적으로 비싸고, 당기거나 구부리는 힘에 매우 강하지만 압축하는 힘이나 순간적인 충격에는 약하다는 단점이 있다. 예를 들어 탄소섬유로 만들어진 막대는 구부리기 매우 어렵지만 망치와 같은 도구로 쉽게 깨뜨릴 수 있다. 막대한 로켓 발사 비용이 최대 걸림돌인 우주개발 비용을 극적으로 절감할 수 있는 가장 좋은 방법은 지상에서 지구 궤도까지 엘리베이터를 설치하는 것이다. 황당하지만 실현 가능성이 상당히 높은 방법으로 꼽힌다. 만약 이 아이디어가 실

현된다면 엘리베이터 제작에 어떤 소재가 가장 적합할까? 답은 탄소섬유다. 탄소섬유는 이름 그대로 탄소로 만들어진 섬유다.

우리 상식 범위에 있는 탄소는 숯, 다이아몬드, 흑연 정도다. 근래에는 축구공 모양의 탄소 원자 60개로 되어 있는 풀러렌, 튜브 모양의 섬유처럼 형성된 탄소나노튜브, 종이처럼 시트 모양으로 된 그래핀 등의 탄소 분자가 발견되어 새로운 소재로 연구되고 있다.

🔺 6,000가닥과 1만 2,000가닥으로 만들어진 탄소섬유 실

탄소섬유는 가볍지만 강하다. 직경 0.005~0.01mm 굵기의 섬유가 수천 가닥 모여 하나의 실을 형성하고 있다. 굵기나 필라멘트 수에 따라 몇 가지 종류가 생산되고 있다. 1,000가닥에서 3,000가닥이나 6,000가닥 또는 최대 1만 2,000가닥 필라멘트로 만든 실이 가장 많이 사용된다. 탄소섬유는 고가이므로 아직 패션 용도보다는 플라스틱과 결합해 강화 플라스틱reinforced plastic으로 많이 사용된다. 알루미늄보다 가볍고 강하기 때문에 가깝게는 스포츠카 후드나 슈퍼카 인테리어에서 어렵지 않게 발견할 수 있다. 탄소섬유는 사실 오래전에 발명되었는데 에디슨이 발명한 전구의 필라멘트 소재가 바로 탄소섬유다. 에디슨은 쉽게 끊어지지 않는 전구의 필라멘트로 면사나 대나무 숯을 이용한 탄소섬유를 사용했다. 탄소섬유를 이해하기 위해서는 먼저 앞에서 설명한 탄소나노튜브와 그래핀이라는 개념을 소화해야 한다.

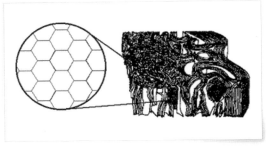

⬢ 그래핀이 겹겹이 쌓여 만들어진 탄소섬유

풀러렌과 탄소나노튜브가 발견된 이후 2004년 영국의 가임과 노보셀 로프 팀이 2차원 평면 형태의 탄소 나노 물질인 그래핀을 발견했다. 그래 핀은 원자 두 개 정도의 초박형 두께로 이루어진 유연하고 투명한 막이 지만 강도는 강철의 200배이며 탄소나노튜브처럼 구리의 100배나 되는 전류를 실리콘의 100배 속도로 전달할 수 있다. 탄소는 검은색이지만 그 래핀처럼 초박형이 되면 빛이 대부분 투과해 투명하게 보인다. 탄소섬유 는 그래핀이 겹겹이 모인 분자 여럿이 모여 하나의 섬유를 이루고 있는 구조다. 사진을 보면 쉽게 이해될 것이다. 마치 종이를 겹겹이 말아 담배 필터로 사용했던 80년대 군용 화랑담배의 필터처럼 생겼다.

탄소섬유의 제조

셀룰로오스가 주성분인 나무는 탄소와 수소 그리고 산소로 구성된다. 나무를 적당히 태우면 수소와 산소가 연소되고 탄소만 남는 순간이 온 다. 이 과정을 탄화라고 하며 여기서 얻는 결과물이 숯이다. 결국 숯을 만들기 위해서는 원료인 나무가 필요하다. 이때 나무를 전구 물질이라고 한다. 탄소를 기반으로 구성된 유기물을 분해해 탄소만 남기면 탄소로만 이루어진 물질을 얻을 수 있다. 남은 탄소를 고온 열처리해 겹겹이 쌓인

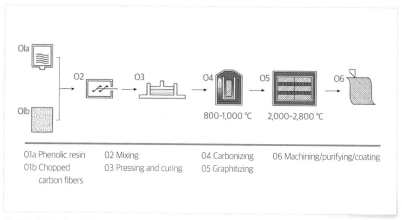

01a Phenolic resin
01b Chopped
    carbon fibers

02 Mixing
03 Pressing and curing

04 Carbonizing
05 Graphitizing

06 Machining/purifying/coating

🔺 탄소섬유의 제조 과정 공정도

그래핀 뭉치로 만들면 탄소섬유가 된다. 최초로 탄소섬유의 전구체로 사용된 물질은 레이온이었으나 탄소 함유량이 20% 정도로 강성이 낮아 실용성이 없다고 판명되었다. 이후 1960년대 석유 피치와 아크릴polyacrylonitrile을 전구체로 사용한 탄소섬유가 개발되었다. 이 중 일본이 만들어 상업적으로 생산 가능하게 된 것이 아크릴 기반 탄소섬유다. 태광산업이 탄소섬유에 열을 올리고 국내 최초로 제조업체가 된 이유는 그들이 국내 유일의 아크릴 제조업체였기 때문이다.

탄소섬유의 제조는 아크릴 필라멘트를 300도로 가열해 산화한 다음 1,700도에서 숯으로 만드는 방법을 사용한다. 즉, 전구체를 탄화하는 것으로 시작된다. 이를 아르곤 가스 같은 불활성 기체로 가득 찬 화로에서 2,800도까지 가열하면 흑연화graphitize가 일어나면서 그림과 같이 여러 겹의 그래핀 시트로 이루어진 원주형의 섬유가 만들어진다. 그래핀은 원래 투명하지만 겹겹이 쌓여 탄소 고유의 검은색을 띤다.

09
패션과
소재혁명

4차 산업혁명과 패션 1

특이점이 온다

말馬과 마차는 인류 문명과
함께 이동수단을 중심으로 1만
년 가까운 역사를 이어왔다. 뉴
욕에 가본 사람들은 맨해튼에
서도 가장 화려한 스토어들이
즐비하게 늘어서 있는 5번가를
기억할 것이다. 사진은 1905년

△ 1905년 맨해튼 5번가

당시 지구상에서 가장 문명화된 사회를 이루고 있던 뉴욕 5번가의 평일
광경이다.

바퀴의 발명과 더불어 7,000년 역사를 이어온 마차는 불과 1세기 전
인 20세기 초까지도 문명사회에서 가장 중요한 이동수단이었다. 마차는
19세기 말에 폭발적으로 늘어났으며 1894년 타임지 런던판에는 다음과

같은 기고가 올라왔다. "1940
년대가 되면 런던의 모든 거리
에 말똥이 9피트 2m 70cm 높
이로 쌓일 것이다." 다음 사진
은 1905년에서 불과 8년 후인
1913년의 뉴욕 5번가. 7,000
년 동안 인류 문명의 이기 利器

● 1913년 맨해튼 5번가

로 사용된 유일한 운송수단이 단 8년 만에 흔적도 남기지 않고 사라져
버린 놀라운 현장이다. 말똥은 전혀 걱정할 필요가 없었다.

　진화는 서서히 점진적으로 일어나지 않았고 특정한 계기로 단속적이
고 급격하게 발생했다고 주장하는 스티븐 굴드 Stephen Gould 같은 생물학
자의 이론이 '단속평형설'이다. 이와 연관된 물리학 용어로 특이점 singu-
larity이 있다. 특이점이란 블랙홀을 설명하기 위한 천체물리학 개념이지만
최근 경제에서 많이 인용하는 시사용어가 되었다. 특이점은 인간이 통
상적으로 이해할 수 없는 형태로 갑자기 발전이 시작되는 지점이다. 『특
이점이 온다』라는 책을 쓴 구글의 레이 커즈와일 Ray Kurzweil은 인공지능
이 모든 인간의 지능을 합친 것보다 더 높은 지점까지 발전하면 인류가
통제할 수 없는 지점이 나타나는데 그것이 바로 특이점이라고 주장했다.
사실 특이점은 인류 역사의 한 지점에 언제나 존재했다.

　사우디아라비아의 석유장관이었던 아메드 야마니 Ahmed Yamani는 한정
된 자원에만 의존하고 있는 자국의 산업을 개탄하며 이렇게 이야기했다.
"석기시대에 가장 중요한 자원은 돌이었다. 문제는 돌이 모두 고갈되었기
때문에 철기시대로 넘어간 것이 아니라는 사실이다." 인류의 미래 에너지
는 석유가 고갈될 때를 기다리지 않는다는 의미다. 석탄이 고갈되어 석
유 에너지를 사용하기 시작한 것도 아니다. 특이점은 어느 날 갑자기 찾
아와 인류 문명을 송두리째 바꿔버릴 것이다. 혁명은 전방위적이고 파급

력이 큰 것이 특징이다. 격변은 주기적으로 일어난다. 불과 8년 만에 일어
난 혁신으로 수천 년간 마차와 안장, 말먹이나 채찍을 제조해 온 산업이
한순간에 사라질 운명에 처하게 되었다. 루이비통이나 에르메스도 그중
하나였다.

4차 산업혁명

4차 산업혁명의 핵심기술은 센서와 인공지능이라고 할 수 있다. 가격
이 100분의 1로 떨어진 센서가 센싱sensing의 범위를 무한 확장하고 알
파고가 등장해 인공지능의 혁신을 일으키면서 인류 문명에 신세계를 열
고 있다. 센서는 그 자체로는 아무 의미 없지만 이를 IT와 결합해 수집한
데이터를 서버로 저장하면 살아 있는 생물이 된다. 센서는 쉬지 않고 먹
이를 수집하는 일개미와 같다. 하지만 센서가 탐지하는 데이터가 아무리
많이 쌓여도 그것이 가치를 갖게 하려면 특정 알고리즘과 결합해 구동해
야 한다. 그 결과로 새로운 가치를 창조하는 모든 기술이 바로 4차 산업
이다.

스틸케이스 사례

하지만 데이터를 어떻게 알고리즘과 결합해 새로운 가치를 창조할 것
인가? 어떤 방법으로 보통 수준의 아이디어를 넘어 자신의 비즈니스를
개념조차 생소한 4차 산업으로 연결시킬 것인가? 미국의 가구회사인 스
틸케이스Steelcase는 단순히 제품을 판매하는 영역을 벗어나 솔루션을 제
안하는 아이디어를 현실화했다. 그들은 사무실 가구에 센서를 부착해
사용자의 동선을 시간대별로 파악하고 사무 공간의 최적점을 분석·설
계한 다음 이를 기반으로 가구를 배치하는 비즈니스를 창조했다. 목재라

는 천연자원으로 한정된 케케묵은 제조업이자 시간이 갈수록 경쟁력이 저하되는 가구산업에서 일어난 일이다. 스틸케이스는 전형적인 구시대의 산물인 가구산업도 4차 산업에 접목시킬 수 있는 훌륭한 사례를 보여주었다.

장수기업의 멸망

시장을 읽지 못해서 망하는 게 아니다. 전 세계 필름 시장의 90%를 장악하고 있던 코닥은 이미 40여 년 전인 1975년에 최초의 디지털 카메라를 발명해 두었다. 그들은 이 신제품을 언제 본격적으로 시장에 풀 것인가를 고심하고 있었다. 1979년에 그들이 내놓은 시장보고서는 지금 읽어보아도 흠잡을 데 없이 매우 탁월한 분석이었다.

문제는 그들의 아날로그 제품 판매율이 꾸준히 좋았다는 것이다. 그들이 아주 잠깐, 그로 인해 우물쭈물하는 사이 출현한 다른 경쟁자들이 세상을 하루아침에 바꾸어버렸다. 너무 늦어버린 것이다. 매출은 점진적으로 떨어지지 않고 한순간 절벽이 되는 양상으로 나타났다. 특이점의 성격을 이해하지 못해 일어난 실수의 결과는 130년 장수기업의 멸망이었다. 2012년 코닥은 파산보호를 신청했다.

미래를 읽지 못한 경영전략

2만 명의 종업원을 거느린 전 세계 오프라인 체인 서점 2위인 '보더스'Borders는 아마존의 등장에 고민하고 있었다. 아직 자신들을 위협하는 수준은 아니었지만 대책을 세워야만 했다. 아마존을 무시할지 아니면 이 기회에 온라인 서점시장에 직접 진출할지 고심하던 그들은 비즈니스 역사상 최악의 결정을 내리게 된다. 아마존과 전략적 제휴를 선택해 그들의 책을 아마존에 판매 위탁한 것이다. 이 결정은 결국 강력한 미래의 경쟁자를 키워준 꼴이 되었다. 그들은 5년도 못 가 망했다.

매몰되는 매몰자산

새로운 산업이 생기면 직업을 잃는 것뿐만 아니라 기존에 투자했던 막대한 인프라나 자산 가치가 하루아침에 붕괴될 수도 있다. 우버Uber가 나타나면서 택시산업이 급격하게 위축되고 있다. 영업만 감소하는 것이 아니다. 미국에서 택시를 사려면 개인택시는 8만 불, 회사택시는 5만 불 정도가 든다. 즉, 택시 100대를 가진 회사를 인수하려면 지금까지는 500만 불이 들었다. 그러나 이제는 50만 불에도 살 사람이 없다. 몇 년 뒤에는 공짜로 준다고 해도 아무도 관심을 가지지 않을 것이다. 미국에서 우버를 한 번이라도 이용해 본 사람이라면 누구라도 택시회사의 미래를 예견할 수 있을 것이다. 조용히 일어나고 있는 전통적인 가치사슬의 해체를 우리는 눈앞에서 목도하고 있다.

구글의 전략

역량의 90%를 핵심기술에 쏟아붓는 회사는 미래를 대비하기 어렵다. 개인도 마찬가지다. 반대로 역량의 50%를 미래에 투자하는 회사는 불안하다. 구글은 70%는 핵심기술에, 20%는 신제품 개발에, 나머지 10%는 현재의 비즈니스와는 아무 상관 없는 미래기술에 투자한다는 원칙을 세워두고 있다. 특이점의 출현을 미리 감지할 수 있는 탁월한 전략이다.

패션산업

4차 산업혁명과 패션을 어떻게 연결해야 할까? 그 미약한 시작이

Zara일 수도 있다. 잘 알려지지 않은 Zara의 성공 비결은 현재 유행하는 트렌드를 6개월이나 1년 뒤인 다음 시즌이 아니라 바로 그 시즌에 반영한다는 것이다. 핀터레스트Pinterest에 벨벳이 유행하면 빠르면 두 달이 가기 전에 Zara 스토어에서 볼 수 있다. 단순히 온라인 매출의 성장을 패션의 4차 산업혁명이라고 보기는 어렵다. 패션은 온라인으로 성장하는 데 한계가 있는 특별한 제품이기 때문이다. 패션의 독특한 감성과 가치를 반영한 4차 산업이 머지않아 갑자기 나타날 것이다. 우리는 이를 패션 특이점singularity of fashion industry이라고 부르게 될 것이다. 지금 1등을 달리고 있는 브랜드라도 결코 안심할 수 없는 상황이다. 2030년의 명동 거리는 어떻게 변하게 될까?

4차 산업혁명과 패션 2

그렇다면 4차 산업혁명과 함께 출현할 패션소재는 어떤 것일까? 미래의 패션소재를 예측하는 것은 쉽지 않다. '특이점'이라는 개념 자체가 현재의 상식으로 설명이 불가능하다는 점에서 기존의 공학이나 기술  또는 아이디어로 섣불리 미래를 예단하는 것은 오류가 될 확률이 높다. 따라서 너무 가깝게 접근하지 않고 한 걸음 뒤로 물러서서 미래를 큰 그림으로 투영해 보는 것이 더 좋을지도 모르겠다. 사실 4차 산업혁명의 핵심은 '결과를 예측할 수 없다'는 것이다.

먼저 4차 산업혁명이 정확히 무엇인지 진단해 보자. 어떤 이들은 1차 산업혁명을 증기기관의 발명, 2차 산업혁명을 전기의 발명, 그리고 3차 산업혁명을 컴퓨터의 발명이라고 주장한다. 그러나 내 관점은 크게 다르다.

1차 산업혁명

1차 산업혁명은 증기기관이 아니라 연료로 구동되는 기계다. 즉, 사람의 물리적인 노동력을 덜어주는 스스로 움직이는 자동 기계의 발명이다. 최초로 수증기와 열역학을 사용했고 석탄이나 석유를 거쳐 전기를 에너지로 썼다는 점만 다를 뿐, 기계를 사용했다는 기본 개념은 그들이 말하는 1차 산업혁명이나 2차 산업혁명이나 마찬가지다.

2차 산업혁명

따라서 나는 2차 산업혁명이 '컴퓨터의 대중화'라고 생각한다. 컴퓨터의 등장도 기계를 발명한 것이므로 1차 산업혁명에 속한다고 할 수 있지만 그것이 대중화되었다는 것은 전혀 다른 문제다. 컴퓨터의 대중화는 금속활자의 발명과 같다. 금속활자와 인쇄술의 발전은 시간과 공간의 한계에 갇혀 있던 폐쇄된 지식을 세상 밖으로 꺼내는 역할을 했다. 데스크톱의 발명은 수백 개에 해당하는 알렉산드리아도서관을 일반 가정집에 가져다주는 혁명을 일으켰다.

3차 산업혁명

3차 산업혁명은 인터넷으로 전 세계에 있는 도서관을 연결할 수 있도록 한 것이다. 그 결과 일반인들의 지식이 세계 최고의 지식 창고였던 브리태니커백과사전을 능가하는 승리를 거두었다. 모든 사물을 인터넷과 연결하는 사물인터넷 IoT·Internet of Things의 결과로 파생된 빅데이터는 새로운 세계를 창조하고 있으며 우리는 급변하는 세상을 살게 되었다. 우리는 실물을 보고 느끼며 실체로 이루어진 세상을 살았으나 3차 산업혁명으로 인해 가상세계를 접하게 되었다. 이를 다른 두 세계인 아톰 atom과 비트 bit로 분류한다.

4차 산업혁명

아톰과 비트는 전혀 다른 세상으로 출발했지만 가상세계의 구현과 실제를 구별할 수 없을 정도로 가까워지고 있으며 마침내 가까운 미래에 두 세상을 구별할 수 없을 정도로 동기화되어 융합하면 지금까지와는 완전히 다른 새로운 세계가 탄생한다는 점에서 4차 산업혁명이라고 할 만하다.

낙후한 패션산업

패션산업은 독자적인 길을 가고 있다. 홀로 2차 산업에 머물러 있기 때문이다. 즉, 아직 3차 산업에도 진입하지 못했다. 1935년에 세계 최초로 인공 중합체인 합성섬유가 발명된 이래, 패션과 소재는 3차 혁명의 문턱에 어정쩡하게 서 있는 중이다. 우리는 80여 년 전에 캐러더스가 만든 나일론을 지금도 매우, 아니 더욱더 많이 사용하고 있는 중이다. 따라서 패션소재의 미래는 어쩌면 예측 가능하다고 할 수 있다. 패션소재는 어쩌면 3차와 4차 혁명을 동시에 맞게 될지도 모른다. 이 사실을 토대로 4차 산업혁명이 시작되기 전에 맞이할 패션산업의 가까운 미래를 투영해 보겠다.

소비자

소재의 변화를 점치기 전에 소비자의 인식과 위치가 현저히 달라지고 있다는 사실을 기반으로 고찰해야 한다. 왜냐하면 패션소재의 정체와 부진의 주요 원인은 옥스퍼드대학교의 리처드 도킨스 Richard Dawkins 교수가 지적한 것처럼 소비자의 무지와 정보의 비대칭 그리고 인지 부족에 있다고 생각하기 때문이다. 소비자들은 의류소재에 관해 참혹할 정도로 무지하다. 소비자뿐만 아니라 머천다이저merchandiser나 디자이너도 대개는 그렇다. 이유는 단순하다. 소재를 제대로 이해하기 위해 어마어마한 지식이 필요한 데 비해 쓸모는 별로 없기 때문이다. 소비자는 유난히 패션소재에 관대해 여하한 종류의 치졸하고 기만적인 상술에도 신뢰를 보냈다. 따라서 패션소재의 발전은 대부분 마케팅과 사기로 점철되었다. 실제 기능보다 마케팅이 더 중요한 요소가 된 것이다. 이는 폐쇄적이고 빈약한 데이터로 인한 지식의 비대칭 때문이다.

우리는 세상 모든 정보와 지식이 구글에 있는 세상을 살고 있지만 아직도 패션과 소재에 대한 정보는 매우 제한적이다. 복잡다단한 일처리, 끊임없이 발생하는 문제와 언제나 시간에 쫓기는 업무, 혹독한 노동시간에 비해 턱없이 낮은 임금 때문에 패션산업에 지식인과 인재풀이 말라버렸기 때문일지도 모른다. 그러나 8개월마다 두 배로 급속하게 늘어나는 데이터의 축적과 더불어 소비자는 빠르게 똑똑해지는 중이다. 언젠가는 정확한 검색이 지식을 대신할 수 있을 것이다. 지식의 불균형이 사라지고 있다. IoT와 AI의 진화는 이를 더욱더 가속화할 것이다. IBM의 닥터 왓슨Dr. Watson을 보자. 이제는 유능한 약사는 물론 천재이자 변태 의사인 닥터 하우스Dr. House도 불필요한 세상이 온다. 우리는 한 손에 100만 개의 알렉산드리아도서관이 들려 있는 현명한 소비자와 마주하게 될 것이다. 기만과 얄팍한 상술이 더는 통하지 않는 세상이 온다.

지속가능성

나의 모든 전자기기는 애플 제품이다. 한국인이 애플 제품을 사용하려면 상당한 불편이 따른다. 아마도 그 불편을 이야기하라고 하면 100가지는 댈 수 있을 것이다. 그런데 왜 애플인가? 100가지 불평을 잠재울 수 있는 단 한 가지 장점. "예쁘니까." 그동안은 제아무리 좋은 기능이라도 패션이 우선이었다. 군복조차도 그렇다. 기능은 패션을 이길 수 없었다. 소비자들은 모든 불편과 자신의 건강조차도 패션을 위해 기꺼이 희생했다. 패션은 제왕이었다. 패션은 모든 것 위에 군림했다. 그런데 이 모든 찬사가 갑자기 과거형이 되었다. 상왕이 출현한 것이다. 어떤 매혹적인 아름다움도, 설혹 미켈란젤로가 직접 만들었다고 해도 지속가능성 sustainability 에 위반하는 소재는 이제 사용할 수 없다. 그런 제품은 혹독하게 금지되며 최종적으로 폐기된다. 기존의 가공은 물론 이후에 나올 새로운 소재와 가공의 개발 또한 지속가능성이 정하는 영역으로 제한될 것이다.

소재

세상에서 가장 따뜻하고 물에 뜰 정도로 가벼우며 화섬에서 유일한 친환경 섬유로서 연소할 때 다이옥신 같은 독극물을 배출하지 않는 무공해 섬유가 있다. 이 섬유는 최소의 이산화탄소를 배출하고 융점이 낮아 리사이클이 쉬우며 독소가 없어 사람의 몸에 넣어도 아무 문제 없는 청정 섬유다. 50년 전에 개발되었지만 의류소재로 거의 쓰지 않는다. 염색이 되지 않기 때문이다. 즉, 패션성이 없다. 하지만 이런 패러다임은 앞으로 바뀌게 될 것이다. 이런 섬유를 다시 주목하기 바란다. 패션성이 없어 팔리지 않았던 무염색과 무가공이 매우 중요한 트렌드가 되는 세상이 온 것이다. 단지 자연에서 썩는다는 이유로 지구상에서 가장 흔한 셀룰로오스를 발효시켜 만든 PLA가 각광받을지도 모른다. 셰일오일은 20세기까지만 해도 더러운 검은 돌에 불과했지만 지금은 가장 중요한 석유자원이 되었다.

섬유와 원사

나일론 원사는 70d가 전체 사용량의 절반이 넘는다. 그 밖에 아래로는 50d, 30d, 20d, 위로는 100d, 165d, 200d가 나머지의 95%를 차지한다. 면사도 크게 다르지 않다. 방적이나 방사가 요구하는 큰 생산 미니멈minimum 때문에 사종은 매우 제한적으로 생산 유통되고 있다. 이에 대한 해결책이 나오게 되면 다양하고 합목적인 정교한 원사의 생산이 가능해진다. 그동안 사종의 제한 때문에 포기할 수밖에 없었던 다양한 원단의 생산이 가능해질 것이다. 섬유와 원사가 가지는 중요한 특징은 표면적과 모세관력이다. 모세관력은 액체를 강제로 이동시키는 힘이며 이는 표면장력이나 전자기력보다 더 강하다. 수분을 배출시키거나 또는 확산시키기 위해 필요한 가장 중요한 물리적 힘이다. 표면적은 수분의 증발이나 열의 배출에 매우 중요한 인자다. 동일한 부피에서 표면적이 커질수록 증발이 빨라지고 열을 빨리 빼앗기며 무게가 가벼워지면서 함기율이 늘어나게 된다. 섬유의 표면적을 극대화하고 부피를 최소화하는 멩거스펀지menger sponge를 모방하려는 기법이 발전하게 될 것이다. 이런 섬유는 기능을 높이는 동시에 환경에 부응하는 소재가 될 수 있다.

원단 제조

다운프루프down-proof 원단을 제작하려면 상당히 정밀한 설계가 필요하다. 통기성을 확보하면서 다운은 통과시키지 말아야 하기 때문이다. 따라서 원사와 원사 사이의 틈을 최소한으로 설계해야 한다. 하지만 원사의 다양성 결여로 단지 경위사 밀도를 조정해 설계할 수밖에 없는 한계가 있다. 이렇게 간신히 설계했어도 이후에 가공을 거치면서 달라지는 조건 때문에 수많은 시행착오를 겪어야 간신히 제대로 작동하는 몇 가지를 건질 수 있는 상황이었다. 우리나라는 다양한 원단을 다운프루프라고 표기해 팔면서 어떤 공장에서도 이를 개런티guarantee하지 않는다. 이전에 그렇게 했다가 크게 혼이 났기 때문이다. 워터프루프water-proof도 마찬가지다. 현존하는 대부분의 방수 원단은 통기성이 없다. 벤타일Ventile처럼 코팅하지 않고 방수 원단을 만들 수 있다면 좋을 것이다.

이를 가능하게 만들 새로운 기술이 시뮬레이터simulator이다. 우븐woven 원단의 개발은 그동안 매우 제한적이었다. 경사빔이 있어야 하고 파일럿pilot 직기로도 감당하기 어려운 복잡한 가호나 통경 같은 준비 때문이다. 이 모든 과정을 거쳐도 결과물을 정확하게 예측할 수 없다. 제직 이후에 일어나는 염색과 가공에서 변수가 많기 때문이다. 따라서 수십 회의 시행착오를 거치고 상당한 세월이 흘러야 제대로 된 우븐 원단 하나가 개발된다. 하지만 이제 시뮬레이터에 원사와 번수, 밀도 생지폭과 가공폭을 입력하면 다운프루프나 워터프루프가 가능한 가장 옵티멀optimal한 설계를 1초 내로 추천해 줄 것이다. 나아가 원단의 중량은 물론 인장·인열강도까지 정확하게 예측할 수 있다. 사실 번수는 원사의 정확한 굵기가 아니다. 비중이 반영되지 않았기 때문이다. 따라서 비중을 반영한 정확한 굵기를 기반으로 더 세밀하게 밀도를 설계할 수 있다. UV 원단은 진한 색이나 두꺼운 원단이 이상적인 설계이지만 유감스럽게도 그런 원단은 여름 원단과 배치된다. 밀도가 너무 높지 않으면서도 색이 연하고 가벼우며 바람이 잘 통하는 이상적인 UV 원단을 설계하기 위한 시뮬레이션을 돌려 시행착오를 제거할 수 있게 될 것이다.

염색

디자이너나 원단 생산공장의 입장에서 정확한 컬러매칭color matching 은 일종의 숙원사업이다. 컬러가 전형적인 아날로그 특성을 가졌기 때문이다. 또한 염색 과정에 수반되는 수많은 변수 때문에 날씨 예보처럼 나비 효과butterfly effect마저 감안해야 한다. 이 때문에 비행기를 타야 하는 어마어마한 원단과 가먼트garment가 있으며 관계자들에게는 마이너스섬 minus-sum 게임으로 손실만 있을 뿐 누구도 이익을 가져올 수 없다. 컴퓨터 컬러매칭CCM이 해결책일 수 있으나 인간이 보는 실제의 컬러를 제대로 읽지 못하는 현재의 CCM은 아직 부족하다. 데이터의 축적과 정교한 시뮬레이션 기술의 발달은 이 차이를 최소화할 수 있고 궁극적으로 아톰과 비트의 예처럼 가상과 현실을 완벽하게 일치시키는 수준까지 가게 될 것이다. 그 결과 리젝트reject된 수많은 컬러의 탈색과 재염, 낭비되는 항공운송으로 인한 막대한 물류 비용을 절감할 수 있다. 물론 아예 염색 공업 자체가 사라질 수도 있다.

가공

카사노바가 매일 굴을 한 움큼씩 먹었던 이유는 그는 몰랐겠지만 굴에 아연이 많기 때문이다. 아연은 남성의 정소를 보호하는 일종의 항생제다. 대만의 어느 회사는 폴리에스터에 굴 껍질이 포함된 '해모'海毛라는 원사를 소개하고 있다. 카사노바는 굴 껍질을 먹지 않았다. 미안하지만 굴 껍질에는 아연이 포함되지 않는다. 굴 껍질은 분필과 똑같은 성분의 칼슘 덩어리일 뿐이다. 설혹 아연이 포함되었다고 하더라도 항균 작용을 하려면 갈 길이 멀다. 이제 효과가 입증되지 않은 가공이나 특징은 우매한 소비자의 소멸과 함께 종말을 맞이할 것이다. 보온 원단은 원단 표면의 온도나 새빨간 적외선 사진이 아닌 Clo값으로 기능을 입증해야 하고 위킹 wicking 원단은 액체인 물뿐만 아니라 수증기도 빨아들여야 진짜다. 기능이 실제로 작동하는 원단의 가공은 어렵지 않다. 단지 그동안 노력하지 않았거나 노력할 필요가 없었던 것이다. 폴리에스터 원사에 1%의 커피 찌꺼기를 혼입해 커피 섬유라고 팔아도 열광했던 소비자들이 있었기 때문이다.

R&D가 실패하는 이유 1

구글이 뛰어들다

캘리포니아 패서디나에 5,000명의 브레인을 두고 미래 성장동력을 위한 새로운 사업을 연구하고 있던 구글은 세상에서 가장 퍼텐셜potential 높은 비즈니스를 발견했다. 천 년 동안 누구도 발을 들여놓지 않은 전인미답의 영역이며 무제한의 수요가 존재하는 신천지이자 상상을 초월하는 막대한 이윤을 창출할 수 있는 꿈의 사업. 그들이 발견한 것은 인간생활의 3대 기본요소인 '의식주'에 속하며 인간이 존재하는 한 수요가 고갈될 수 없는, 따라서 미래에도 절대 망할 수 없는 사업이었다. 유럽 최서단의 작은 항구도시 라코루냐에서 태어나 동네 옷가게 점원으로 일하던 남자를 세계 최고 부자로 만든 마법의 사업이다. 독일을 능가하는 전 세계 대표급 제조업 국가이자 공업 국가로 한때 세계경제 2위였던 일본의 최고 부자는 유니클로의 타다시 회장이다. 그들에게는 뛰어난 첨단과학이나 기술도, 그럴 만한 인력도 없었다.

원시 문명

『해저 2만리』와 『80일간의 세계일주』를 쓴 프랑스 천재작가 쥘 베른은 최초의 SF 작가이자 미래학자다. 그가 19세기에 저작한 『20세기 파리』는 소름 끼칠 정도로 미래를 정확하게 들여다본 놀라운 소설이다.

쥘 베른

그는 원자력과 달 여행조차 예견했다. 하지만 상상을 초월하는 천재작가의 예지력도 패션까지 미치지는 못한 것 같다.

〈백 투 더 퓨처〉Back to the Future에서 로버트 저메키스 감독이 상상한 미래는 많은 사람을 깜짝 놀라게 한 천재성으로 번득였지만 그가 보여준 미래 패션은 초라하다 못해 참혹할 정

현존하는 고생대 생물 실러캔스

도다. 하지만 사실 두 천재가 예측한 패션의 미래는 정확했다. 무어의 법칙을 초월하며 눈부시게 발전하고 있는 찬란한 인간 문명에서 패션산업은 유일하게 멈춰 서 있는 원시 문명이라는 사실이다. 섬유와 패션소재는 인간 문명이 시작된 이래 단 두 번의 도약이 있었을 뿐이다. 실제로 7,000년 전 이집트에서 사용하던 것과 똑같은 천연섬유로 만든 원단을 지금도 쉽게 발견할 수 있다. 섬유와 패션소재는 살아 있는 화석인 실러캔스다.

원시 산업

그나마 일어난 두 번의 혁명도 160여 년 전에 일어났다. 한 번은 1856

년 영국, 다른 한 번은 1935년 미국에서 일어났다. 합성섬유가 발명된 지 80년이 지난 오늘날까지도 세 번째 혁명은 일어나지 않았다. 사실 아무도 시도조차 하지 않고 있다.

● 리바이스의 프로젝트 자카드

섬유의 역사는 매우 더디다. 인간 문명이 이룩한 경이로운 발전의 그늘 뒤에 숨은 어두운 존재다. 구글이 발견한 것은 바로 그 점이었다. 그리고 지체 없이 가장 오래된 패션 브랜드와 협력해 '프로젝트 자카드'project jacquard라는 프로토 모델proto model을 내놓았다. 가장 오래된 브랜드는 원단의 쓰임새를 변경한 지극히 단순한 아이디어 하나로 장장 150년 동안 소비자의 사랑을 받고 있는 리바이스다.

최고의 비즈니스

지난 수천 년간 옷은 매우 값비싼 물건이었다. 선명한 색상을 내는 염료가 천문학적으로 비쌌기 때문이다. 의류산업은 원시적인 기술로 유지되었지만 수요는 언제나 대기 상태였다. 대중에게 옷은 패션보다는 신체를 보호하거나 가리는 용도였으므로 철에 따라 1년에 한두 벌 정도면 족했으며 기술의 진보 따위는 필요하지 않았다. 수선이 쉬웠으므로 옷 한 벌을 사면 거의 평생을 입었다고 할 수 있다. 오래된 옛날이야기가 아니다. 불과 50년 전까지도 그랬다.

지금 당신의 옷장을 한번 열어보라. 청바지만 해도 10벌 이상이라는 사실을 발견할 수 있다. 세상에서 옷만큼 폭발적인 수요 팽창이 일어난 소비재는 없을 것이다. 옷은 개인이 다수를 보관하기 쉽고 아무리 많이 가져도 만족스럽지 않다는 특성이 있다. 시간이 지나면 멀쩡한 제품도 유효기간이 지난 것처럼 사용할 수 없게 되는 트렌드라는 마법이 걸려 있다. 옷은 수요가 어마어마하고 소비재의 약점인 최대 보유 한계가 없다는 묘한 성질이 있는 특별한 소비재다. 아무리 돈이 많은 부자라도 자동차를 수백 대 가질 수는 없다. 그러나 옷은 중산층이라도 수백 벌 가질 수 있다. 옷은 기하급수적인 인구 증가와 더불어 생활 필수품에서 장식품으로 용도가 진화하면서 막대한 수요가 발생하게 되었다. 3억 명의 미국인이 아무리 많이 먹어도 지구 전체 음식의 5%도 소비할 수 없다. 하지만 옷은 전 세계 공급의 25%를 소비한다. 자동차는 전 지구인에게 팔아도 70억 대 이상 팔 수 없지만 옷은 그 50배도 팔 수 있다. 100배도 가능할 것이다. 옷이라는 소비재의 수요는 무한대다. 한 해에 만들어지는 의류는 천억 벌이 넘는다. 이보다 좋은 사업이 또 있을까?

시대정신

이제는 세 번째 혁명이 일어나야 할 모든 필요충분조건이 갖추어졌다. 수요는 1,000배가 되었지만 기술은 아직 석기시대에 머물러 있다. 누가 패션산업의 혁명을 주도할 것인가? 리바이스는 틀림없이 아닐 것이다. Gap도 아니고 Zara도 아니다. 구글이나 애플 또는 테슬라가 될지도 모른다.

혁신 소재

옷에 흉측한 구리전선을 깔고 배터리를 연결해 발열시키는 보온 재킷은 스마트 의류와는 거리가 멀다. 옷에 붙은 버튼으로 아이폰을 작동시킨다고 해서 그것이 스마트 의류가 되는 것은 아니다. 이제는 진짜 스마트 의류가 나올 것이다. 스마트 의류가 나오려면 스마트 소재가 먼저 발명되어야 한다. 비타민 C를 캡슐에 넣어 옷에 코팅했으므로 입는 비타민이라고 소비자를 기만했던 그런 유치한 소재가 아닌 진정한 혁신 소재가 나올 때가 된 것이다.

이제는 단순히 특수하고 진보된 기능을 가졌다고 끝나지 않는다. 제조 과정이든 판매 이후든 환경을 해치지 않아야 하고 건강상 문제를 일으켜도 안 되며 자원을 남용해서 수자원을 오염시키거나 낭비해도 안 된다. 지구 대기를 납으로 오염시켜 우리가 매 순간 숨 쉴 때마다 중금속을 흡입하게 만든 토머스 미즐리Thomas Midgley를 더는 용납할 수 없는 현명한 사람들이 사는 시대가 되었다. 패션소재 혁신은 한층 더 높고 극복하기 어려운 벽을 만났다. 문제는 그동안 저임금 저비용으로 일관할 수밖에 없었던 패션산업의 인재풀에 더는 쓸 만한 인력이 존재하지 않는다는 사실이다. 따라서 주도권은 세상 모든 브레인이 머무르는 캘리포니아의 패서디나구글 본사, 쿠퍼티노애플 본사, 그리고 팰로앨토테슬라 본사로 넘어갈 수밖에 없는 운명이다. 이 상황을 보고만 있을 것인가?

소비자가 원하는 것

전 세계 소비자의 니즈에 대한 정보는 대부분 구글이 갖고 있다. 그것은 구글이 가진 막강한 재원이자 자산이다. 우리는 패션 소비자라는 한정된 영역에 대한 정보를 갖고 있다. 다행히 패션산업은 전형적인 아날로그 세계이며 디지털로 무장한 사람이라도 정복하려면 많은 시간과 경험이 필요하다. 아날로그 데이터를 많이 보유하고 있는 구세대가 유리한 지점이다.

심리학자가 노벨 경제학상을 받는 세상이 되었다. 우리는 소비자 자신도 잘 모르지만 분명 원하고 있는 것들을 알아내야 한다. 패션을 하려면 심리학도 알아야 하냐고? 바로 그거다. 새로운 패션산업은 심리학자와 통계학자 그리고 소재 전문가를 필요로 한다. 지금의 패션브랜드는 이런 인력을 보유하고 있지 않다. Zara는 심리학자가, H&M은 통계학자가 있는 것으로 보이지만 소재 전문가 집단이 있으리라 생각되는 브랜드는 전 세계에서 나이키가 유일하다. 그들은 언제나 새로운 것을 내놓으려고 노력한다. 비타민이나 양자에너지 같은 터무니없는 소재가 아니라.

소재 전문가

원래는 패션브랜드에도 박사급 소재 전문가가 있었다. 하지만 그들의 역할은 품질 관리와 문제 해결사 정도로 제한되었다. 연구나 개발은 꿈도 꾸지 못했다. 조직에서 비중이 떨어지고 소외된 자리는 그들을 떠나게 하는 충분한 동기가 되었을 것이다. 지금은 액티브웨어 active wear를 제외한 거의 모든 브랜드에 소재 전문가로 구성된 팀이 없다. 벤더 vendor에는 아예 처음부터 없었다. 필요성을 느끼지 못한 것이다. 이제 저렴한 노동력을 찾아 전 세계의 오지를 찾아다니는 일에만 열심인 벤더는 경쟁에서 뒤처질 것이다. 지금부터는 자체 소재 기획과 개발이 가능하고 디자인 인력을 보유하며 스스로 소재 글로벌 소싱 global sourcing이 가능한 벤더만이 살아남을 수 있다.

현존하는 원사메이커 연구소나 대기업 원단 제조회사에 있는 소재 전문가들은 최소한 석박사급이다. 문제는 그들이 모두 엔지니어라는 것이다. 엔지니어의 정신세계는 수직적이다. 즉, 좁고 깊다. 하지만 패션세계는 매우 수평적이다. 따라서 둘 사이에는 건널 수 없는 깊은 심연이 자리하고 있다. 그들은 공학적, 수학적, 물리적으로만 생각한다. 소비자의 니즈는 안중에도 없고 이해하지도 못한다. 그런 개념이 자리할 공간 자체가 없으며 그들은 때에 따라 필요한 융통성을 발휘하지 않도록 훈련받은 사람들이다. 패션이 인문계라면 엔지니어는 이과계다. 따라서 그들이 개발한 제품들은 애초부터 활용되기 어려운 처지에 놓여 있다. 더구나 그들은 협소한 영역의 기술과 과학에 천착한 사람들이다. 박사학위라는 것 자체가 그렇다.

패션이 요구하는 영역은 광대하다. 패션 영역은 천연섬유와 합성섬유를 구분하지 않으며 니트와 우븐의 경계도 없다. 만약 소재 전문가로서 소재 시장조사를 하려면 원료와 원사, 제직, 편직, 그리고 염색과 프린트, 후가공까지 망라한 종합지식이 필요하다. 한 인간이 평생 담을 수 있는 두뇌 용량을 크게 초과한다. 따라서 개발 인력에 수십 명의 박사와 석사가 필요하지만 그것은 불가능하다. 그래서 대충할 수밖에 없는 것이다.

어떤 가공할 집단이라도 전체 의류소재를 시장조사하는 것은 엄두도 내지 못한다. 대부분의 시장조사는 스타일이나 컬러 또는 특정 원료 수준으로 끝이 난다. 그러니 그야말로 수박 겉핥기가 된다. 이 사실을 감추기 위해 시장조사 리포트는 온통 난해하고 무의미한 형용사로 넘쳐난다. 문제는 석박사로 구성된 엔지니어 집단이 있다고 해도 그들이 시장과 트렌드를 읽을 수는 없다는 한계다. 브랜드의 니즈를 바탕으로 디자이너와 소통할 수 있는 프로토콜을 이해해야 의미 있는 시장조사가 되고 개발에 기여할 수 있는 데이터가 된다. 그렇지 않으면 시장조사는 언제나 뒷북으로 끝나게 될 것이다.

소재지식

소재지식에 어두운 디자이너나 머천다이저는 식칼로 수술을 하려는 외과의와 같다. 둘은 사람을 망친다는 의미에서 마찬가지다. 옷을 기획하는 사람들은 소재를 잘 아는 정도가 아니라 넓고도 깊게 이해할 수 있어야 한다. 소재 기획이란 다른 것과 마찬가지로 꼭 아는 만큼만 보이기 때문이다. 창의력은 남들이 보지 못하는 것을 볼 수 있는 힘이다. 그동안 브랜드나 벤더들 심지어 원단공장을 포함한 거의 모든 패션 종사자들은 업무에 필요한 소재 교육이라는 중대한 과정을 외면하거나 아예 중요성조차 인지하지 못했다. 엄격하게 보면 직무유기에 해당한다. 이는 법대를 나온 사람이 의사가 되는 것이나 마찬가지다. 그 결과는 끔찍할 것이다.

소재 개발

소재를 개발하려면 단순한 공학지식으로는 부족하다. 주요 시장을 이해하고 트렌드를 섭렵해야 하며 브랜드의 성격과 소비자의 니즈를 파악하고 브랜드에 실제로 원단을 납품해 본 경험이 필요하다. 브랜드가 요구하는 수많은 표준에 적합해야 하기 때문이다. 단 한 가지라도 실패하면 원단은 폐기되어야 하는 운명에 처한다. H&M에 납품하려고 제조된 20만 야드의 폴리에스터 원단이 랜덤 검사에서 검출된 유기주석 organotin 몇 그램에 모두 선적 불가 통지를 받았다. 그 유기물은 브랜드가 허용하지 않는 86가지 케미컬 중 하나일 뿐이다. 브랜드가 허용할 수 있는 가격 수준도 알고 있어야 한다. 아무리 환상적인 제품이라도 올드네이비 Old Navy에 6불짜리 원단을 납품할 수는 없다.

유럽과 미국은 동일한 인종의 사람들로 구성되어 있지만 그들의 패션 성향은 크게 다르다. 200년의 세월과 대양으로 격리된 공간이 그들을 전혀 다른 인종으로 진화시킨 것이다. 유럽시장을 겨냥하고 개발한 원단은 미국시장에서는 대개 무용지물이 될 가능성이 높다. 열전도율이나 수분율, 인열강도, 체표면적 따위의 각종 섬유소재가 가지고 있는 물리적·화학적 특성을 이해하는 것은 기초지식일 뿐이다.

R&D가 실패하는 이유

과학자와 엔지니어는 다르다. 같은 물리학자라도 이론물리학자와 실험 물리학자는 전혀 다른 세계에 살고 있다. 이론은 전개 과정을 입증하지 못하면 즉시 폐기된다. 소재의 개발과 연구, 아이디어의 발굴은 소프트 웨어의 영역이다. 이를 가동되는 실물로 전개할 수 있는 하드웨어인 엔지 니어링이 필요하다. 문제는 그게 끝이 아니라는 사실이다. 원단을 개발해 시장에 선보이려면 연구에서 실용 단계 그리고 마지막으로 상용 단계까 지 도달해야 한다. 팔리지 않는 옷은 아무리 좋아 보여도 소용없기 때문 이다. R&D 센터에서 개발한 대부분의 소재는 연구에서 끝나거나 실용 단계에서 완료된다. 상용화 과정은 그들에게 매우 생소한 단계다. 정부 과제로 진행되는 소재 개발 연구를 심사하는 대학교수들은 국민의 소중 한 세금으로 개발된 원단의 실제 판매 가능성에는 전혀 관심이 없다. 관 심이 있더라도 그들이 심사할 수 있는 영역을 벗어난다.

A&C란 무엇인가

A&C Actualized&Commercialized는 실용과 상용을 의미하는 새로운 용어다. 실용은 실물의 존재 차원에서 작동 차원으로 전개할 수 있는 단계를 의 미한다. 즉, 공학적으로 수용 가능한 상태이며 엔지니어의 영역에서 적합 한 단계다. 실물이 작동 가능하도록 기본 문제점을 제거하고, 다양한 버 전의 전개를 통해 문제 있는 버전을 제거하고 최적의 버전을 완성하는 단계다. 물론 추가로 유해성이나 환경 관련 측면도 고려해야 한다. 실용 단계는 엔지니어들로 완성 가능하다.

상용은 시장과 소비자가 해당 제품에 구매 욕구를 느끼도록 하는 단 계다. 실용과는 차원이 다른 고도의 인문학적·심리학적 요소가 투입되 어야 한다. 미학적 요소는 언급할 필요도 없다. 아이폰의 불편한 점을

100가지는 나열할 수 있는 소비자가 단점을 모조리 감수하고 아이폰을 구매하는 이유는 '예뻐서'이다. 공학자의 영역에서는 도저히 이해가 불가능한 차원이다. 따라서 상용화는 어려운 난제다. 전체 리서치의 10%만이 개발 단계로 진입하는데 그중 10%가 실용 단계로 진입하고 그중 5%만이 상용화되었다는 통계가 이를 입증한다. 실용과 상용의 두 영역 사이에는 건너기 어려운 깊고 푸른 강이 흐르고 있다. 엔지니어는 마케터가 되기 어렵고 마케터는 엔지니어가 될 수 없다. 현저하게 다른 두 영역을 일생에 섭렵하기에는 인간 수명이 너무 짧다.

소싱의 중요성

스몰 월드small world라고 하지만 아직 패션세계는 충분히 넓다. 개발에 들어가기 전에 반드시 충분한 소싱sourcing 단계를 거쳐야 한다. 뛰어난 소싱이 창의적인 개발보다 나을 때도 있다. 이는 지구가 아직 작지 않다는 증거다. 탁월한 소싱은 뒷북을 방지하고 방대한 소싱은 거대한 데이터를 구축할 수 있으며 장대한 데이터는 구글을 만나면 막대한 창의력의 인프라가 된다. 애플을 만나면 천재적인 융합을 통해 우주에 흠집을 낼 수도 있다. 개발은 반드시 탄탄한 소싱 기반 위에 건설되어야 한다. 소재 개발로 가는 길은 너무 멀고 험난하다. 그렇다고 포기할 수는 없다. 지금이라도 시작하면 된다. 천 년 동안 아무도 손대지 않았다고 구글이 말하지 않았던가. 아직은 당신이 더 유리하다.

R&D가 실패하는 이유 2

K텍스 영업부 김 차장은 원단 수출만 25년이라는 막강한 경력을 가지고 있다. 경험은 수많은 사건 사고를 해결하기 위해 축적된 데이터의 양을 의미한다. 실제로 김 차장이 진행하는 오더는 사고가 거의 발생하지 않는다. 그러나 김 차장이 무사고인 비결은 의외로 다른 데 있었다. 25년 동안 다양한 종류의 원단을 진행하면서 처음에는 그도 많은 사고를 겪었다. 그가 고수한 영업 정책은 한 번이라도 문제가 생긴 원단은 앞으로 절대 수주하지 않는다는 것이었다. 문제가 발생할 만한 위험risky 원단이 어떤 것인지 직접 겪어온 다양한 경험이 사고를 최소화하는 비결로 작용했다. 사고를 미연에 방지하겠다는 것이다. 그렇다면 과연 그의 전략은 옳은 것일까?

오더가 없으면 문제도 없다

사고를 최소화한다는 면에서는 그렇다. 하지만 회사는 사고를 막기 위해 존재하는 것이 아니다. 원단 영업의 최종 목적은 판매다. 그것도 지속적인 성장을 이루는 수주와 꾸준한 영업이익을 유지해야 한다. 사고는 일종의 세

금과 같다. 당신이 세금을 내기 싫으면 수입을 줄이면 된다. 하지만 돈을 벌고 싶다면 세금을 피할 수 없다. 영국 속담에 "인간이 절대로 피할 수 없는 두 가지는 세금과 죽음"이라는 우스갯소리가 있을 정도다. 사고는 오더 수주를 계속하기 위해 거쳐야 하는 필연적인 과정이다. 따라서 사고를 원천적으로 근절할 수는 없다. 다만 최소화를 위한 노력만이 가능하다. 하지만 계속되는 산불을 근절하기 위한 미국 소방대의 전략이 결국 대재앙을 가져온 것처럼 최소화만이 최선은 아니다. 어쩌면 약간의 사고는 '필요악'일 수도 있다. 이건 나중에 별도로 다루어보겠다.

0을 향한 수렴

의류와 소재는 패션 상품이다. 패션 상품은 언제나 유행을 추종하고 유행에 민감하다. 사람의 눈은 익숙한 것을 좋아하는 귀와 달리 같은 사물을 지속적으로 보는 것을 힘들어한다. 시감각에 크게 의존하는 패션에서 진부함은 곧 죽음을 의미한다. 김 차장의 전략에 따라 그가 수주할 수 있는 원단 오더의 범위는 경력을 더해갈수록 점점 좁아질 것이다. 결국 김 차장은 긴 시간을 통해 결코 위험하지 않은, 안전이 입증된 원단만 다룰 수 있게 된다. 스스로의 한계를 점점

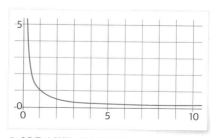

● 0으로 수렴하는 김 차장의 원단 세계

협소한 영역으로 몰아넣고 있는 것이다. 김 차장의 원단 세계는 0을 향해 수렴하고 있다.

창의적인 아이디어는 널렸다

4차 산업혁명을 눈앞에 두고 있는 패션인에게 가장 중요한 것은 무엇일까? 대부분은 창의적인 아이디어를 생각한다. 하지만 과연 그럴까? 사실 창의적인 아이디어는 그다지 중요하지 않다. 참신한 아이디어, 창의적인 아이디어는 주위에 널렸다. 발에 차일 정도로 많다. 사실을 말하자면 창의적인 아이디어만으로 이익이나 가치를 창출하는 것은 불가능에 가깝다. 아이디어는 실용과 상용에 적합하도록 기초적인 기계 공학적 설계와 작동 여부, 효율을 고려해야 함은 물론이고 수많은 문제점을 해결하고 설계상 완벽함이 증명되어도 소비자의 선택을 받기 위해 고도의 심리학을 동원한 마케팅을 수반해야 한다.

스케일 업

지퍼는 오늘날 없어서는 안 될 의류 부자재가 되었지만 지퍼가 처음 발명되고 선드백이 의류에 적용할 때까지 50년이 넘도록 인간의 무릎 위로 올라올 수 없었다. 아이디어가 상용화·대중화되기 위해 거쳐야 하는 중간 단계를 스케일 업 scale up이라고 한다. 서구 선진국들이 지난 세기 산업혁명을 통해 제조국가로서 이룩한 주요 자산은 바로 이런 스케일 업이다. 스케일 업은 시행착오를 필요로 하므로 이를 통해 성장하고 경험을 축적하기 위한 절대적인 시간이 필요하다. 도무지

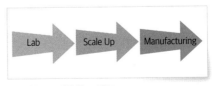

△ 실험 → 스케일 업 → 제조

시간을 건너뛸 수 없는 주제인 것이다. 중국은 피할 수 없는 절대적인 시간을 극복하기 위해 막대한 공간으로 이를 대신하려고 한다. 시간을 공간으로 극복하려는 시도는 놀라운 발상이며 지극히 합리적이다. 수많은 경험을 동시에 할 수는 없지만 공간적·지리적 영역을 나누면 가능하다.

모방경제

대구는 한때 세계 최대의 섬유산업 산지였다. 대구의 섬유산업이 몰락한 이유는 다른 사람이 만든 제품을 카피해 더 싸게 파는 업체들이 만연했기 때문이다. 대구에서 섬유제조업을 해본 사람은 모두 비슷한 고통을 겪었다. 역사상 최단기간에 가장 많이 팔린 '폴리에스터200 무지 몰스킨'이라는 기발한 제품은 인기가 좋아 단 몇 년 만에 수억 야드의 매출을 기록한 효자 상품이었다. 이 제품은 최초에 4불에 판매되었는데 과잉 공급으로 1불 이하의 가격으로 폭락해 시장에서 사라졌으며 결국 모두 패자가 되었다. 그들은 대체 왜 그랬을까? 그런 전략은 '언 발에 오줌 누기'로 결국 공멸할 것임을 몰랐을 리가 없다. 오죽하면 대구를 정치 기반으로 한 박근혜 전 대통령이 내세운 중요한 가치가 창조경제 creative economy였을까. 하지만 나는 그들을 이해한다. 그들에게는 선택의 여지가 없었다. 전체를 볼 수 없었던 그들은 자신이 하고 있는 일부의 모방 작업이 산업 전체를 붕괴시킬 줄은 꿈에도 몰랐다.

개념설계

도끼를 한번 보자. 도끼는 왜 하필 그렇게 생겼을까? 다른 모양도 무수히 생각해 볼 수 있다. 하지만 세상에 존재하는 도끼는 모두 비슷한 모양에서 크게 벗어나지 않는다. 도끼를 그런 모양으로 최초 설계한 사람이 바로 개념설계자다. 우리나라는 세계 역사상 유례가 없는 최단시간 경제성장을 이루었다. 그 비결은 주어진 목표를 정확하고도 신속하게 수행할 수 있는 고도의 능력이다. 선진국이

○ 개념설계

개념설계conceptual design한 제품을 저렴하고 신속하게 그리고 문제없이 만들어내는 탁월한 재능을 가졌다. 초고속 경제성장을 이룬 베이비부머는 주어진 특정 목표를 돌파하는 능력은 뛰어나지만 스스로 창의력을 발휘해야 하는 개념설계는 낯설어한다. 단순히 하청을 수행했을 뿐, 그동안 개념설계를 한 적이 없으므로 스케일 업이 축적되지 않았다.

계념설계는 설계 작업의 첫 단계다. 이 단계에서는 제일 먼저 어떤 기계가 요구되는가를 확인한다. 시장조사 결과나 사내에 있는 기술축적정보를 토대로 설계의 사양을 결정해 나간다. 다음으로 요구 사양을 바탕으로 구조나 기능을 검토해 구상한 계획안을 설계도면에 구현한다. 통상 개념설계 단계에서 실제로 제작공정에 들어가는 것은 아니며 실현할 수 없는 부분이나 기능상 간과한 점은 없는지 검토한다.

경쟁 우위

한국사람의 아이큐가 세계에서 가장 높다고 한다. 그런데 우리는 아직 노벨상을 하나도 받지 못했다. 평화상은 논외로 한다. 스케일 업이라는 축적과 그로 인한 인프라가 없는 상태에

○ 스케일 업

서 다른 선진국과 경쟁해야 했기 때문이다. 스케일 업은 마치 계단과 같아서 선진국은 처음부터 바닥보다 더 높은 곳에서 시작한다. 땅바닥에서 시작해야 하는 사람과 경쟁 자체가 될 수 없다. 개념설계를 시작한 사람은 설계도 전체를 보고 있으므로 단순히 일부분만 하청하는 공장과 달리 시간이 지날수록 문제점을 발견하고 알고리즘을 개선하며 효율을 극대화해 최선의 제품을 만들 수 있다.

무한 수렴

김 차장 이야기로 돌아가 보자. 처음 문제에 부딪혔을 때, 그는 난관에 봉착한 것이 아니라 사실 기회를 잡은 것이다. 자신이 경험한 원단에 어떤 문제가 있다는 사실을 알게 되었으니 그런 경험이 없는 상대보다 최소한 한 수 앞섰다. 따라서 이미 경쟁에서 이기고 있는 것이다. 김 차장이 리스키한 원단을 피해가는 전략을 구사하면 취득한 어드밴티지advantage는 그로써 끝나게 된다. 하지만 동기인 박 차장은 그것을 피하는 대신 스케일 업했다. 문제의 원인을 파악하고 문제를 해결하거나 최소화하는 방안을 연구해 개선된 제품을 내놓았다. 남들이 하면 문제 되는 제품을 판매 가능한 영역으로 끌어들여 경쟁력을 확보하게 된 것이다. 골치 아픈 문제와 씨름하고 수차례의 시행착오는 물론 말 안 듣는 공장을 끌고 가려면 만만치 않은 맷집과 패기가 필요하다. 하지만 그 결과는 김 차장과 반대 방향으로 나타난다. 박 차장이 다룰 수 있는 제품의 수는 시간이 갈수록 점점 늘어날 것이다. 그것이 혁신적인 회사들의 현재 모습이다.

가치 창조

애플이 대표적인 혁신 모델이라고 할 수 있다. 애플이 한 일은 창의적

인 발명이 아니다. 기존의 기술
이 가지고 있는 문제점이나 난
관을 특정 알고리즘을 기반으
로 링크와 융합을 통해 수정하
고 점진적으로 개선했다. 그 결

◎ 창조력과 기술의 융합

과 애플은 새로운 가치를 창조해 냈다. 전체를 들여다보는 넓은 안목으
로 유효기간이 다한 기존의 기술을 새로운 가치로 바꾼 것이다.

No Pain No Gain

새로운 아이디어를 가지고 원단을 개발할 때 여러 가지 문제점이 나타
나고 난관에 봉착하면 나는 그 사실을 기뻐할 것이다. 만약 아이디어가
아무 문제 없이 처음부터 생산 가능한 형태로 실현되면 다음 시즌에 다
른 경쟁자들이 내놓은 훨씬 더 저렴한 복제품을 시장에서 만나게 될 것
이다. 개발비를 들인 회사와 그냥 카피만 한 회사는 제조원가가 크게 다
르다. 안타깝게도 복제품을 만드는 회사가 더 경쟁력 있다. 신약을 20년
이라는 특허 기간으로 보호하는 이유다. 따라서 원단을 개발할 때 난관
에 봉착하면 부정적으로 생각하는 대신 환영해야 한다. 힘들게 개발한
원단의 퍼텐셜이 훨씬 더 크고 오래간다.

베이비부머와 베이비버스터

　나는 1980년도에 육군 수색대에 복무했는데 우리 5중대는 신설이었다. 따라서 중대원 140명 중에서 100명이 신병이었다. 우리 중대는 무식하고 힘만 센 머슴처럼 처음에는 서툴고 힘들었지만 세월이 흘러 신병들이 상병쯤 되자 대대 전체에서 최강이 되었다. 가장 큰 문제는 이들이 모두 병장이 되었을 때였다. 100명이 병장인 우리 중대는 육군 전체에서 가장 늙은 부대로 역사상 최약체 중대로 기록되었다. 이들이 모두 전역하자 중대는 다시 예전처럼 신병들로만 구성되는 악순환을 겪었다.

　1348년 유럽에 역사상 최악의 참극이 벌어졌다. 흑사병 때문에 인구가 절반으로 줄어드는 비극을 겪은 것이다. 이 사건 이후 세계는 지금처럼 여러 국가의 인구가 동시에 격감하는 세대문제에 직면한 사례가 한 번도 없었다. 문제는 20세기가 시작되면서 나타나고 있었다. 1930년대의 경제공황에 이어 2차 세계대전을 치르는 동안 숨죽였던 출산율은 1946년 종전과 동시에 전 지구적으로 폭발적인 증가세를 기록했다. 이들이 이른바 베이비부머baby boomer이다.

하지만 인구 증가의 주역인 베이비부머는 그들의 부모세대와는 반대로 인구 감소를 불러온 베이비버스터baby buster 세대를 만들었다. 수색중대처럼 작은 집단은 다른 집단에서 구성원을 빌려와 평균 나이를 조정하면 되지만 전 지구적인 인구 격감과 팽창은 조정이 불가능하다. 극심한 인구 증가는 생화학과 의학의 진보에 힘입은 극적인 수명 연장과 만나 전 지구적인 고령화 현상으로 이어졌다. 쉽게 말해 지구인들이 급속히 늙어가고 있는 것이다.

베이비붐이 끝나던 1966년 지구인 전체의 평균 연령은 젊디젊은 25.4세였다. 50년이 지난 지금은 중년인 43.7세가 되었다. 불과 20여 년 전인 2001년만 해도 37.6세였다. 이제 45~64세의 장노년층이 전 세계 인구의 3분의 1이나 된다. 세계에서 고령화가 가장 빨리 진행되고 있는 중국은 2020년에 이르러 60세 이상 노년층 인구가 1억 7천만 명이나 된다. 세계는 빠른 속도로 고령화되고 있다.

그렇다면 그동안 젊은층을 주 타깃으로 삼아왔던 패션 트렌드를 이제는 중장년층으로 바꿔야 하는 대전환점이 도래한 것이 아닐까? 더구나 이미 은퇴가 시작된 베이비부머들은 역사상 그 어떤 세대보다 부유하다. 베이비부머 이후1975년 이후에 태어난 베이비버스터는 인구가 적을 뿐 아니라 하우스푸어house poor라는 신조어를 유행시킬 정도로 가난하기까지 하다.

혹시 우리는 패션시장의 타깃 연령층을 잘못 설정하고 있는 것은 아닐까? 얼마 전 우리나라에서 일어났던 아웃도어 시장의 대폭발outdoor big bang을 베이비부머가 주도했던 것은 아닐까? 베이비부머는 폭발적인 경제성장의 중심에 서 있었으며 이미 은퇴가 진행 중이다. 이제 먹고살 만한 그들은 먼저 건강을 챙길 것이고 그동안 일과 아이들의 교육 때문에 챙기지 못했던 자신의 외모 가꾸기에 열중할 수도 있다. '미시'라는 새로운 용어는 외모를 중시하는 30~40대 기혼 여성이라는 뜻이다. 이제 그들은 좀 더 나이 든 미시가 되었고 외모를 중시하는 50~60대 기혼 여성을 뜻하는 이를테면 '마시' 같은 새로운 이름의 용어가 탄생할 것이다.

그들은 거대한 구매층을 형성해 지금까지 볼 수 없었던 완전히 새로운 패션 트렌드를 창조하게 될 것이다. 건강과 자유를 즐기기 위해 레저 활동과 운동에 관심이 많고 외출이 빈번하므로 좀 더 다양한 아웃도어 스포츠 트렌드가 생기게 될 것이다. 그들은 여가를 즐기는 대신 가사를 줄이며 빨래가 쉽거나 방오 성능이 뛰어나 자주 세탁하지 않아도 되는 '이지케어'easy-care를 강력한 트렌드로 부상시킬 것이다. 실용성을 적극 추구하되 과거 장년세대처럼 소박하고 점잖은 스타일의 옷이나 가라앉은 색을 좋아하지는 않을 것이다. 선진국이 그러했듯 너무 비싸지도 너무 저렴하지도 않은 합리적인 가격대의 실용적인 옷이 그들의 관심을 끌게 될 것이다.

그들은 세계화가 진행되고 있는 글로벌 패션시장에서 자신만의 독특한 스타일을 형성하며 새로운 구매 세력으로 등장하게 될 것이다. 장년층 남자들 또한 배우자가 골라준 옷을 입고 만족하던 보수적이고 소극적인 패션을 벗어던지고 과감하고 화려하면서도 중후한 프레피preppy 스타일을 추구하게 될지도 모른다. 그에 따라 폴로나 빈폴은 앞으로도 유망한 브랜드가 될 것이다. 평생 자신을 위한 소비를 하지 않았던 그들이 어떤 스타일의 패션을 선호하며 어떤 소재를 원하고 어떤 컬러 계열을 좋아하는지에 대한 본격적인 연구가 아직 이루어지지 않았다. 지금이 바로 그때다.

의류소재의 혁명 1

인류 최초의 합성염료인 모브mauve는 1856년에 발명되었다. 영국 화학
자 윌리엄 퍼킨William Perkin은 18세에 말라리
아 치료에 사용되는 퀴닌의 화학적 합성을 시
도하다가 발견한 뜻밖의 보라색 잔류물에 주
목했다. 바로 최초의 합성염료로 밝혀진 모브
다. 퍼킨은 원래 역사적인 염료의 이름을 따
서 티리언 퍼플tyrian purple이라고 명명했지만
1859년 판매가 시작된 후 지금의 모브로 이
름을 바꾸었다.

의류소재, 즉 원단에서 일어난 최초의 혁명적인 사건은 어떤 것일까?
의류소재는 지금까지 발견된 사료의 증거만 확인해도 그 역사가 7,000년
이나 된다. 그동안 실을 뽑는 물레나 원단을 짜는 베틀 같은 기초적인 발
명이 있었지만 그것들은 단순히 노동력의 개선을 가져왔을 뿐, 혁명이라
고 할 수는 없다. 진정한 혁명은 1856년 조선 철종 7년 영국에서 일어났

다. 산업혁명이 일어난 시기와 맞물리는 기간이지만 사실 산업혁명과는 아무 관계도 없다. 다른 많은 것이 그랬듯 모브는 '발명'이라기보다는 '발견'에 해당된다. 산업혁명은 리처드 아크라이트Richard Arkwright나 제임스 하그리브스James Hargreaves가 발명한 자동 직기로 인한 것이라고 본다. 하지만 패션 의류에서 증기기관이나 자동 직기는 여전히 혁명에

🔵 모브

미달한다. 단순히 작업 효율을 높인 것에 불과하기 때문이다. 놀랍게도 혁명은 말라리아에서 비롯되었다. 말라리아는 우리말로 학질이다. 우리나라에서도 생소한 질병은 아니었다는 말이다. 조선시대는 물론 고려 때도 발병한 사실이 확인되고 있다. 19세기에는 말라리아로 사망한 사람이 한 해 200만 명이 넘을 정도로 치명적인 질병이었다. 오늘날도 크게 달라지지 않아서 2006년 세계보건기구 집계는 전 세계적으로 88만 명의 사망자를 기록하고 있다. 말라리아는 매우 오래된 역사를 자랑한다. 최초의 인류인 아프리카인들에게 말라리아를 피하기 위한 진화가 일어났을 정도로 오래된 질병이다. 흑인에게만 발생하는 '겸상적혈구빈혈증'은 말라리아에 걸려도 죽지 않는 유전자를 가진 사람들이 걸리는 병이다. 당시의 말라리아 치료제는 천연약제인 퀴닌quinine이었다. 매우 고가여서 퀴닌을 실험실에서 화학적으로 합성하려는 시도가 빈번했다. 퍼킨은 콜타르를 이용해 퀴닌을 합성하려다 우연히 강렬한 보라색을 띤 물질을 만들게 된다. 이것이 인류 최초의 합성염료인 모브다.

최초의 합성염료가 1856년에 만들어졌다는 것은 이전에는 원단을 염색하는 모든 염료가 천연이었다는 뜻이다. 둘은 무슨 차이가 있을까? 중대한 차이가 있다. 일단 합성염료는 구하기 어려운 천연염료에 비해 많은 양을 생산할 수 있다는 장점이 돋보인다. 하지만 그보다 더 중요한 차이는 바로 채도다. 천연염료는 채도가 낮다. 즉, 선명한 색상을 내기 어렵다.

따라서 어느 정도 채도가 높은 천연염료는 고가였다. 그것도 상상을 초월할 정도였다. 따라서 신분이 아주 높거나 부자인 사람들만 선명한 색상의 옷을 입었다. 1856년 이전 사람들의 옷 색깔은 매우 단조롭고 무채색이거나 채도가 낮았다.

세상에서 문명이 가장 발달했던 19세기 런던의 시민들이 입은 옷을 보면 마치 유니폼을 맞춰 입은 듯 단조로운 검은색이나 회색 또는 갈색이 대부분이었다. 19세기 런던의 거리는 지금과는 전혀 다른 무채색

중국 황제가 입었던 의관의 색상은 선명한 노란색이었으며 조선 임금의 용포는 붉은색이었다. 유럽도 예외는 아니어서 로마 황제 네로는 선명한 보라색 망토를 얻기 위해 성 한 채에 해당하는 값을 지불해야 했다. 선명한 천연 보라색은 뿔고둥hexaplex trunculus의 점액에서 얻었는데 대단히 많은 양이 필요했기 때문에 당시에는 천문학적인 가격을 주고도 얻기 힘들었다. 네로가 좋아했던 보라색을 우리는 황제의 보라색, 즉 로열 퍼플royal purple이라고 부른다.

물론 다른 천연염료에 비해 채도가 높았지만 견뢰도는 오늘날의 합성염료에 비해 형편없었다. 가장 선명한 빨간색은 남미에 서식하는 '코치닐'이라는 선인장 벌레에서, 파란색은 대청indigo이라는 식물에서 비롯되었다.

의 풍경을 상상해야 한다.

호화로운 사치를 자랑한 루
이 16세 왕비인 마리 앙투아네
트와 당시 프랑스 왕실의 옷 색
깔도 예외일 수 없었다. 드레스
의 색상이 소박하고 단조로워
보이는 까닭은 천연염료가 낼
수 있는 낮은 채도의 한계 때문
이다.

△ 19세기 런던 거리

모브에서 촉발된 합성염료
의 생산은 패션과 의류의 혁명
일 뿐만 아니라 전 세계 화학공
업의 본격적인 도화선이었다.

△ 〈마리 앙투아네트〉의 한 장면

퍼킨은 자신이 발견한 새로운 화합물의 무한한 가능성을 깨닫고 스스로
염료공장을 세워 막대한 돈을 모았으며 단번에 세계적인 유명인사가 되
어 영국왕립협회 회원이 되는 영예와 함께 기사 작위를 받아 '퍼킨 경'이
되었다. 그의 이름을 딴 퍼킨 메달은 백 년 넘게 지속되었으며 지금도 미
국 화학산업 최고의 영예를 상징한다. 18세에 특허를 취득한 퍼킨은 15
세에 영국의 임페리얼 칼리지 런던Imperial College London에 있는 로열 칼리
지 오브 케미스트리Royal College of Chemistry에 입학해 호프만에게 화학을
배우기 시작했는데 일약 3년 만에 인류 역사를 바꾸는 혁명을 일으켰다.
퍼킨은 천재인 데다 운까지 좋았던 사람이다.

당시 유럽에 설립된 화학회사가 바로 150년 넘게 존재해 온 BASF, 획
스트, 바이엘, 시바가이기, 헌츠만 같은 현재의 화학회사들이다. 마치 흑
백사진 같았던 전 세계 거리 풍경을 색으로 물들인 퍼킨의 위업은 인류
역사상 어떤 위대한 사건에 견주어도 뒤지지 않는다. 스티브 잡스가 그토

⬤ 19세기에 태동한 유럽의 화학회사들

록 원했던 '세상을 바꾼' 사건이었다. 당시만 해도 의류는 비싼 물건이었고 개인의 재산 목록에 들어갈 만큼 귀했다. 한번 구입한 옷은 평생 입어야 했고 낡으면 옷을 뒤집어 다시 만들어 입을 정도로 비쌌다. 검은색이나 회색 옷이 그 정도였으니 색상이 선명한 옷은 지금의 스포츠카에 견줄 만한 가치가 있었을 것이다. 옷이 그토록 비쌌던 이유는 비싼 염료 때문이었다. 퍼킨의 위대한 업적은 황제나 입을 수 있었던 옷을 오늘날 누구나 입을 수 있도록 한 것이다. 그것도 개인이 수백 벌씩이나 바꿔가면서.

물론 우연한 발견이 위대한 발명이 되기까지는 지속적인 연구로 발견의 문제점을 해결하고 무수한 시행착오를 겪으며 상업적으로 사용 가능하도록 발전시킨 스케일 업이 있었다. 퍼킨은 제대로 염색될 수 있도록 기능하는 매염제를 개발해 실제로 광범위하게 사용 가능하도록 개선하며 염색기술을 발전시켜 나갔다. 그에 힘입어 오늘날 우리가 염색에 사용하는 대부분의 염료는 합성염료다. 데님을 염색하는 역사적인 인디고조차도 바이엘이 1900년에 제조에 성공한 합성염료를 사용하고 있다.

의류소재의 혁명 2

화학자 월리스 캐러더스Wallace Carothers는 1937년 4월 28일 필라델피아의 호텔방에서 청산을 탄 레몬 주스를 주저 없이 들이켰다. 그가 자살하기 위해 레몬 주스를 택한 이유는 과일이 청산의 독을 가장 빨리 퍼지게 하기 때문이다. 나일론은 1935년에 발명되었다.

합성섬유의 발명은 합성염료의 발명과 마찬가지로 섬유 패션뿐 아니라 인류 문명과 역사에 지대한 영향을 끼친 사건이다. 오늘날 플라스틱과 합성섬유가 없는 인류 문명은 생각조차 할 수 없을 정도다. 폴리에스터의 최대 용도는 PET병이며 나일론도 의류보다는 산업용으로 더 많이 사용된다.

합성섬유의 출현은 천연섬유가 갖고 있던 여러 단점과 한계를 극복할 수 있는 구세주가 되었다. 가장 대표적인 것이 강도strength이다. 특정 용도에 필요한 물성을 달성하기 위해 천연소재 원단은 필연적으로 두꺼워질 수밖에 없었는데 합성섬유는 가볍고 질기며 마찰에도 강하다. 오늘날 의류소재는 극도로 초경량화되었으며 마모되는 일이 없어 거의 영구적으

로 사용 가능하다. 또 모든 천연섬유가 친수성인 데 비해 합섬은 소수성이어서 발수나 방수 기능을 탑재하기 적합하다. 자연에 존재하는 동물과 식물은 외부와 접촉하는 경계선이 대부분 소수성으로 되어 있다. 사람도 예외는 아니다. 물이라는 강한 용매를 차단하기 위해서다. 이후 합섬을 기반으로 한 다양한 가공이 가능하게 되어 아우터웨어 분야에서 투습방수, 흡한속건 등 천연소재로는 불가능했던 새로운 차원의 기능성 소재라는 신세계를 열었다. 가장 괄목할 만한 화섬의 특징은 천연섬유의 한계인 1데니어라는 굵기보다 수백 배 이상 더 가는 섬유를 만들어 그전까지 패션에 존재하지 않았던 완전히 새로운 감성세계를 창조하게 되었다는 점이다. 소재의 감성은 모든 소비자에게 크게 어필할 수 있어 기능적인 면보다 훨씬 더 막대한 패션 자산이 된다.

천연섬유는 동물성이든 식물성이든 모두 단분자로 출발해 중합을 통해 만들어진 고분자다. 면도 포도당 분자가 수만 개 중합되어 만들어진 고분자다. 이처럼 중합은 자연이 작은 분자에서 거대한 분자인 고분자를 만드는 간단한 천연 화학합성 과정이다. 이렇게 만들어진 고분자는 단분 자와는 전혀 다른 특성을 가진다. 놀랍도록 강한 내구성과 물성을 지닌 강한 분자가 되는 것이다. 예컨대 포도당은 물에 녹기 쉽고 달콤하며 동 물의 위에서 금방 소화된다. 하지만 중합체인 셀룰로오스는 물에 녹지 않고 단맛도 나지 않으며 박테리아를 제외한 어떤 동물의 위장에서도 소 화되지 않는다. 중합polymerization은 단량체라 불리는 간단한 분자들이 서 로 결합해 거대한 고분자 물질을 만드는 반응이다.

인류는 20세기 초반부터 고분자를 합성하는 인공 중합을 위해 실험실 에서 다양한 노력을 경주해 왔다. 현대 화학의 선구자이며 세상에 존재 하는 거의 모든 합성섬유의 탄생에 기여한 215년 역사의 듀폰도 그중 하 나다. 듀폰은 1928년 하버드의 화학자인 캐러더스를 영입해 본격적으로 인공 고분자 합성 대열에 뛰어들었다. 그리고 7년 후인 1935년 석탄과 공 기와 물로 만든 인공 고분자인 나일론의 탄생을 전 세계에 발표했다. 상 업적으로 성공한 인류 최초의 인공 고분자다. 나일론을 처음으로 적용한 물건은 그전까지 돼지털을 사용한 칫솔모였다.

캐러더스는 석탄가스에서 얻은 '헥사메틸렌디아민'과 '아디프산'을 중 합해 나일론66의 합성에 성공한다. '헥사메틸렌디아민'과 '아디프산' 모 두 탄소를 여섯 개 포함한 유기물이므로 66이라는 숫자가 들어가게 되었 다. 이후 독일에서 '카프로락탐' 이라는 한 개의 분자로 중합에 성공해 나일론6이 개발되었다. 오늘날 우리나라에서 생산되는 모든 나일론은 나일론6이다. 이 후 캐러더스가 듀폰 연구소에 서 중합한 새로운 고분자는 폴

🔵 듀폰 연구소

● 인류 최초의 합성섬유 나일론66

리에스터와 PLA 그리고 인공 고무인 네오프렌neoprene이다. 잘 알다시피 모두 오늘날까지도 사용되고 있다. 그는 세상을 바꾸었다. 만약 그가 더 오래 살았다면 인류의 모습은 지금과 많이 달랐을지도 모른다.

노벨상을 10개쯤 받아도 시원치 않을 위대한 업적에도 그는 2년 뒤 41세의 나이에 호텔방에서 쓸쓸하게 자살했다. 그는 노벨상을 받을 수 없었다. 노벨상은 죽은 사람에게는 주어지지 않기 때문이다. 사람들에게 잊힌 위대한 공학자인 니콜라 테슬라Nikola Tesla처럼 오늘날 그를 기억하는 사람은 거의 없다.

패션과 계획된 진부화

의류산업의 폭발적 성장이야말로 '계획된 진부화'planned obsolescence의 눈부신 결과다. 옷의 목적과 용도가 단지 추위를 막고 몸을 가리기 위한 것이라면 구매 빈도는 1년에 두세 번 정도로 족하다. 예전에는 옷을 목적 없이 단지 만족을 위해 구입하는 사람은 극소수 상류층에 국한되었다. 일반인이 옷을 구매할 때는 적지 않은 돈의 지출을 초래하는 만큼 강력한 동기와 당위성이 따랐다. 그런데 청빈한 청교도의 자손이며 지독히 보수적인 백인계층이 주류인 미국인의 최근 옷 소비가 3.5일에 한 벌 꼴로 나타나고 있다.

옷을 재구매하는 이유는 유효기간이 다했기 때문이다. 보통사람에게 유효기간이란 옷이 남루해지기 직전을 의미했다. 하지만 오늘날 그 기간이 수십 년이라면 기업은 물론, 일반 소비자조차도 너무 길다고 생각할 만하다. 수요와 공급 양측은 이 어정쩡한 상황에 암묵적으로 동의하고 있다. 따라서 공급 측은 소비자에게 옷을 단기간에 재구매해야 하는 동기와 당위성을 제공하는 것이 스스로에게 유리한 계책이 된다. 양쪽 모두에게 유효기간의 조정이 필요한 것이다.

옷은 사람을 나타내는 두 번째 아이콘이다. 궁금한 이를 위해 말하자면 첫 번째는 성별이다. 우리가 초면에 타인을 즉각 평가할 수 있는 최초의 단서는 복장이다. 옷차림은 개인의 신분정보를 신속하게 알려주며 예측의 정확도는 꽤 높다. 사회활동을 하는 사람은 옷차림을 소홀히 할 수 없다. 누구도 타인이 자신을 저평가하기를 원치 않기 때문이다. 사실은 원래 모습보다 고평가해 주기를 간절히 원한다. 이러한 인간 심리를 기반으로 패션산업이 융성하게 되었다.

파노플리 효과

프랑스 철학자이자 사회학자인 장 보드리야르 Jean Baudrillard에 의해 소개된 개념이다. 특정 제품을 구매함으로써 해당 제품을 사용하는 사람들의 집단이나 계급에 속하게 되었다고 믿는 심리를 일컫는다. 제품의 기능이나 속성보다 가치가 소비를 결정짓는 현대사회에서 파노플리 효과 panoplie effect는 소비를 통해 자신의 가치를 드러내고 인정받고자 하는 대중의 과시욕과 인정욕구를 반영한다. 파노플리는 프랑스어로 '세트' set, 즉 '하나의 집단'을 의미하며 동일한 맥락을 가지고 있는 제품군을 소비해 그런 제품을 사용하는 사람들과 자신을 동일시하고 이상적 자아의 이미지를 획득했다고 믿으며 심리적 만족감을 얻는 것이다.

패션 트렌드

현대 패션기업은 옷의 유효기간을 대거 단축하는 놀라운 동기부여를 창조했다. 인간은 사회적 동물이며 자신의 외모를 타인들과 특별히 다르게 보이고 싶은 사람은 많지 않다. 패션 트렌드는 보통사람이 갖춰 입는 옷차림에 대한 단서를 제공하고 때와 장소에 맞는 드레스코드를 부여한다. 유행을 선도하는 셀럽의 패션을 추종하는 대중과 과시욕, 인정욕구를 만족시키는 파노플리 효과가 맞물려 패션 트렌드는 더욱 다양하고 빠르게 진보했다. 결과는 폭발적인 수요 창출이다. 이제는 고가에 구입한 멀쩡한 옷을 트렌드에 뒤처진다는 이유로 폐기해야 하는 상황이다. "옷장에서 두 시즌 동안 선택받지 못한 옷은 버려야 한다"는 상식이 통하는 세상이 되었다.

오늘날 일 년에 천억 장의 옷이 만들어진다. 패션 트렌드는 옷의 효용가치를 단기간에 파괴했고 저렴해진 구매가격은 망설임 없이 옷을 재구매하는 세상을 만들었다. 옷의 내구성 따위는 전설로 남게 되었다. 내구연한을 넘기기 훨씬 전에 효용가치가 바닥을 칠 것이기 때문이다. 의류산업은 소비자를 배신하지 않으면서도 계획된 진부화를 손쉽게 달성해 지구상에서 가장 퍼텐셜 높은 비즈니스가 되었다. 그로 인한 환경파괴와 자원낭비 문제는 우리 모두에게 반드시 해결해야 하는 지독한 골칫거리로 남게 되었다.

새로운 비즈니스 모델의 구축

세아상역
유광호 대표이사

2007년 1월 입사 후 10여 년의 근무기간 동안 여러분과 함께 새로운 미래 비즈니스 모델을 찾기 위해 부단히 노력했습니다. 구체적인 실체를 그리기 위해 다양한 시도를 했지만 새로운 비즈니스 모델이란 쉽지 않은 명제였고 어려운 도전과제였습니다.

우리 회사는 의류 OEM 제조 수출자로서 미국 의류시장의 흐름에 맞춰 빠른 속도로 양적 성장을 이루어냈지만 운 좋은 성장의 다음 단계인 미래의 위상으로 제시할 비전이 딱히 없었습니다. 비즈니스는 물량 면에서 크게 성장했지만 뭔가 부족한 듯한 느낌이었습니다. 그것은 아마도 다가올 미래에 대한 불안감 혹은 불확실성의 어두운 그림자였을 것입니다. 불안의 정체는 우리가 몸담고 있는 의류산업의 비전을 위한 인사이트와 전략적 혁신의 방향에 대한 공감 부족이었습니다.

우리를 포함한 대한민국 메이저급 의류제조회사들은 메이저 마켓에서 요구하는 주력 바이어의 니즈가격이나 납기 같은 원초적 요구에 잘 부합하는 벤더로 출발했고 방적·편직·염색·봉제공장 같은 생산 인프라에 막대한 자본 및 시간을 투자해 타국의 경쟁회사를 압도하는 규모의 생산

우위와 강력한 capacity 점유율로 세계 최대 생산자로서의 지위를 구축해 오늘에 이르렀습니다.

2020년, 우리는 코로나라는 복병을 만나 사상 초유의 미국 스토어 락다운, 그로 인한 대량 오더 캔슬, 중국 원단공장과 베트남 봉제공장의 연이은 장기간 셧다운 사태를 겪었습니다. 당시는 스토어가 열리고 공장이 재가동되면 문제가 해결될 것이라 생각했지만 공장 셧다운은 상상을 초월하는 나비 효과를 일으켜 미국 의류시장을 강타했고 그 여파는 여전히 진행 중입니다.

문제는 예상치 못한 곳에서 시작되었습니다. 혈류와 마찬가지인 제품 물류의 경색이 발생한 것입니다. 베트남 등 연안 출고지에서 컨테이너와 선박 부족 사태로 제품 선적이 제때 이루어지지 않고, 미국 서부 항구에 도착한 선적분을 오랜 적체 끝에 하역한 후에도 운전자 부족으로 내륙 운송이 차질을 빚어 제품을 DC로 정상 배송할 수 없게 된 시스템 붕괴에 가까운 상황이 도래했습니다. 이로 인해 시즌용 제품이 뒤죽박죽되고 장장 3개월 동안 제품이 입고되지 않는 초유의 사태로 시즌을 놓치거나 판매할 수 없는 제품이 넘쳐나 메이저 바이어조차 재고를 감당하기 어려운 지경이 되었습니다.

시즌을 건너뛰면서 OEM 업체들은 대량의 오더 부족, 대규모 라인 축소 및 적자로 공장이 문을 닫을지도 모른다는 절체절명의 상황에 놓이게 되었습니다. 물류의 일시적인 정체가 전체 supply chain에 막대한 임팩트를 준 것입니다. 이는 단순한 생산·제조의 문제가 아니었습니다. 코로나 여파로 그동안 가려져 있었던 의류시장, supply chain의 구조적 문제가 위기 속에서 드러난 것입니다.

    코로나 이후 전체 리테일러의 생존 문제까지 대두되면서 평상 범위의 구조조정을 넘어 극단적인 구조개혁에 대한 살벌한 요구에 부딪히게 되었습니다. 위기로 인해 숨어 있던 문제가 드러나고 위기의 반대편에서 새로운 기회가 부상하면서 리스크와 기회라는 실체가 동시에 모습을 드러냈습니다. 코로나라는 위기가 미래의 무대가 열리는 시기를 앞당겼고 무대의 오프닝 커튼은 어떠한 대비책도 없이 열려버렸습니다.

    향후 전개될 기회는 취약한 부분으로 드러난 물류를 해결하는 로지스틱 통합 모델 구축일 것입니다. 온라인 쇼핑이 급격하게 늘어나면서 기존 물류 방법에 변화가 필요하게 되었습니다. 변화된 로지스틱 모델에 맞춘 온·오프라인의 진화가 바로 비즈니스의 기회라고 봅니다. 지금까지는 해외공장에서 생산·입고된 제품이 미국 내 바이어가 구축한 물류라인과 연결되어 움직였지만 새로운 모델에서는 생산자와 소비자가 다이렉트로 연결되는 물류 통합 서비스가칭가 구축될 가능성이 높습니다. 의류생산 유통은 지금까지 다음과 같았습니다.

오프라인 판매 공간 → 전통적인 brick&mortar 공간 확보

    리테일러가 매장을 소유하고 판매하는 바이어 중심의 전통적 유통 시스템이었습니다. brick&mortar 유통업자가 주도하는 환경에서 시스템을 확대 혹은 유지하기 위해서는 리테일러가 매장에 하드웨어를 투자해 판매 공간을 늘려야 합니다. 도시나 외곽에 대형 스토어를 건설해 판매 공간을 확보하고 화려한 대형 몰로 소비자를 끌어들이는 푸시 전략밀어내기 전략을 추구해 왔습니다. 물론 이런 시스템은 inventory 관리가 중요합니다. 성장을 위해서는 신규 스토어 오픈 계획이 필승 전략이었고 얼마나 많은 수의 매장을 보유하는지가 성장의 주요 지표로 인식되었습니다.

제품 공급망 구축 → PDD + 벤더 + DC

수많은 매장을 유지하기 위한 대량의 제품 공급이 때맞춰 일어났고 이를 위해 DC·물류 분야에 엄청난 투자가 필요했습니다. 대량 제품을 확보하기 위해 DC를 대형화하고, 그에 맞는 자동화 설비 및 인원이 투입되었습니다. 패션 제품은 순환 주기와 교체 주기가 중요하고 새로운 상품을 소비자에게 신속하게 보여주는 freshness가 생명이므로 이에 맞춰 디자인 개발 계획이 돌아갔습니다. DC 공간 확보, 제품의 자동 분배 시스템IT 기반과 물류 시스템 구축이 중요한 전략과제가 된 이유입니다.

바이어의 바잉 전략

리테일러 내의 PB division에서 set order 같은 core·basic·table item은 소비자를 끌어들이는 중요 상품이므로 시즌 초기에 전체 스토어에 전시하고 판매해야 했습니다. 이를 위해 첫 구매를 all color·size assort pack으로 구성하고 시즌 전체 물량의 60% 이상을 한꺼번에 바잉해 DC로 보낸 다음 메인 DC에서 개별 스토어로 제품을 분배했습니다.

이 시스템은 시즌에 앞서 대량 선구매해야 하는 리스크가 있지만 오프라인 매장을 반드시 채워야만 하는 구조적인 상황 때문에 피할 수 없었습니다. 이 때문에 스피드 및 lead time이 중요한 바잉 전략과제로 벤더들과 논의되었습니다. speed to market, 즉 재고 리스크를 줄이기 위해 partial 구매, near-shoring의 supply chain 구축, lead time 축소 방향으로 소싱·바잉 전략을 전개한 것입니다.

코로나는 유통이 오프라인에서 온라인으로 넘어가는 변화 시기를 앞당겼고 성별과 나이를 불문하고 소비자들이 필수적으로 온라인 구매를 할 수밖에 없도록 강구했습니다. 사회적 거리 두기 때문에 온라인 쇼핑은 의류, 식품 등 모든 부분에서 증가 속도가 예상을 뛰어넘어 폭발적으로 성장했고 그 성장은 현재도 진행 중입니다. 빠른 속도로 오프라인 매장이 축소되고 클로징되면서 10년 전부터 오프라인 성장에 초점을 맞춘 물류, 배송, DC에 대한 비용이 중복되어 결국 비용 부담이 커지는 구조가 되었습니다.

온라인이 대세인 요즈음도 기존과 같이 생산자로부터 수입 통관을 거쳐 메인 DC에 제품이 들어가서 개별 스토어로 가면 다시 개별 스토어에서 온라인 주문이 처리되어 패킹된 제품을  개별 소비자가 배송받거나 픽업할 수 있도록 서비스를 제공합니다. 온라인이라고 해서 가격을 더 받을 수 없으므로 온라인 매출이 늘어날수록 소비자에게 제품을 발송하는 비용이 늘어나는 모순이 생겼습니다.

만약 온라인 오더의 주문·배송 처리를 기존 스토어가 아닌 온라인 배송 전문 DC에서 처리해 바로 소비자에게 보낸다면배송 비용은 소비자 부담이 문제가 해결됩니다. 비용이 발생하더라도 내부 물류 시스템의 개혁이 필요한 이유입니다. 생산자와 소비자를 연결하면서 심플하고 하이브리드한 물류 시스템에 대한 연구가 필요합니다.

의류 벤더가 온라인 판매에 들어가는 로지스틱 구조를 직접 맡는 것이 하이브리드 모델입니다. 바이어는 DC에 제품을 가져와 입출고 처리하지 않고 제품 수입 통관 후 생산자의 DC에서 EDI 시스템을 통해 선별 및 포장해 스토어로 직접 공급하는 방안과 이보다 진화된 모습으로 개별 소비자에게 직접 발송하는 direct delivery model을 고려할 수 있습니다. 이런 유통·물류에 묶이게 되면 서로의 니즈에 구조적인 응집력이 높아져 비즈니스 지속성이 강화될 것입니다.

아마존이 기존 리테일러와 다른 점은 이런 구조에서 발현됩니다. 아마존은 애초부터 오프라인이 없었고 아마존 물류센터에서 바로 소비자에게 전달하는 방법으로 타 리테일러보다 시간적·비용적으로 우위에 있습니다. 온라인 절대 강자는 아마존이고, 그 힘은 물류에서 나옵니다.

조만간 슬로 패션이라는 비즈니스 모델이 슬로 패션 플랫폼이라는 실체적 모습으로 시장에 나타날 것입니다. 패스트 패션에 부정적인 인식을 가진 소비자가 크게 늘어나고 있기 때문입니다.

이를 위해 제품의 생산 주기를 앞당기거나 주문을 받은 후 생산하는 방안이 있습니다. 전자의 경우 기존 리테일러가 집중적으로 개발하고 있고 후자는 소비자와 유통업자·생산자 간에 합의가 필요한 부분입니다. 주문 생산 방식에 대한 이해와 기다릴 줄 아는 소비자의 인내가 함께 결합되어야 합니다. 여름에 겨울 재킷 주문을 받아 생산한 뒤 겨울이 되기 전에 소비자에게 전달하는 시스템입니다. 재고가 발생하지 않아 거의 생산 원가로 공급이 가능합니다. 소비자가 시간을 돈으로 보상받는 것입니다.

사례를 제시하자면 어머니의 날, 아버지의 날 등 특별한 기념일 90일 전에 디자인·스타일 주문을 받아 정해진 날에 제품을 공급하는 방법이나 럭셔리 아이템을 사전 주문받아 생산한 후 공급하는 방법할인율을 높이는 방식입니다. 슬로 패션 플랫폼에서는 브랜드 업자와 생산자가 가입해서 매장을 오픈하고, 브랜드와 생산자 간에 아이템별 생산 capacity를 공유

합니다. 소비자는 가입 후 언제라도 들어와서 매월 1·2·3·4주 차 브랜드별 행사에 참여하고, 필요한 제품을 결제 후 생산 및 납품 프로세스를 투명하게 볼 수 있는 서비스를 제공받습니다.

이후 플랫폼상에서 작동하는 AI가 알고리즘을 통해 개인별 선호 제품을 추천하고 판매 주기에 맞추어 사전에 모바일 알람 서비스를 제공해 소비자 접근·인식을 높여 보다 많은 기회를 만들어낼 것입니다. 플랫폼 관리자는 슬로 패션에 동참하는 소비자에게 구체적 가치로서 과도한 자원을 사용하지 않고 환경 오염을 줄이면서 리사이클을 통해 제품의 사용 주기를 높이고, 공정무역·윤리적인 관리·responsible sourcing을 통한 생산공장·노동자에 대한 투명성을 보장하는 방안을 소통할 수 있는 툴을 제공해야 합니다.

슬로 패션 플랫폼에서 연간 절약하는 CO_2 양, 절감하는 물·에너지 양의 데이터를 밝히고 생산공장과 연결된 전체 생산노동자의 복지에 대한 정보를 프로그램화해 제공한다면 소비자가 지구와 인류를 위해 착한 소비를 했다는 느낌을 받을 수 있을 것입니다. 여러 회사가 최근 업사이클링 구조를 구축하기 위해서 중미·아시아 지역에서 협업 모델을 진행 중입니다. 이제부터 의류 유통·생산에 지속가능성 개념이 들어가지 않는다면 소비자에게 선택받을 수 없게 되고 시장에서 사라지게 될 것입니다.

온라인 강자인 아마존은 오프라인 거점을 확대하는 전략을 구축 중이고 오프라인 강자인 월마트는 온라인 모델을 통해 소비자 경험을 넓히는 전략을 구축 중입니다. 월마트의 온라인 시장 확보를 통한 Jet.com 인수와 같은 사업은 결과가 좋지 않았지만 월마트가 배운 것이 있다면 온라인 전략과 오프라인 전략을 따로 구축하는 것이 아니라 오프라인에 온라인을 더해 추진하는 방법입니다. 월마트 매장을 전국적인 배송 거점으로 활용하고 소비자가 직접 픽업하게 하는 방법할인율 적용으로 온라인과 오프라인의 장점을 섞어 소비자에게 제시하는 것입니다.

아마존과 월마트의 사업 추진 방향은 결과적으로 비슷한 형태로 가고 있는 것 같습니다. Sam's Club을 포함한 월마트의 매장 수가 아마존의 홀푸드보다 9배 이상 많으므로 전국적인 거점망은 월마트가 우세합니다. 아마존은 오픈마켓 셀러가 300만 명이고, 취급 아이템 수가 3억 개가 넘는다는 점에서 온라인 마켓에서 월마트를 월등하게 앞서고 있습니다. 월마트도 월마트 플러스 서비스를 통해 오픈마켓을 열고 셀러들이 제품을 업로드하고 판매하도록 주선하는 서비스수수료 사업를 시작했으나 결과는 두고 봐야 합니다.

단기적으로는 월마트가 넘쳐나는 재고와 재무 압박을 받고 있어서 불리하지만 이후 유통의 두 마리 공룡이 어떤 혁신을 가지고 싸우게 될지 여러모로 관전 포인트가 될 것 같습니다. 현재 이 싸움은 아마존의 주가가 절반 넘게 급락해 주식시장의 극명한 희비로 월마트의 승리로 나타나고 있습니다.

여기까지가 의류 리테일의 현재와 미래에 대한 제 생각입니다. 여러분의 기량과 통찰을 더해 더욱 날카롭고 예측 가능한 미래 비즈니스 모델을 제시할 수 있을 것입니다. 다가올 미래는 여러분의 것입니다. 미래는 창의적이고 진취적인 이들에게 열려 있습니다.

저자 소개

안동진

· 건국대학교 의상디자인학과 겸임교수
· 에스원텍스타일 크리에이티브디렉터

|저서|

2007년 Merchandiser에게 꼭 필요한 섬유지식 1(한올)
2008년 Textile Science 4.1 영문판(섬유개발연구원)
2009년 과학에 미치다(한올)
2016년 Merchandiser에게 꼭 필요한 섬유지식 2(한올)
2020년 섬유지식 기초(한올)

섬유지식 III

초판 1쇄 발행   2023년   4월 20일
초판 2쇄 발행   2024년 10월 10일

저 자   안동진
펴낸이   임순재
펴낸곳   (주)한올출판사
등 록   제11-403호
주 소   서울시 마포구 모래내로 83(성산동 한올빌딩 3층)
전 화   (02) 376-4298(대표)
팩 스   (02) 302-8073
홈페이지 www.hanol.co.kr
e-메일   hanol@hanol.co.kr
ISBN   979-11-6647-335-7

TEXTILE
SCIENCE